工程數學精要(第三版)

姚賀騰　編著

全華圖書股份有限公司

序 Preface

◆前言

　　「工程數學」是全球各大學中工學與電資領域相關系所必修的一門學科,亦是各相關系所專業科目共同通用之數學分析基礎,所以它是工學與電資學科所有學生的基礎學能,也是成為一位工程師必備基本知識。但由於其內容的包含相當廣泛,從基礎的工程問題建模(Modelling)、化簡(Sampling)、分析(Analyzing)到求解(Solving),教材內容橫跨好幾大數學主題,是一門充滿挑戰性且不易學習的學科,因此導致很多唸工學與電資領域相關科系的學生對它充滿畏懼,進而害怕學習,甚至放棄該學科,誠屬可惜。然而學好「工程數學」這一學科,可讓您一窺工學與電資領域相關專業領域之奧秘與原理,同時也是繼續深造就讀碩博士班做好論文研究的基石,所以**如何學好「工程數學」**就變成是一個非常重要的課題,也是您日後是否可以成為一位頂尖工程師的關鍵。

　　有鑑於此,**筆者以本身為工學領域博士,且在電資相關科系教書多年的與眾不同經歷**,充分瞭解工學與電資領域相關專業學科所需具備之數學基礎及學生可以接受容納之課程份量與難易度,將累積二十多年的工程數學教學經驗與心得,以「**老師易教(Easy-to-teach)**」、「**學生易學(Easy-to-study)**」、「**未來易用(Easy-to-use)**」等三易原則將工程數學內容化繁為簡彙整集結成冊,藉此翻轉工程數學學習方式,提升大家學習工程數學的興趣,讓您可在最短的時間內對工程數學內容做出精要之全盤性理解,以利於對專業課程內容研讀時建立完整的系統化學習與應用,藉由工程數學的基礎知識建立完整的工學與電資系統之建模、化簡、分析與求解能力。筆者深切期盼這本書的誕生能給工學與電資領域的學生克服工程數學的學習障礙,提供給莘莘學子未來成為頂尖工程師的一盞明燈,為台灣的大學教育盡一份最大的心力。

Preface

◆教材内容

　　本教材內容為工程數學之精要部份,在建立為工程與電資領域所用之數學為基礎的前提下分成「微積分重點複習」、「常微分方程式」、「矩陣分析」、「向量分析」、及「傅立葉分析與偏微分方程式」等五大部分,適合四年制大學部學生之工程數學精要課程,其重點分別簡介如下。

第一部分(第零章)微積分重點複習

　　在工程數學的求解過程中,會大量使用到微積分的計算,所以本章節將先複習微積分的基本定理與公式,為後面章節求解工程數學問題做準備。

第二部分(第一到三章)常微分方程式

　　幾乎所有大學中工程與電資領域相關系所在工程數學第一學期的教材內容都是以「常微分方程式」為主要內容,其內容包含有「一階常微分方程式」、「高階線性常微分方程式」與「拉氏轉換」等三大主題重點。所有科系與所有族群的學生都應該具備這些數學基礎,所以建議需完整教授。

第三部分(第四章)矩陣分析

　　此部分教材內容包含了「矩陣運算」、「特徵值系統」及「線性微分方程式系統」等三大重點。由簡單的矩陣運算與聯立方程組開始講起,然後介紹如何利用矩陣求解聯立方程組與特徵值系統問題,最後利用矩陣對高維度線性微分方程式做有系統的求解,其中 4-1 與 4-2 部分內容對於普通高中學生應該是已經學習過的單元,所以在一般普通大學中建議可以請學生自行研讀即可,此兩節可以跳過不教,但對於科技大學學生可能在高職時期有部分內容沒有學習過,所以建議此部分內容也應該列入上課內容。

第四部分(第五章與第六章)向量分析

　　此部分內容包含向量運算、向量函數、向量微分、Del 運算、線積分、面積分與積分三大定理(格林定理、高斯散度定理與史托克定理)，其觀念與計算被大量應用在電磁學(電資領域)與流體力學(工程領域)，是非常重要的單元。一般而言，學生在大一微積分(大陸稱為高等數學)中之教材內容應該也有包含此部分內容，然而受限於大一微積分之學習時數有限，所以一般大學微積分老師此部分內容能夠教授到的部分不多，可能只到線積分，有些科技大學微積分課程甚至教不到該部分內容，所以對於一般普通大學建議授課重點可以放在面積分及積分三大定理，而科技大學則建議應該全部教授。

第五部分(第七到八章)傅立葉分析與偏微分方程式

　　本書中第七章介紹了傅立葉分析，此單元在工程領域會用來求解第八章的偏微分方程式，除此之外，電資領域更大量應用到訊號分析與處理上。而第八章偏微分方程式的求解是非常繁雜的一個單元，但其在工程與電資領域上是非常有用的重點，尤其是分離變數法求解 PDE 更是必學的單元，本書已經盡量精簡其內容，所列內容都是重點，建議此單元要完整教授與學習。

◆本書特點

　　本書乃筆者嘔心瀝血之重要著作，其特點可以歸納如下：
1. 內容講述詳細且淺顯易懂，對於工程數學初學者**容易引起興趣**。
2. 內文編排井然有序且 Highlight 提醒，對於工程數學初學者**容易一目瞭然**。
3. 觀念例題豐富且深淺適中，對於工程數學初學者**容易建立信心**。
4. 解題過程詳盡且複習微積分技巧，對於工程數學初學者**容易破題上手**。
5. 習題演練充實且兼顧各題型，對於工程數學初學者**容易熟記觀念與公式**。
6. 工學與電資相關領域知識適當引入且表達詳細，對於工程數學初學者容易**應用到其他專業課程**。

◆後記

　　本書中適當引入範例作為工程數學各重點觀念之建立與釐清,亦收集了豐富的習題演練做為老師於課後指派學生作業練習之用,並附有所有習題演練之詳解於教師手冊中提供授課老師做為解題參考。為了讓學生順利與國際接軌,本書中所有內容的重要專有名詞均附上英文原文對應,避免產生翻譯上的落差,因此對於使用原文書作為課本之老師可以放心建議同學以本書作為第二本教科書,想學習工程數學之同學亦可以安心購買本書做為課本研讀或是輔助教材參考。另外,本書已經於本人所開設之「工程數學」課程中用過試行版,打字錯誤部分已經盡力修正,然雖經多次校訂,筆者仍擔心才疏學淺,疏漏難免,祈求各位先進與讀者可以給予指正,本人深表感激。而為提升本書之服務品質,本書設有「**姚賀騰博士工程數學教室粉絲頁** (https://www.facebook.com/yauiem/)」,歡迎各位先進與讀者可以至此粉絲頁與本人及所有學習中或有興趣之粉絲一起討論工程數學,對於相關校正部分,本人亦會隨時於粉絲頁發佈,歡迎大家一起加入。

　　本書於編著期間感謝恩師陳朝光教授賢伉儷與喻永淡教授賢伉儷的鼓勵與支持,感謝國立成功大學機械工程學系陳朝光教授、國立勤益科技大學化工與材料工程系趙敏勳前校長、國立中興大學電機工程學系蔡清池教授等三位學界泰斗,就不同領域學系的角度於百忙之中協助審定本書,特別感謝國立勤益科技大學電機工程系陳瑞和教授賢伉儷多年來的情義相挺與照顧,亦感謝本人的所有研究生與助理幫忙校稿與製作簡報,最後感謝全華圖書協助出版本書以及上過我工程數學的許許多多我的學生提供寶貴意見,在此一併謝過!

姚賀騰博士　謹誌

目錄 Contents

第 0 章 微積分重點複習

第 1 章 一階常微分方程

第 2 章 高階線性常微分方程

Contents

0

微積分重點複習

　　本章複習初等微積分中較常被工程數學所使用的內容，讀者、授課教師可衡量狀況使用本章；若不需要可跳過，直接進入第一章的正式內容。

0-1　極限

0-1.1　極限的基本概念

極限的定義

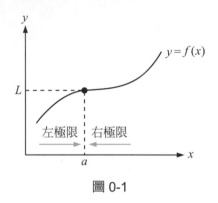

圖 0-1

1. $\lim\limits_{x \to a} f(x) = L \Leftrightarrow$ 當 x 趨近於 a 時，函數值亦趨近於 L。

2. 若 $\lim\limits_{x \to a} f(x) = L$
   $\Leftrightarrow$ 右極限 $\lim\limits_{x \to a^+} f(x) =$ 左極限 $\lim\limits_{x \to a^-} f(x) = L$，如圖 0-1 所示。

　　其中 $x \to a^+$ 表示由 $x = a$ 的右側逼近 $x = a$，而 $x \to a^-$ 表示由 $x = a$ 的左側逼近 $x = a$。

連續的定義

　　若函數 $f(x)$ 在 $x = a$ 處滿足 $\lim\limits_{x \to a} f(x) = f(a)$，則稱 $f(x)$ 在 $x = a$ 處連續，且 f 在該處極限值等於函數值。

0-1.2　極限值的計算

連續函數型

　　若函數為連續，則極限值等於函數值。

Note

　　一般來說，分式 $\dfrac{P(x)}{Q(x)}$ 的不連續點會出現在 $Q(x) = 0$ 的解上，所以對 $\dfrac{x^2 + 4}{x + 2}$，不連續點在 $x = -2$，而在 $x = 3$ 為連續。

範例 *1*

(1) 計算 $\lim\limits_{x \to 1}(x^2 + x - 1)$。　　　(2)　計算 $\lim\limits_{x \to 3}\dfrac{x^2 + 4}{x + 2}$。

解

(1) $\lim\limits_{x \to 1}(x^2 + x - 1)$ 中函數 $f(x) = x^2 + x - 1$ 在 $x = 1$ 處連續，

所以 $\lim\limits_{x \to 1}(x^2 + x - 1) = f(1) = 1^2 + 1 - 1 = 1$。

(2) 令 $f(x) = \dfrac{x^2 + 4}{x + 2}$，$f(x)$ 在 $x = 3$ 處連續，所以 $\lim\limits_{x \to 3}\dfrac{x^2 + 4}{x + 2} = \dfrac{3^2 + 4}{3 + 2} = f(3) = \dfrac{13}{5}$。

$\dfrac{\infty}{\infty}$ 不定型

若分式函數中 $\dfrac{P(x)}{Q(x)}$ 分子、分母同時趨近於 ∞，可同除以分子與分母中的最高次數作化簡。

範例 *2*

計算下列三題極限值

(1) $\lim\limits_{x \to \infty}\dfrac{x}{x^2 + x + 1}$。　　(2) $\lim\limits_{x \to \infty}\dfrac{x^2 + 1}{3x^2 + x - 5}$。　　(3) $\lim\limits_{x \to \infty}\dfrac{x^3 - 5}{x^2 + x + 1}$。

解

(1) $\dfrac{x}{x^2 + x + 1}$ 出現分子與分母均 $\to \infty$ 的情形，而其中最高次數為分母的 2 次，

所以 $\lim\limits_{x \to \infty}\dfrac{x}{x^2 + x + 1} = \lim\limits_{x \to \infty}\dfrac{\left(\dfrac{x}{x^2}\right)}{\dfrac{x^2}{x^2} + \dfrac{x}{x^2} + \dfrac{1}{x^2}} = \lim\limits_{x \to \infty}\dfrac{\dfrac{1}{x}}{1 + \dfrac{1}{x} + \dfrac{1}{x^2}} = \dfrac{0}{1} = 0$。

(2) $\lim\limits_{x \to \infty}\dfrac{x^2 + 1}{3x^2 + x - 5} = \lim\limits_{x \to \infty}\dfrac{1 + \dfrac{1}{x^2}}{3 + \dfrac{1}{x} - \dfrac{5}{x^2}} = \lim\limits_{x \to \infty}\dfrac{1}{3} = \dfrac{1}{3}$。

(3) $\lim\limits_{x \to \infty}\dfrac{x^3 - 5}{x^2 + x + 1} = \lim\limits_{x \to \infty}\dfrac{1 - \dfrac{5}{x^3}}{\dfrac{1}{x} + \dfrac{1}{x^2} + \dfrac{1}{x^3}} = \dfrac{1}{0} = \infty$，所以本題極限不存在。

Note

本題可略作推廣。若一分式中，分子分母均為多項式函數且都 $\to \infty$，

則 $\lim\limits_{x \to \infty} \dfrac{a_n x^n + a_{n-1}x^{n-1} + \cdots + a_0}{b_m x^m + b_{m-1}x^{m-1} + \cdots + b_0} = \begin{cases} 0 & , n < m \\[2mm] \dfrac{a_n}{b_m} & , n = m \\[2mm] \infty & , n > m \end{cases}$ 。

$\dfrac{0}{0}$ 不定型

　　若分式 $\dfrac{P(x)}{Q(x)}$ 中，在 $x \to a$ 時，分子 $P(x)$ 與分母 $Q(x)$ 均趨近於 0，則表示 $Q(x)$、$P(x)$

有公因式，此時可約公因式後再計算（換句話說，將不連續點去除後，化成連續再計算）。

範例 *3*

計算 $\lim\limits_{x \to 2}\left(\dfrac{x^2 - 4}{x - 2}\right)$。

解

令 $f(x) = \dfrac{x^2 - 4}{x - 2}$，則 $f(x)$ 在 $x = 2$ 處不連續，

所以 $\lim\limits_{x \to 2} f(x)$ 不等於 $f(2)$，

但 $\dfrac{x^2 - 4}{x - 2} = \dfrac{(x-2)(x+2)}{x-2} = x + 2 = g(x)$ 為連續函數（約去公因式 $x - 2$），

所以 $\lim\limits_{x \to 2}\dfrac{x^2 - 4}{x - 2} = \lim\limits_{x \to 2}(x + 2) = g(2) = 2 + 2 = 4$。

∞ - ∞ 不定型

若分式中的不連續點無法去除，則盡量設法合成不同項的 $\dfrac{0}{0}$ 或 $\dfrac{\infty}{\infty}$ 之不定型，再利用前面的方式化簡。

範例 4

計算 $\displaystyle\lim_{x \to 1}\left(\dfrac{2}{x^2-1} - \dfrac{1}{x-1}\right)$。

解

在 $x \to 1$ 時，$\dfrac{2}{x^2-1}$、$\dfrac{1}{x-1}$ 均 $x \to \infty$，且各自的不連續點無法去除，故為 ∞ - ∞ 型，

但 $\displaystyle\lim_{x \to 1}\left(\dfrac{2}{x^2-1} - \dfrac{1}{x-1}\right) = \lim_{x \to 1}\dfrac{2-(x+1)}{(x-1)(x+1)} = \lim_{x \to 1}\dfrac{-(x-1)}{(x-1)(x+1)} = \lim_{x \to 1}\dfrac{-1}{(x+1)} = -\dfrac{1}{2}$，

故原式極限為 $-\dfrac{1}{2}$。

0-1 習題演練

判斷下列各題的極限是否存在？若存在請計算其極限。

1. $\displaystyle\lim_{x \to 2}\dfrac{x-3}{x^2+2}$

2. $\displaystyle\lim_{x \to \infty}\dfrac{x^3+3x^2+4}{5x^3+6x^2+1}$

3. $\displaystyle\lim_{x \to \infty}\dfrac{2x^3+3x^2+4}{5x^2+6x+1}$

4. $\displaystyle\lim_{x \to \infty}\dfrac{5x^3-3x^2-7}{3x^4-6x^2+1}$

5. $\displaystyle\lim_{x \to 1}\dfrac{x^3-1}{x-1}$

6. $\displaystyle\lim_{x \to 2}\dfrac{x^2+x-6}{x^2-4}$

7. $\displaystyle\lim_{x \to 4}\dfrac{\sqrt{x}-2}{x-4}$

8. $\displaystyle\lim_{x \to \infty}\dfrac{5^{x-1}-7^x}{3^{x+1}+7^x}$

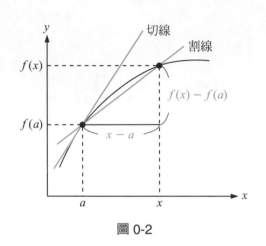

0-2　微分

0-2.1　導數與導函數

導數的定義

　　若函數 $f(x)$ 定義於包含 $x = a$ 的開區間上，

且 $\lim\limits_{x \to a} \dfrac{f(x) - f(a)}{x - a}$ 存在，

則 $f(x)$ 在 $x = a$ 處的導數定義成

$$f'(a) = \lim_{x \to a} \frac{f(x) - f(a)}{x - a} = \lim_{h \to 0} \frac{f(a+h) - f(a)}{h} \ ,$$

如圖 0-2 所示。

圖 0-2

Note

1. $\dfrac{f(x) - f(a)}{x - a}$ 表割線斜率，而當 x 無窮接近 a 時，割線會漸漸趨近於 $(a, f(a))$ 的切線，

　故 $\lim\limits_{x \to a} \dfrac{f(x) - f(a)}{x - a}$ 表示通過切點 $(a, f(a))$ 之切線斜率。

2. 若 $f'(a)$ 存在，則稱 $f(x)$ 於點 $x = a$ 可微（可導）。

範例 *1*

　　若 $f(x) = x^2$，請計算 $f'(2)$。

解

$$f'(2) = \lim_{x \to 2} \frac{f(x) - f(2)}{x - 2} = \lim_{x \to 2} \frac{x^2 - 4}{x - 2} = \lim_{x \to 2} \frac{(x-2)(x+2)}{(x-2)} = \lim_{x \to 2}(x+2) = 2 + 2 = 4 \ 。$$

導函數的定義

若 $f(x)$ 對區間 I 內每一點 x 之導數均存在,則定義 $f(x)$ 之導函數為

$$f'(x) = \lim_{t \to x} \frac{f(t) - f(x)}{t - x} = \lim_{h \to 0} \frac{f(x+h) - f(x)}{h} \quad , \quad \forall x \in I \text{ 。}$$

Note

常見的導函數符號如下:y'、$f'(x)$、$\dfrac{dy}{dx}$、$\dfrac{df(x)}{dx}$、$D_x y$ 與 $D_x f(x)$。

微分與連續性

$f(x)$ 於 $x = a$ 可微,則 $f(x)$ 於 $x = a$ 連續;反之若 $f(x)$ 於 $x = a$ 不連續,則 $f(x)$ 於 $x = a$ 不可微。

0-2.2 導函數的基本公式

依據上面導函數的定義可以推導出下列常見函數的微分公式,這些公式詳細推導可參閱微積分,因為工數後面章節會常用到,所以請務必背熟。

對數函數

$f(x) = \ln x$,導函數 $f'(x) = \dfrac{1}{x}$,$x > 0$。

冪次函數

$f(x) = x^a$,導函數 $f'(x) = ax^{a-1}$。

範例 2

$f(x) = 2x^5 + 3x^2 - 5\sqrt{x}$,計算 $f'(x)$。

解

由 $\left(x^a\right)' = ax^{a-1}$ 公式可知:

$$f'(x) = 2 \times 5 \times x^4 + 3 \times 2 \times x - 5 \times \frac{1}{2} \times x^{\left(-\frac{1}{2}\right)}$$

$$= 10x^4 + 6x - \frac{5}{2}\frac{1}{\sqrt{x}} \text{ 。}$$

三角函數

1. $f(x) = \sin x \Rightarrow f'(x) = \cos x$ 。

2. $f(x) = \cos x \Rightarrow f'(x) = -\sin x$ 。

3. $f(x) = \tan x \Rightarrow f'(x) = \sec^2 x$ 。

4. $f(x) = \cot x \Rightarrow f'(x) = -\csc^2 x$ 。

5. $f(x) = \sec x \Rightarrow f'(x) = \sec x \tan x$ 。

6. $f(x) = \csc x \Rightarrow f'(x) = -\csc x \cot x$ 。

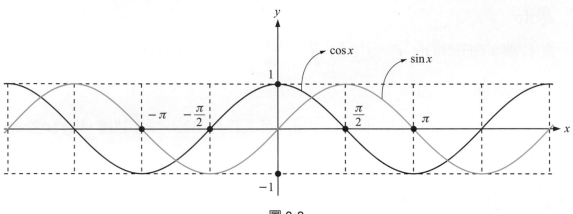

圖 0-3

Note

(1) 由圖 0-3 可以看出 $\sin x$ 為奇函數，$\cos x$ 為偶函數。

(2) 且 $\sin x = \dfrac{e^{ix} - e^{-ix}}{2i}$，$\cos x = \dfrac{e^{ix} + e^{-ix}}{2}$，其中 $e^{ix} = \cos x + i \sin x$。

(3) $\sin(n\pi) = 0, n = 0, \pm 1, \pm 2, \pm 3, \cdots$

$\cos(n\pi) = (-1)^n, n = 0, \pm 1, \pm 2, \pm 3, \cdots$

$\sin(\dfrac{1}{2}\pi + n\pi) = (-1)^n, n = 0, 1, 2, 3, \cdots$

$\cos(\dfrac{1}{2}\pi + n\pi) = 0, n = 0, 1, 2, 3, \cdots$

雙曲函數

定義 $\sinh x = \dfrac{e^x - e^{-x}}{2}$、$\cosh x = \dfrac{e^x + e^{-x}}{2}$，

如圖 0-4 所示，則我們有如下公式：

1. $f(x) = \sinh x \Rightarrow f'(x) = \cosh x$。
2. $f(x) = \cosh x \Rightarrow f'(x) = \sinh x$。
3. $f(x) = \tanh x \Rightarrow f'(x) = \operatorname{sech}^2 x$。
4. $f(x) = \coth x \Rightarrow f'(x) = -\operatorname{csch}^2 x$。
5. $f(x) = \operatorname{sech} x \Rightarrow f'(x) = -\operatorname{sech} x \tanh x$。
6. $f(x) = \operatorname{csch} x \Rightarrow f'(x) = -\operatorname{csch} x \coth x$。

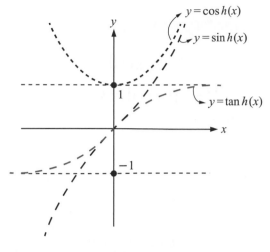

圖 0-4

Note

由圖中可知 $\sinh(0) = 0$、$\cosh(0) = 1$、$\tanh(0) = 0$。

反函數

1. $f(x) = \sin^{-1} x \Rightarrow f'(x) = \dfrac{1}{\sqrt{1-x^2}}$，$|x| < 1$。
2. $f(x) = \tan^{-1} x \Rightarrow f'(x) = \dfrac{1}{1+x^2}$，$x \in \mathrm{R}$。

Note

(1) $\sin^{-1}(1) = \dfrac{\pi}{2}$。

(2) $\tan^{-1}(1) = \dfrac{\pi}{4}$、$\tan^{-1}(\infty) = \dfrac{\pi}{2}$、$\tan^{-1}(0) = 0$。

0-2.3 導函數的運算

微分的四則運算

1. 加減：$\left[f(x) \pm g(x)\right]' = f'(x) \pm g'(x)$。

2. 係數積：$\left[k\,f(x)\right]' = k\,f'(x)$。

3. 乘法：$\left[f(x)g(x)\right]' = f'(x)g(x) + f(x)g'(x)$。

4. 除法：$\left[\dfrac{1}{g(x)}\right]' = -\dfrac{g'(x)}{g(x)^2}$（$g(x) \neq 0$）。

連鎖律（鏈微法則）

$$\left[f(g(x))\right]' = \frac{df(g(x))}{d(g(x))} \times \frac{dg(x)}{dx} = f'(g(x))g'(x)$$。

指數函數與冪函數

1. $f(x) = a^x$，$a > 0 \Rightarrow f'(x) = a^x \ln a$。

2. $f(x) = e^x \Rightarrow f'(x) = e^x$。

Note

$[\ln f(x)]' = \dfrac{f'(x)}{f(x)}$。

證明

1. $\dfrac{d}{dx}\ln|f(x)| = \dfrac{d\ln|f(x)|}{df(x)} \times \dfrac{df(x)}{dx} = \dfrac{1}{f(x)} \times f'(x)$。

   現在令 $f(x) = a^x$ 代入上述結果，得 $\dfrac{d}{dx}\ln a^x = \ln a = \dfrac{1}{a^x} \times (a^x)'$，得證。

2. 在第 1 題中令 $a = e$。

範例 3

(1) $f(x) = \dfrac{x^2+1}{x+1}$，計算 $f'(1)$。

(2) $f(x) = (5x^2+4)^2$，計算 $f'(1)$。

解

(1) $f'(x) = \dfrac{(x^2+1)'(x+1) - (x^2+1)(x+1)'}{(x+1)^2} = \dfrac{2x(x+1) - (x^2+1) \times 1}{(x+1)^2} = \dfrac{x^2+2x-1}{(x+1)^2}$，

　　故 $f'(1) = \dfrac{1^2 + 2 \times 1 - 1}{(1+1)^2} = \dfrac{2}{4} = \dfrac{1}{2}$。

(2) 由鏈微法則可知

　　$f'(x) = 2(5x^2+4) \times (5x^2+2)' = 2(5x^2+4) \times 10x = 20x(5x^2+4)$，

　　所以 $f'(1) = 20 \times 9 = 180$。

範例 4

$f(x) = 3\sin 2x + 5\cos 3x$，計算 $f'(x)$。

解

$f'(x) = 3 \times 2\cos 2x - 5 \times 3 \times \sin 3x = 6\cos 2x - 15\sin 3x$。

Note

1. $(\sin ax)' = a\cos ax$。

2. $(\cos ax)' = -a\sin(ax)$。

0-2.4　L'Hospital rule（羅必達法則）

$\dfrac{0}{0}$ 型：設 $\lim\limits_{x \to a} f(x) = \lim\limits_{x \to a} g(x) = 0$，若 $\lim\limits_{x \to a} \dfrac{f'(x)}{g'(x)} = l$，則 $\lim\limits_{x \to a} \dfrac{f(x)}{g(x)} = l \in \mathrm{R}$。

$\dfrac{\infty}{\infty}$ 型：設 $\lim\limits_{x \to a} f(x) = \pm\infty$，$\lim\limits_{x \to a} g(x) = \pm\infty$，若 $\lim\limits_{x \to a} \dfrac{f'(x)}{g'(x)} = l$，則 $\lim\limits_{x \to a} \dfrac{f(x)}{g(x)} = l \in \mathrm{R}$。

範例 *5*

計算下列兩小題極限值

(1) $\lim\limits_{x \to 0} \dfrac{\sin x}{x}$。

(2) $\lim\limits_{x \to 0} \dfrac{1 - \cos x}{x^2}$。

解

(1) 此題在 $x \to 0$ 時，分子分母的函數均 $\to 0$，所以需由羅必達法則計算：

$$\lim_{x \to 0} \frac{\sin x}{x} = \lim_{x \to 0} \frac{(\sin x)'}{(x)'} = \lim_{x \to 0} \frac{\cos x}{1} = 1 \text{。}$$

(2) 同上題，此題屬於 $\dfrac{0}{0}$ 型，

$$\text{故} \lim_{x \to 0} \frac{1 - \cos x}{x^2} = \lim_{x \to 0} \frac{(1 - \cos x)'}{(x^2)'} = \lim_{x \to 0} \frac{\sin x}{2x} = \lim_{x \to 0} \frac{(\sin x)'}{(2x)'} = \lim_{x \to 0} \frac{\cos x}{2} = \frac{1}{2} \text{。}$$

範例 *6*

計算 $\lim\limits_{x \to \infty} \dfrac{x^n}{e^x}$（$n \in \mathrm{N}$）。

解

此題屬於 $\dfrac{\infty}{\infty}$ 型，故

$$\lim_{x \to \infty} \frac{x^n}{e^x} = \lim_{x \to \infty} \frac{n \times x^{n-1}}{e^x} = \cdots = \lim_{x \to \infty} \frac{n \times (n-1) \times \cdots \times 2 \times 1}{e^x} = 0 \text{。}$$

0-2　習題演練

計算下列各題中 f 的導函數 f'。

1. $f(x)=2\sin(5x)-3\cos(2x)$。

2. $f(x)=2\sinh(5x)-3\cosh(2x)$。

3. $f(x)=3\ln(5x)$。

4. $f(x)=e^{x^2}$。

5. $f(x)=\dfrac{2x}{x^2+1}$。

6. $f(x)=2x^5+x$，$f'(1)$。

7. $f(x)=\sin x+\sin 2x+\cos 3x$，$f'(\pi)$。

8. $f(x)=\cos x+\cos 3x+\sin 2x$，$f'(\dfrac{\pi}{2})$。

計算下列各題的微分值。

9. $f(x)=2\sqrt{x}+\sqrt{2x}$，$f'(2)$。

10. $f(x)=(5x^2+4)^3$，$f'(1)$。

利用羅畢達法則求下列各題的極限值。

11. $\lim\limits_{x\to0}\dfrac{e^x-1}{x}$

12. $\lim\limits_{x\to0}\dfrac{x-\sin x}{1-\cos x}$

13. $\lim\limits_{x\to0}\dfrac{\sin x-x}{x^3}$

14. $\lim\limits_{x\to1}\dfrac{4x^3-6x^2+2}{x^3-2x^2+x}$

15. $\lim\limits_{x\to0}\dfrac{\tan x-x}{x^3}$

0-3 不定積分

0-3.1 不定積分的定義與運算

反導數與不定積分的定義

1. $F'(x) = f(x) \Leftrightarrow \begin{cases} f(x)稱為F(x)之導數 \\ F(x)稱為f(x)之反導數 \end{cases} \Leftrightarrow F(x)+c 亦為 f(x) 之反導數。$

2. $F'(x) = f(x) \Leftrightarrow \int f(x)dx = F(x)+c$，

   並稱 $F(x)+c$ 為 $f(x)$ 的不定積分。

   例如 $(x^2+c)' = 2x$，所以 x^2+c 為 $2x$ 的反導數，故不定積分 $\int 2xdx = x^2+c$。

不定積分的基本運算

加減：$\int (f(x) \pm g(x))dx = \int f(x)dx \pm \int g(x)dx$。

係數積：$\int kf(x)dx = k\int f(x)dx$。

「微→積」還原：$\int \left(\dfrac{d}{dx}f(x) \right)dx = \int d(f(x)+c) = f(x)+c$。

「積→微」還原：$\dfrac{d}{dx}\left(\int f(x)dx \right) = f(x)$。

0-3.2 不定積分基本公式

根據不定積分的定義，我們可利用目前所知的微分寫下對應的反導函數公式，這些公式在後面工程數學的單元會常用到，請大家務必背熟。

幕次函數

$$\int x^a dx = \frac{x^{a+1}}{a+1} + c\,(a \neq -1)\,\circ$$

對數函數

$$\int \frac{1}{x} dx = \ln|x| + c\,\circ$$

範例 *1*

計算 $\int \left(\dfrac{1}{x^3} + \dfrac{1}{\sqrt{x^3}} + \sqrt[3]{x} \right) dx\,\circ$

解

$$\int \left(\frac{1}{x^3} + \frac{1}{\sqrt{x^3}} + \sqrt[3]{x} \right) dx = \int \left(x^{-3} + x^{-\frac{3}{2}} + x^{\frac{1}{3}} \right) dx$$

$$= -\frac{1}{2} x^{-2} + \frac{1}{-\frac{1}{2}} x^{-\frac{1}{2}} + \frac{1}{\frac{4}{3}} x^{\frac{4}{3}} + c$$

$$= -\frac{1}{2} x^{-2} - 2 x^{-\frac{1}{2}} + \frac{3}{4} x^{\frac{4}{3}} + c\,\circ$$

指數函數

1. $\int a^x dx = \dfrac{a^x}{\ln a} + c = a^x \log_a e + c\,\circ$
2. $\int e^x dx = e^x + c\,\circ$

證明

1. $\left(\dfrac{a^x}{\ln a} \right)' = \dfrac{(a^x)'}{\ln a} = \dfrac{1}{\ln a} \times a^x \ln a = a^x$，所以 $\int a^x dx = \dfrac{a^x}{\ln a} + c\,\circ$

2. 令 $a = e\,\circ$

範例 *2*

$$\int 2^x dx = ?$$

解

由指數函數的積分公式知：

$$\int 2^x dx = \frac{2^x}{\ln 2} + c \text{ 。}$$

三角函數

1. $\int \sin x dx = -\cos x + c$ 。

2. $\int \cos x dx = \sin x + c$ 。

3. $\int \sec^2 x dx = \tan x + c$ （ $x \neq \frac{\pi}{2} + n\pi$, $n \in \mathbb{Z}$ （整數））。

4. $\int \csc^2 x dx = -\cot x + c$ （ $x \neq n\pi$, $n \in \mathbb{Z}$ ）。

5. $\int \sec x \tan x dx = \sec x + c$ （ $x \neq \frac{\pi}{2} + n\pi$, $n \in \mathbb{Z}$ ）。

6. $\int \csc x \cot x dx = -\csc x + c$ （ $x \neq n\pi$, $n \in \mathbb{Z}$ ）。

基本雙曲函數

1. $\int \sinh x dx = \cosh x + c$ 。

2. $\int \cosh x dx = \sinh x + c$ 。

3. $\int \text{sech}^2 x dx = \tanh x + c$ 。

4. $\int \text{csch}^2 x dx = -\coth x + c$ 。

5. $\int \text{sech} x \tanh x dx = -\text{sech} x + c$ 。

6. $\int \text{csch} x \coth x dx = -\text{csch} x + c$ 。

0-3.3　代換積分法

一般代換

設 $f(x)$ 的反導數為 $F(x)+c$，則

$$\int f\big(g(x)\big)g'(x)dx = \int f\big(g(x)\big)dg(x) = \int f\big(g(x)\big)dg(x) \quad (\text{令 } u = g(x))$$

$$= \int f(u)du = F(u)+c = F\big(g(x)\big)+c \text{。}$$

範例 3

(1) $\displaystyle\int (x^2+1)^{10}xdx$。　　(2) $\displaystyle\int \frac{2x}{(2x^2+3)^2}dx$。

解

(1) 令 $x^2+1=u$，則兩端微分並整理得 $xdx = \dfrac{1}{2}du$，

$$\therefore \int (x^2+1)^{10}xdx = \int u^{10}\times\frac{1}{2}du = \frac{1}{2}\times\frac{1}{11}u^{11}+c = \frac{1}{22}(x^2+1)^{11}+c \text{。}$$

(2) 令 $2x^2+3=u$，則兩端微分並整理得 $xdx = \dfrac{1}{4}du$，

$$\therefore \int \frac{2x}{(2x^2+3)^2}dx = \int \frac{2\times\frac{1}{4}}{u^2}du = \frac{1}{2}\int u^{-2}du = -\frac{1}{2u}+c = -\frac{1}{2(2x^2+3)}+c \text{。}$$

範例 4

求下列不定積分

(1) $\displaystyle\int \frac{\ln x}{x}dx$。　　(2) $\displaystyle\int \frac{1}{x\ln x}dx$。

解

(1) $\displaystyle\int \frac{\ln x}{x}dx = \int \ln x\, d(\ln x) = \frac{1}{2}(\ln x)^2+c$。

(2) $\displaystyle\int \frac{1}{x\ln x}dx = \int \frac{1}{\ln x}d(\ln x) = \ln(|\ln x|)+c$。

範例 5

求不定積分 $\int xe^{x^2}dx$。

解

令 $x^2 = u$，得 $xdx = \dfrac{1}{2}du$，所以

$$\int xe^{x^2}dx = \int e^u \times \dfrac{1}{2}du = \dfrac{1}{2}e^u + c = \dfrac{1}{2}e^{x^2} + c \text{。}$$

常見的代換積分公式

1. $\displaystyle\int e^{ax}dx = \dfrac{1}{a}e^{ax} + c$。

2. $\displaystyle\int \sin(ax)dx = -\dfrac{1}{a}\cos(ax) + c$。

3. $\displaystyle\int \cos(ax)dx = \dfrac{1}{a}\sin(ax) + c$。

範例 6

計算 $\int (e^{2x} + 3\cos 2x - 5\sin 3x)dx$。

解

分別使用上述三個公式得不定積分為

$$\dfrac{1}{2}e^{2x} + \dfrac{3}{2}\sin 2x + \dfrac{5}{3}\cos 3x + c \text{。}$$

三角函數或雙曲線函數代換積分法

1. 被積函數包含 $a^2 - x^2$，$a > 0$，聯想 $1 - \sin^2\theta = \cos^2\theta$

   令 $x = a\sin\theta$，$\theta \in [-\dfrac{\pi}{2}, \dfrac{\pi}{2}]$，可得 $\begin{cases} dx = a\cos\theta \, d\theta \\ a^2 - x^2 = a^2\cos^2\theta \end{cases}$ ⋯⋯⋯①

   其中 $\cos\theta \geq 0$，如圖 0-5 所示。

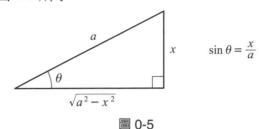

圖 0-5

2. 被積函數包含 $a^2 + x^2$，$a > 0$，聯想 $1 + \tan^2\theta = \sec^2\theta$。

   令 $x = a\tan\theta$，$\theta \in (-\dfrac{\pi}{2}, \dfrac{\pi}{2})$，可得 $\begin{cases} dx = a\sec^2\theta \, d\theta \\ a^2 + x^2 = a^2\sec^2\theta \end{cases}$ ⋯⋯⋯②

   其中 $\sec\theta \geq 1$，如圖 0-6 所示。

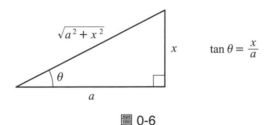

圖 0-6

3. 被積函數包含 $x^2 - a^2$，$a > 0$，聯想 $\sec^2\theta - 1 = \tan^2\theta$。

   令 $x = a\sec\theta$，$\theta \in [0, \dfrac{\pi}{2}) \cup [\pi, \dfrac{3\pi}{2})$，可得 $\begin{cases} dx = a\sec\theta\tan\theta \, d\theta \\ x^2 - a^2 = a^2\tan^2\theta \end{cases}$ ⋯⋯⋯③

   其中 $\tan\theta \geq 0$，如圖 0-7 所示。

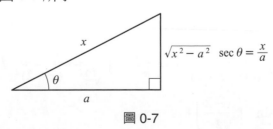

圖 0-7

　　上面介紹了三角代換積分的常用公式；雙曲代換積分的部分，讀者可仿照三角代換的手法自行推導。

透過上面的三角或雙曲函數代換積分，可得下列常見的有理函數與無理函數積分公式，建議讀者可以自行證明一下。

常用的有理函數積分公式

1. $\int \dfrac{1}{a^2+x^2}dx = \dfrac{1}{a}\tan^{-1}\dfrac{x}{a}+c$。

2. $\int \dfrac{1}{a^2-x^2}dx = \dfrac{1}{a}\tanh^{-1}\dfrac{x}{a}+c = \dfrac{1}{2a}\ln\left|\dfrac{x+a}{x-a}\right|+c$。

常用無理函數積分公式

1. $\int \dfrac{1}{\sqrt{a^2-x^2}}dx = \sin^{-1}\dfrac{x}{a}+c$。

2. $\int \dfrac{1}{\sqrt{x^2+a^2}}dx = \sinh^{-1}\dfrac{x}{a}+c = \ln(x+\sqrt{x^2+a^2})+c$。

3. $\int \dfrac{1}{\sqrt{x^2-a^2}}dx = \cosh^{-1}\dfrac{x}{a}+c = \ln(x+\sqrt{x^2-a^2})+c$。

範例 7

求下列不定積分：

(1) $\int \dfrac{1}{x^2+2x+4}dx$。

(2) $\int \dfrac{1}{\sqrt{4x-x^2}}dx$。

解

(1) $\int \dfrac{1}{x^2+2x+4}dx = \int \dfrac{1}{(x+1)^2+(\sqrt{3})^2}d(x+1) = \dfrac{1}{\sqrt{3}}\tan^{-1}\left(\dfrac{x+1}{\sqrt{3}}\right)+c$。

(2) $\int \dfrac{1}{\sqrt{4x-x^2}}dx = \int \dfrac{1}{\sqrt{4-(x-2)^2}}d(x-2) = \int \dfrac{1}{\sqrt{2^2-(x-2)^2}}d(x-2)$

$\qquad = \sin^{-1}\left(\dfrac{x-2}{2}\right)+c$。

範例 *8*

(1) $\int \dfrac{1}{(9-x^2)^{\frac{3}{2}}} dx$。

(2) $\int \dfrac{1}{(1+x^2)^2} dx$。

解

(1) 令 $x = 3\sin\theta$，則由①式代入原積分式得

$$\therefore \int \frac{1}{(9-x^2)^{\frac{3}{2}}} dx = \int \frac{1}{(9\cos^2\theta)^{\frac{3}{2}}} \times 3\cos\theta d\theta$$

$$= \int \frac{1}{3^3\cos^3\theta} \times 3\cos\theta d\theta = \frac{1}{9}\int \sec^2\theta d\theta$$

$$= \frac{1}{9}\tan\theta + c = \frac{x}{9\sqrt{9-x^2}} + c \text{ 。}$$

(2) 令 $x = \tan\theta$，則由②式代入原積分式得

$$\int \frac{1}{(1+x^2)^2} dx = \int \frac{\sec^2\theta}{\sec^4\theta} d\theta = \int \frac{1}{\sec^2\theta} d\theta$$

$$= \int \cos^2\theta d\theta = \int \frac{1+\cos 2\theta}{2} d\theta$$

$$= \frac{1}{2}\theta + \frac{1}{4}\sin(2\theta) + c$$

$$= \frac{1}{2}\tan^{-1}(x) + \frac{1}{4} \times 2\sin\theta \times \cos\theta + c$$

$$= \frac{1}{2}\tan^{-1}(x) + \frac{1}{2} \times \frac{x}{1+x^2} + c \text{ 。}$$

$\tan\theta = x$

0-3 習題演練

請利用代換法計算下列各題不定積分。

1. $\int (e^{2x} - 3\cos 5x)\,dx$

2. $\int (4\sin 2x + \cosh 5x)\,dx$

3. $\int x(x^2 + 1)^3\,dx$

4. $\int x(2x^2 - 1)^2\,dx$

5. $\int \dfrac{2x}{x^2 + 1}\,dx$

6. $\int \dfrac{3x}{\sqrt{x^2 + 1}}\,dx$

7. $\int 5x^2 e^{x^3}\,dx$

8. $\int \dfrac{x^2}{\sqrt{1 + x^3}}\,dx$

9. $\int \dfrac{x}{\sqrt{1 - 2x^2}}\,dx$

10. $\int \sqrt{9 - x^2}\,dx$

11. $\int \dfrac{1}{(x^2 - 4)^{3/2}}\,dx$

12. $\int \dfrac{dx}{(9x^2 + 4)^{3/2}}$

0-4　分部積分法

由微分乘法公式知 $d(uv) = udv + vdu$ ，所以 $udv = d(uv) - vdu$ ，

則 $\int udv = uv - \int vdu$ 。

分部積分記憶法

1. 口訣：裡外相乘減裡外對調的積分。
2. 邊微邊積，如圖 0-8 所示。

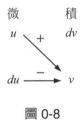

圖 0-8

執行分部積分兩次，可得到公式如下（可配合圖 0-9 理解）：

$$\int f(x)g(x)dx = f(x)\int g(x)dx - f'(x)\int(\int g(x)dx)dx + \int[f''(x)\int(\int g(x)dx)dx]dx$$

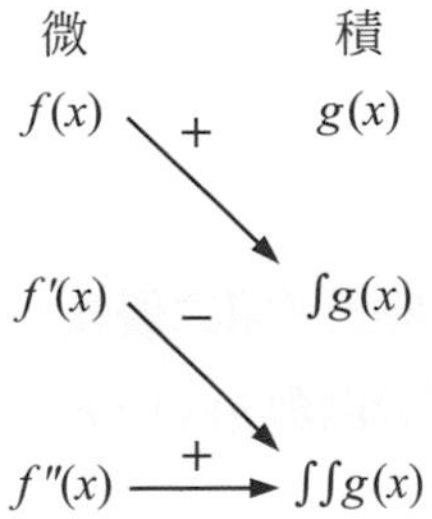

微　　　　　積

$f(x)$ ＋ $g(x)$

$f'(x)$ − $\int g(x)$

$f''(x)$ ＋ $\int\int g(x)$

圖 0-9

換句話說，我們在選定的函數上微（對 f ）兩次，積（對 g ）兩次，事實上，我們會重複執行分部積分直到最後的被微、被積函數可以輕易求出為止，請看接下來的範例。

範例 1

$$\int xe^x dx$$

解

$$\therefore \int xe^x dx = xe^x - e^x + \int (0 \cdot e^x) dx$$

$$= xe^x - e^x + c \text{。}$$

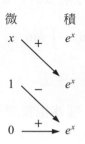

選擇被積、被微函數的技巧

　　採「保留優先」通則，設法將難積分的留下（被微），易積分的提出去（被積）：

$$\int f(x)g(x)dx = \int (保留)d(提出)\text{；亦可記成} \int f(x)g(x)dx = \int (難積分)d(易積分)$$

被微函數的選擇順序 $\begin{cases} 第一優先：反函數。如反三角函數、反雙曲函數；對數函數。 \\ 第二優先：幂函數、多項式。 \\ 第三優先：三角函數、雙曲函數、指數函數。 \end{cases}$

Note

以範例 1 中的函數 xe^x 為例，x 為多項式（第二優先），e^x 為指數函數（第三優先）

所以選擇被微分函數 $f(x) = x$，被積分函數 $g(x) = e^x$。

範例 2

計算 $\int \ln x dx$。

解

$$\therefore \int \ln x dx = x \ln x - \int \frac{1}{x} \times x dx + c = x \ln x - x + c \text{。}$$

範例 *3*

計算下列兩題

(1) $\int x^2 \cos x dx$。

(2) $\int e^x \sin x dx$。

解

(1) x^2 宜讓他降次，因此選為被微函數，如附圖所示。

$$\int x^2 \cos x dx = x^2 \sin x + 2x \cos x - 2\sin x + c \text{。}$$

(2) 如附圖所示，得

$$\int e^x \sin x dx = -e^x \cos x + e^x \sin x - \int e^x \sin x dx + c^* \text{，}$$

整理得 $\int e^x \sin x dx = -\dfrac{1}{2} e^x \cos x + \dfrac{1}{2} e^x \sin x + \dfrac{1}{2} c^*$

$$= \dfrac{1}{2}\left[e^x \sin x - e^x \cos x \right] + c \text{。}$$

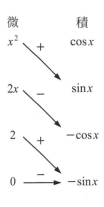

Note

配合代換積分法（新變數 $X = bx$、$Y = ax$），可驗證底下公式

(1) $\int e^{ax} \cos(bx) dx = \dfrac{1}{a^2 + b^2}\left[ae^{ax} \cos bx + be^{ax} \sin bx \right] + c$。

(2) $\int e^{ax} \sin(bx) dx = \dfrac{1}{a^2 + b^2}\left[ae^{ax} \sin bx - be^{ax} \cos bx \right] + c$。

0-4 習題演練

請利用分部積分法計算下列不定積分。

1. $\int x^2 e^{2x} dx$

2. $\int x \ln x dx$

3. $\int x^2 \ln x dx$

4. $\int x \cos x dx$

5. $\int x^2 \sin x dx$

6. $\int e^{2x} \sin x dx$

7. $\int x^3 e^{2x} dx$

8. $\int e^{3x} \cos 2x dx$

0-5　三角函數積分

　　若被積分函數為三角函數的冪次，則我們可利用三角函數間的平方關係、和差化積、積化和差、半（倍）角公式等等，設法將被積分函數降次、拆解後，再做積分。

　　我們將這些公式整理如下：

序號	平方關係	半角公式
①	$\sin^2 x + \cos^2 x = 1$	$\sin^2 x = \dfrac{1-\cos 2x}{2}$
②	$\tan^2 x = \sec^2 x - 1$	$\cos^2 x = \dfrac{1+\cos 2x}{2}$
③	$\cot^2 x = \csc^2 x - 1$	
④	$\sec^2 x = \tan^2 x + 1$	
⑤	$\csc^2 x = \cot^2 x + 1$	

序號	和差化積	口訣
①	$\sin mx + \sin nx = 2\sin\left(\dfrac{m+n}{2}x\right)\cos\left(\dfrac{m-n}{2}x\right)$	$S + S = 2SC$
②	$\sin mx - \sin nx = 2\cos\left(\dfrac{m+n}{2}x\right)\sin\left(\dfrac{m-n}{2}x\right)$	$S - S = 2CS$
③	$\cos mx + \cos nx = 2\cos\left(\dfrac{m+n}{2}x\right)\cos\left(\dfrac{m-n}{2}x\right)$	$C + C = 2CC$
④	$\cos mx - \cos nx = -2\sin\left(\dfrac{m+n}{2}x\right)\sin\left(\dfrac{m-n}{2}x\right)$	$C - C = -2SS$

序號	積化和差	口訣
①	$\sin(mx)\cos(nx) = \dfrac{1}{2}[\sin(m+n)x + \sin(m-n)x]$	$SC = \dfrac{1}{2}(S+S)$
②	$\cos(mx)\sin(nx) = \dfrac{1}{2}[\sin(m+n)x - \sin(m-n)x]$	$CS = \dfrac{1}{2}(S-S)$
③	$\cos(mx)\cos(nx) = \dfrac{1}{2}[\cos(m+n)x + \cos(m-n)x]$	$C + C = \dfrac{1}{2}(C+C)$
④	$\sin(mx)\sin nx = \dfrac{-1}{2}[\cos(m+n)x - \cos(m-n)x]$	$SS = -\dfrac{1}{2}(C-C)$

$\int \sin^n x dx$ 及 $\int \cos^n x dx$

1. n 為正奇數

範例 1

計算 $\int \sin^3 x dx$。

解

$$\int \sin^3 x dx = \int \sin x \left(1 - \cos^2 x\right) dx \quad (\text{平方關係①})$$

$$= \int \sin x dx - \int \sin x \cos^2 x dx$$

$$= \int \sin x dx + \int \cos^2 x d(\cos x)$$

$$= -\cos x + \frac{1}{3} \cos^3 x + c \text{。}$$

2. n 為正偶數

範例 2

計算

(1) $\int \cos^2 x dx$。

(2) $\int \sin^2 x dx$。

解

(1) $\int \cos^2 x dx = \int \dfrac{1 + \cos 2x}{2} dx \quad (\text{半角公式①})$

$\qquad = \dfrac{1}{2} x + \dfrac{1}{4} \sin 2x + c \text{。}$

(2) $\int \sin^2 x dx = \int \dfrac{1 - \cos 2x}{2} dx \quad (\text{半角公式②})$

$\qquad = \dfrac{1}{2} x - \dfrac{1}{4} \sin 2x + c \text{。}$

接下來開始的題型，會用到許多基礎三角函數的不定積分，因此我們先做整理如下表，並在實際計算中適時引用。

序號	常用積分
①	$\int \tan x\,dx = -\ln\lvert\cos x\rvert + c$
②	$\int \cot x\,dx = +\ln\lvert\sin x\rvert + c$
③	$\int \tan^2 x\,dx = \int(\sec^2 x - 1)dx = \tan x - x + c$
④	$\int \cot^2 x\,dx = \int(\csc^2 x - 1)dx = -\cot x - x + c$
⑤	$\int \sec x\,dx = \ln\lvert\sec x + \tan x\rvert + c$
⑥	$\int \csc x\,dx = \ln\lvert\csc x - \cot x\rvert + c$
⑦	$\int \sec^2 x\,dx = \tan x + c$
⑧	$\int \csc^2 x\,dx = -\cot x + c$

$$\int \tan^n x\,dx \quad 及 \quad \int \cot^n x\,dx$$

範例 3

計算 $\int \tan^3 x\,dx$。

解

$$\int \tan^3 x\,dx = \int \tan x(\sec^2 x - 1)dx \quad（平方關係②）$$
$$= \int \tan x\,d(\tan x)dx - \int \tan x\,dx$$
$$= \frac{1}{2}\tan^2 x + \ln\lvert\cos x\rvert + c \quad（常用積分①）。$$

$\int \sec^n xdx$ 及 $\int \csc^n xdx$

範例 4

計算 $\int \sec^4 xdx$。

解

$$\int \sec^4 xdx = \int \sec^2 x(\tan^2 x + 1)dx \quad（平方關係②）$$
$$= \int \tan^2 xd(\tan x) - \int \sec^2 xdx$$
$$= \frac{1}{3}\tan^3 x - \tan x + c \quad（常用積分⑦）。$$

$\int \sin^m x \cos^n xdx$

1. m、n 有一為正奇數

範例 5

計算 $\int \sin^3 x \cos^2 xdx$。

解

從奇數次方著手

$$\int \sin^3 x \cos^2 xdx = \int \sin x(1 - \cos^2 x)\cos^2 xdx \quad（平方關係①）$$
$$= \int -\cos^2 x(1 - \cos^2 x)d(\cos x)$$
$$= -\frac{1}{3}\cos^3 x + \frac{1}{5}\cos^5 x + c。$$

Note

$\sec^n x$、$\csc^n x$ 的不定積分一般都是積 $n = 1$ 或 2 次積分，n 在 3 以上很少用，可自行試試看。

2. m、n 均為正偶數

範例 6

計算 $\int \sin^2 x \cos^2 x \, dx$。

解

利用半角公式（降次）

$$\int \sin^2 x \cos^2 x \, dx = \int \left(\frac{1-\cos 2x}{2} \times \frac{1+\cos 2x}{2} \right) dx \quad \text{（半角公式①、②）}$$

$$= \int \frac{1-\cos^2 2x}{4} \, dx$$

$$= \int \left(\frac{1}{4} - \frac{1}{4} \times \frac{1+\cos 4x}{2} \right) dx \quad \text{（倍角公式②）}$$

$$= \int \left(\frac{1}{4} - \frac{1}{8}(1+\cos 4x) \right) dx$$

$$= -\frac{1}{8}x - \frac{1}{32}\sin 4x + c \, 。$$

$\int \sin(mx) \cos(nx) \, dx$

範例 7

計算 $\int \sin(3x) \cos(5x) \, dx$。

解

$$\int \sin(3x) \cos(5x) \, dx = \int \frac{1}{2} \left(\sin(3x+5x) + \sin(3x-5x) \right) dx \quad \text{（積化和差①）}$$

$$= \frac{1}{2} \int \left[\sin 8x - \sin 2x \right] dx$$

$$= -\frac{1}{16}\cos 8x + \frac{1}{4}\cos 2x + c \, 。$$

0-5　習題演練

用本節所提到的三角恆等式計算下列各題不定積分

1. $\int \sin^4 x\, dx$

2. $\int \tan^4 x\, dx$

3. $\int \cos^3 x\, dx$

4. $\int \cos(3x)\cos(2x)\, dx$

5. $\int \sin(x)\sin(3x)\, dx$

6. $\int \sin(x)\cos^2(x)\, dx$

7. $\int \sin^2(x)\cos^3(x)\, dx$

8. $\int \sec^4(x)\tan^4(x)\, dx$

9. $\int \sec^5 x \tan x\, dx$

0-6　部分分式法與積分

要如何計算 $\int \dfrac{1}{(x+a)(x+b)} dx$ ？前面各小節並沒有直接的公式可用，但再仔細的

觀察一下，我們有類似的不定積分： $\int \dfrac{1}{x} dx = \ln|x| + c$ 。因此這給了我們一個想法：

是否能將 $\dfrac{1}{(x+a)(x+b)}$ 拆成型如 $\dfrac{1}{cx+d}$ 的有理函數相加減？事實上，若假設

$\dfrac{1}{(x+a)(x+b)} = \dfrac{A_1}{x+a} + \dfrac{A_2}{x+b}$ ，則 A_1、A_2 是有唯一解的，同時

$\int \dfrac{1}{(x+a)(x+b)} dx = A_1 \int \dfrac{1}{x+a} dx + A_2 \int \dfrac{1}{x+b} dx$ 。

　　上面這個動作稱為部分分式，此觀念是由數學家 Oliver Heaviside (1850～1925)所
提出的理論，接著我們將介紹常用的部分分式及其積分。

基本公式

1. $\int \dfrac{1}{ax+b} dx = \dfrac{1}{a} \ln|ax+b| + C$ 。

2. $\int \dfrac{1}{a^2+x^2} dx = \dfrac{1}{a} \tan^{-1}\left(\dfrac{x}{a}\right) + C$ 。

3. $\int \dfrac{1}{a^2-x^2} dx = \dfrac{1}{2a} \ln\left|\dfrac{a+x}{a-x}\right| + c$ 。

0-6.1　分母是相異的一次因式乘積

設分式 $\dfrac{f(x)}{g(x)} = \dfrac{f(x)}{(x-a)(x-b)(x-c)} = \dfrac{A_1}{x-a} + \dfrac{A_2}{x-b} + \dfrac{A_3}{x-c}$，

其中 $\deg[g(x)] > \deg[f(x)]$，且 a、b 與 c 互不相同。

若 $\deg[g(x)] \le \deg[f(x)]$，則要用長除法化成帶分式後再計算，

將此式同乘以 $(x-a)$ 得 $\dfrac{f(x)}{(x-b)(x-c)} = A_1 + A_2 \times \dfrac{x-a}{x-b} + A_3 \times \dfrac{x-a}{x-c}$，

兩側取 $x=a$ 得 $A_1 = \dfrac{f(x)}{(x-b)(x-c)}\bigg|_{x=a} = \dfrac{f(a)}{(a-b)(a-c)}$，

同理 $A_2 = \dfrac{f(b)}{(b-a)(b-c)}$、$A_3 = \dfrac{f(c)}{(c-a)(c-b)}$，即求 $(x-a)$ 的係數 A_1，

可將 $\dfrac{f(x)}{(x-a)(x-b)(x-c)}$ 中遮去 $(x-a)$ 項代 $x=a$，其餘類推。

範例 1

計算 $\displaystyle\int \dfrac{x}{x^2+3x+2} dx$。

解

$\dfrac{x}{x^2+3x+2} = \dfrac{x}{(x+1)(x+2)} = \dfrac{A_1}{x+1} + \dfrac{A_2}{x+2}$，

則 $A_1 = \dfrac{x}{x+2}\bigg|_{x=-1} = -1$、$A_2 = \dfrac{x}{x+1}\bigg|_{x=-2} = 2$，

得 $\displaystyle\int \dfrac{x}{x^2+3x+2} dx = \int \left[\dfrac{-1}{x+1} + \dfrac{2}{x+2}\right] dx = -\ln|x+1| + 2\ln|x+2| + c$。

0-6.2 分母是不盡相異的一次因式乘積

基本分解法

存在惟一的實數 A_1、A_2、……、A_n 與 B 使得分式

$$\frac{f(x)}{g(x)} = \frac{f(x)}{(x-a)^n Q(x)} = \frac{A_1}{x-a} + \frac{A_2}{(x-a)^2} + \cdots + \frac{A_n}{(x-a)^n} + \frac{B}{Q(x)} \,,$$

其中 $Q(a) \neq 0$，即 $x-a$ 不為 $Q(x)$ 的因式。

以 $n=2$ 為例，若 $\dfrac{f(x)}{g(x)} = \dfrac{f(x)}{(x-a)^2 Q(x)} = \dfrac{A_1}{x-a} + \dfrac{A_2}{(x-a)^2} + \dfrac{B}{Q(x)}$ ，左右同乘以

$(x-a)^2$ 得 $\dfrac{f(x)}{Q(x)} = (x-a)A_1 + A_2 + (x-a)^2 R(x)$ （此處暫以 $R(x)$ 代表 $\dfrac{B}{Q(x)}$ ），則

$A_2 = \dfrac{f(x)}{Q(x)}\bigg|_{x=a} = \dfrac{f(a)}{Q(a)}$ ，現在兩端微分得 $\left[\dfrac{f(x)}{Q(x)}\right]' = A_1 + (x-a)^2 R'(x) + 2(x-a)R(x)$ ，

兩端代入 $x=a$ 可得 $A_1 = \left[\dfrac{f(x)}{Q(x)}\right]'\bigg|_{x=a}$ 。

事實上，依此先同乘 $(x-a)^n$ 再微分降階的做法，我們會得如下結果：

分式係數的計算

(1) $A_{n-k} = \lim\limits_{x \to a} \dfrac{1}{k!}\left[\dfrac{f(x)}{Q(x)}\right]^{(k)} = \lim\limits_{x \to a} \dfrac{1}{k!}\dfrac{d^k}{dx^k}\left[\dfrac{f(x)}{Q(x)}\right]$ ， $k = 0, 1, \cdots, n-1$ 。

(2) $B = \lim\limits_{x \to r} \dfrac{f(x)}{(x-a)^n}$ ，其中 r 為多項式 $Q(x)$ 的其中一個根。

Note

其實 A_n 可以用遮掉 $(x-a)^n$ 後代 $x=a$ 求出，而其他係數可以用代值法求解。

範例 2

計算 $\int \dfrac{2x+1}{(x+1)(x-2)^2}\,dx$。

解

令 $\dfrac{2x+1}{(x+1)(x-2)^2} = \dfrac{B}{x+1} + \dfrac{A_1}{x-2} + \dfrac{A_2}{(x-2)^2}$ ，

則 0-6-2 中的 $Q(x)=x+1$，且 $B = \left.\dfrac{2x+1}{(x-2)^2}\right|_{x=-1} = -\dfrac{1}{9}$ ；

$A_2 = \dfrac{1}{0!} \times \lim_{x\to 2}\dfrac{2x+1}{x+1} = \dfrac{5}{3}$ 、 $A_1 = \lim_{x\to 2}\dfrac{1}{1!}\times\left(\dfrac{2x+1}{x+1}\right)' = \lim_{x\to 2}\dfrac{2(x+1)-(2x+1)}{(x+1)^2} = \dfrac{1}{9}$ ，

$\therefore \int \dfrac{2x+1}{(x+1)(x-2)^2}\,dx = \int\left[\dfrac{-1/9}{x+1} + \dfrac{1/9}{x-2} + \dfrac{5/3}{(x-2)^2}\right]dx$

$\qquad = -\dfrac{1}{9}\ln|x+1| + \dfrac{1}{9}\ln|x-2| - \dfrac{5}{3(x-2)} + c$ 。

Note

範例 2 中 A_1 亦可用極限法求解。如此可以避免微分的手續可能出現比較複雜的計算，說明如下：

$\dfrac{2x+1}{(x+1)(x-2)^2} = \dfrac{-1/9}{x+1} + \dfrac{A_1}{x-2} + \dfrac{5/3}{(x-2)^2}$ ，左右同乘以 x 後取 $x\to\infty$，則

$0 = \lim_{x\to\infty} x \times \dfrac{2x+1}{(x+1)(x-2)^2} = \lim_{x\to\infty}\left[x\times\dfrac{-1/9}{x+1} + x\times\dfrac{A_1}{x-2} + x\times\dfrac{5/3}{(x-2)^2}\right]$

$= \lim_{x\to\infty}\left[\dfrac{-1}{9}\times\dfrac{x}{x+1} + A_1\times\dfrac{x}{x-2} + \dfrac{5}{3}\times\dfrac{x}{(x-2)^2}\right] = -\dfrac{1}{9} + A_1 + 0$ （羅畢達法則），

得 $A_1 = \dfrac{1}{9}$ 。

其實也可以用代值法求 A_1 如下：

$\dfrac{2x+1}{(x+1)(x-2)^2} = \dfrac{-1/9}{x+1} + \dfrac{A_1}{x-2} + \dfrac{5/3}{(x-2)^2}$ ，

左右兩側代一個不會使分母為 0 的值，以 $x=0$ 代入，得 $\dfrac{1}{4} = -\dfrac{1}{9} - \dfrac{1}{2}A_1 + \dfrac{5}{12} \Rightarrow A_1 = \dfrac{1}{9}$ 。

0-6.3 分母含有不能因式分解的二次因式

設分式 $\dfrac{f(x)}{g(x)} = \dfrac{f(x)}{\left[(x+a)^2 + b^2\right]Q(x)} = \dfrac{Ax+B}{(x+a)^2 + b^2} + \dfrac{C}{Q(x)}$ ，求 A、B 與 C。

STEP 1 $C = \lim\limits_{x \to r} \dfrac{f(x)}{\left[(x+a)^2 + b^2\right]}$ ，其中 r 是 $Q(x)$ 的一根。

STEP 2 我們可以利用左右同乘以 x 後，取 $x \to \infty$，求出 A。

STEP 3 利用代值法求出 B。

範例 3

計算 $\displaystyle\int \dfrac{2x-1}{x(x^2+1)}\,dx$。

解

令分式 $\dfrac{2x-1}{x(x^2+1)} = \dfrac{A}{x} + \dfrac{Bx+C}{x^2+1}$ ，則

STEP 1 $A = \lim\limits_{x \to 0} \dfrac{f(x)}{\left[(x+a)^2 + b^2\right]} = \lim\limits_{x \to 0} \dfrac{2x-1}{x^2+1} = -1$。

STEP 2 左右同乘以 x 後，取 $x \to \infty \Rightarrow 0 = A + B \Rightarrow B = 1$。

STEP 3 現在 $\dfrac{2x-1}{x(x^2+1)} = \dfrac{-1}{x} + \dfrac{x+C}{x^2+1}$ ，

將 $x = 1$ 代入上式 $\Rightarrow \dfrac{1}{1 \times 2} = -1 + \dfrac{1+C}{2} \Rightarrow C = 2$ ，

$\therefore \dfrac{2x-1}{x(x^2+1)} = \dfrac{-1}{x} + \dfrac{x+2}{x^2+1}$ ，

所以 $\displaystyle\int \dfrac{2x-1}{x(x^2+1)}\,dx = \int \left[-\dfrac{1}{x} + \dfrac{x+2}{x^2+1}\right]dx = -\ln|x| + \dfrac{1}{2}\ln\left|x^2+1\right| + 2\tan^{-1}(x) + c$。

0-6 習題演練

利用部分分式及本章所學的所有積分技巧、公式（同時參考 0-5 節的常用積分表）計算下列不定積分

1. $\int \dfrac{1}{x^2 - x - 6} dx$

2. $\int \dfrac{1}{x^2 + 7x + 12} dx$

3. $\int \dfrac{1}{2x^2 - x - 1} dx$

4. $\int \dfrac{x+1}{x^2 - x - 42} dx$

5. $\int \dfrac{1}{x^3 - x^2} dx$

6. $\int \dfrac{x+2}{(x+3)(x+1)^2} dx$

7. $\int \dfrac{x^2 + 5}{(x+1)(x^2 - 2x + 3)} dx$

8. $\int \dfrac{3x^2 - 7x + 5}{(x-1)(x^2 - 2x + 2)} dx$

9. $\int \dfrac{4x + 16}{(x+1)^2 (x-5)} dx$

10. $\int \dfrac{2x^2 + x - 8}{x^3 + 4x} dx$

1

一階常微分方程

在工程問題上，如何利用數學建模來描述一個物理模型是非常重要的。其中最常見的描述方法就是微分方程(Differential Equation)，其包含了常微分方程(Ordinary Differential Equation)與偏微分方程(Partial Differential Equation)。微分方程的起源幾乎與微積分同時都在十七世紀末左右，其主要是爲了解決天體運動與物理學，其中常微分方程一般而言是由惠更斯(Huygens, 1629－1695)在 1693 年所提出，而到十八世紀中期，在很多數學家的努力之下，成爲一個獨立的學科且應用非常的廣泛。本章節主要先介紹微分方程的整體概念，然後討論其解的表示式與幾何意義，接著進入本章節的重心，研究如何求解各類一階常微分方程。

1-1　微分方程總論

1-1.1　物理問題建模與微分方程的產生

一般物理問題的建模，常常會用到導數、偏導數，並由對應的物理理論建立該模型的數學方程式，以拋體運動爲例，若一物體從手上往上拋，並令上升高度爲 y，則其爲時間的函數 $y(t)$。因加速度 $a(t) = y''(t) = -g$ （ g 爲重力加速度），故牛頓第二運動定律表示 $ma = -mg$，即 $y''(t) = -g$。若此物體在手上時，距離地面 y_0；初始上拋速度爲 v_0，則可進一步列出此運動的數學方程式爲：

$$\begin{cases} y''(t) = -g \\ y(0) = y_0, \ y'(0) = v_0 \end{cases},$$

即爲描述此拋體運動的微分方程，如圖 1-1 所示。以下再介紹幾個其他例子。

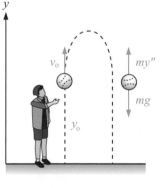

圖 1-1

傳染病模型

現有一群人受到 Covid-19 的威脅，該群人可分爲兩類：健康的人和受感染的人。令 p 爲健康的人受感染之機率，r 爲受感染的人康復之機率，y 爲該群人中受感染的比率。假設最初有 8 位健康的人，2 位受感染的人，即初始值爲 0.2，則

$$\begin{cases} \dfrac{dy}{dt} = p(1-y) - ry \\ y(0) = 0.2 \end{cases}.$$

牛頓力學問題

考慮一彈簧系統（如圖 1-2 所示），在不考慮摩擦力與阻尼的情況下，若有一外力 $f(t)$ 作用在物體質量為 m 上，而彈簧之彈性係數爲 k，且物體之初始位置爲原點，初始速度爲 V_0，此彈簧系統如何建模？

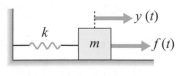

圖 1-2　質量彈簧系統

由牛頓第二運動定律可以知道 $\Sigma F = ma$，外力總合爲 $f(t) - k \cdot y$，其中 $y(t)$ 爲此彈簧系統之位移，且根據牛頓第二運動定律，物體之加速度爲 $\dfrac{d^2 y}{dt^2} = y''$，則此彈簧系統之動態方程式爲 $f(t) - k \cdot y = my''$，即 $my'' + k \cdot y = f(t)$，配合初始條件爲 $y(0) = 0$；$y'(0) = V_0$。

上面微分方程中出現有未知函數的一階、二階微分，且其自變數都是單變數，但物理系統也可能存在自變數爲多變數的函數，如何將其分類將在以下定義。

1-1.2　定義與分類

接著將談談何謂微分方程式，其如何分類，然後介紹在微分方程式中常用名詞的定義。

微分方程式(Differential Equation, DE)

凡是描述某未知函數及其導數與自變數間之關係，稱爲微分方程式。例如上面牛頓力學問題中的未知函數 $y(t)$ 表示位移，則 $my'' + ky = f(t)$ 即是描述未知函數 $y(t)$ 及其導數 y'' 與自變數 t 間關係之微分方程式。

方程的分類

微分方程式根據自變數的數目，可分爲下列兩種

$\begin{cases} \text{常微分方程 (Ordinary Differential Equation, ODE)：未知函數爲單變數，例如 } y = y(t) \\ \text{偏微分方程 (Partial Differential Equation, PDE)：未知函數爲多變數，例如 } u = u(x,t) \end{cases}$。

在 $my'' + cy' + ky = f(t)$ 中，自變數爲單變數 t ，$y = y(t)$……ODE

在 $\dfrac{\partial^2 u}{\partial x^2} = c^2 \dfrac{\partial^2 u}{\partial t^2}$ 中，自變數爲多變數 x 與 t ，$u = u(x,t)$……PDE

常見名詞

描述一個微分方程式需要下列三個重要資訊：

1. **階數(Order)**：微分方程式中最高階導數的次數，稱爲 ODE 的階數。
2. **次數(Degree)**：微分方程式中的最高階導數的次方次數，稱爲 ODE 的次數。
3. **線性(Linear)**：

   未知函數及其導數皆滿足下列特性時，稱此 ODE 爲線性。

   (a) 次數爲1次。
   (b) 不能有互乘項。
   (c) 不能有非線性函數，例如：三角函數、指數函數等。

我們用範例 1 來說明上面這三個名詞

範例 1

指出下列各微分方程之階數、次數及是否爲線性：

(1) $y'' + y' + 4y = \cos x$。

(2) $y'' + 3y' + 4y = \cos y$。

(3) $(y''')^2 + (y')^3 + y' = t$。

(4) $xy' + (y'')^2 = xy^2$。

(5) $\dfrac{\partial u}{\partial x} + \dfrac{\partial u}{\partial y} + 8x^5 + \sin y = u^2$。

(6) $\dfrac{\partial^2 u}{\partial x^2} + \dfrac{\partial^2 u}{\partial y^2} = 0$。

解

(1) 二階一次線性 ODE (自變數爲 x)。

(2) 二階一次非線性 ODE (其中 $\cos y$ 爲非線性函數)。

(3) 三階二次非線性 ODE (自變數爲 t)。

(4) 二階二次非線性 ODE。

(5) 一階一次非線性 PDE。

(6) 二階一次線性 PDE。

Note

此例說中的 y 爲單變數函數，$u(x, y)$ 爲多變數函數

1-1.3　常微分方程式的解

我們在前面已經談了微分方程的定義與分類，接下來將介紹有關微分方程的解，及其幾何上的意義。

解的定義

設 ODE 為 $f\left(x, y, y', y'', \cdots, y^{(n)}\right) = 0$，則滿足上式者，即為 ODE 的解。

例說　請驗證 $y_1 = \cos x$，$y_2 = \sin x$，$y_3(x) = A\cos x + B\sin x$ 均為 $y'' + y = 0$ 之解。

解　$y_1'' + y_1 = -\cos x + \cos x = 0$ 成立，$\therefore y_1 = \cos x$ 為 ODE 之解。

同理可證 $\begin{cases} y_2'' + y_2 = 0 \\ y_3'' + y_3 = 0 \end{cases}$，$\therefore y_1(x)$，$y_2(x)$ 與 $y_3(x)$ 均為 $y'' + y = 0$ 之解。

解的種類

考慮 ODE $y'' - y = 0$，我們可以檢查 $y_1 = e^x$、$y_2 = e^{-x}$ 與 $y_3 = c_1 e^x + c_2 e^{-x}$ 均滿足 ODE，故為 ODE 的解。又此 ODE 為二階，而解 y_3 中有兩個獨立的常數 c_1 與 c_2，我們稱 y_3 為此 ODE 之通解。若我們取 $c_1 = 1$、$c_2 = 0$ 則可得 y_1，若取 $c_1 = 0$，$c_2 = 1$ 則可得 y_2，我們稱 y_1、y_2 為 ODE 之特解。對於 ODE $y^{(n)} = f\left(x, y, y', \cdots, y^{(n-1)}\right)$ 的解可分為兩大類：

1. **通解(General Solution)**：此解中獨立常數個數與 ODE 的階數相同。
2. **特解(Particular Solution)**：由通解中，給定任意常數值所得的解。

所以對 $y'' + y = 0$ 而言，$y_3(x) = A\cos x + B\sin x$ 為此 ODE 之通解，而 $y_1(x) = \cos x$ 與 $y_2(x) = \sin x$ 則為特解。

解的幾何意義

對微分方程式 $y' = 1$ 積分得通解 $y(x) = \int 1 dx = x + c$，不同的 c 值可得一個不同的特解，這些特解在 c 的變動下形成一曲線族，如圖 1-3 所示。

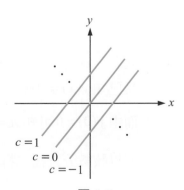

因此通解、特解，所對應的幾何意涵分別為下列兩種：

1. 通解表示 $x - y$ 平面的某一個曲線族。
2. 特解表示通解之曲線族中的某一曲線。

圖 1-3

1-1.4 微分方程式之問題分類

微分方程式依所給定之條件的不同，大致上可以分成初始值問題與邊界值問題兩大類，其相關之定義如下：

初始值問題(Initial Value Problem, IVP)

微分方程式中針對同一個自變數給值(條件值)，我們稱其為 IVP，一般常見的初始值為時間 $t = 0$。

邊界值問題(Boundary Value Problem, BVP)

微分方程式中針對兩個以上不同的邊界位置坐標給值(條件值)，我們稱其為 BVP。

我們舉一個例子說明 IVP 與 BVP 如下：

範例 2

決定下列 ODE 為初始值問題或邊界值問題。

(1) $y''(x) + y(x) = 0$ ； $\begin{cases} y(0) = 1 \\ y'(0) = -1 \end{cases}$。

(2) $y''(x) + y(x) = 0$ ； $\begin{cases} y(0) = 0 \\ y(\frac{\pi}{2}) = 1 \end{cases}$。

解

(1) 此題為針對同一個自變數 $x = 0$ 給 y 的值，所以為 IVP。

又由前面的例子可知 $y(x) = A \cdot \cos x + B \cdot \sin x$ 為該方程式之通解，

而由 $y(0) = 1$ 可知 $A = 1$ ； $y'(0) = -1$ 可知 $B = -1$。

所以該微分方程之特解為 $y(x) = \cos x - \sin x$。

(2) 此題為針對同兩個不同自變數 $x = 0$ 與 $x = \pi/2$ 給 y 的值，所以為 BVP。

又已知 $y(x) = A \cdot \cos x + B \cdot \sin x$ 為該方程式之通解，

而由 $y(0) = 0$ 可知 $A = 0$ ； $y\left(\frac{\pi}{2}\right) = 1$ 可知 $B = 1$。

所以該微分方程之特解為 $y = \sin x$。

1-1　習題演練

1.　判斷下列微分方程式的階數、次數與其是否為線性？

　(1) $3x^2 y'' - 2xy' - 5y = 0$

　(2) $2yy' - 5y = 0$

　(3) $y'' - 3y' - 2y^3 = 0$

　(4) $(y')^2 - 3x^2 y + \cos x = 0$

　(5) $y'' - \cos(y) = 0$

在以下 2～6 題中，判別微分方程式的階數、次數、是否線性以及是 ODE 或 PDE：

2.　$y'' + y' + 4y = \cos x$

3.　$y' + 2y^4 + 3\sin x = x^5$

4.　$x^2 (y'')^2 + x(y')^3 + y = x^5$

5.　$\dfrac{\partial u}{\partial x} + \dfrac{\partial u}{\partial y} + 8x^5 + \sin y = u^2$

6.　$\dfrac{\partial^2 u}{\partial x^2} \cdot \dfrac{\partial u}{\partial y} = \sin x$

7.　請建立通過(1, 1)且切線斜率為 $-\dfrac{x}{y}$ 之曲線的數學模型。

8.　請建立 $y - cx^2 = 0$ 之正交曲線的數學模型。

1-2　分離變數型一階 ODE

　　一個一階 ODE 能夠利用分離變數(Separation of variables)的概念求解的原則，爲它的因變數(Dependent variables)與自變數(Independent variables)要能夠完全分離成 $M(x)dx = N(y)dy$，如此可以進行兩端不定積分求解，此方法是萊布尼茲(Leibniz)在 1691 年所提出。底下將針對可直接分離變數型與間接分離變數型進行求解。

1-2.1　直接分離變數(Separation of variables)

Source function 可分離

即　$y' = \dfrac{dy}{dx} = f(x, y) = f_1(x) \cdot f_2(y)$，故

$$\int \frac{1}{f_2(y)}\, dy = \int f_1(x)\, dx + c \ ,$$

這裡的 c 爲進行不定積分時所產生的待定係數。

> **N**ote
> 兩端不定積分時應該在等號兩端都會產生一個積分常數，但是移項後可以合併成一個常數，所以求解時只要加一邊的積分常數即可。

範例 1

求解 $y' = 5x$。

解

因 $\dfrac{dy}{dx} = 5x$ 故 $dy = 5x\,dx$ ，

$\therefore \displaystyle\int dy = \int (5x)\, dx \rightarrow y + c_1 = \frac{5}{2}x^2 + c_2$ ，

$y = \dfrac{5}{2}x^2 + (c_2 - c_1)$ ，

令 $c_2 - c_1 = c$ ，則解爲 $y = \dfrac{5}{2}x^2 + c$ 。

> **N**ote
> 對 $y' = f(x)$ 的解爲 $y(x) = \int f(x)dx + C$ 。

範例 2

求解 $y' + 2y = 0$，$y(0) = 2$。

解

$\dfrac{dy}{dx} = -2y \to \dfrac{1}{y}dy = -2dx \to \displaystyle\int \dfrac{1}{y}dy = \int -2dx$

$\to \ln|y| = -2x + c_1$，

兩端同取指數 $\to y = e^{-2x+c_1} = e^{c_1} \cdot e^{-2x} = ce^{-2x}$（其中 $e^{c_1} = c$），

所以通解為 $y = ce^{-2x}$（此為初始值問題，初始條件 $y(0) = 2$），

由 $y(0) = 2 \to c = 2 \to y = 2e^{-2x}$ 為解。

範例 3

求解方程式：$y' = y^2 e^x$。

解

$\dfrac{dy}{dx} = y^2 e^x \Rightarrow \displaystyle\int y^{-2}dy = \int e^x dx$

$\Rightarrow -y^{-1} = e^x - c$

$\Rightarrow e^x + \dfrac{1}{y} = c$ ……隱函數解

$\Rightarrow y = \dfrac{1}{c - e^x}$ ……顯函數解

Note

常用積分公式

$\displaystyle\int x^n dx = \dfrac{1}{n+1}x^{n+1} + c\,(n \neq -1)$。

$\displaystyle\int \dfrac{1}{x}dx = \ln|x| + c$。

$\displaystyle\int e^{ax}dx = \dfrac{1}{a}e^{ax} + c$。

Note

若一階 ODE 的解寫成 $f(x, y) = c$ 時，我們稱為隱函數解(Implicit function solution)。

若一階 ODE 的解寫成 $y = f(x, c)$時，我們稱為顯函數解(Explicit function solution)。

範例 *4*

求解方程式 $y' = \sec y \times \sin(2x)$，$y(0) = \dfrac{\pi}{2}$。

解

$$\frac{dy}{dx} = \sec y \times \sin(2x) \Rightarrow \frac{1}{\sec y} dy = \sin(2x) dx$$

$$\Rightarrow \int \cos y \, dy = \int \sin(2x) dx$$

$$\Rightarrow \sin y = -\frac{1}{2} \cos(2x) + c$$

$$\Rightarrow \sin(y) + \frac{1}{2} \cos(2x) = c \quad ，$$

由 $y(0) = \dfrac{\pi}{2} \Rightarrow 1 + \dfrac{1}{2} = c \Rightarrow c = \dfrac{3}{2}$，

$\therefore$ 解爲 $\sin(y) + \dfrac{1}{2} \cos(2x) = \dfrac{3}{2}$。

$M(x, y)$、$N(x, y)$ 可分離

即 $M(x, y) dx + N(x, y) dy = 0$ 可化成：$M_1(x) M_2(y) dx + N_1(x) N_2(y) dy = 0$，

左右同除 $M_2(y) N_1(x)$ 得 $\int \dfrac{M_1(x)}{N_1(x)} dx + \int \dfrac{N_2(y)}{M_2(y)} dy = \int 0 = C$。

範例 *5*

求解 $2y \, dx + 5x \, dy = 0$，$y(2) = 1$。

解

$\dfrac{2}{x} dx + 5 \dfrac{1}{y} dy = 0 \rightarrow \int \dfrac{2}{x} dx + \int \dfrac{5}{y} dy = c_1$，

$2 \ln|x| + 5 \ln|y| = c_1 \rightarrow \ln|x^2| + \ln|y^5| = c_1$，

兩端同取指數 $\rightarrow x^2 y^5 = e^{c_1} = c$，故

$x^2 y^5 = c$，由 $y(2) = 1 \rightarrow 2^2 \cdot 1^5 = c \rightarrow c = 4$，

所以解爲 $x^2 y^5 = 4$。

Note

常用化簡公式

(1) $\ln|a| = b \Rightarrow a = e^b$

(2) $\ln|a| + \ln|b| = \ln|a \cdot b|$

(3) $\ln|a| - \ln|b| = \ln\left|\dfrac{a}{b}\right|$

1-2.2　可化簡成分離變數型(Reduction to Separation of Variables)

有些一階 ODE 不能直接使用分離變數法，但可經過適當的變換化成直接分離變數型，以下將討論如何求解這一類題目。

齊次型(Homogeneous)

1. 定義

(1) 在函數 $y' = f(x, y)$ 中，若 $f(x, y)$ 為 k 次的齊次函數，即 $f(x, y)$ 滿足 $f(\lambda x, \lambda y) = \lambda^k f(x, y)$。

例：① $f(x, y) = x^2 + xy$，則 $f(\lambda x, \lambda y) = \lambda^2(x^2 + xy)$ 為二次齊次函數。

② $f(x, y) = \dfrac{x - y}{x + y}$，則 $f(\lambda x, \lambda y) = \lambda^0 \dfrac{x - y}{x + y}$ 為 0 次齊次函數。

(2) 在 ODE $y' = f(x, y)$ 若 $f(x, y)$ 為 0 次齊性函數，則稱此 ODE 為一階齊次 ODE (即齊 0 次)。

(3) 在 $M(x, y)dx + N(x, y)dy = 0$ 中，若 $M(x, y)$ 與 $N(x, y)$ 均為 k 次的齊次函數 (Homogeneous function of degree k)，則 $M(x, y)dx + N(x, y)dy = 0$ 為一階齊次 ODE。

例說 $y' = \dfrac{y}{x + y}$ 與 $y^2 dx + (x^2 - xy)dy = 0$ 均為一階齊次 ODE。

2. 解法

ODE $y' = f(x, y)$；若其中 $f(x, y)$ 為零次齊次函數，故 $f(x, y) = f\left(1, \dfrac{y}{x}\right)$。

令 $\dfrac{y}{x} = v$ (或 $\dfrac{x}{y} = v$)，$F\left(\dfrac{y}{x}\right) = f\left(1, \dfrac{y}{x}\right)$ (或 $F\left(\dfrac{x}{y}\right) = f\left(\dfrac{x}{y}, 1\right)$)

$\Rightarrow y = vx$，$dy = vdx + xdv$ 且 $y' = \dfrac{dy}{dx} = \dfrac{vdx + xdv}{dx} = v + x\dfrac{dv}{dx} = F(v)$

$\Rightarrow x\dfrac{dv}{dx} = F(v) - v \Rightarrow \displaystyle\int \dfrac{1}{F(v) - v}dv = \int \dfrac{1}{x}dx + c$。

範例 6

求解 $y' = \dfrac{y}{x+y}$。

解

令 $\dfrac{y}{x} = u \Rightarrow y = xu$，$dy = udx + xdu$，$y' = \dfrac{dy}{dx} = \dfrac{y/x}{1+y/x} = \dfrac{u}{1+u}$，

$\dfrac{udx+xdu}{dx} = \dfrac{u}{1+u}$，$x\dfrac{du}{dx} = -\dfrac{u^2}{u+1}$，$\displaystyle\int \dfrac{u+1}{u^2}du = \int -\dfrac{1}{x}dx$，

$\ln|u| - \dfrac{1}{u} = -\ln|x| + C$，$\ln|xu| - \dfrac{1}{u} = C$，$\ln|y| - \dfrac{x}{y} = C$。

範例 7

求解 $3ydx + (2y-3x)dy = 0$。

解

令 $\dfrac{y}{x} = u \to y = xu \to dy = xdu + udx$，

$3\left(\dfrac{y}{x}\right)dx + \left(2\dfrac{y}{x} - 3\right)dy = 0$，

$3udx + (2u-3)(xdu + udx) = 0$，

$2u^2 dx + x(2u-3)du = 0$，

$\dfrac{2}{x}dx + \left(\dfrac{2}{u} - \dfrac{3}{u^2}\right)du = 0$，

$2\ln|x| + 2\ln|u| + \dfrac{3}{u} = c$，

$2\ln|x| + 2\ln\left|\dfrac{y}{x}\right| + 3\dfrac{x}{y} = c$。

函數型 $y' = f(ax+by+c)$

令 $ax+by+c = t$ ，則 $by = t-ax-c$ ， $y = \dfrac{t-ax-c}{b}$ ， $dy = \dfrac{dt-adx}{b}$ ，

代入原 ODE 得

$$\frac{dy}{dx} = \frac{dt-adx}{bdx} = f(t)$$

$$\Rightarrow dt-adx = bf(t)dx ， dt = \big(a+bf(t)\big)dx$$

$$\Rightarrow \int \frac{1}{a+bf(t)}dt = \int dx + c 。$$

範例 *8*

求解方程： $\dfrac{dy}{dx} = (x+y+1)^2$ 。

解

令 $x+y+1 = t$ ，則 $\dfrac{dt}{dx} = 1 + \dfrac{dy}{dx}$ ， $\therefore y' = \dfrac{dy}{dx} = \dfrac{dt}{dx} - 1 = t^2$ ，

整理得 $\dfrac{1}{1+t^2}dt = 1dx$ ，兩端積分得

$\tan^{-1}(t) = x+c$

$\Rightarrow \tan^{-1}(x+y+1) = x+c$ 或 $\tan(x+c) = x+y+1$

$\Rightarrow y = -x-1+\tan(x+c)$ 。

Note

常用積分公式： $\int \dfrac{1}{1+x^2}dx = \tan^{-1}(x)+c$ 。

1-2　習題演練

利用分離變數法求解下列一階 ODE

1.　$y' = 2x^2 + 1$

2.　$y^2 y' = 3x + 2$

3.　$e^x y' = \sec y$

4.　$\dfrac{dy}{dx} = \sin 5x$

5.　$\dfrac{dy}{dx} = (x+1)^2$

6.　$dx + e^{3x} dy = 0$

7.　$\csc y\, dx + \sec^2 x\, dy = 0$

8.　$y' + y^2 = xy^2$

9.　$y^3 (2x^2 - 3x - 1)dx + 3y^2 dy = 0$

10.　$2xy' - y^2 + 2y + 8 = 0$

11.　$e^y \cdot y' = x + x^3$

12.　$xy' = y^2 - y$

13.　$(y^2 + 1)dx = y \sec^2 x\, dy$

14.　$y^2 dx + (x^2 - xy)dy = 0$

求解下列一階齊性 ODE

15.　$(3xy + y^2) + (x^2 + xy)y' = 0$

16.　$y' - \left(\dfrac{y}{x}\right)^2 + 2\left(\dfrac{y}{x}\right) = 0$

17.　$2xyy' - y^2 + x^2 = 0$

18.　$y' = (x + y - 2)^2$

19.　$y' = \dfrac{x - y}{2x - 2y + 1}$

20.　$\dfrac{dy}{dx} = \left(\dfrac{2y + 3}{4x + 5}\right)^2$

21.　$y' = -\dfrac{2xy}{1 + x^2}$

求解下列一階 ODE 之初始值問題

22.　$\dfrac{dy}{dx} = xye^{-x^2}$, $y(4) = 1$

23.　$x^2 \dfrac{dy}{dx} = y - xy$,　$y(-1) = -1$

24.　$y' = -4xy^2$，$y(0) = 1$

25.　$4yy' = e^{x - y^2}$，$y(1) = 2$

26.　$\dfrac{dy}{dx} = \dfrac{y^2 - 1}{x^2 - 1}$，$y(2) = 2$

27.　$\dfrac{dy}{dx} + 2y = 1$，$y(0) = \dfrac{5}{2}$

1-3　正合 ODE 與積分因子

對於一階 ODE 最容易找出通解的有兩種型態，其中一種就是前一節所介紹的分離變化法，另一種就是本節要介紹的正合型 ODE，以下將介紹正合 ODE 的定義與解法，而對於非正合 ODE，將介紹如何找出積分因子，將其化成正合後再求解。

1.3-1　一階正合 ODE(Exact ODE)

定義

對 ODE　$M(x,y)dx + N(x,y)dy = 0$，若存在一純量函數 $\phi(x,y)$，使得

$$d\phi = \frac{\partial \phi}{\partial x}dx + \frac{\partial \phi}{\partial y}dy = M(x,y)dx + N(x,y)dy$$

則稱此 ODE 為正合。

以下推導一個一階 ODE 是正合的等價條件，即正合等價於 $\dfrac{\partial M}{\partial y} = \dfrac{\partial N}{\partial x}$，此式又稱正合的判別式。

充份條件

由 $d\phi = \dfrac{\partial \phi}{\partial x}dx + \dfrac{\partial \phi}{\partial y}dy = M(x,y)dx + N(x,y)dy \Rightarrow \begin{cases} \dfrac{\partial \phi}{\partial x} = M(x,y) \\ \dfrac{\partial \phi}{\partial y} = N(x,y) \end{cases}$。

若 $\phi(x,y)$ 為二階偏導數存在且連續，則 $\dfrac{\partial M}{\partial y} = \dfrac{\partial^2 \phi}{\partial y \partial x} = \dfrac{\partial^2 \phi}{\partial x \partial y} = \dfrac{\partial N}{\partial x}$，

即 ODE

$$M(x,y)dx + N(x,y)dy = 0 \text{ 之正合條件為 } \frac{\partial M}{\partial y} = \frac{\partial N}{\partial x}$$。

必要條件

必要條件對 $M(x, y)dx + N(x, y)dy = 0 \cdots\cdots (*)$

Step1：若 $\dfrac{\partial M}{\partial y} = \dfrac{\partial N}{\partial x}$，則原 ODE 正合。

Step2：必存在一純量函數 ϕ (Scalar function)，使得 $\begin{cases} \dfrac{\partial \phi}{\partial x} = M(x, y) \cdots\cdots (2) \\[2mm] \dfrac{\partial \phi}{\partial y} = N(x, y) \cdots\cdots (3) \end{cases}$

Step3：將(2)、(3)作偏積分 $\Rightarrow \begin{cases} \phi = \displaystyle\int_x M(x, y)dx + g(y) \cdots\cdots (4) \\[2mm] \phi = \displaystyle\int_y N(x, y)dy + f(x) \cdots\cdots (5) \end{cases}$

比較上列兩式可得 $f(x)$ 與 $g(y)$，從而得到 $\phi(x, y) = c$ 為此正合 ODE 之解。

以下將用簡單範例來說明正合 ODE 的求解。 ■

Note

$\displaystyle\int_x M(x, y)dx$ 中 y 視為常數，$\displaystyle\int_y N(x, y)dy$ 中 x 視為常數。

範例 *1*

求解 $(x^2 + y)dx + (x - y)dy = 0$。

解

$M = x^2 + y$，$N = x - y$，

$\dfrac{\partial M}{\partial y} = 1$，$\dfrac{\partial N}{\partial x} = 1$，所以 $\dfrac{\partial M}{\partial y} = \dfrac{\partial N}{\partial x}$，原 ODE 正合，故存在一純量函數 $\phi(x, y)$ 使得：

$\begin{cases} \dfrac{\partial \phi}{\partial x} = M = x^2 + y \\[2mm] \dfrac{\partial \phi}{\partial y} = N = x - y \end{cases} \xrightarrow{\text{偏積分}} \begin{cases} \phi = \dfrac{1}{3}x^3 + xy + g(y) \cdots ① \\[2mm] \phi = xy - \dfrac{1}{2}y^2 + f(x) \cdots ② \end{cases}$，

比較可得 $f(x) = \dfrac{1}{3}x^3$，$g(y) = -\dfrac{1}{2}y^2$，則 $\phi(x, y) = xy + \dfrac{1}{3}x^3 - \dfrac{1}{2}y^2$，

得 $\phi(x, y) = xy + \dfrac{1}{3}x^3 - \dfrac{1}{2}y^2 = c$ 為 ODE 之通解。

Note

上述可以簡化成如下：

比較 (1) (2) 取共同項可得 $\phi(x,y)=xy+\dfrac{1}{3}x^3-\dfrac{1}{2}y^2$，

則原 **ODE** 之通解為 $\phi(x,y)=xy+\dfrac{1}{3}x^3-\dfrac{1}{2}y^2=c$。

範例 *2*

求解 $(\sin x-y)dx+(\cos y-x)dy=0$。

解

$M=\sin x-y$，$N=\cos y-x$，

$\dfrac{\partial M}{\partial y}=-1=\dfrac{\partial N}{\partial x}$，所以原 ODE 正合，

故存在一純量函數 $\phi(x,y)$ 使得：

$$\begin{cases}\dfrac{\partial\phi}{\partial x}=M=\sin x-y\\[2mm]\dfrac{\partial\phi}{\partial y}=N=\cos y-x\end{cases}\xrightarrow{\text{偏積分}}\begin{cases}\phi=-\cos x-xy+g(y)\cdots①\\[2mm]\phi=\sin y-xy+f(x)\cdots②\end{cases},$$

比較可得 $f(x)=-\cos x$，$g(y)=\sin y$，對①與②取聯集，

得 $\phi(x,y)=-xy-\cos x+\sin y=c$ 為 ODE 之通解。

1-3.2　積分因子(Integration factor)

前面我們介紹了如何求解正合型的 ODE，但不是所有一階 ODE 均會直接滿足 $\dfrac{\partial M}{\partial y}=\dfrac{\partial N}{\partial x}$ 之正合條件，當一階 ODE 出現 $\dfrac{\partial M}{\partial y}\neq\dfrac{\partial N}{\partial x}$ 時，此方程式非正合，則我們可以透過適當的乘上某一些函數，使原來非正合之一階 ODE 變成正合，然後再利用正合 ODE 求解即可，以下將介紹其解法。

定義

在 $M(x,y)dx + N(x,y)dy = 0$ 中，若 $\dfrac{\partial M}{\partial y} \neq \dfrac{\partial N}{\partial x}$ 則稱原 ODE 為非正合。

若存在一函數 $I = I(x,y)$，使得 $IMdx + INdy = 0$ 正合，則稱 I 為積分因子。

積分因子的求法

令 $I = I(x,y)$ 為一雙變數函數，若 $IMdx + INdy = 0$ 為正合，則

$$\frac{\partial(IM)}{\partial y} = \frac{\partial(IN)}{\partial x}$$

$$\Rightarrow M\frac{\partial I}{\partial y} + I\frac{\partial M}{\partial y} = N\frac{\partial I}{\partial x} + I\frac{\partial N}{\partial x}$$

$$\Rightarrow N\frac{\partial I}{\partial x} - M\frac{\partial I}{\partial y} = I\left(\frac{\partial M}{\partial y} - \frac{\partial N}{\partial x}\right)\cdots\cdots(*)$$

1. 若 $I = I(x)$ 代入(*)中，可得

$$N\frac{dI}{dx} = I\left(\frac{\partial M}{\partial y} - \frac{\partial N}{\partial x}\right) \Rightarrow \frac{dI}{I} = \frac{\frac{\partial M}{\partial y} - \frac{\partial N}{\partial x}}{N}dx \ \text{。}$$

若 $\dfrac{\dfrac{\partial M}{\partial y} - \dfrac{\partial N}{\partial x}}{N} = f(x)$，則 $\displaystyle\int\frac{dI}{I} = \int f(x)dx$

$$\Rightarrow \ln|I| = \int f(x)dx \Rightarrow I = e^{\int f(x)dx} \ \text{。}$$

2. 若 $I = I(y)$ 代入(*)中，可得

$$-M\frac{dI}{dy} = I\left(\frac{\partial M}{\partial y} - \frac{\partial N}{\partial x}\right)$$

$$\Rightarrow \frac{dI}{I} = \frac{\frac{\partial M}{\partial y} - \frac{\partial N}{\partial x}}{-M}dy \ \text{。}$$

若 $\dfrac{\dfrac{\partial M}{\partial y} - \dfrac{\partial N}{\partial x}}{-M} = f(y)$，

則 $\dfrac{dI}{I} = f(y)dy$

$$\Rightarrow \int\frac{1}{I}dI = \int f(y)dy \Rightarrow \ln|I| = \int f(y)dy \Rightarrow I = e^{\int f(y)dy} \ \text{。}$$

Note

(1)積分因子非唯一，可能會有無限多個。

(2)若 I 為積分因子，則 kI 仍為積分因子，其中 k 為任意常數。

(3)四大常見積分因子

$Mdx + Ndy = 0$ 條件	積分因子
$\dfrac{\dfrac{\partial M}{\partial y} - \dfrac{\partial N}{\partial x}}{N} = f(x)$	$e^{\int f(x)dx}$
$\dfrac{\dfrac{\partial M}{\partial y} - \dfrac{\partial N}{\partial x}}{-M} = f(y)$	$e^{\int f(y)dy}$
$\dfrac{\dfrac{\partial M}{\partial y} - \dfrac{\partial N}{\partial x}}{N - M} = f(x+y)$	$e^{\int f(x+y)d(x+y)}$
$\dfrac{\dfrac{\partial M}{\partial y} - \dfrac{\partial N}{\partial x}}{yN - xM} = f(xy)$	$e^{\int f(xy)d(xy)}$

範例 3

求解 $(3xy - 2)dx + x^2 dy = 0$ ， $y(1) = 1$ 。

解

$M = 3xy - 2$ ， $N = x^2$ ，

$\dfrac{\partial M}{\partial y} = 3x \neq \dfrac{\partial N}{\partial x} = 2x \rightarrow$ 原 ODE 非正合，

又 $\dfrac{\dfrac{\partial M}{\partial y} - \dfrac{\partial N}{\partial x}}{N} = \dfrac{x}{x^2} = \dfrac{1}{x}$ ，

所以積分因子為 $I = e^{\int \frac{1}{x}dx} = e^{\ln|x|} = x$ ，

則 $x \cdot (3xy - 2)dx + x \cdot x^2 dy = 0$ 為正合，

必存在一純量函數 $\phi(x, y)$ 使得：

$$\begin{cases} \dfrac{\partial \phi}{\partial x} = x(3xy - 2) = 3x^2y - 2x \\ \dfrac{\partial \phi}{\partial y} = x \cdot x^2 = x^3 \end{cases} \xrightarrow{\text{偏積分}} \begin{cases} \phi = x^3y - x^2 + g(y) \cdots ① \\ \phi = x^3y + f(x) \cdots ② \end{cases},$$

比較可得 $f(x) = -x^2$，$g(y) = 0$，對①與②取聯集可得

$\phi(x, y) = x^3y - x^2 = c$ 為 ODE 之通解。

由 $y(1) = 1$，則 $c = 0$，所以其解為 $x^3y - x^2 = 0$。

範例 4

求解方程式：$ydx + (2x + 5 + e^y)dy = 0$。

解

令 $M = y$，$N = 2x + 5 + y$，則 $\dfrac{\partial M}{\partial y} = 1 \neq \dfrac{\partial N}{\partial x} = 2$ 故此方程非正合。

由 $\dfrac{\dfrac{\partial M}{\partial y} - \dfrac{\partial N}{\partial x}}{-M} = \dfrac{1 - 2}{-y} = \dfrac{1}{y}$，取 $I = e^{\int \frac{1}{y}dy} = e^{\ln|y|} = y$，

則 $y^2dx + y(2x + 5 + e^y)dy = 0$ 為正合，因此必存在純量函數 ϕ，使得

$$\begin{cases} \dfrac{\partial \phi}{\partial x} = y^2 \\ \dfrac{\partial \phi}{\partial y} = 2xy + 5y + ye^y \end{cases} \Rightarrow \begin{cases} \phi = xy^2 + g(y) \\ \phi = xy^2 + \dfrac{5}{2}y^2 + ye^y - e^y + f(x) \end{cases},$$

比較上列可得

$$\begin{cases} g(y) = \dfrac{5}{2}y^2 + ye^y - e^y \\ f(x) = 0 \end{cases},$$

$\therefore \phi(x, y) = xy^2 + \dfrac{5}{2}y^2 + ye^y - e^y$，

故 $\phi(x, y) = xy^2 + \dfrac{5}{2}y^2 + ye^y - e^y = c$ 為 ODE 之解。

1-3 習題演練

1. 以下哪一數學式是正合微分？

   (1) $2xydx + (x^2 - 1)dy$

   (2) $(\sin x + 2y)dx + (2x + \cos y)dy$

   (3) $(\sin y + e^x)dx + x\cos ydy$

   (4) $3x^2ydx + 2x^3dy$

   (5) $2ydx - 2xdy$

2. 判別

   $(4xy + 2x^2y) + (2x^2 + 3y^2)y' = 0$

   是否正合？

3. 求 k 值使下列方程式正合

   $$\frac{dx}{dy} = \frac{1 + y^2 + kx^2y}{1 - 2xy^2 - x^3}$$

4. 求解 α 使 ODE 正合

   $2xy^3 - 3y - (3x + \alpha x^2y^2 - 2\alpha y)y' = 0$

求解下列 5～11 題之一階 ODE

5. $(5x + 4y)dx + (4x - 8y^3)dy = 0$

6. $(\sin y - y\sin x)dx + (\cos x + x\cos y - y)dy$

   $= 0$

7. $(2xy^2 - 3)dx + (2x^2y + 4)dy = 0$

8. $(2x^2 + 3x)dx + 2xydy = 0$

9. $xy^4 + e^x + 2x^2y^3y' = 0$

10. $(x^2 - 2xy)dx + (\sin y - x^2)dy = 0$

11. $(\cos x \cdot \sin x - xy^2)dx + y(1 - x^2)dy = 0$

利用積分因子求解下列 12～16 之 ODE

12. $(3x + 2y)dx + xdy = 0$

13. $(3x - 2y)y' = 3y$

14. $x^2 + y^2 + x + xyy' = 0$

15. $1 + (3x - e^{-2y})y' = 0$

16. 對一階微分方程式 $y - xy' = 0$：

    (1) 求證上述方程式非正合
    (2) 求一積分因子 $\mu(x)$
    (3) 求一積分因子 $v(y)$

利用正合 ODE 求解下列初始值問題

17. $(x + y)^2 dx + (2xy + x^2 - 1)dy = 0$，

    $y(1) = 1$

18. $(e^x + y)dx + (2 + x + ye^y)dy = 0$，

    $y(0) = 1$

19. $xdx + (x^2y + 4y)dy = 0$，$y(4) = 0$

20. $3y^4 - 1 + 12xy^3\dfrac{dy}{dx} = 0$，$y(1) = 2$

21. $(2 + x^2y)y' + xy^2 = 0$，$y(1) = 2$

1-4 線性 ODE

一個一階 ODE 若爲 $y' + p(x)y = Q(x)$ 的型式，我們稱其爲一階線性 ODE。此種形式的 ODE 普遍存在很多物理系統中，如電路系統、運動系統、化學溶液稀釋系統、放射性物質系統、熱力學系統等。本節將介紹此種 ODE 之解法。

1.4-1 一階線性 ODE(First order linear ODE)

型式

$$y' + p(x)y = Q(x)$$

其中若 $\begin{cases} Q(x) = 0 & \text{稱(*)爲齊性(Homogeneous)一階線性ODE} \\ Q(x) \neq 0 & \text{稱(*)爲非齊性(Nonhomogeneous)一階線性ODE} \end{cases}$。

解法

由 $y' + p(x)y = \dfrac{dy}{dx} + p(x)y = Q(x)$ 整理得 $\left[p(x)y - Q(x)\right]dx + 1dy = 0$，

可知 $\dfrac{\partial M}{\partial y} = p(x) \neq \dfrac{\partial N}{\partial x} = 0$，

$\therefore$ 原 ODE 非正合。

又 $\dfrac{\dfrac{\partial M}{\partial y} - \dfrac{\partial N}{\partial x}}{N} = \dfrac{p(x) - 0}{1} = p(x)$，所以

$I = \exp \cdot [\int p(x)dx]$ 爲積分因子，且對 $Iy' + Ip(x)y = IQ(x)$ 爲正合

$\Rightarrow e^{\int p(x)dx} \cdot y' + e^{\int p(x)dx} \cdot p(x)y = \left(e^{\int p(x)dx} \cdot y\right)' = (Iy)' = IQ$

$\Rightarrow \int d(Iy) = \int IQdx \Rightarrow Iy = \int IQdx + c$，

故一階線性 ODE 之通解爲

$$y = \frac{1}{I(x)}\int IQdx + \frac{c}{I(x)}$$

$$y_h = \frac{c}{I(x)} = c \cdot e^{-\int p(x)dx}$$ 稱為該一階線性 ODE 之齊性解，因為滿足 $y' + p(x)y = 0$。

而 $y_p = \frac{1}{I(x)}\int IQdx$ 稱為該一階線性 ODE 之特解，因 y_p 滿足 $y' + p(x)y = Q(x)$。

總結

　　以 x 為自變數 y 為應變數之一階線性 ODE 解法如下：

一階線性 ODE $y' + p(x)y = Q(x)$，取 $I = e^{\int p(x)dx}$ 為積分因子，

則其解為 $Iy = \int IQ(x)dx + c$。

範例 1

　　求解方程式：$y' + y = e^{-x}$。

解

$p(x) = 1$，$Q(x) = e^{-x}$，取積分因子 $I = e^{\int 1 \cdot dx} = e^x$，

則 $Iy = \int IQdx + c \Rightarrow e^x y = \int e^x e^{-x}dx + c \Rightarrow e^x y = x + c$，

故得其解為 $y(x) = ce^{-x} + xe^{-x}$。

範例 2

　　求解方程式：$y' + \frac{1}{x}y = 3x$，$y(1) = 2$。

解

$y' + \frac{1}{x} \cdot y = 3x$ 為線性 ODE。

$\because I = \exp[\int \frac{1}{x}dx] = \exp \cdot [\ln|x|] = x$，$\therefore x \cdot y = \int x \cdot 3xdx + c = x^3 + c$，

故 $y = x^2 + \frac{c}{x}$，且 $y(1) = 2 \Rightarrow 2 = 1 + c \Rightarrow c = 1$。得 $y = x^2 + \frac{1}{x}$ 為 ODE 之解。

1-4.2 可線性化一階 ODE (Reduction to First order linear ODE)

透過變數變換，有些非線性的 ODE 可變為線性，例如：白努力方程式（Bernoulli's equation）。白努利在 1696 年針對含有冪次函數 $y^n (n \neq 0,1)$ 的一階 ODE 提出透過變數變換來求解，如下說明：

白努利方程

1. $y' + p(x)y = Q(x) \cdot y^n$，$n \neq 0$ 或 1。

2. 求解

同除以 y^n 後可得 $y^{-n} \cdot y' + p(x) \cdot y^{1-n} = Q(x)$。

令 $y^{1-n} = u$

$\Rightarrow (1-n)y^{-n} \cdot y' = u' \Rightarrow y^{-n}y' = \dfrac{1}{1-n}u'$，代回原式得

$\dfrac{1}{1-n}u' + p(x)u = Q(x)$，即 $u' + (1-n)p(x)u = (1-n)Q(x)$。

故原式化為以 x 為自變數，u 為因變數之一階線性 ODE，再利用標準型式之一階線性 ODE 即可求解。

範例 3

求解方程式：$y' - \dfrac{2}{x}y = \dfrac{-1}{x}y^2$。

解

$y^{-2}y' - \dfrac{2}{x}y^{-1} = \dfrac{-1}{x}$。

令 $y^{-1} = u$，則 $-y^{-2}y' = u'$，$\therefore y^{-2}y' = -u'$，

$\therefore$ 原式變為 $-u' - \dfrac{2}{x}u = \dfrac{-1}{x} \Rightarrow u' + \dfrac{2}{x}u = \dfrac{1}{x}$，$\therefore I = e^{\int \frac{2}{x}dx} = x^2$

$\Rightarrow x^2 u = \int x^2 \times \dfrac{1}{x}dx + c = \dfrac{1}{2}x^2 + c \Rightarrow x^2 \times \dfrac{1}{y} = \dfrac{1}{2}x^2 + c$

$\Rightarrow y = \dfrac{x^2}{\frac{1}{2}x^2 + c}$ 為 ODE 之通解。

1-4 習題演練

求解下列一階線性 ODE

1. $y' + \dfrac{1}{x} y = x^2 + 1$

2. $y' - \dfrac{2}{x} y = x^3$

3. $\dfrac{dy}{dx} + y = e^{3x}$

4. $y' + 3x^2 y = x^2$

5. $x \dfrac{dy}{dx} - y = x^2 \sin x$

6. $x \dfrac{dy}{dx} + 2y = 3$

7. $x \dfrac{dy}{dx} + 4y = x^3 - x$

8. $y' - y = e^{2x}$

9. $y' + y \tan x = \sec x$

求解下列一階線性 ODE 初始值問題

10. $y' - 2xy = x$ ， $y(0) = 1$

11. $y' - xy = x^3$ ， $y(0) = 0$

12. $y' + y \cdot \tan x = \sin x$ ， $y(0) = 1$

13. $y' + 3y = 3$ ， $y(\dfrac{1}{3}) = 2$

14. $y' + (\tan x) y = \cos^2 x$, $y(0) = 1$

求解下列白努利方程式

15. $y' + xy = xy^{-1}$

16. $y' - \dfrac{1}{x} y = -xy^2$

17. $y' + \dfrac{1}{x} y = 3x^2 y^3$

18. $y \dfrac{dx}{dy} - x = 2y^2$ ， $y(1) = 5$

1-5　一階 ODE 之應用

前面我們已經學過各種一階 ODE 的解法，以下跟各位畫一個流程圖，讓大家在求解一階 ODE 時有一個基本依據，讓大家可以快速找到適合的方法，然後，我們將討論一階 ODE 之常見的應用問題，並用我們所提供的解題流程圖，進行解題。

1-5.1　一階一次 ODE 之解法流程圖

遇到一個一階一次 ODE，首先要判別是否為常見的標準形式，如：可分離變數、線性、白努利方程式等等。若不是，再檢查其是否為正合。若也不是正合，則可以試試先算出積分因子將原 ODE 化為正合再求解。解法流程如圖 1-4 所示。

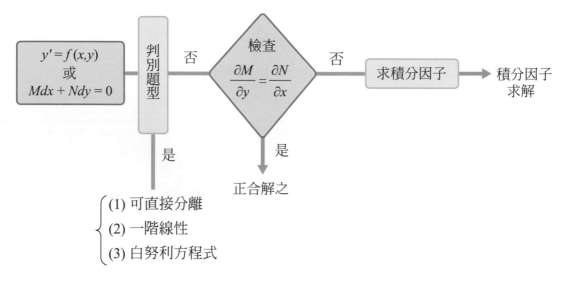

圖 1-4　一階一次 ODE 之解法流程圖

1-5.2　常見應用問題求解

一階 ODE 在工程上的應用非常廣，以下就幾種常見的應用做說明。讀者可以就本身專業領域的不同，選擇適合的應用研讀。

正交曲線圖(Orthogonal trajectories)

　　原曲線 $F(x, y) = c$，如圖 1-5 所示，兩端對 x 微分得 $\dfrac{\partial F}{\partial x} + \dfrac{\partial F}{\partial y}\dfrac{dy}{dx} = 0$，故 $\dfrac{dy}{dx} = -\dfrac{F_x}{F_y}$

為 $F(x, y) = c$ 之曲線切線斜率。則 $F(x, y) = c$ 之正交曲線 $G(x, y) = c^*$ 的斜率 $\dfrac{dy}{dx} = +\dfrac{F_y}{F_x}$

（正交直線斜率相乘為 -1），求解可得 $G(x, y) = c^*$，其中 $c,\ c^*$ 為待定常數。

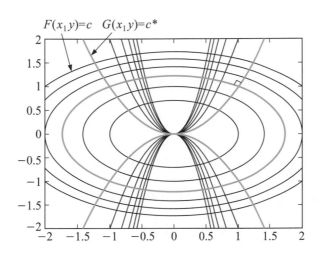

$$F(x_1 y) = c \quad G(x_1 y) = c^*$$

圖 1-5　正交曲線族示意圖

範例 1

求出與 $x^2 + y^2 = c$ 之曲線族正交的曲線族，並畫出其幾何圖形。

解

因 $F(x, y) = x^2 + y^2$，故正交切線滿足：

$\dfrac{dy}{dx} = \dfrac{F_y}{F_x} = \dfrac{2y}{2x} = \dfrac{y}{x}$，整理得 $\dfrac{1}{y}dy = \dfrac{1}{x}dx$，

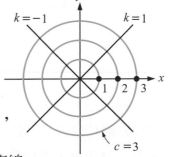

兩端積分可得 $\ln|y| - \ln|x| = k_1$，得正交曲線族 $\dfrac{y}{x} = e^{k_1} = k$，

當 k 變動時，這族曲線其實就是平面上所有通過原點的直線。

碳的年代判別(Radiocarbon dating)

C^{14} 質量的衰減率與質量大小成正比，設 C^{14} 的質量 $M(t)$，即

$$\frac{dM}{dt} = -\alpha M$$

其中 α 為比例常數。

範例 2

侏羅紀中恐龍用 C^{14} 來推估其年紀，若已知一恐龍的 C^{14} 僅剩下當初的 $\frac{1}{2000}$，試問恐龍的年紀約是多少？(C^{14} 的半衰期為 5000 年)。

解

設 C^{14} 的質量 $M(t)$，則 $\frac{dM}{dt} = -\alpha M \Rightarrow M(t) = ke^{-\alpha t}$。

設初始質量 $M(0) = M_0$，則 $M(0) = M_0 = k \cdot 1 \Rightarrow k = M_0$，$\therefore M(t) = M_0 e^{-\alpha t}$。

由 C^{14} 的半衰期為 5000 年 $\rightarrow M(5000) = \frac{1}{2} M_0$，故

$$\frac{1}{2} M_0 = M_0 e^{-5000\alpha} \Rightarrow -\ln 2 = -5000\alpha \Rightarrow \alpha = \frac{\ln 2}{5000},$$

$$\therefore M(t) = M_0 \cdot \exp\left[-\frac{\ln 2}{5000} t\right]。$$

由於 C^{14} 僅剩當初的 $\frac{1}{2000}$ 故 $\frac{1}{2000} M_0 = M_0 \cdot \exp\left[-\frac{\ln 2}{5000} t\right]$，即

$$-\ln 2000 = -\frac{\ln 2}{5000} t \Rightarrow t = \frac{5000 \cdot \ln 2000}{\ln 2} \approx 54829 \text{ 年}。$$

濃度的混合(Mixing Problem)

此種應用問題的觀念為：溶質的變化率 = 流入率－流出率。

設有一容器內裝有 T_0 公升濃度為 C_0 (kg/ℓ)的鹽水，現以每分鐘 V_i 公升，濃度為 C_i (kg/ℓ)的鹽水注入容器內，充分混合後，並以每分鐘 V_o 公升的速度自容器中抽出，如圖 1-6 所示，問容器內剩下的鹽 $x(t)$ 為何？

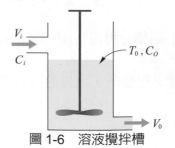

圖 1-6 溶液攪拌槽

我們可以利用

$\dfrac{dx}{dt}$ = Input rate $-$ Output rate ，即 $\dfrac{dx}{dt} = V_i \cdot C_i - \dfrac{V_o x}{\left(T_0 + (V_i - V_o)t\right)}$ ，

且 $x(0) = T_0 \cdot C_0$ ，解上式 ODE 即可求出 $x(t)$ 。

範例 3

兩種不同濃度食鹽水的混合問題中，混合器中食鹽的總量可以用一階 ODE 來描述。有一混合容器內含 300 gal 的食鹽水，且有每分鐘 3 gal 的另一食鹽水被注入此混合容器中，經由充分混合後以相同的速率流出此混合容器。

(1) 若流入此混合容器之溶液濃度為 2 lb/gal，請建立混合容器內食鹽含量在任一時間之模型。

(2) 假設一開始有 60 lb 的食鹽溶在初始 300 gal 的混合容器中，則在經過很長的時間之後，此混合容器內有多少食鹽？

解

(1) 設時間 t 時，桶內的含鹽量為 $x(t)$ ，故 $\dfrac{dx}{dt} = 2 \cdot 3 - \dfrac{x(t)}{300} 3$ ，即 $\dfrac{dx}{dt} + \dfrac{1}{100} x(t) = 6$ 。

(2) 積分因子 $I = e^{t/100}$ ，故 $I \cdot x(t) = \int 6 e^{\frac{t}{100}} dt + c$ ，即 $x(t) = 600 + c e^{-t/100}$ 。

由於 $x(0) = 60 = 600 + c \Rightarrow c = -540$ ，因此 $x(t) = 600 - 540 e^{-t/100}$ ，

且 $\lim\limits_{t \to \infty} x(t) = 600$ 。即時間很長時，桶內含鹽量為 600 lb。

物體冷卻問題(Law of cooling)

牛頓冷卻定律(Newton's law of cooling)：一物體之溫度變化率與該物體的瞬時溫度和物體所接觸的流體溫度之差成正比。

設物體在時間 t 時的溫度為 T ，而且在 $t = 0$ 時，物體的溫度為 T_1 ，流體(一般為空氣)之溫度為 T_0 ，故由牛頓冷卻定律可得一個一階 ODE 為

$$\frac{dT}{dt} = k(T - T_0)$$

其中 k 為比例常數且 $T(0) = T_1$ 。

範例 *4*

有一個蛋糕剛從烤箱中拿出來時的溫度是 300°F，三分鐘後溫度變成 200°F，當時的室溫是 70°F。請問需要多久(從烤箱中拿出來時開始算起)，蛋糕的溫度會降到最接近 70.5°F。

解

設在時間 t 時蛋糕的溫度為 T，由牛頓冷卻定律知 $\dfrac{dT}{dt} = k \cdot (T - 70)$，$k$ 為常數。

分離變數可得 $\displaystyle\int \dfrac{dT}{T - 70} = \int k dt$，即 $T(t) = 70 + ce^{kt}$ ………(1)

又 $t = 0$ 時，$T(0) = 300$，代入(1)式可得 $c = 230$，$T(t) = 70 + 230e^{kt}$。

當 $t = 3$ 時，$T(3) = 200$，$200 = 70 + 230e^{3k}$，$e^k = \left(\dfrac{130}{330}\right)^{\frac{1}{3}}$，

$\therefore T(t) = 70 + 230\left(\dfrac{130}{230}\right)^{\frac{1}{3}t}$，又 $T(t) = 70.5 = 70 + 230\left(\dfrac{130}{230}\right)^{\frac{t}{3}}$，故 $t \approx 32.238$ 分。

一階電路問題(First order circuit)

在實際應用中，電路元件無法單靠電腦設計完成，研究人員還需對電路元件進行檢測，並比對數學模型，才知道如何將元件作微調以達到預期效能。接下來我們介紹幾個重要的數學模型。

1. **電壓降(Voltage drop)**

    (1) 若 R 為電阻(resistor)，單位 ohms；I 為電流，單位 ampere，則
    $$E_R = RI$$

    (2) 若 L 為電感(inductance)，單位 henrys，則
    $$E_L = L\frac{dI}{dt}$$

    (3) 若 Q 為電荷量，單位 coulombs；C 為電容(capacitance)，單位 farads，則
    $$E_C = \frac{1}{C}Q = \frac{1}{C}\int_0^t I(\tau)d\tau$$

2. *RL* 電路

由克希荷夫電壓定律(Kirchhoff's voltage law)可得

$$L\frac{dI}{dt} + RI = E(t)$$

其中 $E(t)$ 為電動勢，如圖 1-7 所示。步驟

3. *RC* 電路

由克希荷夫電壓定律可得

$$RI + \frac{1}{C}\int_0^t I(\tau)d\tau = E(t) \quad \text{或} \quad R\frac{dI}{dt} + \frac{1}{C}I(t) = \frac{dE}{dt}$$

其中 $E(t)$ 為電動勢，如圖 1-8 所示。

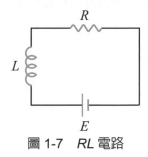

圖 1-7　*RL* 電路

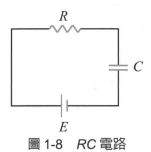

圖 1-8　*RC* 電路

範例 *5*

有一單迴路之封閉 RL 電路，其中 $R = 10\Omega$、$L = 2H$ 且供電電源為 100V，若初始電流為 0，請求在 $t = 0.2$ 秒之電流？

解

由克希荷夫電壓定律可知 $2\dfrac{dI}{dt} + 10I = 100$ 且 $I(0) = 0$。

上式為一階線性 ODE，其積分因子為 e^{5t}，

所以 $e^{5t}\dfrac{dI}{dt} + 5e^{5t}I = 50e^{5t}$ 為正合，$e^{5t}I = \int 50e^{5t}dt + k$。

由 $I(0) = 0$ 可得 $k = -10$，所以 $I(t) = 10 - 10e^{-5t}$，則 $I(0.2) = 10 - 10e^{-1}$ 為所求。

1-5 習題演練

1. 求曲線族 $x^2 y = c$ 之正交曲線族。

2. 求曲線族 $F(x, y, k) = 2x^2 - 3y = k$ 正交曲線族，其中 k 爲常數。

3. 求曲線族 $x^2 + y^2 = cx$ 之正交曲線族，其中 c 爲常數。

4. 求曲線族 $x^2 + cy^2 = 4$ 之正交曲線族，其中 c 爲常數。

5. 設 $F(x, y, a) = 0$，$G(x, y, b) = 0$ 爲二組相互正交之曲線，
   若 $F(x, y, a) = x^2 - y^2 - \alpha^2$，
   求 $G(x, y, b) = ?$

6. 有一個含 C_{14} 的放射性物質，科學家發現 10 年後其 C_{14} 的含量只剩下原來的 $\frac{1}{4}$，求此放射性物質半衰期？

7. 有一個化石骨頭，其 C_{14} 含量是原始含量的千分之一，請問此化石年代爲多久？
   (已知 C_{14} 半衰期 5600 年)

8. 一水槽中裝有 200 公升含鹽之水溶液，鹽之濃度爲 1.0 克／公升，現以每分鐘 2 公升之速率加入清水，同時水槽亦以同樣之速率排水，假設在加水及排水的過程中水溶液皆均勻攪拌，請問使水溶液鹽之濃度成爲原來的 1%所需時間？

9. 容量爲 400 加侖之混合容器，其初始裝半滿且有 50 gm 的食鹽溶解其中，若有另一每加侖 2 gm 之溶液以每分鐘 10 加侖之速率注入該混合容器，經充分混合後以每分鐘 4 加侖之速率流出，請問當混合容器內之溶液溢出時，混合容器內食鹽量是多少？

10. 實驗證實一物體的溫度之時間變化率與當時該物體溫度和其周遭環境溫度之差成正比(忽略物體之溫度梯度效應)。今有一試樣由 1000℃直接置於 25℃之大氣冷卻，一小時後測得試樣溫度爲 80℃。

    (1) 試根據題意設各變數，並賦予各變數(及常數)之物理意義，註明其單位。

    (2) 題意列出該試樣冷卻行爲之微分方程式，並解之。

    (3) 試由解函數求試樣冷卻至 25℃(以 25.01℃計算)所需時間。

11. 有一單迴路之封閉 RC 電路，其中 $R = 10\Omega$、$C = 10^{-3} F$ 且供電電源爲 100V，若初始電流爲 5，且電容器之電量爲 $q(t)$，若 $i(t) = \dfrac{dq(t)}{dt}$，請求該電路任意時間之電流？

2

高階線性常微分方程

在本書的第一章中我們已經討論了一階 ODE 之解法及其在工程上之應用，然而在物理系統中，包括：質量－彈簧－阻尼系統、RLC 電路、具有回授之溶液攪拌混合、樑的變形等問題，均需要更高階的微分方程式才能描述，所以本章節將介紹高階線性 ODE 之解法，並利用它來解決一些常見的工程問題。

2-1　基本理論

高階 ODE 中包含了高階線性(Higher order linear ODE)與高階非線性(Higher order non-linear ODE)，然而大部分的高階非線性問題都要使用數值方法與模擬軟體(如：Matlab)才有辦法求解，而且其動態行為與現象相當複雜，甚至可能出現混沌現象(Chaos)，其是一門相當複雜的科學。所以本章節只針對工程上很多理想化的物理系統進行研究，其方程式絕大部分都可以簡化成高階線性 ODE。在此將先研究高階線性 ODE 其解的形式，考慮如何利用線性獨立解來形成其解空間，如何求解線性齊性與線性非齊性 ODE 等。

2-1.1　高階方程的型式

一般高階線性 ODE 的型式可以描述如下（稱(1)式）：

$$a_n(x)y^{(n)} + a_{n-1}(x)y^{(n-1)} + \cdots + a_1(x)y' + a_0(x)y = R(x)$$

若令 $L(D) = a_n(x)\dfrac{d^n}{dx^n} + a_{n-1}(x)\dfrac{d^{n-1}}{dx^{n-1}} + \cdots + a_1(x)\dfrac{d}{dx} + a_0(x)$，且 $D = \dfrac{d}{dx}$，$L(D)$可改寫成：

$L(D) = a_n(x)D^n + a_{n-1}(x)D^{n-1} + \cdots + a_1(x)D + a_0(x)$。此時 $L(D)$稱為 n 階線性微分運算子(Differential Operator)，因

$a_n(x)\dfrac{d^n y}{dx^n} + a_{n-1}(x)\dfrac{d^{n-1}y}{dx^{n-1}} + \cdots + a_1(x)\dfrac{dy}{dx} + a_0(x)y = R(x)$，得

$\Rightarrow \left[a_n(x)\dfrac{d^n}{dx^n} + a_{n-1}(x)\dfrac{d^{n-1}}{dx^{n-1}} + \cdots + a_1(x)\dfrac{d}{dx} + a_0(x) \right] y = R(x)$，

故原 ODE 可寫為 $L(D)y = R(x)$。底下簡介幾個重要名詞

1. $\begin{cases} R(x) = 0 \Rightarrow 齊性\ \text{ODE(Homogenous)} \\ R(x) \neq 0 \Rightarrow 非齊性\text{ODE(Non-homogenous)} \end{cases}$。

2. 若 $a_n, a_{n-1}, \cdots, a_1, a_0$ 均為常數，則(1)稱為 n 階常係數線性 ODE。

3. 物理系統對應的 ODE 中，$R(x)$ 一般表示對此系統的外部影響（輸入項）。

   例如：「質量、阻尼與彈簧」系統 $my'' + cy' + ky = f(t)$ 中，$R(x) = f(t)$ 為外力項。

範例 1

請將下列 ODE 改寫成 $L(D)y = R(x)$ 之微分運算子形式，其中 $D = \dfrac{d}{dx}$：

(1) $y'' - 3y' + 2y = 0$。

(2) $5y''' + 2y'' - 3y' + 2y = 5\sin x$。

(3) $x^2 y'' - 3xy' + 2y = 0$。

解

(1) 原 ODE 可以改寫成 $(D^2 - 3D + 2)y = 0$

　　為二階線性常係數齊性 ODE。

(2) 原 ODE 可以改寫成 $(5D^3 + 2D^2 - 3D + 2)y = 5\sin x$

　　為三階線性常係數非齊性 ODE。

(3) 原 ODE 可以改寫成 $(x^2 D^2 - 3xD + 2)y = 0$

　　為二階線性變係數齊性 ODE 為柯西等維 ODE。

2-1.2　函數的線性獨立(Linear independence)與線性相依(Linear dependence)

　　ODE 求解之前，我們要先談談函數集合的線性獨立與相依，為判別 ODE 之解集合是否為線性獨立做準備。

定義

設 $s = \{u_1(x), u_2(x), \cdots, u_n(x)\}$ 為定義在區間 I 內的函數集合。

1. 若 s 中的某一個函數 $u_k(x)$ 可寫成其他 $(n-1)$ 個函數的線性組合，則稱 $s = \{u_1(x), u_2(x), \cdots, u_n(x)\}$ 在區間內為線性相依(簡寫為 L.D.)。例如：在 $S = \{1, x, 2x+1\}$ 中，$2x+1 = 1 \times 1 + 2 \times x$，而 $2x+1$ 可寫成 1 與 x 的線性組合，故 s 為線性相依。

2. 若 s 中的任一個函數 $u_k(x)$ 都無法寫成其他 $(n-1)$ 個函數的線性組合，則稱 $s = \{u_1(x), u_2(x), \cdots, u_n(x)\}$ 在區間 I 上為線性獨立(簡寫為 L.I.)。例如：在 $S = \{1, x, x^2\}$ 中，由多項式的次數知道 $1 \neq c_1 \cdot x + c_2 \cdot x^2$、$x \neq c_1 \cdot 1 + c_2 \cdot x^2$、$x^2 \neq c_1 \cdot 1 + c_2 \cdot x$，故 s 為線性獨立。

上述的定義說明了函數集合在定義區間中的線性相依(L.D.)與線性獨立(L.I.)，然而要用定義來決定其相依或獨立是不容易的，以下將用一個定理來說明其判別方法。

定理

設 $s = \{u_1(x), u_2(x), \cdots, u_n(x)\}$ 定義在區間 I 內的函數集合，考慮其線性組合 $c_1 u_1(x) + c_2 u_2(x) + \cdots + c_n u_n(x) = 0$

1. 若上式成立時 $c_1 = c_2 = c_3 = \cdots = c_n = 0$，則稱 s 在 I 內為 L.I.(線性獨立)。

2. 若上式成立時 $c_1, c_2, c_3, \cdots, c_n$ 非全為 0，則稱 s 在 I 內為 L.D.(線性相依)。

範例 2

請判別下列函數集合為線型獨立或線性相依：
(1) $s = \{x, x^2\}$，$x \in [0, \infty)$。
(2) $s = \{1, x, 2x+1\}$，$x \in [0, \infty)$。

解

(1) 令 $u_1(x) = x$，$u_2(x) = x^2$，$x \in [0, \infty)$。

若 $c_1 x + c_2 x^2 = 0$，則可得 $c_1 = c_2 = 0$，

∴ $\{x, x^2\}$ 在 $[0, \infty)$ 為 L.I.(線性獨立)。

(2) 令 $u_1(x) = 1$，$u_2(x) = x$，$u_3(x) = 2x+1$，$x \in [0, \infty)$。

若 $c_1 \cdot 1 + c_2 x + c_3(2x+1) = 0 \Rightarrow (c_1 + c_3) + (c_2 + 2c_3)x = 0$，

所以 $c_1 = -c_3$，$c_2 = -2c_3$，則 c_1, c_2, c_3 不須全為零

(可取 $c_1 = -c_3 = -1, c_2 = -2, c_3 = 1$)。

$\therefore \{1, x, 2x+1\}$ 在 $[0, \infty)$ 為 L.D.(線性相依)。

　　用上面的定義與定理來判斷函數的線性獨立與線性相依會相當麻煩，所以以下將介紹一種比較容易判斷的方法—Wronskian (朗斯基)行列式。此觀念是由波蘭出生的數學家朗斯基(Wronskian, 1776-1853)所提出，此行列式是用來決定函數集合在定義區間內是否線性獨立的重大依據。

Wronskian 行列式

　　首先由範例 2(1)中，我們若取行列式值

$$\begin{vmatrix} u_1(x) & u_2(x) \\ u_1'(x) & u_2'(x) \end{vmatrix} = \begin{vmatrix} x & x^2 \\ 1 & 2x \end{vmatrix} = x^2 \neq 0 \text{，當 } x \neq 0 \text{，}$$

可以發現在 $x \neq 0$ 處該行列式不為 0，而此時函數 L.I.。而在第(2)小題中，取行列式

$$\begin{vmatrix} u_1(x) & u_2(x) & u_3(x) \\ u_1'(x) & u_2'(x) & u_3'(x) \\ u_1''(x) & u_2''(x) & u_3''(x) \end{vmatrix} = \begin{vmatrix} 1 & x & 2x+1 \\ 0 & 1 & 2 \\ 0 & 0 & 0 \end{vmatrix} = 0 \text{，}$$

此時不論 x 為何，其行列式值均為 0，而函數為 L.D.。因此我們發現函數線性獨立或相依與此行列式值有很大關係，我們詳細介紹如下。

1. 定義

　　設 $\{u_1(x), u_2(x), \cdots, u_n(x)\}$ 為定義在 $x \in [a, b]$ 的函數集合。若每個函數 $u_i(x)$ 至少可微分 $(n-1)$ 次，則 Wronskian 行列式定義為

$$W(u_1(x), u_2(x), \cdots, u_n(x)) = \begin{vmatrix} u_1(x) & u_2(x) & \cdots & u_n(x) \\ u_1'(x) & u_2'(x) & \cdots & u_n'(x) \\ \vdots & \vdots & \ddots & \vdots \\ u_1^{(n-1)}(x) & u_2^{(n-1)}(x) & \cdots & u_n^{(n-1)}(x) \end{vmatrix}$$

2. 定理(充分非必要條件)

(1) 若 $\{u_1(x), u_2(x), \cdots, u_n(x)\}_{x \in [a,b]}$ 為 L.D.(線性相依)則

$$W(u_1, u_2, \cdots, u_n) = 0$$

(2) 若 $W(u_1(x), u_2(x), \cdots, u_n(x)) \neq 0$ 則

$\{u_1(x), u_2(x), \cdots, u_n(x)\}_{x \in [a,b]}$ 為 L.I.(線性獨立)

若 $W(u_1, u_2, \cdots, u_n) = 0$，則 $\{u_1(x), u_2(x), \cdots, u_n(x)\}$ 無法判定獨立或相依，這時須回到定義中 $c_1 u_1(x) + c_2 u_2(x) + \cdots + c_n u_n(x) = 0$ 之係數是否全為 0 或不全為 0 來判斷。

若 $W(u_1, u_2, \cdots, u_n) \neq 0$，則 $\{u_1(x), u_2(x), \cdots, u_n(x)\}$ 在 $x \in [a,b]$ 為 L.I.(線性獨立)，故在 $x \in [a,b]$，$\{u_1(x), u_2(x), \cdots, u_n(x)\}$ 可形成一組基底(basis)，也就是說定義在 $x \in [a,b]$ 之任一 n 階解函數 $f(x)$ 可以用 $\{u_1(x), u_2(x), \cdots, u_n(x)\}$ 之線性組合表示，即 $f(x) = c_1 u_1(x) + c_2 u_2(x) + \cdots + c_n u_n(x)$；$x \in [a,b]$。

例：$W(1, x, x^2) = \begin{vmatrix} 1 & x & x^2 \\ 0 & 1 & 2x \\ 0 & 0 & 2 \end{vmatrix} = 2 \neq 0 \rightarrow \{1, x, x^2\}_{x \in [0, \infty)}$ 為線性獨立。

故可以用來表示任意的二次多項式，即二次多項式 $f(x) = c_1 \cdot 1 + c_2 \cdot x + c_3 \cdot x^2$。

範例 3

下列函數在所示區間內為線性相依或線性獨立？並說明原因。

e^{2x}、e^{-2x}；$(-\infty < x < \infty)$。

解

因 e^{2x}、e^{-2x} 的 Wronskian 行列式為

$$W(e^{2x}, e^{-2x}) = \begin{vmatrix} e^{2x} & e^{-2x} \\ 2e^{2x} & -2e^{-2x} \end{vmatrix} = -4 \neq 0 \; ; \; (-\infty < x < \infty),$$

故 e^{2x}、e^{-2x} 在 $-\infty < x < \infty$ 為線性獨立。

範例 *4*

求 $y_1 = e^{-x}\cos wx$ 與 $y_2 = e^{-x}\sin wx$ 之 Wronskian 行列式，並且討論 y_1 與 y_2 是否線性獨立？

解

$$W(y_1, y_2) = \begin{vmatrix} y_1 & y_2 \\ y_1' & y_2' \end{vmatrix} = \begin{vmatrix} e^{-x}\cos wx & e^{-x}\sin wx \\ (-e^{-x}\cos wx - we^{-x}\sin wx) & (-e^{-x}\sin wx + we^{-x}\cos wx) \end{vmatrix}$$

$$= w \cdot e^{-2x} \neq 0 \text{ 。}$$

所以必線性獨立。

2-1.3　正規 ODE(Normal ODE)

接著本重點將介紹高階 ODE 如何求解，由於此部分所牽涉之理論非常多。在此我們用簡單的描述與例子來說明，其詳細的證明就忽略不談，首先在此介紹高階 ODE 中，解的理論非常完整之正規 ODE 的求解如下：

定義

在 n 階線性 ODE $a_n(x)y^{(n)} + a_{n-1}(x)y^{(n-1)} + \cdots + a_1(x)y' + a_0(x)y = R(x)$ 中，若 $a_n(x), a_{n-1}(x), \cdots, a_1(x), a_0(x)$，$R(x)$ 為在區間 I 上的連續函數，且 $a_n(x) \neq 0$，則此 ODE 在 I 區間內為正規(Normal)。

例如，$y'' + 2y' + y = \sin x$，$-\infty < x < \infty$ 為正規 ODE；$y'' + \dfrac{2}{x}y' + y = \sin x$，$-\infty < x < \infty$ 在 $x = 0$ 處，$\dfrac{2}{x}$ 不連續，所以此 ODE 非正規。

n 階線性齊性正規 ODE 之齊性解(Homogeneous solution)

當 $a_n(x)y^{(n)} + a_{n-1}(x)y^{(n-1)} + \cdots + a_1(x)y' + a_0(x)y = 0$ 在 $x \in [a, b]$ 為正規時，它的 n 個線性獨立解 $y_1(x), y_2(x), \cdots, y_n(x)$ 的線性組合 $y(x) = c_1 y_1(x) + c_2 y_2(x) + \cdots + c_n y_n(x)$ 為通解，其中 $c_1, c_2, \cdots, c_n$ 為待定常數，我們可用下面範例來說明此定理。

範例 5

請檢查 e^{-x} 與 e^{-2x} 為 ODE $y'' + 3y' + 2y = 0$ 之解,並確定其是否為該 ODE 之線性獨立解?若是,請寫出此 ODE 的通解。

解

(1) $(e^{-x})' = -e^{-x}$,$(e^{-x})'' = e^{-x}$,將 $y_1 = e^{-x}$ 代入 $y'' + 3y' + 2y = 0$ 中,

可得 $e^{-x} + 3(-e^{-x}) + 2e^{-x} = 0$ 成立,所以 $y_1 = e^{-x}$ 為 ODE 之解。

同理可證 $y_2 = e^{-2x}$ 亦為 ODE 之解。

(2) $W(y_1, y_2) = \begin{vmatrix} y_1 & y_2 \\ y_1' & y_2' \end{vmatrix} = \begin{vmatrix} e^{-x} & e^{-2x} \\ (-e^{-x}) & (-2e^{-2x}) \end{vmatrix} = -e^{-3x} \neq 0$,

所以 $y_1 = e^{-x}$ 與 $y_2 = e^{-2x}$ 為 ODE 之兩個線性獨立解。

(3) 因為 $y_1 = e^{-x}$ 與 $y_2 = e^{-2x}$ 為 ODE 之兩個線性獨立解,可以形成此 ODE 之解空間的基底,所以該 ODE 之通解為 $y(x) = c_1 e^{-x} + c_2 e^{-2x}$。

範例 6

請檢查 e^{-x} 與 xe^{-x} 為 ODE $y'' + 2y' + y = 0$ 之解,並確定其是否為該 ODE 之線性獨立解?若是,請寫出此 ODE 的通解。

解

(1) 將 $y_1 = e^{-x}$ 代入 $y'' + 2y' + y = 0$ 中成立,所以 $y_1 = e^{-x}$ 為 ODE 之解。

又 $y_2 = xe^{-x}$,且 $y_2' = (xe^{-x})' = e^{-x} - xe^{-x}$,$y_2'' = (xe^{-x})'' = -2e^{-x} + xe^{-x}$

代入 $y'' + 2y' + y = 0$ 中成立,所以 $y_2 = xe^{-x}$ 亦為 ODE 之解。

(2) $W(y_1, y_2) = \begin{vmatrix} y_1 & y_2 \\ y_1' & y_2' \end{vmatrix} = \begin{vmatrix} e^{-x} & xe^{-x} \\ (-e^{-x}) & (e^{-x} - xe^{-x}) \end{vmatrix} = e^{-2x} \neq 0$,

所以 $y_1 = e^{-x}$ 與 $y_2 = xe^{-x}$ 為 ODE 之兩個線性獨立解。

(3) 因為 $y_1 = e^{-x}$ 與 $y_2 = xe^{-x}$ 為 ODE 之兩個線性獨立解,可以形成此 ODE 之解的基底,該 ODE 之通解為 $y(x) = c_1 e^{-x} + c_2 xe^{-x}$。

n 階線性非齊性 ODE 之通解

(General solution of nonhomogeneous linear ODE)

假設 n 階線性非齊性 ODE $a_n(x)y^{(n)} + a_{n-1}(x)y^{(n-1)} + \cdots + a_1(x)y' + a_0(x)y = R(x)$，在 $x \in [a, b]$ 為正規。若 $y_p(x)$ 為其一特解，且 $y_1(x), y_2(x), \cdots, y_n(x)$ 為其 n 個線性獨立齊性解，則通解形式為：$y(x) = c_1 y_1(x) + c_2 y_2(x) + \cdots + c_n y_n(x) + y_p(x)$，其中 $c_1, c_2, \cdots, c_n$ 為待定常數，$y_p(x)$ 只要為任一滿足此非齊性 ODE 之特解即可，我們可用下面範例來說明此定理。

範例 7

給定 ODE $y'' + y = x$。

(1) 請檢查 x 為該 ODE 之一特解。

(2) 請確定 $c_1 \cos x + c_2 \sin x$ 為 ODE 之齊性解。

(3) 請寫出此 ODE 的通解。

解

(1) 將 $y_p = x$ 代入 $y'' + y = x$ 中成立，所以 $y_p = x$ 為 ODE $y'' + y = x$ 之一特解。

(2) 令 $y_1 = \cos x$ 與 $y_2 = \sin x$ 代入齊性 ODE $y'' + y = 0$ 中均成立，且

$$W(y_1, y_2) = \begin{vmatrix} y_1 & y_2 \\ y_1' & y_2' \end{vmatrix} = \begin{vmatrix} \cos x & \sin x \\ -\sin x & \cos x \end{vmatrix} = 1 \neq 0 \text{ ,}$$

所以 $y_1 = \cos x$ 與 $y_2 = \sin x$ 為齊性 ODE $y'' + y = 0$ 之兩個線性獨立解，

可以形成此齊性 ODE 之解空間的基底，所以該齊性 ODE 之通解為

$y_h(x) = c_1 \cos x + c_2 \sin x$。

(3) 非齊性 ODE $y'' + y = x$ 之通解為 $y = y_h + y_p = c_1 \cos x + c_2 \sin x + x$。

Note

由本定理可知，非齊性線性 **ODE** 求解時，必須先求其齊性 **ODE** 之通解 $y_h(x)$，再找到任一非齊性 **ODE** 之特解 y_p，則該非齊性 **ODE** 之通解為 $y = y_h + y_p$。

重疊原理(Superposition Principle)：

n 階線性 ODE $\quad a_n(x)y^{(n)} + a_{n-1}(x)y^{(n-1)} + \cdots + a_1(x)y' + a_0(x)y = R(x)$。

若 $R(x) = R_1(x) + R_2(x)$，且 $L(D)y = R_1(x)$之一特解為 y_{p1}，$L(D)y = R_2(x)$之一特解為 y_{p2}，則 $L(D)y = R_1(x) + R_2(x)$之特解為 $y_p = y_{p1} + y_{p2}$。

此觀念可以推廣到 $L(D)y = R(x) = R_1(x) + R_2(x) + \cdots R_n(x)$，若 $y_{pi}(i = 1, 2, \cdots, n)$ 為 $L(D)y = R_i(x)$ 之特解，則 $L(D)y = R(x)$ 之特解為 $y_p = y_{p1}(x) + y_{p2}(x) + \cdots + y_{pn}(x)$，我們可用下面範例來說明此定理。

範例 8

若 $y_{p_1} = -1$為 $y'' - y = 1$ 之特解且 $y_{p_2} = \frac{1}{3}e^{2x}$ 為 $y'' - y = e^{2x}$ 之一特解，請驗證 $y_p = y_{p_1} + y_{p_2} = -1 + \frac{1}{3}e^{2x}$ 為 $y'' - y = 1 + e^{2x}$ 之特解。

解

$y_p' = \frac{2}{3}e^{2x}$，$y_p'' = \frac{4}{3}e^{2x}$，得 $y_p'' - y_p = \frac{4}{3}e^{2x} + 1 - \frac{1}{3}e^{2x} = 1 + e^{2x}$，故 y_p 為 $y'' - y = 1 + e^{2x}$ 之特解。

2-1　習題演練

在下列 1～6 題中，證明所列函數互相線性獨

立：

1. e^x，x

2. x，x^2

3. $\sin x$，$\cos x$

4. x，$\sin x$

5. $\cos x$，$\cos 3x$

6. $1, 2x$ 與 $3x^2$

下列 7～13 題，請驗證 $y(x)$ 爲齊性 ODE 之通

解：

7. $y'' - y = 0$，$y(x) = c_1 e^x + c_2 e^{-x}$

8. $y'' + 3y' + 2y = 0$，

   $y(x) = c_1 e^{-x} + c_2 e^{-2x}$

9. $\dfrac{d^2 y}{dx^2} - 10\dfrac{dy}{dx} + 25y = 0$，

   $y(x) = c_1 e^{5x} + c_2 x e^{5x}$

10. $\dfrac{d^2 y}{dx^2} + 9y = 0$，

    $y(x) = c_1 \cos 3x + c_2 \sin 3x$

11. $y'' - 2y' + 2y = 0$，

    $y(x) = e^x(c_1 \cos x + c_2 \sin x)$

12. $x^2 \dfrac{d^2 y}{dx^2} + x\dfrac{dy}{dx} - y = 0$，

    $y(x) = c_1 x + c_2 \dfrac{1}{x}$

13. $x^2 \dfrac{d^2 y}{dx^2} - 2x\dfrac{dy}{dx} + 2y = 0$，

    $y(x) = c_1 x + c_2 x^2$

下列 14～17 題，請驗證 $y(x)$ 爲非齊性 ODE 之

通解：

14. $\dfrac{d^2 y}{dx^2} - 2\dfrac{dy}{dx} + y = 4e^x$，

    $y(x) = c_1 e^x + c_2 x e^x + 2x^2 e^x$

15. $\dfrac{d^2 y}{dx^2} + 4y = -12\sin 2x$，

    $y(x) = c_1 \cos 2x + c_2 \sin 2x + 3x \cos 2x$

16. $y'' - 2y' + y = 1 + x + e^x$，

    $y(x) = c_1 e^x + c_2 x e^x + \dfrac{1}{2}x^2 e^x + x + 3$

17. $x^2 y'' + 5xy' - 12y = 12\ln x$，

    $y(x) = c_1 x^{-6} + c_2 x^2 - \ln x - \dfrac{1}{3}$

2-2 降階法求解高階 ODE

我們在前一章已經完整的介紹一階 ODE 的求解，其中特別談到一階線性齊性 ODE $y' + p(x)y = 0$ 之求解，而對於二階線性齊性 ODE $a_2(x)y'' + a_1(x)y' + a_0(x)y = 0$ 的求解，我們也希望可以透過降階法(reduction method)將其降成一階 ODE 後再求解，本單元將介紹如何利用降階法來解二階線性齊性 ODE。

2-2.1 二階線性齊性 ODE 的降階

若已知 $y_1(x)$ 是二階線性齊性 ODE 的解，而 $y_2(x)$ 是另一線性獨立齊性解，則 $y_2(x)/y_1(x)$ 不能是常數，因此存在一個非零函數 $u(x)$ 使得：

$$\frac{y_2(x)}{y_1(x)} = u(x)$$

此處 u 可看成是修正 y_1 的伸縮倍率。將 $y_2(x) = u(x)y_1(x)$ 代入原式整理得：

$y_1 u'' + (2y_1' + p(x)y_1)u' = 0$，其中 $p(x) = \dfrac{a_1(x)}{a_2(x)}$，於是，欲求解方程回到線性的情況，但階數為二。令 $z = u'(x)$，則降回一階：$y_1 z' + (2y_1' + p(x)y_1)z = 0$。從第一章積分因子解法(積分因子 $I = y_1^2 \cdot e^{\int p(x)dx}$)得 $u(x) = c\displaystyle\int \frac{e^{-\int p(x)dx}}{y_1^2}dx$，即

$$y_2(x) = y_1 \int \frac{e^{-\int p(x)dx}}{y_1^2}dx 。$$

現在，Wronskian 行列式 $W(y_1(x), y_2(x)) = \begin{vmatrix} y_1 & y_2 \\ y_1' & y_2' \end{vmatrix} \neq 0$，所以 $y_1(x)$、$y_2(x)$ 互為線性獨立。結論整理如下：

高階線性常微分方程

定理

　　對二階線性齊性 ODE　$y'' + p(x)y' + q(x)y = 0$，若已知一齊性解為 $y_1(x)$，則該 ODE 之另一個線性獨立齊性解為：

$$y_2(x) = y_1 \int \frac{e^{-\int p(x)dx}}{{y_1}^2} dx$$

且該 ODE 之通解為 $y(x) = c_1 y_1(x) + c_2 y_2(x)$。

範例 1

　　對 $y'' - y = 0$，若已知 e^x 為一齊性解，求此 ODE 之通解。

解

　　我們可以知道 ODE 之一個齊性解 $y_1(x) = e^x$，則 ODE 之另一個解 $y_2(x)$ 為

$$y_2(x) = y_1 \int \frac{e^{-\int p(x)dx}}{{y_1}^2} dx = e^x \int \frac{e^{-\int 0 dx}}{(e^x)^2} dx = e^x \int c \cdot e^{-2x} dx = \frac{-c}{2} e^{-x}。$$

可以取 ODE 之另一齊性解 $y_2(x) = e^{-x}$。

又 $W(y_1(x), y_2(x)) = \begin{vmatrix} y_1 & y_2 \\ y_1' & y_2' \end{vmatrix} = \begin{vmatrix} e^x & e^{-x} \\ e^x & -e^{-x} \end{vmatrix} = -2 \neq 0$，

所以 $y_1(x)$，$y_2(x)$ 為線性獨立，故 ODE 之通解為 $y(x) = c_1 e^x + c_2 e^{-x}$。

範例 2

　　對 $y'' - 6y' + 9y = 0$，若已知 e^{3x} 為一齊性解，求此 ODE 之通解。

解

　　我們可以知道 ODE 之一個齊性解 $y_1(x) = e^{3x}$，則 ODE 之另一個解 $y_2(x)$ 為

$$y_2(x) = y_1 \int \frac{e^{-\int p(x)dx}}{{y_1}^2} dx = e^{3x} \int \frac{e^{-\int (-6)dx}}{(e^{3x})^2} dx = e^{3x} \int 1 dx = xe^{3x}。$$

又 $W(y_1(x), y_2(x)) = \begin{vmatrix} y_1 & y_2 \\ y_1' & y_2' \end{vmatrix} = \begin{vmatrix} e^{3x} & xe^{3x} \\ 3e^{3x} & e^{3x} + 3xe^{3x} \end{vmatrix} = e^{6x} \neq 0$，

所以 $y_1(x)$，$y_2(x)$ 為線性獨立，故 ODE 之通解為 $y(x) = c_1 e^{3x} + c_2 xe^{3x}$。

範例 3

對 $x^2 y'' - 4xy' + 6y = 0$，$\forall x > 0$，若已知 x^2 為一齊性解，求此 ODE 之通解。

解

我們可以知道 ODE 之一個齊性解 $y_1(x) = x^2$，且 $p(x) = \dfrac{-4x}{x^2} = -\dfrac{4}{x}$，

則 ODE 之另一個解 $y_2(x)$ 為

$$y_2(x) = y_1 \int \frac{e^{-\int p(x)dx}}{y_1^2} dx = x^2 \int \frac{e^{-\int(-\frac{4}{x})dx}}{(x^2)^2} dx = x^2 \int 1 dx = x^3 \text{。}$$

又 $W(y_1(x), y_2(x)) = \begin{vmatrix} y_1 & y_2 \\ y_1' & y_2' \end{vmatrix} = \begin{vmatrix} x^2 & x^3 \\ 2x & 3x^2 \end{vmatrix} = x^4 \neq 0$，

所以 $y_1(x)$、$y_2(x)$ 為線性獨立，故 ODE 之通解為 $y(x) = c_1 x^2 + c_2 x^3$。

2-2 習題演練

下列 ODE 中，若已知 ODE 之一齊性解 $y_1(x)$，求 ODE 之通解

1. $y'' + y' - 2y = 0$, $y_1(x) = e^x$

2. $y'' + 3y' + 2y = 0$, $y_1(x) = e^{-x}$

3. $y'' - 4y' + 3y = 0$, $y_1(x) = e^x$

4. $y'' - 4y' + 4y = 0$, $y_1(x) = e^{2x}$

5. $y'' + 6y' + 9y = 0$, $y_1(x) = e^{-3x}$

6. $y'' + y = 0$, $y_1(x) = \cos x$

7. $y'' + 4y = 0$, $y_1(x) = \sin 2x$

8. $x^2 y'' - 2xy' + 2y = 0$, $y_1(x) = x$

9. $x^2 y'' - 3xy' + 4y = 0$, $y_1(x) = x^2$

10. $xy'' + y' = 0$, $y_1(x) = \ln|x|$

2-3　高階 ODE 齊性解

　　線性 ODE 包含了常係數與變係數兩大類，其中又以常係數最為常見，其主要是因為物理系統中大部分的參數值是不會隨著時間改變的，所以用來描述物理系統之 ODE 的係數會出現常係數的型態，底下將討論如何求解高階常係數 ODE，首先將以二階為例進行討論，再推廣到 n 階。

2-3.1　求解步驟

　　對於一般的 n 階常係數(Constant coefficient)線性 ODE 我們已知其形式為：
$a_n y^{(n)} + a_{n-1} y^{(n-1)} + \cdots + a_1 y' + a_0 y = R(x)$；其中 $a_n, a_{n-1}, \cdots, a_1, a_0$ 為常數，根據 2-1 節的理論可以得知求解原則如下：

Step 1　由 $a_n y^{(n)} + a_{n-1} y^{(n-1)} + \cdots + a_1 y' + a_0 y = 0$，

　　　　　求其齊性解 $y_h(x) = c_1 y_1(x) + c_2 y_2(x) + \cdots + c_n y_n(x)$。

Step 2　找一組特解(Particular solution) $y_p(x)$

　　　　　使其滿足 $a_n y^{(n)} + a_{n-1} y^{(n-1)} + \cdots + a_1 y' + a_0 y = R(x)$。

Step 3　原 ODE 之通解(General solution)

　　　　　$y = y_h(x) + y_p(x) = c_1 y_1(x) + c_2 y_2(x) + \cdots + c_n y_n(x) + y_p(x)$，

我們將先由齊性解開始介紹。

2-3.2　齊性解

二階常係數 ODE 的齊性解

　　考慮 $a_2 y'' + a_1 y' + a_0 y = 0$。令其解為 $y(x) = e^{mx}$，則 $y' = me^{mx}$，$y'' = m^2 e^{mx}$ 代入原 ODE 得 $a_2 m^2 e^{mx} + a_1 m e^{mx} + a_0 e^{mx} = (a_2 m^2 + a_1 m + a_0)e^{mx} = 0$。

$\because e^{mx} \neq 0$，$\therefore a_2 m^2 + a_1 m + a_0 = 0$　(一元二次方程式)，此式稱為特性方程式(Auxiliary equation 或 Characteristic equation)，其判別式 $\Delta = a_1^2 - 4a_0 a_2$。

令一元二次的判別式爲 Δ，則會有如下三種情況：

1. $\Delta > 0$

   $m = m_1 , m_2$ (兩相異實根)，則由 Wromskian $\begin{vmatrix} e^{m_1 x} & e^{m_2 x} \\ m_1 e^{m_1 x} & m_2 e^{m_2 x} \end{vmatrix} \neq 0$，故 $e^{m_1 x}$ 與 $e^{m_2 x}$ 線性獨

   立，可以生成二階常係數線性齊性 ODE 之解空間，所以

   $$y_h(x) = c_1 e^{m_1 x} + c_2 e^{m_2 x}$$

範例 1

解方程式：$y'' - 3y' - 4y = 0$。

解

令 $y = e^{mx}$，則 $y' = me^{mx}$，$y'' = m^2 e^{mx}$，代入原 ODE 中，得

$m^2 e^{mx} - 3me^{mx} - 4e^{mx} = 0 \Rightarrow (m^2 - 3m - 4)e^{mx} = 0$，因 $e^{mx} \neq 0$。

得特性方程式 $m^2 - 3m - 4 = 0$，故 $(m-4)(m+1) = 0$，$\therefore m = 4, -1$，

所以 ODE 之通解爲 $y(x) = c_1 e^{4x} + c_2 e^{-x}$。

---

2. $\Delta = 0$

   $m = m_0 , m_0$ (兩相等實根)，此時只能得到一個解 $y_1 = e^{m_0 x}$，必須再找一個線性獨立

   解，我們可以取 $y_2 = xe^{m_0 x}$，則 $a_2 y_2'' + a_1 y_2' + a_0 y_2 = 0$，所以 $y_2 = xe^{m_0 x}$ 爲另一個解(由

   降階法可得證)，再由 $\begin{vmatrix} e^{m_0 x} & xe^{m_0 x} \\ m_0 e^{m_0 x} & e^{m_0 x} + m_0 xe^{m_0 x} \end{vmatrix} = e^{2m_0 x} \neq 0$，所以 $e^{m_0 x}$ 與 $xe^{m_0 x}$ 線性獨立，

   可以生成二階常係數線性齊性 ODE 之解空間，所以

   $$y_h(x) = c_1 e^{m_0 x} + c_2 xe^{m_0 x}$$

範例 2

解 $y'' - 2y' + y = 0$

解

令 $y = e^{mx}$ 代入 ODE 得特性方程式 $m^2 - 2m + 1 = 0 \Rightarrow m = 1, 1$，

故通解為 $y(x) = c_1 e^x + c_2 x e^x$。

範例 3

解方程式：$4y'' + 4y' + y = 0$，其中 $y(0) = -2$，$y'(0) = 1$。

解

令 $y(x) = e^{mx}$，則 $y'(x) = m e^{mx}$，$y''(x) = m^2 e^{mx}$，代入原 ODE 中得

特性方程式：$4m^2 + 4m + 1 = 0$。

故 $(2m + 1)^2 = 0 \Rightarrow m = -\frac{1}{2}, -\frac{1}{2}$（重根），$\therefore y(x) = c_1 e^{-\frac{1}{2}x} + c_2 x e^{-\frac{1}{2}x}$。

由 $y(0) = -2 \Rightarrow c_1 = -2 \Rightarrow y(x) = -2 e^{-\frac{1}{2}x} + c_2 x e^{-\frac{1}{2}x}$，

$y'(x) = e^{-\frac{1}{2}x} + c_2 e^{-\frac{1}{2}x} - \frac{1}{2} c_2 x e^{-\frac{1}{2}x}$，$y'(0) = 1 = 1 + c_2 + 0 \Rightarrow c_2 = 0$。

$\therefore y(x) = -2 e^{-\frac{1}{2}x}$ 為其解。

3. $\Delta < 0$

   $m = \alpha \pm i\beta\,(\alpha, \beta \in R)$，所以 $y(x) = c_1 e^{(\alpha + i\beta)x} + c_2 e^{(\alpha - i\beta)x} = e^{\alpha x}(c_1 e^{i\beta x} + c_2 e^{-i\beta x})$，

   又 $e^{i\beta x} = \cos \beta x + i \sin \beta x$，$e^{-i\beta x} = \cos \beta x - i \sin \beta x$ 代入 $y(x)$ 可得

   $y_h(x) = e^{\alpha x}\left[(c_1 + c_2)\cos \beta x + (c_1 - c_2)i \sin \beta x\right]$。

   令 $a = c_1 + c_2$，$b = (c_1 - c_2)i$，則 ODE 之解可以改寫為

   $$y_h(x) = e^{\alpha x}[a \cos \beta x + b \sin \beta x]$$

範例 *4*

解方程式：$y'' - 2y' + 2y = 0$，其中 $y(0) = -3$，$y\left(\dfrac{1}{2}\pi\right) = 0$。

解

令 $y(x) = e^{mx}$ 代入原 ODE 中可得特性方程式

$m^2 - 2m + 2 = 0$，$m = \dfrac{2 \pm \sqrt{4-8}}{2} = 1 \pm i$，

∴ 原 ODE 的通解 $y(x) = e^x \cdot \left[c_1 \cos x + c_2 \sin x\right]$。

$y(0) = -3 \Rightarrow c_1 = -3$，

$y\left(\dfrac{\pi}{2}\right) = 0 \Rightarrow e^{\frac{\pi}{2}} \cdot c_2 = 0 \Rightarrow c_2 = 0$，∴ $y(x) = -3e^x \cos x$。

n 階常係數 ODE 的齊性解(選讀)

考慮 $a_n y^{(n)} + a_{n-1} y^{(n-1)} + \cdots + a_1 y' + a_0 y = 0$。

令 $y = e^{mx} \Rightarrow y' = me^{mx}$，$y'' = m^2 e^{mx}, \cdots, y^{(n)} = m^n e^{mx}$，

代入原 ODE 中得 $(a_n m^n + a_{n-1} m^{n-1} + \cdots + a_1 m + a_0)e^{mx} = 0$，

因 $e^{mx} \neq 0$，故得 $(a_n m^n + a_{n-1} m^{n-1} + \cdots + a_1 m + a_0) = 0$ 為特性方程式(一元 *n* 次方程式)，分

為四種情況：

1. 具有 *k* 個相異實根 $m_1, m_2, \cdots, m_k$，則此 *k* 個相異實根所對應之解為

$$y(x) = c_1 e^{m_1 x} + c_2 e^{m_2 x} + \cdots + c_n e^{m_n x} + \cdots$$

2. 具有 *k* 個相等實根 $m_0 = m_0 = \cdots = m_0$，則所對應的解為

$$y(x) = (c_1 + c_2 x + c_3 x^2 + c_4 x^3 + \cdots + c_k x^{k-1})e^{m_0 x} + \cdots$$

3. 具有若干組共軛複數根 $m = \alpha \pm i\beta, m = p \pm iq, \cdots$，則其對應之解為

$$y(x) = e^{\alpha x} \cdot \left[c_1 \cos \beta x + c_2 \sin \beta x\right] + e^{px} \cdot \left[c_3 \cos qx + c_4 \sin qx\right] + \cdots$$

4. 具有 *k* 個共軛複數根重根 $m = \alpha \pm i\beta, \alpha \pm i\beta, \cdots$，則其對應之解為

$$y(x) = e^{ax} \cdot [(c_1 + c_2 x + c_3 x^2 + \cdots + c_k x^{k-1})\cos \beta x$$
$$+ (d_1 + d_{2x} + \cdots + d_k x^{k-1})\sin \beta x] + \cdots$$

範例 5

解方程式：$y''' + 3y'' + y' + 3y = 0$

解

令 $y(x) = e^{mx}$ 代入原 ODE 中，可得特性方程式

$(m^3 + 3m^2 + m + 3) = 0$

$\Rightarrow m^2(m+3) + (m+3) = 0 \Rightarrow (m^2+1)(m+3) = 0 \Rightarrow m = -3, \pm i$，

$\therefore y(x)$的通解為 $y(x) = c_1 e^{-3x} + c_2 \cos x + c_3 \sin x$。

2-3 習題演練

求解下列齊性 ODE 之通解：

1. $y'' + y' - 2y = 0$。

2. $y'' - y' + 10y = 0$。

3. $y'' + 6y' + 9y = 0$。

4. $4y'' + y' = 0$。

5. $y'' - 36y = 0$。

6. $y'' - y' - 6y = 0$。

7. $y'' - 3y' + 2y = 0$。

8. $y'' + 8y' + 16y = 0$。

9. $y'' - 10y' + 25y = 0$。

10. $y'' + 9y = 0$。

11. $y'' - 4y' + 5y = 0$。

12. $12y'' - 5y' - 2y = 0$。

13. $2y'' + 2y' + y = 0$。

求解 ODE 之初始值問題：

14. $y'' + 3y' + 2y = 0$，$y(0) = 1$，$y'(0) = 0$。

15. $y'' + 2y' + 17y = 0$，$y(0) = 1$，$y'(0) = 0$。

16. $y'' - 4y' + 3y = 0$，$y(0) = 4$，$y'(0) = 0$。

17. $y'' - 4y' + 3y = 0$，$y(0) = -1$，$y'(0) = 3$。

18. $y'' + 8y' + 16y = 0$，$y(0) = 3$，$y'(0) = 3$。

2-4 待定係數法求特解

前小節已經說明了 n 階常係數線性齊性 ODE 之解，但是對 n 階常係數線性非齊性 ODE 而言，其通解除了先求出原 ODE 之齊性解 y_h 外，還必須找到非齊性 ODE 之一特解 y_p，這樣才能形成 ODE 之通解 $y = y_h + y_p$，所以接下來將介紹求解特解之方法。首先將先介紹如何利用待定係數法(Method of undetermined coefficients)求特解 y_p。

2-4.1 待定係數法的使用限制

並不是任意的高階非齊性 ODE 的特解為均可用待定數法求解，其限制如下：

1. ODE 必須為常係數且線性。

2. $a_n y^{(n)} + a_{n-1} y^{(n-1)} + \cdots + a_1 y' + a_0 y = R(x)$，其中

   $R(x)$須為常數 k、e^{ax}、$\sin bx$、$\cos bx$、x^n(n 為正整數)，或這些函數的組合。

2-4.2 y_p 之假設原則

根據 $R(x)$ 的形式，$y_P(x)$ 的假設有對應的參考形式，在下面的表格中我們做個整理，原則上，$y_P(x)$ 的假設都是以整組函數基底併入考慮。

		$R(x)$	$y_p(x)$
基本	(1)	c	k
	(2)	e^{ax}	ke^{ax}
	(3)	$\sin bx, \cos bx$	$A\cos bx + B\sin bx$
	(4)	x^n	$(A_n x^n + A_{n-1} x^{n-1} + \cdots + A_1 x + A_0)$
進階	(5)	$e^{ax}\sin bx$、$e^{ax}\cos bx$	$e^{\alpha x} \cdot [c_1 \cos bx + c_2 \sin bx]$
	(6)	$e^{ax} \cdot x^n$	$e^{\alpha x} \cdot [c_n x^n + c_{n-1} x^{n-1} + \cdots + c_1 x + c_0]$
	(7)	$x^n\sin bx$ 或 $x^n\cos bx$	$(c_n x^n + c_{n-1} x^{n-1} + \cdots + c_1 x + c_0)\cos bx$ $+(d_n x^n + d_{n-1} x^{n-1} + \cdots + d_1 x + d_0)\sin bx$

其中(1)～(4)較爲常用，是基本型 y_p 假設，一定要會；(5)～(7)爲進階型，算較爲複雜，可依學習狀況自行參考。

2-4.3 假設項與 $y_h(x)$ 重覆

此時 $y_p(x)$ 必須乘上 x^m 來修正，其中 m 爲使 $y_p(x)$ 與 $y_h(x)$ 不重覆之最小正整數。

範例 1

求解下列 ODE，其中特解請用待定係數法：$y'' - 2y' - 3y = e^x$。

解

(1) 先求齊性解：滿足 $y'' - 2y' - 3y = 0$，

令 $y(x) = e^{mx}$ 代入 ODE 中

可得 $m^2 - 2m - 3 = 0 \Rightarrow m = 3, -1$，

$\therefore y_h(x) = c_1 e^{3x} + c_2 e^{-x}$。

(2) 利用待定係數法求特解，

令 $y_p(x) = Ae^x$，則 $y_p'(x) = Ae^x$，$y_p''(x) = Ae^x$。

代入 ODE 中 $\Rightarrow Ae^x - 2Ae^x - 3Ae^x = e^x$，

左右比較係數可得 $A = -\dfrac{1}{4}$，$\therefore y_p(x) = -\dfrac{1}{4}e^x$。

(3) 原 ODE 的通解：$y(x) = y_h(x) + y_p(x) = c_1 e^{3x} + c_2 e^{-x} - \dfrac{1}{4}e^x$。

Note

若範例一的原方程爲 $y'' - 2y' - 3y = e^{-x}$，

則改令 $y_p = Axe^{-x}$，則 $y_p' = Ae^{-x} - Axe^{-x}$，$y_p'' = -2Ae^{-x} + Axe^{-x}$，

代入 ODE 中，得：

$-2Ae^{-x} + Axe^{-x} - 2(Ae^{-x} - Axe^{-x}) - 3Axe^{-x} = e^{-x} \Rightarrow -4Ae^{-x} = e^{-x}$，

即 $A = -\dfrac{1}{4}$，$\therefore y_p = -\dfrac{1}{4}xe^{-x}$，

則通解 $y(x) = c_1 e^{3x} + c_2 e^{-x} - \dfrac{1}{4}xe^{-x}$。

範例 *2*

求解下列 ODE，其中特解請用待定係數法：$y'' - 2y' - 3y = \cos 2x$。

解

(1) 如範例 1 可知齊性解為 $y_h(x) = c_1 e^{3x} + c_2 e^{-x}$。

(2) 利用待定係數法求特解，令 $y_p(x) = A\cos 2x + B\sin 2x$，則

$$y_p'(x) = -2A\sin 2x + 2B\cos 2x，y_p''(x) = -4A\cos 2x - 4B\sin 2x。$$

代入 ODE 中，得

$$-4A\cos 2x - 4B\sin 2x - 2 \cdot (-2A\sin 2x + 2B\cos 2x) - 3(A\cos 2x + B\sin 2x) = \cos 2x，$$

比較係數 $\begin{cases} -7A - 4B = 1 \\ -7B + 4A = 0 \end{cases}$，

$\therefore A = -\dfrac{7}{65}$、$B = -\dfrac{4}{65}$，$\therefore y_p(x) = -\dfrac{7}{65}\cos 2x - \dfrac{4}{65}\sin 2x$。

(3) 原 ODE 的通解：$y(x) = y_h(x) + y_p(x) = c_1 e^{3x} + c_2 e^{-x} - \dfrac{7}{65}\cos 2x - \dfrac{4}{65}\sin 2x$。

範例 *3*

求解下列 ODE，其中特解請用待定係數法：$y'' - 2y' - 3y = x + 1$。

解

(1) 如範例 1 可知齊性解為 $y_h(x) = c_1 e^{3x} + c_2 e^{-x}$。

(2) 利用待定係數法求特解，

令 $y_p(x) = Ax + B$，則 $y_p'(x) = A$，$y_p''(x) = 0$。

代入 ODE 中 $\Rightarrow 0 - 2A - 3(Ax + B) = x + 1$，得 $\begin{cases} -2A - 3B = 1 \\ -3A = 1 \end{cases}$，

$\therefore A = -\dfrac{1}{3}$, $B = -\dfrac{1}{9}$，$\therefore y_p(x) = -\dfrac{1}{3}x - \dfrac{1}{9}$。

(3) 原 ODE 的通解：$y(x) = y_h(x) + y_p(x) = c_1 e^{3x} + c_2 e^{-x} - \dfrac{1}{3}x - \dfrac{1}{9}$。

範例 *4*（進階題）

求解下列 ODE，其中特解請用待定係數法：$y'' - 2y' + y = x^2 e^x$。

解

(1) 先求齊性解：滿足 $y'' - 2y' + y = 0$。

令 $y(x) = e^{mx}$ 代入 ODE 中可得 $(m^2 - 2m + 1) = 0 \Rightarrow (m-1)^2 = 0$。

$\therefore m = 1, 1$(重根)，$\therefore y_h(x) = c_1 e^x + c_2 x e^x$。

(2) $R(x)$ 屬進階型(6)，因此令 $y_p(x) = x^2(A + Bx + Cx^2)e^x$，此處多乘上 x^2 是為了製

造與 $y_h(x)$ 不重複的解。計算得：

$y_p(x) = (Ax^2 + Bx^3 + Cx^4)e^x$，

$y_p'(x) = \left[2Ax + (3B + A)x^2 + (4C + B)x^3 + Cx^4 \right]e^x$，

$y_p''(x) = \left[2A + (6B + 2A)x + (12C + 3B)x^2 + 4Cx^3 \right]e^x$

$\qquad + \left[2Ax + (3B + A)x^2 + (4C + B)x^3 + Cx^4 \right]e^x$，

代入 ODE 中得：

$\left[2A + (6B + 2A)x + (12C + 3B)x^2 + 4Cx^3 \right]e^x$

$+ \left[2Ax + (3B + A)x^2 + (4C + B)x^3 + Cx^4 \right]e^x$

$- 2\{ \left[2Ax + (3B + A)x^2 + (4C + B)x^3 + Cx^4 \right]e^x \}$

$+ (Ax^2 + Bx^3 + Cx^4)e^x = x^2 e^x$，

比較係數後解聯立方程式得 $\begin{cases} A = 0 \\ B = 0 \\ C = \dfrac{1}{12} \end{cases}$，

$\therefore y_p(x) = \dfrac{1}{12} x^4 e^x$。

(3) 原 ODE 的通解：$y(x) = y_h(x) + y_p(x) = c_1 e^x + c_2 x e^x + \dfrac{1}{12} x^4 e^x$。

2-4 習題演練

1. 利用待定係數法解微分方程式：

$y'' - 6y' + 9y = 6x^2 + 2 - 12e^{3x}$，

其特殊解 y_p，應設為那種形式較恰當

(A)$Ax^3 + Bx^2 + Cx + E + Fe^{3x}$

(B)$Ax^2 + Bx + C + Ee^{3x}$

(C)$Ax^2 + Bx + C + Exe^{3x}$

(D)$Ax^2 + Bx + C + Ex^2e^{3x}$

(E)$Ax^2 + Bx + C + Ex^{3x} + Fxe^{3x}$

求解下列 ODE，其中特解請用待定係數法：

2. $y'' - 3y' + 2y = e^{3x}$

3. $y'' - 3y' + 2y = \cos 2x$

4. $y'' - 4y' = e^{-x}$

5. $y'' - 5y' + 6y = \cos 3x$

6. $y'' + 3y' + 2y = 6$

7. $y'' + y' - 6y = 2x$

8. $y'' - 4y' + 4y = e^{3x} - 1$

9. $y'' - 2y' + 10y = 20x^2 + 2x - 8$

以待定係數求解下列 ODE 之特解

10. $y'' - 5y' + 4y = 8e^x$

11. $y'' - 2y' + y = e^x$

12. $y'' - 16y = 2e^{4x}$

13. $y'' + 4y = 3\sin 2x$

14. $y'' + y = \cos x$

以待定係數法求解下列初始值問題

15. $y'' + 4y' + 5y = 35e^{-4x}$

$y(0) = -3$ ， $y'(0) = 1$

16. 以待定係數求解

$y'' - 2y' + 5y + 4\cos t - 8\sin t = 0$

$y(0) = 1$ ， $y'(0) = 3$

2-5 參數變異法求特解

我們前面介紹了待定係數法求特解，其雖然容易，但限制較多。接著將介紹一種限制比較少的方法，稱爲參數變異法(Method of variation of parameters)。

此方法用由瑞士數學家 Leonhard Euler（1707-1783）所提出，其完整的理論是由另一個數學家 Joseph-Louis Lagrange（1736-1813）所完成。

參數變異法的限制

1. 只要線性 ODE 即可，可以變係數或常係數：
   $a_n(x)y^{(n)} + a_{n-1}(x)y^{(n-1)} + \cdots + a_1(x)y' + a_0(x)y = R(x)$。

2. $R(x)$無任何限制。

[步驟]

1. 先求出齊性解 $y_1(x), y_2(x), \cdots, y_n(x) \Rightarrow n$ 個線性獨立齊性解。

2. 令 $y_p(x) = y_1(x)\phi_1(x) + y_2(x)\phi_2(x) + \cdots + y_n(x)\phi_n(x)$，

   代入原 ODE 中化簡，利用克萊瑪法則(cramer's rule)可以求出
   $\phi_1'(x), \phi_2'(x) \cdots \phi_n'(x)$，
   再各別積分可得 $\phi_1(x), \phi_2(x) \cdots \phi_n(x)$，則特解爲

   $y_p(x) = y_1(x)\phi_1(x) + y_2(x)\phi_2(x) + \cdots + y_n(x)\phi_n(x)$。

公式推導

以二階 ODE $a_2(x)y'' + a_1(x)y' + a_0(x)y = R(x)$ 爲例。

若其兩個線性獨立的齊性解 $y_1(x), y_2(x)$ 滿足 $\begin{cases} a_2(x)y_1'' + a_1(x)y_1' + a_0(x)y_1 = 0 \\ a_2(x)y_2'' + a_1(x)y_2' + a_0(x)y_2 = 0 \end{cases}$，

令原 ODE 的解爲 $y_p(x) = \phi_1 y_1 + \phi_2 y_2$，則 $y_p'(x) = \phi_1 y_1' + \phi_2 y_2' + y_1\phi_1' + y_2\phi_2'$。

取 $y_1\phi_1' + y_2\phi_2' = 0$，則 $y_p''(x) = \phi_1 y_1'' + \phi_2 y_2'' + y_1'\phi_1' + y_2'\phi_2'$。代入原 ODE 得

$\phi_1[a_2(x)y_1'' + a_1(x)y_1' + a_0(x)y_1] + \phi_2[a_2(x)y_2'' + a_1(x)y_2' + a_0(x)y_2] + a_2(x)[y_1'\phi_1' + y_2'\phi_2'] = R(x)$

因 y_1、y_2 各自滿足二階齊性 ODE，故得 $y_1'\phi_1' + y_2'\phi_2' = \dfrac{R(x)}{a_2(x)}$，

則 $\begin{cases} y_1\phi_1' + y_2\phi_2' = 0 \\ y_1'\phi_1' + y_2'\phi_2' = \dfrac{R(x)}{a_2(x)} \end{cases} \Rightarrow \begin{bmatrix} y_1 & y_2 \\ y_1' & y_2' \end{bmatrix}\begin{bmatrix} \phi_1' \\ \phi_2' \end{bmatrix} = \begin{bmatrix} 0 \\ \dfrac{R(x)}{a_2(x)} \end{bmatrix}$。由克萊瑪法則(Cramer's rule)可知

$$\phi_1' = \frac{\begin{vmatrix} 0 & y_2 \\ \dfrac{R(x)}{a_2(x)} & y_2' \end{vmatrix}}{\begin{vmatrix} y_1 & y_2 \\ y_1' & y_2' \end{vmatrix}} = \frac{-\dfrac{R(x)}{a_2(x)}y_2}{W(y_1,y_2)} \ , \ \ \phi_2' = \frac{\begin{vmatrix} y_1 & 0 \\ y_1' & \dfrac{R(x)}{a_2(x)} \end{vmatrix}}{\begin{vmatrix} y_1 & y_2 \\ y_1' & y_2' \end{vmatrix}} = \frac{\dfrac{R(x)}{a_2(x)}y_1}{W(y_1,y_2)} \ , \ 積分得$$

$$\phi_1 = \int \frac{-\dfrac{R(x)}{a_2(x)}y_2}{W(y_1,y_2)}dx \ , \ \ \phi_2 = \int \frac{\dfrac{R(x)}{a_2(x)}y_1}{W(y_1,y_2)}dx$$

得特解 $y_p(x) = \phi_1 y_1 + \phi_2 y_2$。

範例 1

求解方程：$y'' - y = xe^x$

解

(1) 先求齊性解：$y_h = c_1 e^x + c_2 e^{-x}$。

(2) 利用參數變異法求特解：

令 $y_p(x) = \phi_1 e^x + \phi_2 e^{-x}$、$y_1 = e^x$、$y_2 = e^{-x}$、$a_2 = 1$、$R(x) = xe^x$

因 $W(y_1,y_2) = \begin{vmatrix} e^x & e^{-x} \\ e^x & -e^{-x} \end{vmatrix} = -1-1 = -2 \neq 0$，則

$$\phi_1 = \int \frac{-\dfrac{R(x)}{a_2}y_2}{W(y_1,y_2)}dx = \int \frac{-xe^x \cdot e^{-x}}{-2} = \frac{1}{4}x^2 \ 、$$

$$\phi_2 = \int \frac{\dfrac{R(x)}{a_2}y_1}{W(y_1,y_2)}dx = \int \frac{xe^x \cdot e^x}{-2} = \int -\frac{1}{2}xe^{2x}dx = -\frac{1}{4}xe^{2x} + \frac{1}{8}e^{2x} \ ,$$

得特解 $y_p = \phi_1 y_1 + \phi_2 y_2 = \frac{1}{4}x^2 e^x + \left(-\frac{1}{4}xe^{2x} + \frac{1}{8}e^{2x}\right)e^{-x} = \frac{1}{4}x^2 e^x - \frac{1}{4}xe^x + \frac{1}{8}e^x$，

故通解為 $y = y_h + y_p = c_1 e^x + c_2 e^{-x} + \frac{1}{4}x^2 e^x - \frac{1}{4}xe^x$。

Note

其中 $\dfrac{1}{8}e^x$ 併入齊性解中。

範例 2

求解方程：$y'' + y = \sec x$。

解

(1) 先求齊性解：

$y_h(x) = c_1 \cos x + c_2 \sin x$。

(2) 利用參數變異法求特解 $y_p(x)$：

令 $y_p(x) = \phi_1 \cos x + \phi_2 \sin x$、$y_1 = \cos x$、

$y_2 = \sin x$、$R(x) = \sec x$、$a_2 = 1$，

因 $W(y_1, y_2) = \begin{vmatrix} \cos x & \sin x \\ -\sin x & \cos x \end{vmatrix} = \cos^2 x + \sin^2 x = 1$，故

$\phi_1 = \displaystyle\int \frac{-\dfrac{R(x)}{a_2} y_2}{W(y_1, y_2)} dx = \int -\frac{\sec x \sin x}{1} dx = -\int \frac{\sin x}{\cos x} dx = \ln|\cos x|$、

$\phi_2 = \displaystyle\int \frac{\dfrac{R(x)}{a_2} y_1}{W(y_1, y_2)} dx = \int \frac{\dfrac{\sec x}{1} \cos x}{1} dx = \int 1 dx = x$，

故得特解 $y_p(x) = \phi_1 \cos x + \phi_2 \sin x = (\ln|\cos x|)\cos x + x \sin x$。

(3) $\therefore y(x) = y_h(x) + y_p(x) = c_1 \cos x + c_2 \sin x + \cos x(\ln|\cos x|) + x \cdot \sin x$。

2-5 習題演練

求解下列 ODE，其中特解請用參數變異法求解：

1. $y'' - 3y' + 2y = e^x$，$y(0) = 0$，$y'(0) = 1$。

2. $y'' + y = \cos x$。

3. $y'' + 2y' + 5y = e^{-x} \sin 2x$。

4. $y'' + 9y = \sec 3x$。

5. $4y'' + 36y = \csc 3x$。

6. $y'' + y = \sin x$。

7. $y'' + y = \cos^2 x$。

8. $y'' + y = \tan x$。

2-6 尤拉-柯西等維 ODE

我們前面已經討論了 n 階常係數線性 ODE 之求解，接下來要介紹 n 階線性變係數 ODE 之求解，其實變係數(Variable Coefficients)ODE 的求解是相當不容易的，解法也很多，包括(1) 等維 ODE，(2) 高階正合 ODE，(3) 因變數變換 $\Rightarrow$ 降階法(已知一齊性解，求 ODE 之通解)，(4) 自變數變換，(5) 因式分解法與 (6) 級數解。其中又以尤拉-柯西等維(Equidimensional)ODE 出現的機率最高，也是比較容易求解，所以本節將針對尤拉-柯西等維 ODE (簡稱柯西等維 ODE)求解。

尤拉-柯西(Euler-Cauchy)等維 ODE

柯西標準式為

$$a_n x^n y^{(n)} + a_{n-1} x^{n-1} y^{(n-1)} + \cdots + a_1 xy' + a_0 y = R(x)，$$

其中 $a_n, a_{n-1}, \cdots, a_0$ 為常數。

解法

利用自變數做變換，將自變數 $x \to t$

令 $D_t := \dfrac{d}{dt}$

1. 令 $x = e^t$，$t = \ln x$，$\dfrac{dt}{dx} = \dfrac{1}{x}$ ；$x > 0$

   $y' = \dfrac{dy}{dx} = \dfrac{dy}{dt} \cdot \dfrac{dt}{dx} = \dfrac{1}{x} \dfrac{dy}{dt} \Rightarrow xy' = \dfrac{dy}{dt} = D_t y$ 。

2. $y'' = \dfrac{d}{dx}(y') = -\dfrac{1}{x^2}\dfrac{dy}{dt} + \dfrac{1}{x}\dfrac{d^2 y}{dt^2} \cdot \dfrac{dt}{dx} = -\dfrac{1}{x^2}\dfrac{dy}{dt} + \dfrac{1}{x^2}\dfrac{d^2 y}{dt^2}$

   $\Rightarrow x^2 y'' = -\dfrac{dy}{dt} + \dfrac{d^2 y}{dt^2} = (D_t^2 - D_t)y$ ，$\therefore x^2 y'' = D_t \cdot (D_t - 1)y$ 。

   依此類推可得

   $x^3 y''' = D_t(D_t - 1)(D_t - 2)y$

   $x^4 y'''' = D_t \cdot (D_t - 1)(D_t - 2)(D_t - 3)y$

   $\vdots$

將上列各式代入原式中，可將原變係數 ODE 變成常係數 ODE，為一個以 t 為自變數，y 為因變數之常係數 ODE，再利用前面章節所學之常係數 ODE 解法求解。

範例 *1*

求解 $x^2 y'' - 2xy' + 2y = 0$

解

令 $x = e^t$，則 $t = \ln x$ $(x > 0)$，微分得 $\dfrac{dt}{dx} = \dfrac{1}{x}$，

令 $D_t = \dfrac{d}{dt}$，則 $xy' = D_t y$，且 $x^2 y'' = D_t(D_t - 1)y$，

代入原 ODE 中可得 $\left(D_t^2 - 3D_t + 2\right)y = 0$，令 $y = e^{mt}$ 代入可得特性（徵）方程式。

$m^2 - 3m + 2 = (m-1)(m-2) = 0$，

故 $m = 1$、2，$y_h = c_1 e^t + c_2 e^{2t} = c_1 x + c_2 x^2$。

範例 1 中，參考特徵方程的方法，令 $y = e^{mt} = x^m$ 代入 $x^2 y'' - 2xy' + 2y = 0$，則可整理得 $\left(m^2 - 3m + 2\right)x^m = 0$，即 $m^2 - 3m + 2 = 0$，故一樣可得通解 $y = c_1 x + c_2 x^2$。由此可知，欲求尤拉-柯西等維 ODE 之齊性解，可令 $y_h = x^m$ 代入原式求出 m 值後，得通解 $y_h = c_1 x^{m_1} + c_2 x^{m_2}$。

範例 2

$x^2 y'' - 4xy' + 6y = 2x^4 + x^2$ 。

解

$\dfrac{dt}{dx} = \dfrac{1}{x}$ ，$D_t := \dfrac{d}{dt}$ 。

(1) 令 $x = e^t$，$t = \ln x (x > 0)$，

則 $xy' = D_t y = \dfrac{dy}{dt}$ ，

$x^2 y'' = D_t(D_t - 1)y = \dfrac{d^2 y}{dt^2} - \dfrac{dy}{dt}$ ，

將其代入原 ODE 中

$\Rightarrow [D_t \cdot (D_t - 1) - 4D_t + 6] y = 2e^{4t} + e^{2t}$

$(D_t^2 - 5D_t + 6)y = 2e^{4t} + e^{2t} \cdots\cdots(*)$

(2) 先求齊性解，

令 $y = e^{mt}$ 代入可得特性方程式

$\Rightarrow (m^2 - 5m + 6) = 0$ ，$\therefore m = 2 \cdot 3$ ，

$\therefore y_h(t) = c_1 e^{2t} + c_2 e^{3t} = c_1 x^2 + c_2 x^3$ 。

Note

在範例 2 中，令 $y = x^m$ 代入原 ODE 並整理得：

$(m^2 - 5m + 6)x^m = 0$ ，$m^2 - 5m + 6 = (m-2)(m-3) = 0$ ，

得 $m = 2, 3$ ，故通解為 $y_h = c_1 x^2 + c_2 x^3$ 。

(3) 求特解

令 $y_p = Ae^{4t} + Bte^{2t}$ 代入 ODE(*)中，

比較係數可得 $A = 1$ ，$B = -1$ ，

$\therefore y_p = e^{4t} - te^{2t} = x^4 - x^2 \ln x$ 。

(4) 通解為

$y = y_h + y_p = c_1 e^{2t} + c_2 e^{3t} + e^{4t} - te^{2t}$

$\Rightarrow y(x) = c_1 x^2 + c_2 x^3 + x^4 - x^2 \ln x$ 。

2-6　習題演練

求解下列等維 ODE：

1. $x^2 y'' - 4xy' + 4y = 0$

2. $x^2 y'' + xy' - 4y = x^{-2}$，$x > 0$

3. $xy'' - y' = 2x^2 e^x$

4. $x^2 y'' - 3xy' - 5y = 6x^5$

5. $x^2 y'' - 2xy' + 2y = \dfrac{4}{x^2}$

6. $x^2 y'' - 3xy' + 4y = x^6 + 1$

7. $x^2 y'' + xy' + 4y = \cos(2\ln x)$

8. $x^3 y''' - 3x^2 y'' + 6xy' - 6y = 0$

9. $x^2 y'' - 3xy' + 3y = 2x^4 e^x$

10. $x^2 y'' + 2xy' - 2y = 6x$

2-7 高階 ODE 在工程上的應用

我們在第一章中已經學習了如何利用一階 ODE 對工程上問題進行建模與求解，然而工程上更多的物理問題是需要二階以上之高階 ODE 才能完整建模，所以本章節將利用高階 ODE 對常見工程問題建模，並利用前面介紹之高階 ODE 之解法進行求解，以求可以深入了解其物理意義。

2-7.1 質量、阻尼與彈簧之振動系統 (Mass-damping-spring vibration system)

由牛頓第二定律 $\vec{F} = m\vec{a}$ 可推出系統的控制方程式：$m\dfrac{d^2y}{dt^2} + c\dfrac{dy}{dt} + ky = f(t)$，如圖 2-1 所示，此處，根據外力項 $f(x)$ 是否存在，通解也分為齊性解（$f(x)=0$）或需要求出特解（$f(x) \neq 0$）的情況。若只需齊性解，可由特徵方程式求解；若有外力影響，則特解可由參數變異法、待定係數法等方法求出。

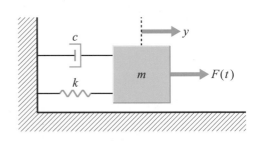

圖 2-1　單自由度 *mck* 振動系統示意圖（不考慮磨擦力）

範例 *1*

有一質量、阻尼與彈簧之振動系統如下圖所示，請利用微分方程式建立其動態方程式(其中系統參數 m,c,k 均為正的常數)，並討論當外力 $f(t) = 0$ 之系統的解。

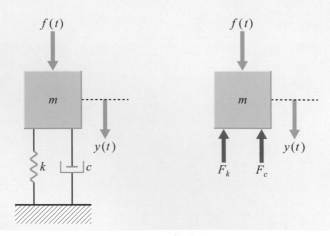

解

由牛頓第二運動定律可知：

$f(t) - F_k - F_c = m \cdot \dfrac{d^2 y}{dt^2}$ ，其中 $F_k = ky$ ， $F_c = c\dfrac{dy}{dt}$ 。

所以此系統之動態方程式為 $m \cdot \dfrac{d^2 y}{dt^2} + c\dfrac{dy}{dt} + ky = f(t)$ 。

$f(t) = 0$：無外力作用

稱為無外力運動(Unforced motion)，此時 ODE 為 $m \cdot \dfrac{d^2 y}{dt^2} + c\dfrac{dy}{dt} + ky = 0$ 。令 $y(t) = e^{\lambda t}$ 代入齊性 ODE 中，可得特性方程式： $(m \cdot \lambda^2 + c\lambda + k) = 0$ ， $\therefore \lambda_{1,2} = \dfrac{-c \pm \sqrt{c^2 - 4mk}}{2m}$ 。根據判別式 $c^2 - 4mk$ 的值分為三種情況：

1. $c^2 - 4mk > 0$

此時稱為過阻尼運動(Overdamping motion)，

$\lambda_1 = \dfrac{-c + \sqrt{c^2 - 4mk}}{2m}$ ， $\lambda_2 = \dfrac{-c - \sqrt{c^2 - 4mk}}{2m}$ ，且 λ_1 ， λ_2 均為負的實數，所以系統之解為 $y_h(t) = c_1 e^{\lambda_1 t} + c_2 e^{\lambda_2 t}$ ，為系統暫態響應， $\lim\limits_{t \to \infty} y_h(t) = 0$ 。即系統響應會指數穩態遞減到 0（圖形如圖 2-2 所示）。

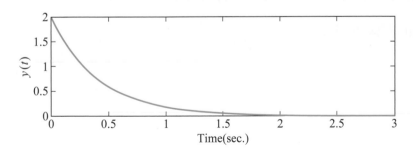

圖 2-2

2. $c^2 - 4mk = 0$

此時稱為臨界阻尼運動(Critical damping motion)，$\lambda_1 = \dfrac{-c}{2m}$，$\lambda_2 = \dfrac{-c}{2m}$，且 λ_1，λ_2 為相等之負實數根，所以系統之解為 $y_h(t) = (c_1 + c_2)e^{-\frac{c}{2m}t}$ 為系統暫態響應，$\lim\limits_{t \to \infty} y_h(t) = 0$。系統響應仍會遞減到 0，但其遞減形式與過阻尼運動不同（圖形如圖 2-3 所示）。

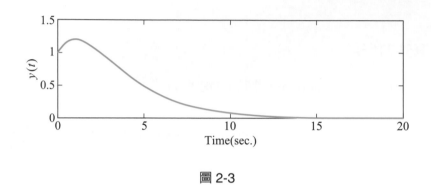

圖 2-3

3. $c^2 - 4mk < 0$

此時稱為欠阻尼運動(Underdamping motion)，

$\lambda_1 = \dfrac{-c + i\sqrt{-(c^2 - 4mk)}}{2m}$，$\lambda_2 = \dfrac{-c - i\sqrt{-(c^2 - 4mk)}}{2m}$，且 λ_1，λ_2 為實部為負之共軛負數根，若令 $\beta = \dfrac{\sqrt{-(c^2 - 4mk)}}{2m} > 0$，則解為 $y_h(t) = e^{-\frac{c}{2m}t}(c_1 \cos \beta t + c_2 \sin \beta t)$，為系統暫態響應 $\lim\limits_{t \to \infty} y_h(t) = 0$，即系統響應會出現穩態遞減到 0 之三角函數震盪波形（圖形如圖 2-4 所示）。

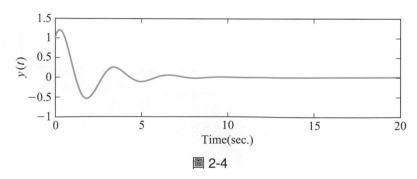

圖 2-4

範例 2

在上題質量、阻尼與彈簧之振動系統中，若 $c = 0$，請討論當外力 $f(t) = A\cos\omega t$ 之系統的解。

解

此系統之動態方程式為 $m \cdot \dfrac{d^2 y}{dt^2} + ky = A\cos\omega t$。

令 $y(t) = e^{\lambda t}$ 代入齊性 ODE 中，可得特性方程式：$(m \cdot \lambda^2 + k) = 0$，

$\therefore \lambda_{1,2} = \pm i\sqrt{\dfrac{k}{m}} = \pm i\omega_0$，

所以齊性解為 $y_h(t) = c_1\cos\omega_0 t + c_2\sin\omega_0 t$。

(1) 若 $\omega \neq \omega_0$，外激頻率 ω 不等於自然頻率 ω_0，令 $y_p = \alpha\cos\omega t + \beta\sin\omega t$，

代入 $my'' + ky = A\cos\omega t$ 得 $y_p(t) = \dfrac{A}{m}\dfrac{1}{\omega_0^2 - \omega^2}\cos\omega t$。

故系統通解為 $y(t) = c_1\cos\omega_0 t + c_2\sin\omega_0 t + \dfrac{A}{m}\dfrac{1}{\omega_0^2 - \omega^2}\cos\omega t$。

此時系統不產生共振，此時的解呈現震盪，但不會發散(圖形模擬如下)。

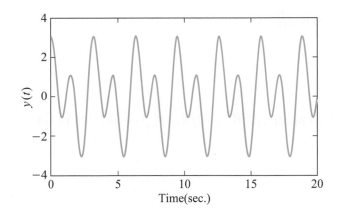

(2) 若 $\omega = \omega_0$，外激頻率 ω 等於自然頻率 ω_0，令 $y_p = t\left(\alpha\cos\omega t + \beta\sin\omega t\right)$，

代入 $my'' + ky = A\cos\omega t$ 得 $y_p(t) = \dfrac{A}{m}\dfrac{t}{2\omega_0}\sin\omega t$。

故系統通解爲 $y(t) = c_1\cos\omega_0 t + c_2\sin\omega_0 t + \dfrac{A}{m}\dfrac{t}{2\omega_0}\sin\omega t$。

此時系統產生共振(resonance)，此時的解呈現震盪，但會發散。

即 $\lim\limits_{t\to\infty} y(t) \to \infty$ (圖形模擬如下)。

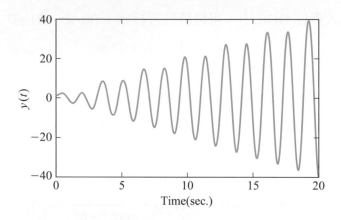

2-7.2　*RLC* 電路系統(RLC Electric circuit system)

R、L、C 電路系統

1. 單迴路系統

利用克希荷夫(Kirchhoff's)電壓定律即可推出系統的控制方程式，如圖 2-5 所示。

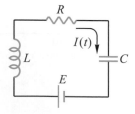

圖 2-5　*RLC* 電路系統

令迴路中電流為 $I(t)$，且電容器電量為 $Q(t)$，則

$$L\frac{d^2Q(t)}{dt^2} + R\frac{dQ(t)}{dt} + \frac{1}{C}Q(t) = E(t) \text{ 或 } L\frac{d^2I(t)}{dt^2} + R\frac{dI(t)}{dt} + \frac{1}{C}I(t) = \frac{dE(t)}{dt} \text{ 。}$$

2. 多迴路系統

(1) KVL：任意封閉電路之所有電壓降的代數和為零，稱為克希荷夫電壓定律。

(2) KCL：流經網路中一接點之電流的代數和為零，稱為克希荷夫電流定律。

即可推出系統的控制方程式。

ote

RLC 系統與 mck 系統之比較

RLC 系統	mck 系統
電感 L	質量 m
電阻 R	阻尼常數 c
電容的倒數 $\dfrac{1}{C}$	彈簧常數 k
電動勢的導數 $E'(t)$	外力 $F(t)$
電流 $I(t)$	位移 $y(t)$

範例 *3*

如下圖所示之單迴路 *RLC* 電路，假設電容器之電量
為 $q(t)$，電流為 $i(t)$，若 $L = 1H$，$R = 20\Omega$，$C = 0.01F$，
供壓源為 $E(t) = 120 \sin 10t$ 伏特，且
$q(0) = 0$，$i(0) = 0$，求此電路之穩態電流？

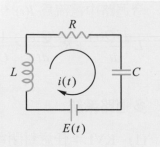

解

原電路之動態方程式為 $L \cdot \dfrac{d^2q}{dt^2} + R\dfrac{dq}{dt} + \dfrac{1}{C}q = E(t)$，

將參數值代入可得 $\dfrac{d^2q}{dt^2} + 20\dfrac{dq}{dt} + 100q = 120\sin(10t)$。

上式 ODE 之解為 $q(t) = c_1 e^{-10t} + c_2 t e^{-10t} - \dfrac{3}{5}\cos 10t$，

又 $i(t) = \dfrac{dq}{dt} = -10c_1 e^{-10t} + c_2 e^{-10t} - 10c_2 t e^{-10t} + 6\sin 10t$，

由 $q(0) = 0$，$i(0) = 0$ 可得 $c_1 = \dfrac{3}{5}$，$c_2 = 6$，$i(t) = -60te^{-10t} + 6\sin 10t$，

所以穩態電流 $\lim\limits_{t\to\infty} i(t) = 6\sin 10t$。

2-7　習題演練

1. 若 *mck* 振動系統中，$m = 1$
   $c = 2$，$k = 5$，$F = 0$
   且初始位移為 1，速度為 -2
   求系統的反應動態？

2. 有一 *mck* 振動系統，其中 $m = 1$、$c = 2$、
   $k = 6$ 且 $F = \sin 2t + 2\cos 2t$，同時初始
   位移為 1.0、初始速度為 0。試求該系統
   的反應。

3. 單迴路 RLC 電路中
   若 $R = 6\Omega$，$L = 1H$，$C = \dfrac{1}{9}F$
   且 $E(t) = 0$，令電量為 $q(t)$
   且 $q(0) = 1$，$q'(0) = 0$
   求其電量解 $q(t) = ?$

4. 單迴路的 *RLC* 電路，其中 $R = 50\Omega$、$L =$
   30H、$C = 0.025F$ 且
   $E(t) = 200\sin 4t$ V，
   試求該迴路的穩態電流。

3

拉氏轉換

　　一般工程問題在求解的過程常常會用到微分方程或積分方程進行建模，再利用常用的微分方程式的解法求解，然而微分方程式之求解並沒有代數方程式之求解來的直接，所以如何將微分方程式或積分方程式進行轉換，以及轉換到另一個空間後變成代數方程式再求解就成了一個重要課題。此觀念首先由皮埃爾－西蒙－拉普拉斯(Pierre-Simon Laplace, 1749－1827)所提出，他在機率論的研究中首先引入拉氏轉換，而後在物理與工程上，拉氏轉換被大量用來求解微分方程與積分方程，尤其是在線性非時變系統。本章節將先定義此種常見的轉換-拉式轉換，然後討論常見函數之拉式轉換與反轉換，最後將其應用在求解物理系統上。本章節在各個領域之工程問題（如：力學、電路學與自動控制）上大量被使用，是非常重要的一個章節。

3-1　　拉氏轉換定義

　　對一函數 $f(t)$，若其在 t 空間中不易分析，我們常常會利用積分轉換 $\int_a^b f(t)k(t,\tau)dt = F(\tau)$ 將其轉換到另一個 τ 空間去分析，其中 $k(t,\tau)$ 稱為該積分轉換的核函數，在工程領域中最常見的積分變換就是拉氏變換，其介紹如下：

3-1.1　拉氏轉換的定義

定義

　　對函數 $f(t)$，分別以瑕積分定義拉氏轉換(Laplace transform)

$$\mathscr{L}\{f(t)\} = \int_0^\infty f(t)e^{-st}dt = F(s)$$

與 $F(s)$ 的拉氏反轉換(Inverse transform)

$$\mathscr{L}^{-1}\{F(s)\} = \frac{1}{2\pi i}\int_{a-i\infty}^{a+i\infty} F(s)e^{st}ds = f(t)$$

　　由此可知拉氏轉換為一種積分轉換，透過該積分轉換，可以將原來在時間區域 t 上的函數 $f(t)$ 轉到另一個定義在 s 域上的函數，拉氏轉換之核函數為 e^{-st}。

　　接下來將針對常見函數，求其拉氏轉換，對於一些較為複雜之函數的拉氏轉換可以參閱附錄二。

3-1.2　常用函數的 *L-T*

單位步階函數(Unit step function)： $u(t) = \begin{cases} 1 & , \ t > 0 \\ 0 & , \ t < 0 \end{cases}$ ，如圖 3-1 所示。

$$\mathscr{L}\{u(t)\} = \int_0^\infty 1 \cdot e^{-st} dt = -\frac{1}{s} e^{-st} \Big|_0^\infty = \frac{1}{s} \ ; \ \text{取} \ s > 0 \ \text{，則}$$

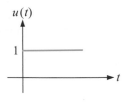

圖 3-1　單位步階函數

$\mathscr{L}\{u(t)\} = \dfrac{1}{s}$, $\mathscr{L}^{-1}\left\{\dfrac{1}{s}\right\} = u(t)$ or 1 。

Note

(1) 在拉氏轉換的題目中，我們都是討論 *t* > **0**，所以單位步階函數 *u(t)* 亦可直接寫成 **1**，

即 $\mathscr{L}\{1\} = \dfrac{1}{s}$, $\mathscr{L}^{-1}\left\{\dfrac{1}{s}\right\} = 1 = u(t)$ 。

(2) 由 $\mathscr{L}\{u(t)\} = \dfrac{1}{s}$ 可以看出在時域空間單位步階函數 $f(t) = u(t)$ 轉到 **s** 域空間上 $F(s) = \dfrac{1}{s}$ 會變

成衰減函數，如圖 **3-2** 所示。

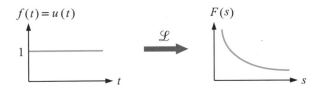

圖 3-2

指數函數(Exponential function)： $f(t) = e^{at}$

$$\mathscr{L}\{f(t)\} = \mathscr{L}\{e^{at}\} = \int_0^\infty e^{at} \cdot e^{-st} dt = \int_0^\infty e^{-(s-a)t} dt = \frac{-1}{(s-a)} e^{-(s-a)t} \Big|_0^\infty = \frac{1}{s-a} \ ;$$

取 $s > a$ ，則 $\mathscr{L}\{e^{at}\} = \dfrac{1}{s-a}$, $\mathscr{L}^{-1}\left\{\dfrac{1}{s-a}\right\} = e^{at}$, $\mathscr{L}\{e^{at}\}$ 的圖形如圖 3-3 所示。

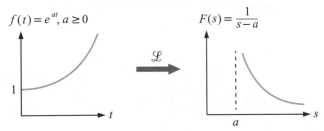

圖 3-3

三角函數(Trigonometric function)： $f(t) = \sin wt$ 或 $\cos wt$

$e^{iwt} = \cos wt + i \sin wt$ ， $\mathscr{L}\{e^{iwt}\} = \mathscr{L}\{\cos wt + i \sin wt\} = \mathscr{L}\{\cos wt\} + i\,\mathscr{L}\{\sin wt\}$ 。而根據指數函數的拉氏轉換，我們有 $\mathscr{L}\{e^{at}\} = \dfrac{1}{s-a}$ ，因此：

$$\mathscr{L}\{e^{iwt}\} = \frac{1}{s-iw} = \frac{s+iw}{(s-iw)(s+iw)} = \frac{s+iw}{s^2+w^2} = \frac{s}{s^2+w^2} + i\frac{w}{s^2+w^2}\ ,$$

$$\therefore \mathscr{L}\{\cos wt\} = \frac{s}{s^2+w^2}\ ,\ 換句話說\ \mathscr{L}^{-1}\left\{\frac{s}{s^2+w^2}\right\} = \cos wt\ 。同理可得$$

$$\mathscr{L}\{\sin wt\} = \frac{w}{s^2+w^2} \Leftrightarrow \mathscr{L}^{-1}\left\{\frac{w}{s^2+w^2}\right\} = \sin wt\ 。$$

雙曲函數(Hyperbolic function)： $f(t) = \sinh wt$ 或 $\cosh wt$

$$\cosh wt = \frac{e^{wt}+e^{-wt}}{2}\ ,\ \therefore \mathscr{L}\{\cosh wt\} = \frac{1}{2}\left[\frac{1}{s-w}+\frac{1}{s+w}\right] = \frac{s}{s^2-w^2}\ ,\ 則$$

$$\mathscr{L}\{\cosh wt\} = \frac{s}{s^2-w^2}\ ;\ \mathscr{L}^{-1}\left\{\frac{s}{s^2-w^2}\right\} = \cosh wt\ ,$$

$$\mathscr{L}\{\sinh wt\} = \frac{w}{s^2-w^2}\ ;\ \mathscr{L}^{-1}\left\{\frac{w}{s^2-w^2}\right\} = \sinh wt\ 。$$

冪次函數(Power function)： $f(t) = t^n$ ， $n = 1, 2, 3, \cdots\cdots$

以 $n=2$ 為例，可利用分部積分來幫助我們做計算：

$$\mathscr{L}\{t^2\} = \int_0^\infty t^2 \cdot e^{-st}dt = \left[-\frac{1}{s}t^2 e^{-st}\Big|_0^\infty - \frac{2}{s^2}te^{-st}\Big|_0^\infty - \frac{2}{s^3}e^{-st}\Big|_0^\infty\right]$$

$$= \frac{2}{s^3} = \frac{2!}{s^{2+1}}\ 。事實上，\ \mathscr{L}\{t^n\} = \frac{n!}{s^{n+1}}\ \text{、}\ \mathscr{L}^{-1}\left\{\frac{1}{s^{n+1}}\right\} = \frac{t^n}{n!}\ 。$$

微	積
t^2　$\oplus$	e^{-st}
$2t$　$\ominus$	$-\dfrac{1}{s}e^{-st}$
2　$\oplus$	$\dfrac{1}{s^2}e^{-st}$
0	$-\dfrac{1}{s^3}e^{-st}$

3-1.3　拉氏轉換表

常見函數拉氏轉換整理如下表所示，其餘之函數的拉氏轉換，可以參閱附錄二。

$f(t)$	$F(s)$	$f(t)$	$F(s)$	$f(t)$	$F(s)$	$f(t)$	$F(s)$
$u(t)=1$	$\dfrac{1}{s}$	$\sin wt$	$\dfrac{w}{s^2+w^2}$	$\cosh wt$	$\dfrac{s}{s^2-w^2}$	t^n	$\dfrac{n!}{s^{n+1}}$
e^{at}	$\dfrac{1}{s-a}$	$\cos wt$	$\dfrac{s}{s^2+w^2}$	$\sinh wt$	$\dfrac{w}{s^2-w^2}$		

範例 1

求下列函數的拉氏轉換：

(1) 3　　(2) e^{5t}　　(3) $\sin 2t$　　(4) $\cos 3t$　　(5) t^5。

解

(1) $\mathscr{L}\{3\}=\dfrac{3}{s}$。

(2) $\mathscr{L}\{e^{5t}\}=\dfrac{1}{s-5}$。

(3) $\mathscr{L}\{\sin 2t\}=\dfrac{2}{s^2+2^2}=\dfrac{2}{s^2+4}$。

(4) $\mathscr{L}\{\cos 3t\}=\dfrac{s}{s^2+3^2}=\dfrac{s}{s^2+9}$。

(5) $I\{t^5\}=\dfrac{5!}{s^6}=\dfrac{120}{s^6}$。

拉氏轉換存在的定理(充分非必要條件)(選讀)

若 $f(t)$ 滿足 $\begin{cases} (1)\ \forall t \geq 0,\ f(t)\ \text{為片段連續,即}\ f(t) \in C_p(\text{片段連續}) \\ (2)\ f(t)\text{為指數階} \end{cases}$ ，則 $f(t)$ 的拉氏轉換

存在(若不滿足此條件，$f(t)$ 的 $L\text{-}T$ 也有可能存在)。

Note

(1)所謂指數階函數是指 $f(t)$ 滿足 $\lim\limits_{t \to \infty} \dfrac{|f(t)|}{e^{\alpha t}} \leq M$，即發散速度比指數函數慢，其中最小的 α 值

稱為 $f(t)$ 的收斂橫坐標。例如：$f(t) = e^{3t}$，收斂橫坐標為 3，則 $f(t) = e^{-2t}$ 收斂橫坐標為 –2。

(2) $f(t)$ 若為片段連續，表示 $f(t)$ 滿足 $\begin{cases} (1)\text{有限個不連結點} \\ (2)\text{極限值存在且有界} \end{cases}$ ，片段連續之函數如圖 3-4 所示。

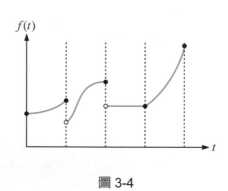

圖 3-4

(3)若 $\mathcal{L}\{f(t)\} = F(s)$，則 $\lim\limits_{s \to \infty} F(s) = 0$ 且 $\lim\limits_{s \to \infty} sF(s) = M = $ 常數。

3-1 習題演練

試求下列函數的拉氏轉換：

1. e^{-2t}

2. 5

3. t^6

4. e^{3t}

5. $\cos 5t$

6. $\sin 4t$

7. $\sinh (2t)$

8. $\cosh (3t)$

9. t^4

10. $7\,u(t)$

3-2　基本性質與定理

　　我們前一小節介紹拉氏轉換的定義與常見函數拉氏轉換，接著將介紹在拉氏轉換中常用的性質與定理，在本節中，統一以 $F(s)$ 來表示函數 $f(t)$ 的拉氏轉換 $\mathcal{L}\{f(t)\}$。

首先將常用的定理列表如下，詳細推導見本節內容。

序號	名稱	定理
1	線性定理	$\mathcal{L}\{c_1 f(t) \pm c_2 g(t)\} = c_1 \mathcal{L}\{f(t)\} \pm c_2 \mathcal{L}\{g(t)\}$
2	微分函數的拉氏轉換	$\mathcal{L}\{f^{(n)}(t)\} = s^n F(s) - s^{n-1} f(0) - s^{n-2} f'(0) \cdots - f^{(n-1)}(0)$
3	積分函數的拉氏轉換	$\mathcal{L}\left\{\int_0^t \int_0^t \cdots \int_0^t f(\tau) d\tau^n\right\} = \dfrac{F(s)}{s^n}$
4	尺度變換	$\mathcal{L}\{f(at)\} = \dfrac{1}{a} F\left(\dfrac{s}{a}\right) = \dfrac{1}{a} \mathcal{L}\{f(t)\}\Big|_{s \to \frac{s}{a}}$
5	初值定理	$\lim\limits_{s \to \infty} sF(s) = \lim\limits_{t \to 0^+} f(t) = f(0^+)$
6	終值定理	$\lim\limits_{s \to 0^+} sF(s) = f(\infty) = \lim\limits_{t \to \infty} f(t)$
7	第一平移定理	$\mathcal{L}\{f(t)e^{at}\} = F(s-a) = \mathcal{L}\{f(t)\}\big|_{s \to s-a}$
8	第二平移定理	$\mathcal{L}\{f(t-a)u(t-a)\} = e^{-as} F(s) = e^{-as} \mathcal{L}\{f(t)\}$
9	拉式轉換的微分	$\mathcal{L}\{t^n f(t)\} = (-1)^n \dfrac{d^n F(s)}{ds^n}$
10	拉式轉換的積分	$\mathcal{L}\left\{\dfrac{f(t)}{t^n}\right\} = \underbrace{\int_s^\infty \int_s^\infty \cdots \int_s^\infty}_{n\text{ 個}} F(s)(ds)^n$

常用的定理介紹

線性定理(Linearity of L-T)

$$\mathcal{L}\{c_1 f(t) \pm c_2 g(t)\} = c_1 \mathcal{L}\{(f(t))\} \pm c_2 \mathcal{L}\{(g(t))\}$$

範例 1

　　求下列函數拉氏轉換：$3t - 5\sin 2t$。

解

$$\mathcal{L}\{3t - 5\sin 2t\} = 3\mathcal{L}\{t\} - 5\mathcal{L}\{\sin 2t\} = \frac{3}{s^2} - 5 \cdot \frac{2}{s^2 + 2^2}。$$

微分函數的 L-T (L-T of Derivative function)

$f(t) \in C$ (連續)且指數階，$f'(t) \in C_p$ (片段連續)且指數階，則 $f'(t)$ 的微分跟它的拉氏轉換 $F(s)$ 滿足下列關係式

$$\mathscr{L}\{f'(t)\} = sF(s) - f(0)$$

證明

$$\mathscr{L}\{f'(t)\} = \int_0^\infty f'(t)\,e^{-st}dt \quad (\text{如圖 3-5 所示})$$

$$= f(t)\cdot e^{-st}\Big|_0^\infty + s\int_0^\infty f(t)\cdot e^{-st}dt$$

$$= -f(0) + sF(s) = sF(s) - f(0) \text{，}$$

$$\therefore \mathscr{L}\{f'(t)\} = sF(s) - f(0) \text{。}$$

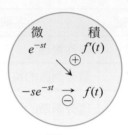

圖 3-5

推廣

$$\begin{cases} \mathscr{L}\{f'(t)\} = sF(s) - f(0) \\ \mathscr{L}\{f''(t)\} = s^2F(s) - sf(0) - f'(0) \\ \quad\vdots \\ \mathscr{L}\{f^{(n)}(t)\} = s^nF(s) - s^{n-1}f(0) - s^{n-2}f'(0)\cdots - f^{(n-1)}(0) \end{cases}$$

範例 2

利用拉氏轉換求解 $y'' + y = 0$，其中 $y(0) = 1$，$y'(0) = 0$。

解

令 $\mathscr{L}\{y(t)\} = Y(s)$，

對原 ODE 取拉氏轉換 $\Rightarrow s^2Y(s) - sy(0) - y'(0) + Y(s) = 0$

$$\Rightarrow (s^2+1)Y(s) = s \Rightarrow Y(s) = \frac{s}{s^2+1} \text{。}$$

由 $\mathscr{L}\{\cos t\} = \dfrac{s}{s^2+1}$，

得 $\mathscr{L}^{-1}\{Y(s)\} = y(t) = \cos(t)$ 為 ODE 之解。

積分函數的 L-T (L-T of Integral function)

$$\mathscr{L}\left\{\int_0^t f(\tau)d\tau\right\} = \frac{F(s)}{s}$$

證明

令 $g(t) = \int_0^t f(\tau)d\tau$，則 $g'(t) = f(t)$ 且 $g(0) = 0$，

計算 $\mathscr{L}\{g'(t)\} = sG(s) - g(0) = \mathscr{L}\{f(t)\} = F(s)$，

所以 $G(s) = \mathscr{L}\{g(t)\} = \dfrac{F(s)}{s}$ ，

即 $\mathscr{L}\left\{\int_0^t f(\tau)d\tau\right\} = \dfrac{F(s)}{s}$ 。 ∎

推廣

$$\mathscr{L}\left\{\int_0^t \int_0^t \cdots \int_0^t f(\tau)d\tau^n\right\} = \frac{F(s)}{s^n} \text{ 。}$$

範例 3

求 $\mathscr{L}\left\{\int_0^t \sin 2\tau d\tau\right\}$ 。

解

在積分的拉式變換公式中令 $f(t) = \sin 2t$，則

$$\mathscr{L}\left\{\int_0^t \sin 2\tau d\tau\right\} = \frac{1}{s}\mathscr{L}\{\sin 2t\} = \frac{1}{s}\frac{2}{s^2 + 2^2} = \frac{2}{s(s^2 + 4)} \text{ 。}$$

範例 4

求 $\mathscr{L}\left\{\int_0^t \int_0^t (1 - \cos\omega\tau)(d\tau)^2\right\} = ?$

解

$$\mathscr{L}\left\{\int_0^t \int_0^t (1 - \cos\omega\tau)(d\tau)^2\right\} = \frac{1}{s^2}\mathscr{L}\{1 - \cos\omega\tau\} = \frac{1}{s^2}\left(\frac{1}{s} - \frac{s}{s^2 + \omega^2}\right) = \frac{\omega^2}{s^3(s^2 + \omega^2)} \text{ 。}$$

尺度變換(Scaling)

$$\mathcal{L}\{f(at)\} = \frac{1}{a}F\left(\frac{s}{a}\right) = \frac{1}{a}\mathcal{L}\{f(t)\}\Big|_{s \to \frac{s}{a}}$$

證明

$\mathcal{L}\{f(at)\} = \int_0^\infty f(at)\, e^{-st} dt$，令 $at = \xi$，則 $dt = \frac{1}{a}d\xi$，所以

$$\mathcal{L}\{f(at)\} = \int_0^\infty f(at)\, e^{-st} dt = \int_0^\infty f(\xi)\, e^{-s\frac{\xi}{a}} \frac{1}{a} d\xi$$

$$= \frac{1}{a}\int_0^\infty f(\xi)\, e^{-\frac{s}{a}\xi} d\xi = \frac{1}{a}F\left(\frac{s}{a}\right) \text{。}$$

範例 5

已知 $\mathcal{L}\{\cos t\} = \dfrac{s}{s^2+1}$，利用尺度變換求 $\mathcal{L}\{\cos at\}$。

解

在尺度變換公式中令 $f(t) = \cos t$，則

$$\mathcal{L}\{\cos(at)\} = \frac{1}{a}\frac{\dfrac{s}{a}}{\left(\dfrac{s}{a}\right)^2 + 1} = \frac{s}{s^2 + a^2} \text{。}$$

初值定理(Initial value theorem)

若函數 $f(t)$ 與其微分 $f'(t)$ 都是連續函數且 $f(t)$ 為指數階，則 $f(t)$ 在原點的右極限與其拉式轉換滿足：

$$\lim_{s \to \infty} sF(s) = \lim_{t \to 0^+} f(t) = f(0^+)$$

證明

由 $\mathcal{L}\{f'(t)\} = sF(s) - f(0)$，及 $\lim\limits_{s \to \infty}\left[\mathcal{L}\{f'(t)\}\right] = \lim\limits_{s \to \infty}\left[\int_0^\infty f'(t)\, e^{-st} dt\right] = 0$，

得 $\lim\limits_{s \to \infty}\left[\mathcal{L}\{f'(t)\}\right] = \lim\limits_{s \to \infty}\left[sF(s) - f(0^+)\right] = 0$，所以 $\lim\limits_{s \to \infty} sF(s) = f(0^+)$。

Note

$\mathscr{L}\{f(t)\} = F(s)$ 存在，則 $\lim\limits_{s\to\infty}F(s) = 0$，即 $\lim\limits_{s\to\infty}\left[\mathscr{L}\{f(t)\}\right] = 0$。

$\therefore$ 若 $\mathscr{L}\{f'(t)\}$ 存在，則 $\lim\limits_{s\to\infty}\left[\mathscr{L}\{f'(t)\}\right] = 0$。

範例 6

若 $\mathscr{L}\{f(t)\} = \dfrac{2s+7}{s^2+5s+9}$，求 $f(0^+)$。

解

由初始值定理可知：$f(0^+) = \lim\limits_{s\to\infty} s \cdot \dfrac{2s+7}{s^2+5s+9} = 2$。

終值定理(Final value theorem)

若函數 $f(t)$ 與其微分 $f'(t)$ 都是連續函數指數階且收斂橫座標為負，則 $f(t)$ 在無窮遠點的極限值與其拉式轉換滿足：

$$\lim\limits_{s\to0^+} s \cdot F(s) = f(\infty) = \lim\limits_{t\to\infty} f(t)$$

證明

由 $\mathscr{L}\{f'(t)\} = sF(s) - f(0)$，

所以 $\lim\limits_{s\to0}\left[\mathscr{L}\{f'(t)\}\right] = \lim\limits_{s\to0}\left[sF(s) - f(0^+)\right]$。而

$\lim\limits_{s\to0}\left[\mathscr{L}\{f'(t)\}\right] = \lim\limits_{s\to0}\left(\int_0^\infty f'(t)\cdot e^{-st}dt\right) = \left(\int_0^\infty f'(t)dt\right)$

$\qquad = f(t)\Big|_0^\infty = \lim\limits_{t\to\infty} f(t) - f(0^+)$。

所以 $\lim\limits_{s\to0}\left[sF(s) - f(0^+)\right] = \lim\limits_{t\to\infty} f(t) - f(0^+)$，

故 $\lim\limits_{s\to0} s \cdot F(s) = f(\infty) = \lim\limits_{t\to\infty} f(t)$。

範例 7

若 $\hat{y}(s) = \dfrac{s+2}{s\cdot(s^2+9s+14)}$，且 $\mathscr{L}\{y(t)\} = \hat{y}(s)$，求 $y(0)=?$　$\lim\limits_{t\to\infty} y(t) = ?$

解

(1) 由初值定理可知：$\lim\limits_{s\to\infty} s \cdot \hat{y}(s) = y(0)$，

$\therefore y(0) = \lim\limits_{s\to\infty} s \cdot \dfrac{s+2}{s \cdot (s^2+9s+14)} = 0$。

(2) 由終值定理可知：$\lim\limits_{s\to 0} s \cdot \hat{y}(s) = \lim\limits_{t\to\infty} y(t)$，

$\therefore \lim\limits_{t\to\infty} y(t) = \lim\limits_{s\to 0} s \cdot \dfrac{s+2}{s \cdot (s^2+9s+14)} = \dfrac{1}{7}$。

Note

要確認終值定理是否可用，只要檢查 $s \cdot F(s)$ 所有分母的根，實部是否均為負即可（即收斂橫座標為負），以本題為例，$s \cdot \hat{y}(s) = \dfrac{s+2}{(s+2)(s+7)}$，分母根為 -2 與 -7，實部均為負，所以終值定理可用。

第一平移定理(s-Shifting theorem, First shifting theorem)

$$\mathscr{L}\{f(t) \cdot e^{at}\} = F(s-a) = \mathscr{L}\{f(t)\}\big|_{s\to s-a}$$

證明

$$\mathscr{L}\{f(t) \cdot e^{at}\} = \int_0^\infty f(t)\, e^{at} \cdot e^{-st} dt = \int_0^\infty f(t) \cdot e^{-(s-a)t} dt = F(s-a) = \mathscr{L}\{f(t)\}\big|_{s\to s-a}$$。

從物理上說，在 $f(t)$ 前乘上 e^{at} 可用來描述時域空間的變化，從轉換的結果可知，$\mathscr{L}\{f(t)e^{at}\}$ 的圖形為 $\mathscr{L}\{f(t)\}$ 的圖形往右平移 a 單位，又稱為 s 平移，如圖 3-6 所示。

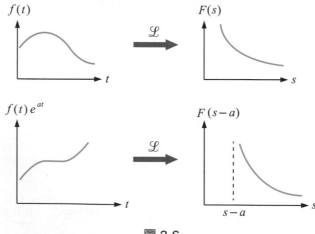

圖 3-6

範例 *8*

求下列函數之拉氏轉換 $\mathscr{L}\{f(t)\} = $ ？

(1) $f(t) = e^{-2t}\cos 6t$　(2) $f(t) = t^3 e^{4t}$。

解

(1) $\mathscr{L}\{e^{-2t}\cos 6t\} = \mathscr{L}\{\cos 6t\}_{s \to s+2} = \dfrac{s+2}{(s+2)^2 + 6^2}$。

(2) $\mathscr{L}\{t^3 e^{4t}\} = \mathscr{L}\{t^3\}_{s \to s-4} = \dfrac{3!}{(s-4)^4} = \dfrac{6}{(s-4)^4}$。

第二平移定理(t-shifting theorem, Second shifting theorem)

若 $u(t-a) = \begin{cases} 1 \ ; \ t \geq a \\ 0 \ ; \ t < a \end{cases}$，其圖形如圖 3-7 所示，則

$$\mathscr{L}\{f(t-a)u(t-a)\} = e^{-as}F(s) = e^{-as}\mathscr{L}\{f(t)\}$$

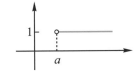

圖 3-7　單位步階函數 t 平移

證明

$\mathscr{L}\{f(t-a)u(t-a)\} = \int_0^\infty f(t-a) \cdot u(t-a)e^{-st}dt = \int_{t=a}^{t=\infty} f(t-a)e^{-st}dt$，

令 $t-a = \tau$，則 $\int_{\tau=0}^{\tau=\infty} f(\tau)e^{-s(a+\tau)}d\tau = e^{-as}\int_0^\infty f(\tau)e^{-s\tau}d\tau = e^{-as}\mathscr{L}\{f(t)\} = e^{-as} \cdot F(s)$。

　　從訊號的角度來說，第二平移定理表示一個延遲 a 單位的訊號（ t 平移），進行拉式變換後，相當於將原訊號的拉式變換乘上 e^{-as} 做修正，訊號延遲如圖 3-8 所示。

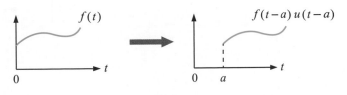

圖 3-8

若函數 $f(t)$ 為 $f(t) = \begin{cases} g_1(t)\,; 0 \le t < a \\ g_2(t)\,; a \le t < b \\ g_3(t)\,; \quad t \ge b \end{cases}$，如圖 3-9 所

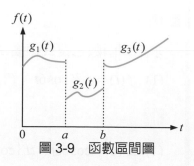

圖 3-9　函數區間圖

示。此時，可利用平移後的步階函數 $u(t-a)$ 拆解 $f(t)$

為片段連續函數相加：

$$f(t) = g_1(t)\big[u(t-0) - u(t-a)\big] + g_2(t)\big[u(t-a) - u(t-b)\big] + g_3(t)u(t-b)$$

則由第二平移定理知：若令 $g(t) = f(t+a)$，則

$$\mathscr{L}\big\{g(t-a)u(t-a)\big\} = \mathscr{L}\big\{f(t)u(t-a)\big\} = e^{-as}\,\mathscr{L}\big\{f(t+a)\big\}\,。$$

範例 9

$f(t) = \begin{cases} 2t\,; t < 3 \\ 1\,; t \ge 3 \end{cases}$，則 $\mathscr{L}\{f(t)\} = ?$

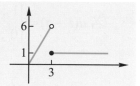

解

$f(t) = 2t(u(t) - u(t-3)) + 1 \cdot u(t-3)$，故

$\mathscr{L}\{f(t)\} = \mathscr{L}\{2t \cdot u(t) - 2t \cdot u(t-3) + 1 \cdot u(t-3)\} = \mathscr{L}\{2t\} - e^{-3s}\,\mathscr{L}\{2(t+3)\} + e^{-3s}\,\mathscr{L}\{1\}$

$= \dfrac{2}{s^2} - e^{-3s}\left(\dfrac{2}{s^2} + \dfrac{6}{s}\right) + e^{-3s}\left(\dfrac{1}{s}\right) = \dfrac{2}{s^2} - e^{-3s}\left(\dfrac{2}{s^2} + \dfrac{5}{s}\right)\,。$

範例 10

若函數 $f(t) = \begin{cases} 1\quad\;; 0 \le t < 3 \\ -5\quad; 3 \le t < 7 \\ 1+2t\,; t \ge 7 \end{cases}$，則 $\mathscr{L}\{f(t)\} = ?$

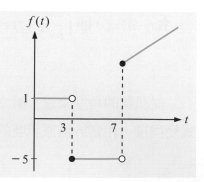

解

$f(t) = [u(t) - u(t-3)] - 5[u(t-3) - u(t-7)] + (1+2t) \cdot u(t-7)$ ，

$\mathscr{L}\{f(t)\} = \mathscr{L}\{[u(t) - u(t-3)] - 5[u(t-3) - u(t-7)] + (1+2t) \cdot u(t-7)\}$

$= \dfrac{1}{s} - \dfrac{1}{s}e^{-3s} - \dfrac{5}{s}e^{-3s} + \dfrac{5}{s}e^{-7s} + e^{-7s} \cdot \mathscr{L}\{1 + 2(t+7)\}$

$= \dfrac{1}{s} - \dfrac{6}{s}e^{-3s} + \dfrac{5}{s}e^{-7s} + e^{-7s} \cdot \left(\dfrac{15}{s} + \dfrac{2}{s^2}\right)$

$= \dfrac{1}{s} - \dfrac{6}{s}e^{-3s} + \dfrac{20}{s}e^{-7s} + \dfrac{2}{s^2}e^{-7s}$ 。

範例 11

$f(t) = \begin{cases} 0 & ; t < 8 \\ t^2 - 4 & ; t \geq 8 \end{cases}$ ，則 $\mathscr{L}\{e^{-3t}f(t)\} = ?$

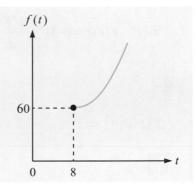

解

$f(t) = (t^2 - 4) \cdot u(t-8)$ ，

$\mathscr{L}\{f(t)\} = \mathscr{L}\{(t^2-4)u(t-8)\} = e^{-8s}\,\mathscr{L}\{(t+8)^2 - 4\} = e^{-8s} \cdot \mathscr{L}\{t^2 + 16t + 60\}$

$= e^{-8s} \cdot \left[\dfrac{2!}{s^3} + \dfrac{16}{s^2} + 60 \cdot \dfrac{1}{s}\right] = e^{-8s} \cdot \left[\dfrac{2}{s^3} + \dfrac{16}{s^2} + \dfrac{60}{s}\right]$ ，

故 $\mathscr{L}\{e^{-3t}f(t)\} = \mathscr{L}\{f(t)\}_{s \to s+3} = e^{-8(s+3)} \cdot \left[\dfrac{2}{(s+3)^3} + \dfrac{16}{(s+3)^2} + \dfrac{60}{(s+3)}\right]$ 。

L-T 的微分(Differentiation of L-T)

$$\mathscr{L}\{t f(t)\} = -\dfrac{dF(s)}{ds}$$

證明

$$\mathcal{L}\{f(t)\} = \int_0^\infty f(t)\, e^{-st}\, dt \text{ ,}$$

$$\frac{dF(s)}{ds} = \int_0^\infty f(t) \cdot \frac{de^{-st}}{ds}\, dt = \int_0^\infty f(t) \cdot [-t \cdot e^{-st}]\, dt$$

$$= -\int_0^\infty [t \cdot f(t)] \cdot e^{-st}\, dt = -\mathcal{L}\{t\, f(t)\} \text{ ,}$$

$$\therefore \mathcal{L}\{tf(t)\} = -\frac{dF(s)}{ds} \text{ 。}$$

推廣

$$\mathcal{L}\{t^n \cdot f(t)\} = (-1)^n \cdot \frac{d^n F(s)}{ds^n} \text{ 。}$$

範例 12

$$\mathcal{L}\{t \cdot e^{-3t}\} = \text{ ?}$$

解

$$\mathcal{L}\{te^{-3t}\} = -\frac{d}{ds}\mathcal{L}\{e^{-3t}\} = -\frac{d}{ds}\left(\frac{1}{s+3}\right) = \frac{1}{(s+3)^2} \text{ 。}$$

Note

利用第一平移定理可得 $\mathcal{L}\{te^{-3t}\} = \mathcal{L}\{t\}|_{s \to s+3} = \dfrac{1}{(s+3)^2}$ ，其結果一致。

L-T 的積分(Integration of L-T)

$$\mathcal{L}\left\{\frac{f(t)}{t}\right\} = \int_s^\infty F(s)\, ds$$

其中假設 $\lim\limits_{t \to 0^+} \dfrac{f(t)}{t}$ 存在

證明

由 $\mathcal{L}\{f(t)\} = \int_0^\infty f(t)e^{-st}dt = F(s)$，可知

$$\int_s^\infty F(s)ds = \int_s^\infty \left[\int_0^\infty f(t)e^{-st}dt\right]ds = \int_0^\infty f(t)\cdot\left[\int_s^\infty e^{-st}ds\right]dt$$

$$= \int_0^\infty f(t)\cdot\left(-\frac{1}{t}e^{-st}\bigg|_s^\infty\right)dt = \int_0^\infty \frac{f(t)}{t}e^{-st}dt = \mathcal{L}\left\{\frac{f(t)}{t}\right\},$$

故 $\mathcal{L}\left\{\dfrac{f(t)}{t}\right\} = \int_s^\infty F(s)ds$。 ■

推廣

$$\mathcal{L}\left\{\frac{f(t)}{t^n}\right\} = \underbrace{\int_s^\infty \int_s^\infty \cdots \int_s^\infty}_{n\text{個}} F(s)(ds)^n$$ ■

範例 13

(1) $\mathcal{L}\left\{\dfrac{\sin kt}{t}\right\} = ?$ (2) $\int_0^\infty \dfrac{\sin t}{t}dt = ?$

解

(1) $\mathcal{L}\left\{\dfrac{\sin kt}{t}\right\} = \int_s^\infty \mathcal{L}\{\sin kt\}ds = \int_s^\infty \dfrac{k}{u^2+k^2}du = \tan^{-1}\dfrac{u}{k}\bigg|_s^\infty$

$\qquad = \dfrac{\pi}{2} - \tan^{-1}\left(\dfrac{s}{k}\right) = \tan^{-1}\left(\dfrac{k}{s}\right)$。

(2) $\int_0^\infty \dfrac{\sin t}{t}dt = \int_0^\infty \dfrac{\sin t}{t}\cdot e^{-st}dt\big|_{s=0} = \mathcal{L}\left\{\dfrac{\sin t}{t}\right\}_{s=0} = \left(\dfrac{\pi}{2} - \tan^{-1}\dfrac{s}{1}\right)\bigg|_{s=0} = \dfrac{\pi}{2} - 0 = \dfrac{\pi}{2}$。

Note

(1) 只要看到由 0 積到∞的積分，就想到拉氏轉換。

(2) $\tan^{-1}(\infty) = \dfrac{\pi}{2}$; $\tan^{-1}(0) = 0$; $\tan^{-1}(1) = \dfrac{\pi}{4}$。

3-2　習題演練

求下列各函數之拉氏轉換

1.　$f(t) = t + 1$

2.　$f(t) = t^2 + 2t + 1$

3.　$f(t) = 3 - 2t + 4t^2$

4.　$f(t) = -5e^{4t} - 6e^{-5t}$

5.　$f(t) = 5\sin 2t + 3\cos 4t$

6.　$f(t) = (t + 1)^3$

7.　$f(t) = \cos^2 t$

8.　$f(t) = e^{-2t}(\cos 2t - \sin 2t)$

計算下列各拉氏轉換

9.　$\mathscr{L}\left\{\int_0^t (4 - e^{-3\tau} + 2\tau^4)d\tau\right\} = ?$

10.　$\mathscr{L}\left\{\int_0^t \int_0^t (\tau e^{2\tau})(d\tau)^2\right\} = ?$

11.　若 $Y(s) = \dfrac{s^2 + 2}{s^3 + 6s^2 + 11s + 6}$ 且

　　$\mathscr{L}\{y(t)\} = Y(s)$，利用初值定理與終值定理計算 $y(0)$ 與 $y(\infty)$。

12.　若 $F(S) = \dfrac{9}{S(S^2 + S + 2)}$ 為 $f(t)$ 的拉氏轉換，利用初值定理與終值定理計算 $f(0)$ 與 $f(\infty)$

求下列各函數之拉氏轉換

13.　$f(t) = e^{-2t}\int_0^t e^{2\tau}\cos(3\tau)d\tau$

14.　$f(t) = \begin{cases} \sin t & 0 \leq t < 2\pi \\ \sin t + \cos t & t \geq 2\pi \end{cases}$

15.　$f(t) = \begin{cases} 0 & t < 1 \\ t^2 - 2t + 2 & t \geq 1 \end{cases}$

16.　$f(t) = \begin{cases} 5t & 0 \leq t \leq 1 \\ t & t > 1 \end{cases}$

求下列函數之拉氏轉換

17.　$f(t) = t\cos\omega t$ ；

18.　$f(t) = t\sin\omega t$ ；

19.　$f(t) = t^2\cos\omega t$

20.　$f(t) = \begin{cases} 2, & 0 < t < \pi \\ 0, & \pi < t < 2\pi \\ \sin t, & t > 2\pi \end{cases}$

21.　$f(t) = \cos(t - 2)\cdot u(t - 2) - 2u(t - 4)\cdot t$

22.

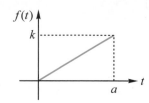

23.　$f(t) = \begin{cases} 0, & t < 3 \\ t^2, & t \geq 3 \end{cases}$

24.　$f(t) = \begin{cases} 1 - e^{-t}, & 0 < t < \pi \\ 0, & t > \pi \end{cases}$

求下列拉氏轉換

25.　$f(t) = \begin{cases} 2t + 1, & 0 \leq t < 1 \\ 0, & t \geq 1 \end{cases}$

26.　$f(t) = \begin{cases} \sin t, & 0 \leq t < \dfrac{\pi}{2} \\ 0, & t \geq \dfrac{\pi}{2} \end{cases}$

27.　$f(t) = t \cdot e^{4t}$

28.　$f(t) = e^{-t}\sin t$

29.　$f(t) = t\cos t$

30.　$f(t) = t^2 + 6t - 3$

31.　$f(t) = \cos 5t + \sin 2t$

32.　$f(t) = e^t\sinh t$

33.　$f(t) = \sin 2t\cos 2t$

34.　$f(t) = t - \sin t$

3-3　特殊函數的拉氏轉換

　　本節主要針對在工程上常用之特殊函數，包含脈衝函數、週期函數與摺積函數等，討論其拉氏轉換的求法如下。

3-3.1　脈衝函數

　　在物理系統中，若拖一力在某個微小的區域上，要計算此力在該區域所產生之壓力時，當面積趨近於無窮小時，所得到的壓力會趨於無窮大，其即為脈衝函數，則其定義如下：

脈衝函數(Impulse function, Dirac's Delta function)：

　　脈衝函數，嚴格來說是一系列功能函數的極限，所謂功能函數(Energy function)是指一系列在第一象限面積固定為1的步階函數：$P_\varepsilon(t) = \begin{cases} \dfrac{1}{\varepsilon} & ; 0 \le t < \varepsilon \\ 0 & ; t \ge \varepsilon \end{cases}$，如圖 3-10 所示。

我們將脈衝函數定義為 $\delta(t) = \lim\limits_{\varepsilon \to 0} P_\varepsilon(t) = \begin{cases} \infty & ; t = 0 \\ 0 & ; t \ne 0 \end{cases}$（或平移 a 單位後的脈衝函數

$\delta(t-a) = \begin{cases} \infty & ; t = a \\ 0 & ; t \ne a \end{cases}$），且我們有 $\int_0^\infty \delta(t)dt = 1$，如圖 3-11 所示。

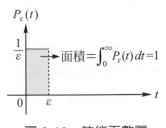

圖 3-10　功能函數圖

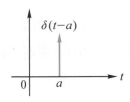

3-11　脈衝函數圖

脈衝函數的拉氏轉換

$$\mathscr{L}\{\delta(t)\} = 1$$
$$\mathscr{L}\{\delta(t-a)\} = e^{-as}$$

證明 (參閱)

因 $P_\varepsilon(t) = \dfrac{1}{\varepsilon}[u(t) - u(t-\varepsilon)]$，

$\therefore \delta(t) = \lim\limits_{\varepsilon \to 0} \dfrac{[u(t) - u(t-\varepsilon)]}{\varepsilon}$。則

$\mathcal{L}\{\delta(t)\} = \mathcal{L}\left\{\lim\limits_{\varepsilon \to 0} \dfrac{[u(t) - u(t-\varepsilon)]}{\varepsilon}\right\}$

$= \lim\limits_{\varepsilon \to 0} \dfrac{\dfrac{1}{s} - \dfrac{e^{-\varepsilon s}}{s}}{\varepsilon} = \lim\limits_{\varepsilon \to 0} \dfrac{1 - e^{-\varepsilon s}}{s\varepsilon} = \lim\limits_{\varepsilon \to 0} \dfrac{s \cdot e^{-\varepsilon s}}{s} = 1$ ； 利用了 L'Hospital rule (羅必達法則)

$\therefore \mathcal{L}\{\delta(t)\} = 1$ 且 $\mathcal{L}\{\delta(t-a)\} = e^{-as}$ 。

範例 1

求 $\mathcal{L}\{2u(t-1) - 4\delta(t-2) - 5\delta(t-3)\} = ?$

解

$\mathcal{L}\{2u(t-1) - 4\delta(t-2) - 5\delta(t-3)\} = \dfrac{2}{s}e^{-s} - 4e^{-2s} - 5e^{-3s}$ 。

3-3.2 週期函數的 *L-T* (Laplace transform of Periodic function)

物理系統中經常存在週期性函數，其中最容易想像如：正常人的心跳，收音機廣播的訊號等等。若 $f(t)$ 為週期 T 的函數，即 $f(t) = f(t+T)$，$\forall t \geq 0$，如圖 3-12 所示，且 $f(t)$ 為片段連續之指數階函數，則週期 T 之函數 $f(t)$ 的拉氏轉換為

$$\mathcal{L}\{f(t)\} = \dfrac{\displaystyle\int_0^T f(t) \cdot e^{-st} dt}{1 - e^{-Ts}}$$

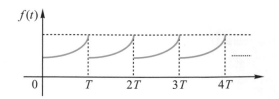

圖 3-12 週期函數示意圖

證明

$$\mathcal{L}\{f(t)\} = \int_0^\infty f(t)\, e^{-st} dt = \int_0^T f(t)\, e^{-st} dt + \int_T^{2T} f(t)\, e^{-st} dt + \cdots$$

$$= \sum_{n=0}^\infty \int_{nT}^{(n+1)T} f(t) e^{-st} dt \ \circ$$

令 $\xi = t - nT$ ，$\begin{array}{c|c|c} t & nT & (n+1)T \\ \hline \xi & 0 & T \end{array}$ ，

$$dt = d\xi = \sum_{n=0}^\infty \int_0^T f(\xi+nT)\cdot e^{-s\cdot(\xi+nT)} d\xi = \sum_{n=0}^\infty \int_0^T f(\xi)\, e^{-s\xi}\cdot e^{-snT} d\xi$$

$$= \sum_{n=0}^\infty e^{-nTs}\cdot \int_0^T f(\xi) e^{-s\xi} d\xi = \left[\int_0^T f(\xi)\cdot e^{-s\xi} d\xi\right]\sum_{n=0}^\infty e^{-nTs}$$

$$= \frac{\int_0^T f(\xi)e^{-s\xi} d\xi}{1 - e^{-Ts}} \ \circ$$

$\therefore$ 週期函數 $f(t)$ 的拉氏轉換為 $\mathcal{L}\{f(t)\} = \dfrac{\int_0^T f(t)\cdot e^{-st} dt}{1 - e^{-Ts}}$ 。 ∎

週期函數的公式中，需要計算 $\int_0^T f(t)e^{-st} dt$，是 $f(t)$ 在第一個週期區間上積分，若將 $f(t)$ 擴張到整個實數線，則可進一步將此積分改寫為拉式轉換：令 $g(t) = \begin{cases} f(t) & ;\ 0 \le t \le T \\ 0 & ;\ t > T \end{cases}$ ，$f(x+T) = f(x)$ ，則 $\mathcal{L}\{g(t)\} = \int_0^\infty g(t)e^{-st} dt = \int_0^T f(t)e^{-st} dt$ ，

所以得到 $\mathcal{L}\{f(t)\} = \dfrac{\int_0^T f(t)e^{-st} dt}{1 - e^{-Ts}} = \dfrac{\mathcal{L}\{g(t)\}}{1 - e^{-Ts}}$ 。

範例 2

求 $\mathscr{L}\{f(t)\} = ?$

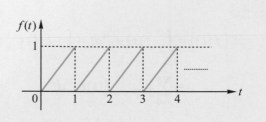

解

令 $g(t) = t \cdot [u(t) - u(t-1)]$ ，則 $\mathscr{L}\{f(t)\} = \dfrac{\mathscr{L}\{g(t)\}}{1 - e^{-Ts}}$ ，其中 $f(t)$ 的週期 $T = 1$。而

$$\mathscr{L}\{g(t)\} = \mathscr{L}\{tu(t) - tu(t-1)\} = \frac{1}{s^2} - e^{-s} \cdot \mathscr{L}\{t+1\}$$

$$= \frac{1}{s^2} - e^{-s} \cdot \left[\frac{1}{s^2} + \frac{1}{s} \right] ,$$

$$\therefore \mathscr{L}\{f(t)\} = \frac{\dfrac{1}{s^2} - e^{-s} \cdot \left[\dfrac{1}{s^2} + \dfrac{1}{s} \right]}{1 - e^{-s}} 。$$

範例 3

求 $\mathscr{L}\{f(t)\} = ?$

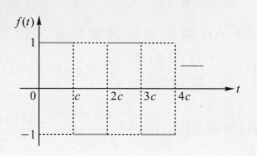

解

取 $g(t) = u(t) - 2u(t-c) + u(t-2c)$ ，則

$$\mathscr{L}\{f(t)\} = \frac{\displaystyle\int_0^T f(t)e^{-st}dt}{1 - e^{-Ts}} = \frac{\mathscr{L}\{g(t)\}}{1 - e^{-2cs}} \; ; \; 其中 f(t) 的週期爲 2c，故$$

$$\mathscr{L}\{g(t)\} = \mathscr{L}\{u(t) - 2u(t-c) + u(t-2c)\}$$

$$= \frac{1}{s} - e^{-cs} \cdot \frac{2}{s} + e^{-2cs} \cdot \frac{1}{s} ,$$

$$\therefore \mathscr{L}\{f(t)\} = \frac{\dfrac{1}{s} - \dfrac{2}{s}e^{-cs} + \dfrac{1}{s}e^{-2cs}}{1 - e^{-2cs}} = \frac{1 - 2e^{-cs} + e^{-2cs}}{s(1 - e^{-2cs})}$$

$$= \frac{(1 - e^{-cs})^2}{s(1 - e^{-cs})(1 + e^{-cs})} = \frac{1 - e^{-cs}}{s(1 + e^{-cs})} \ \circ$$

3-3.3　摺積定理(Convolution theorem)

　　做訊號處理時，常需要對兩個函數 $f(t)$ 與 $g(t-\tau)$ 之重疊部份做積分，其中 $g(t-\tau)$ 為 $g(t)$ 經過翻轉與平移而得。此種積分形態若每次都要直接進行微積分求解是相對麻煩的，以下將介紹其定義及如何利用拉氏轉換進行分析。

定義

　　$f(t)$ 與 $g(t)$ 之摺積(Convolution)定義為：

$$f(t) * g(t) \triangleq \int_0^t f(\tau)g(t-\tau)d\tau = \int_0^t g(\tau)f(t-\tau)d\tau$$

摺積定理

　　設函數 $f(t)$ 與 $g(t)$ 之拉氏轉換為 $\mathscr{L}\{f(t)\} = F(s)$ ， $\mathscr{L}\{g(t)\} = G(s)$ ，則 $\mathscr{L}\{f(t) * g(t)\} = F(s) \cdot G(s)$ 。

證明

$$\mathscr{L}\{f(t) * g(t)\} = \int_0^\infty \left[\int_0^t f(\tau)g(t-\tau)d\tau \right] e^{-st}dt \quad (\text{如圖 3-13 所示})$$

$$= \int_{\tau=0}^{\tau=\infty} \int_{t=\tau}^{t=\infty} f(\tau)g(t-\tau)e^{-st}dtd\tau$$

令 $t - \tau = x$ ， $dt = dx$ ， $t = x + \tau$

$$= \int_0^\infty \int_{x=0}^\infty f(\tau)g(x)e^{-s \cdot (x+\tau)}dxd\tau$$

$$= \int_0^\infty f(\tau)\, e^{-st}d\tau \cdot \int_0^\infty g(x)\, e^{-sx}dx$$

$$= \mathscr{L}\{f(t)\} \cdot \mathscr{L}\{g(t)\} = F(s) \cdot G(s)$$

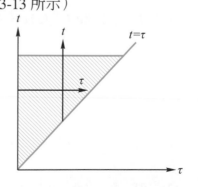

圖 3-13　摺積積分區域示意圖

範例 *4*

求下列摺積函數：

(1)$1*1$ (2)$t*e^{2t}$。

解

(1) $1*1 \triangleq \int_0^t 1 \cdot 1 d\tau = \int_0^t 1 d\tau = \tau \big|_0^t = t$。

Note

$\mathcal{L}\{1*1\} = \mathcal{L}\{t\} = \dfrac{1}{s^2}$。

(2) $t \cdot e^{2t} \triangleq \int_0^t \tau \cdot e^{2(t-\tau)} d\tau = e^{2t} \int_0^t \tau \cdot e^{-2\tau} d\tau = e^{2t} \cdot \left[-\dfrac{1}{2}\tau e^{-2\tau} - \dfrac{1}{4} e^{-2\tau} \right]_0^t$

$\qquad = -\dfrac{1}{2}t - \dfrac{1}{4} + \dfrac{1}{4}e^{2t}$。

Note

$\mathcal{L}\{t * e^{2t}\} = \mathcal{L}\left\{ -\dfrac{1}{2}t - \dfrac{1}{4} + \dfrac{1}{4}e^{2t} \right\}$

$\qquad = -\dfrac{1}{2}\dfrac{1}{s^2} - \dfrac{1}{4}\dfrac{1}{s} + \dfrac{1}{4}\dfrac{1}{s-2} = \dfrac{1}{s^2(s-2)}$。

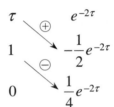

範例 *5*

求下列函數的拉氏轉換

(1)$1*1$ (2)$t*e^{2t}$ (3)$e^{-2t}*e^{2t}$ (4)$\cos\omega t * \sin\omega t$。

解

(1) $\mathcal{L}\{1*1\} = \mathcal{L}\{1\} \cdot \mathcal{L}\{1\} = \dfrac{1}{s} \cdot \dfrac{1}{s} = \dfrac{1}{s^2}$。

(2) $\mathcal{L}\{t * e^{2t}\} = \mathcal{L}\{1t\} \cdot \mathcal{L}\{e^{2t}\} = \dfrac{1}{s^2} \cdot \dfrac{1}{s-2} = \dfrac{1}{s^2(s-2)}$。

(3) $\mathcal{L}\{e^{-2t} * e^{2t}\} = \mathcal{L}\{e^{-2t}\} \cdot \mathcal{L}\{e^{2t}\} = \dfrac{1}{s+2} \cdot \dfrac{1}{s-2} = \dfrac{1}{s^2-4}$。

(4) $\mathcal{L}\{\cos\omega t * \sin\omega t\} = \mathcal{L}\{\cos\omega t\} \cdot \mathcal{L}\{\sin\omega t\} = \dfrac{s}{s^2+\omega^2} \cdot \dfrac{\omega}{s^2+\omega^2} = \dfrac{\omega s}{(s^2+\omega^2)^2}$。

Note

比較上一題與這一題的前兩小題可以發現，先求出摺積積分後再求拉氏轉換之過程會比直接
利用摺積定理來的麻煩，但其結果是相同的。

範例 6

求下列函數的拉氏轉換：

$e^{-2t} \cdot \displaystyle\int_0^t e^{2\tau}\cos 3\tau\, d\tau$ 。

解

$$\mathscr{L}\left\{ e^{-2t}\cdot\int_0^t e^{2\tau}\cos 3\tau\, d\tau \right\} = \mathscr{L}\left\{ \int_0^t e^{-2(t-\tau)}\cos 3\tau\, d\tau \right\}$$

$$= \mathscr{L}\{ e^{-2t} * \cos 3t \} = \mathscr{L}\{ e^{-2t} \}\cdot \mathscr{L}\{\cos 3t\}$$

$$= \frac{1}{s+2}\cdot\frac{s}{s^2+9} = \frac{s}{(s+2)(s^2+9)} \quad 。$$

3-3　習題演練

求下列函數的拉氏轉換

1. $\delta(t-1)-2u(t-2)$

2. $2-3u(t-2)+u(t-3)$

3. $1*t$

4. $t*\cos 2t$

5. $e^{-2t}*\cos 2t$

6. $t*t^2*t^3$

7. $\delta(t)*t$

8. 求函數 $\displaystyle\int_0^t \sin 2\tau\cdot\sinh 2(t-\tau)d\tau$ 的

   拉氏轉換？

9. 求函數 $e^{-3t}\cdot\displaystyle\int_0^t e^{3\tau}\tau^3 d\tau$ 的拉氏轉換？

10. 週期函數 $f(t)=\begin{cases} t & ,\ 0<t<2 \\ t-2 & ,\ 2<t<4 \end{cases}$ ，

    如下圖所示。

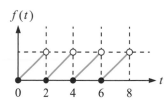

$f(t+4)=f(t)$，求其拉氏轉換？

11. $\sin t$ 的半波整流可以表示為週期函數

$$f(t) = \begin{cases} \sin t \,, & 0 < t < \pi \\ 0 \,, & \pi < t < 2\pi \end{cases}$$，如下圖所示。

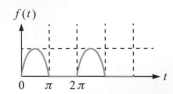

$f(t + 2\pi) = f(t)$，求其拉氏轉換？

12. 求下列週期函數之拉氏轉換？

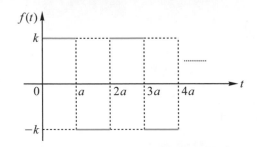

13. 求下列週期函數之拉氏轉換？

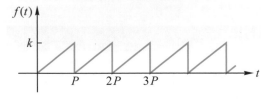

14. $\sin t$ 的全波整流可以表示為週期函數

$f(t) = |\sin t|$，求其拉氏轉換？

15. 求下列週期函數的拉氏轉換

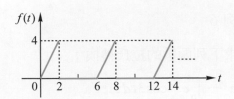

16. 求下列週期函數的拉氏轉換

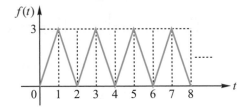

3-4　拉氏反轉換

拉氏轉換可以將複雜的時域(t domain)訊號，轉換到比較容易分析的頻域(s domain)函數，我們可以在頻域處理完物理問題後，再將其反轉換回原來時域空間，所以本節將探討如何將頻域的函數做拉氏反轉換(Laplace inverse transform)回時域，爲下一節利用拉氏轉換求解工程問題做準備。

3-4.1　定義

若 $f(t)$ 之拉氏轉換 $\mathcal{L}\{f(t)\} = \int_0^\infty f(t)e^{-st}dt = F(s)$，則其反轉換定義爲

$$\mathcal{L}^{-1}\{F(s)\} = \frac{1}{2\pi i} \int_{a-i\infty}^{a+i\infty} F(s)e^{st}ds = f(t)$$

a 爲實數，$s > 0$。

拉氏反轉換存在的定理(充分非必要條件)

若 $\mathcal{L}\{f(t)\} = F(s)$，且 $\begin{cases} \lim\limits_{s \to \infty} F(s) = 0 \\ \lim\limits_{s \to \infty} s \cdot F(s) \text{ 爲有界} \end{cases}$，則 $F(s)$ 的反轉換存在。

求拉氏反轉換時，若是使用上述之定義求解，則必須利用複變函數積分來求解，其過程相當複雜且困難，所以一般我們在求解拉氏反轉換時，會利用常用函數拉氏轉換之反轉換對，配合常用定理之反轉換定理來求解，如此可以避免直接用複雜的積分求解，所以接下來將介紹拉氏反轉換的基本公式與定理，至於一些較不常見函數之拉氏反轉換可查閱附錄二。

3-4.2 反轉換的基本公式與定理

基本公式

函數	拉氏轉換	拉氏反轉換
$u(t)$	$\mathscr{L}\{u(t)\} = \dfrac{1}{s}$	$\mathscr{L}^{-1}\left\{\dfrac{1}{s}\right\} = u(t)$ 或 1
e^{at}	$\mathscr{L}\{e^{at}\} = \dfrac{1}{s-a}$	$\mathscr{L}^{-1}\left\{\dfrac{1}{s-a}\right\} = e^{at}$
$\sin wt$	$\mathscr{L}\{\sin wt\} = \dfrac{w}{s^2 + w^2}$	$\mathscr{L}^{-1}\left\{\dfrac{1}{s^2 + w^2}\right\} = \dfrac{1}{w}\sin wt$
$\cos wt$	$\mathscr{L}\{\cos wt\} = \dfrac{s}{s^2 + w^2}$	$\mathscr{L}^{-1}\left\{\dfrac{s}{s^2 + w^2}\right\} = \cos wt$
$\sinh wt$	$\mathscr{L}\{\sinh wt\} = \dfrac{w}{s^2 - w^2}$	$\mathscr{L}^{-1}\left\{\dfrac{1}{s^2 - w^2}\right\} = \dfrac{1}{w}\sinh wt$
$\cosh wt$	$\mathscr{L}\{\cosh wt\} = \dfrac{s}{s^2 - w^2}$	$\mathscr{L}^{-1}\left\{\dfrac{s}{s^2 - w^2}\right\} = \cosh wt$
t^n	$\mathscr{L}\{t^n\} = \dfrac{n!}{s^{n+1}}$	$\mathscr{L}^{-1}\left\{\dfrac{1}{s^{n+1}}\right\} = \dfrac{t^n}{n!}$ ；n 為正整數

上述為拉氏反轉換的常用函數公式，我們將以此為基礎來求解各類函數之拉氏反轉換。

基本定理

1. 線性定理

若 $\mathscr{L}\{f(t)\} = F(s)$ ，$\mathscr{L}\{g(t)\} = G(s)$ ，則

$\mathscr{L}^{-1}\{c_1 F(s) \pm c_2 G(s)\} = c_1 \mathscr{L}^{-1}\{F(s)\} \pm c_2 \mathscr{L}^{-1}\{G(s)\}$ 。

範例 *1*

求下列函數之拉氏反轉換？

(1) $F(s) = \dfrac{1}{s} + \dfrac{5}{s^2} - \dfrac{3}{s^4}$ ；(2) $F(s) = \dfrac{1}{s+3} + \dfrac{s+1}{s^2+9}$

解

(1) $\mathscr{L}^{-1}\left\{\dfrac{1}{s} + \dfrac{5}{s^2} - \dfrac{3}{s^4}\right\} = \mathscr{L}^{-1}\left\{\dfrac{1}{s}\right\} + \mathscr{L}^{-1}\left\{\dfrac{5}{s^2}\right\} + \mathscr{L}^{-1}\left\{\dfrac{-3}{s^4}\right\} = 1 + 5\dfrac{t}{1!} - 3\dfrac{t^3}{3!} = 1 + 5t - \dfrac{1}{2}t^3$ 。

(2) $\mathscr{L}^{-1}\left\{\dfrac{1}{s+3} + \dfrac{s}{s^2+9} + \dfrac{1}{s^2+9}\right\}$

$= \mathscr{L}^{-1}\left\{\dfrac{1}{s+3}\right\} + \mathscr{L}^{-1}\left\{\dfrac{s}{s^2+3^2}\right\} + \mathscr{L}^{-1}\left\{\dfrac{1}{s^2+3^2}\right\} = e^{-3t} + \cos 3t + \dfrac{1}{3}\sin 3t$ 。

2. 微分之 *L-T*

$\mathscr{L}\left\{f^{(n)}(t)\right\} = s^n F(s) - s^{n-1}f(0) - s^{n-2}f'(0)\cdots - f^{(n-1)}(0)$ 。

若 $f(0) = f'(0) = \cdots\cdots = f^{(n-1)}(0) = 0$ ，則 $\mathscr{L}\left\{f^{(n)}(t)\right\} = s^n F(s)$ ，故

$$\mathscr{L}^{-1}\left\{s^n F(s)\right\} = f^{(n)}(t)$$

範例 *2*

求下列 ODE 之解

$y'' + y = 0$ ，其中 $y(0) = 1$ ， $y'(0) = 1$

解

令 $\mathscr{L}\{y(t)\} = Y(s)$ ，對原 ODE 取拉式轉換，得

$s^2 Y(s) - sy(0) - y'(0) + Y(s) = 0$ ， $(s^2+1)Y(s) = s+1$ ， $Y(s) = \dfrac{s}{s^2+1} + \dfrac{1}{s^2+1}$ 。故

$y(t) = \mathscr{L}^{-1}\{Y(s)\} = \mathscr{L}^{-1}\left\{\dfrac{s}{s^2+1}\right\} + \mathscr{L}^{-1}\left\{\dfrac{1}{s^2+1}\right\} = \cos t + \sin t$ 。

Note 由此範例可以知道，我們能利用拉式轉換求解 ODE，求解方法將在下一節中作深入討論。

3 積分之 *L-T*

$$\mathscr{L}\left\{\int_0^t f(t)dt\right\}=\frac{F(s)}{s} \Rightarrow \mathscr{L}\left\{\int_0^t\int_0^t\cdots\int_0^t f(t)(dt)^n\right\}=\frac{F(s)}{s^n}\ , \text{則}$$

$$\mathscr{L}^{-1}\left\{\frac{F(s)}{s^n}\right\}=\int_0^t\int_0^t\cdots\int_0^t f(t)(dt)^n$$

範例 3

求 $\mathscr{L}^{-1}\left\{\dfrac{1}{s(s^2+1)}\right\}$ 之拉氏反轉換。

解

$$\mathscr{L}^{-1}\left\{\frac{1}{s(s^2+1)}\right\}=\mathscr{L}^{-1}\left\{\frac{\frac{1}{s^2+1}}{s}\right\}=\int_0^t \mathscr{L}^{-1}\left\{\frac{1}{s^2+1}\right\}dt$$

$$=\int_0^t \sin t\, dt=-\cos t\Big|_0^t=1-\cos t\ \text{。}$$

4. 第一平移定理

$$\mathscr{L}\left\{e^{at}f(t)\right\}=\mathscr{L}\left\{f(t)\right\}_{s\to s-a}=F(s-a)\ , \text{則}$$

$$\mathscr{L}^{-1}\left\{F(s-a)\right\}=e^{at}f(t)=e^{at}\mathscr{L}^{-1}\left\{F(s)\right\}$$

範例 4

求 $\mathscr{L}^{-1}\left\{\dfrac{1}{s^2+2s+5}\right\}$ 之拉氏反轉換？

解

$$\mathscr{L}^{-1}\left\{\frac{1}{s^2+2s+5}\right\}=\mathscr{L}^{-1}\left\{\frac{1}{(s+1)^2+2^2}\right\}=e^{-t}\mathscr{L}^{-1}\left\{\frac{1}{(s)^2+2^2}\right\}$$

$$=\frac{1}{2}e^{-t}\sin(2t)\ \text{。}$$

範例 5

$$\mathscr{L}^{-1}\left\{\frac{6s-4}{s^2-4s+20}\right\} = ?$$

解

$$\mathscr{L}^{-1}\left\{\frac{6s-4}{s^2-4s+20}\right\} = \mathscr{L}^{-1}\left\{\frac{6\cdot(s-2)+8}{(s-2)^2+4^2}\right\} = \mathscr{L}^{-1}\left\{\frac{6(s-2)}{(s-2)^2+4^2}+2\cdot\frac{4}{(s-2)^2+4^2}\right\}$$

$$= 6\cdot e^{2t}\cos 4t + 2e^{2t}\sin 4t \ \circ$$

5. 第二平移定理

$\mathscr{L}\{f(t-a)u(t-a)\} = e^{-as}F(s)$，則

$$\mathscr{L}^{-1}\{e^{-as}F(s)\} = \mathscr{L}^{-1}\{F(s)\}_{t\to t-a} \cdot u(t-a)$$

範例 6

求 $\mathscr{L}^{-1}\left\{\dfrac{2}{s}-\dfrac{3e^{-s}}{s^2}+\dfrac{5e^{-2s}}{s^2}\right\}$ 之拉氏反轉換？

解

$$\mathscr{L}^{-1}\left\{\frac{2}{s}-\frac{3e^{-s}}{s^2}+\frac{5e^{-2s}}{s^2}\right\} = \mathscr{L}^{-1}\left\{\frac{2}{s}\right\} - \mathscr{L}^{-1}\left\{\frac{3e^{-s}}{s^2}\right\} + \mathscr{L}^{-1}\left\{\frac{5e^{-2s}}{s^2}\right\}$$

$$= 2 - 3(t-1)\cdot u(t-1) + 5(t-2)\cdot u(t-2) \ \circ$$

6. 尺度變換

$\mathscr{L}^{-1}\{F(s)\} = f(t)$，則

$$\mathscr{L}^{-1}\{F(as)\} = \frac{1}{a}f\left(\frac{t}{a}\right)$$

例： $\mathscr{L}^{-1}\left\{\dfrac{1}{4s^2+1}\right\} = \mathscr{L}^{-1}\left\{\dfrac{1}{(2s)^2+1}\right\} = \dfrac{1}{2}\mathscr{L}^{-1}\left\{\dfrac{1}{s^2+1}\right\}\Bigg|_{t\to\frac{t}{2}} = \dfrac{1}{2}\sin\left(\dfrac{t}{2}\right) \ \circ$

7. *L-T* 之微分

$$\mathcal{L}\{tf(t)\} = -\frac{d}{ds}[F(s)] \Rightarrow tf(t) = \mathcal{L}^{-1}\left\{-\frac{d}{ds}[F(s)]\right\} \Rightarrow f(t) = -\frac{1}{t}\mathcal{L}^{-1}\left\{\frac{d}{ds}F(s)\right\} \text{，故}$$

$$\mathcal{L}^{-1}\{F(s)\} = f(t) = -\frac{1}{t}\mathcal{L}^{-1}\left\{\frac{d}{ds}F(s)\right\}$$

Note

當一函數不易直接作拉氏反轉換時，可以先微分再作拉氏反轉換。此觀念常用在一些反函數 (如：對數，反三角函數)之拉氏反轉換上。

範例 7

求 $\mathcal{L}^{-1}\{\ln(s^2 + 1)\}$ 之拉氏反轉換。

解

$$\mathcal{L}^{-1}\{\ln(s^2 + 1)\} = -\frac{1}{t}\mathcal{L}^{-1}\left\{\frac{d}{ds}[\ln(s^2 + 1)]\right\} = -\frac{1}{t}\mathcal{L}^{-1}\left\{\frac{2s}{s^2 + 1}\right\} = -\frac{2}{t}\cos t \text{ 。}$$

8. *L-T* 之積分

$$\mathcal{L}\left\{\frac{f(t)}{t}\right\} = \int_s^{\infty} F(s)ds \text{，即} \frac{f(t)}{t} = \mathcal{L}^{-1}\left\{\int_s^{\infty} F(s)ds\right\} \text{。} f(t) = t\,\mathcal{L}^{-1}\left\{\int_s^{\infty} F(s)ds\right\} \text{，故}$$

$$\mathcal{L}^{-1}\{F(s)\} = f(t) = t\,\mathcal{L}^{-1}\left\{\int_s^{\infty} F(s)ds\right\}$$

範例 8

求 $\mathcal{L}^{-1}\left\{\dfrac{s}{(s^2 + 1)^2}\right\}$ 之拉氏反轉換。

解

$$\mathcal{L}^{-1}\left\{\frac{s}{(s^2 + 1)^2}\right\} = t \cdot \mathcal{L}^{-1}\left\{\int_s^{\infty} \frac{s}{(s^2 + 1)^2}ds\right\} = t \cdot \mathcal{L}^{-1}\left\{-\frac{1}{2}\frac{1}{s^2 + 1}\right\} = -\frac{t}{2}\sin t \text{ 。}$$

Note

若遇到 $F(s)$ 不易求拉氏反轉換時，可以試試將 $F(s)$ 積分或微分後再做拉氏反轉換，即

$$f(t) = \begin{cases} -\dfrac{1}{t}\,\mathcal{L}^{-1}\left\{\dfrac{d}{ds}F(s)\right\} \\ t \cdot \mathcal{L}^{-1}\left\{\displaystyle\int_s^\infty F(s)ds\right\} \end{cases} \circ$$

9. 摺積定理

因 $F(s)G(s) = \mathcal{L}\{f(t) * g(t)\}$，所以

$$\mathcal{L}^{-1}\{F(s) \cdot G(s)\} = f(t) * g(t) \triangleq \int_0^t f(\tau) \cdot g(t-\tau)d\tau$$

範例 9

求 $\mathcal{L}^{-1}\left\{\dfrac{1}{s(s^2+1)}\right\}$ 之拉氏反轉換。

解

$$\mathcal{L}^{-1}\left\{\frac{1}{s(s^2+1)}\right\} = \mathcal{L}^{-1}\left\{\frac{1}{s} \cdot \frac{1}{s^2+1}\right\} = 1 * \sin t = \int_0^t \sin \tau d\tau = 1 - \cos t \circ$$

3-4.3　部分分式(Partial fractions)求拉式反轉換

　　分式函數 $F(s)$ 要做拉氏反轉換時，若 $F(s)$ 較為複雜，無法直接套基本公式，則必須透過部分分式的技巧，將其化成基本公式型態之函數，再各別做反轉換，所以以下將用幾個例子說明，其中部分分式的做法可參閱 0-6 節。

範例 10

求 $\mathscr{L}^{-1}\left\{\dfrac{1}{s^2-4s+3}\right\}$。

解

先進行部分分式：$\dfrac{1}{s^2-4s+3}=\dfrac{1}{(s-1)(s-3)}=\dfrac{-\dfrac{1}{2}}{s-1}+\dfrac{\dfrac{1}{2}}{s-3}$，

因此 $\mathscr{L}^{-1}\left\{\dfrac{1}{s^2-4s+3}\right\}=\mathscr{L}^{-1}\left\{\dfrac{-\dfrac{1}{2}}{s-1}+\dfrac{\dfrac{1}{2}}{s-3}\right\}$

$$=\mathscr{L}^{-1}\left\{\dfrac{-\dfrac{1}{2}}{s-1}\right\}+\mathscr{L}^{-1}\left\{\dfrac{\dfrac{1}{2}}{s-3}\right\}\quad(\text{拉式變換爲線性})$$

$$=-\dfrac{1}{2}e^t+\dfrac{1}{2}e^{3t}\quad(\text{指數的拉式變換})。$$

範例 11

$\mathscr{L}^{-1}\left\{\dfrac{2s+1}{(s+1)(s-2)^2}\right\}=?$

解

$\mathscr{L}^{-1}\left\{\dfrac{2s+1}{(s+1)(s-2)^2}\right\}=\mathscr{L}^{-1}\left\{\dfrac{B}{(s+1)}+\dfrac{A_1}{s-2}+\dfrac{A_2}{(s-2)^2}\right\}$，

$B=\left.\dfrac{2s+1}{(s-2)^2}\right|_{s\to-1}=-\dfrac{1}{9}$，$A_2=\left.\dfrac{2s+1}{(s+1)}\right|_{s\to2}=\dfrac{5}{3}$，$A_1=\left.\dfrac{d}{ds}\left[\dfrac{2s+1}{(s+1)}\right]\right|_{s\to2}=\dfrac{1}{9}$。

所以 $\mathscr{L}^{-1}\left\{\dfrac{2s+1}{(s+1)(s-2)^2}\right\}=\mathscr{L}^{-1}\left\{\dfrac{-\dfrac{1}{9}}{(s+1)}+\dfrac{\dfrac{1}{9}}{s-2}+\dfrac{\dfrac{5}{3}}{(s-2)^2}\right\}=-\dfrac{1}{9}e^{-t}+\dfrac{1}{9}e^{2t}+\dfrac{5}{3}te^{2t}$。

Note

其實 A_1 亦可利用取極限求解如下

$$\frac{2s+1}{(s+1)(s-2)^2} = \frac{B}{(s+1)} + \frac{A_1}{s-2} + \frac{A_2}{(s-2)^2} \ ,$$

左右同乘以 s 後，取 s 趨近於無窮大可得

$$\lim_{s\to\infty} s \cdot \frac{2s+1}{(s+1)(s-2)^2} = \lim_{s\to\infty} s \cdot \frac{B}{(s+1)} + \lim_{s\to\infty} s \cdot \frac{A_1}{s-2} + \lim_{s\to\infty} s \cdot \frac{A_2}{(s-2)^2} \ ,$$

則 $0 = B + A_1 \Rightarrow A_1 = -B = \dfrac{1}{9}$ 。

範例 12

$$\mathcal{L}^{-1}\left\{\frac{3}{s^2+3s-10}e^{-s}\right\} = ?$$

解

$$\mathcal{L}^{-1}\left\{\frac{3}{s^2+3s-10}e^{-s}\right\} = \mathcal{L}^{-1}\left(\left(\frac{-\dfrac{3}{7}}{s+5} + \frac{\dfrac{3}{7}}{s-2}\right)e^{-s}\right) = \left[\frac{3}{7}e^{2(t-1)} - \frac{3}{7}e^{-5(t-1)}\right]u(t-1) \ 。$$

範例 13

求 $\mathcal{L}^{-1}\left\{\dfrac{s+1}{(s-1)(s^2+1)}\right\}$ 。

解

先使用部分分式：$\dfrac{s+1}{(s-1)(s^2+1)} = \dfrac{1}{s-1} + \dfrac{-s}{s^2+1}$ ，

因此 $\mathcal{L}^{-1}\left\{\dfrac{s+1}{(s-1)(s^2+1)}\right\} = \mathcal{L}^{-1}\left\{\dfrac{1}{s-1} - \dfrac{s}{s^2+1}\right\}$

$$= \mathcal{L}^{-1}\left\{\frac{1}{s-1}\right\} - \mathcal{L}^{-1}\left\{\frac{s}{s^2+1}\right\} \quad \text{（拉式變換為線性）}$$

$$= e^t - \cos t \quad \text{（指數、三角函數的拉式變換）。}$$

3-4 習題演練

求下列各函數之拉氏反轉換

1. $F(s) = \dfrac{2s+3}{s^2-5s-14}$

2. $F(s) = \dfrac{3s-5}{s^2-2s-3}$

3. $F(s) = \dfrac{1}{s^2+3s+2}$

4. $F(s) = \dfrac{1}{s^2+2s+5}$

5. $F(s) = \dfrac{s+3}{s^2+2s+5}$

6. $F(s) = \dfrac{s+3}{(s-2)(s+1)}$

7. $F(s) = \dfrac{1}{s^3-s}$

8. $F(s) = \dfrac{e^{-2s}}{s^2+s-2}$

9. $F(s) = \dfrac{1-e^{-2s}}{s^2}$

10. $F(s) = \dfrac{e^{-4s}}{s^2}$

11. $F(s) = \dfrac{1}{(s^2+4)(s+12)}$

12. $F(s) = \dfrac{1}{s^2(s+1)^2}$

13. $F(s) = \dfrac{1}{s^2(s-a)}$

14. $F(s) = \dfrac{ab}{(s^2+a^2)(s^2+b^2)}$

15. $F(s) = \dfrac{2s^2+3s+3}{(s+1)(s+3)^3}$

16. $F(s) = \dfrac{6s-4}{s^2-4s+20}$

17. $F(s) = \dfrac{1}{s^2(s-3)}$

18. $F(s) = \ln\left(1+\dfrac{1}{s^2}\right)$

19. $F(s) = \dfrac{3e^{-2s}}{(s+1)^2(s^2+2s+10)}$

20. $F(s) = \dfrac{e^{-3s}}{(s-1)^3}$

21. $F(s) = \dfrac{1}{s^3+4s^2+5s+2}$

22. $F(s) = \dfrac{(3s+5)e^{-3s}}{s(s^2+2s+5)}$

23. $F(s) = \ln\left(1-\dfrac{a^2}{s^2}\right)$

24. $F(s) = \dfrac{e^{-s}}{s(s+1)(s+2)}$

25. $F(s) = \dfrac{1}{s^2}-\dfrac{48}{s^5}$

26. $F(s) = \dfrac{(s+1)^3}{s^4}$

27. $F(s) = \dfrac{s+1}{s^2+2}$

28. $F(s) = \dfrac{s}{s^2+2s-3}$

29. $F(s) = \dfrac{s^2+1}{s(s-1)(s+1)(s-2)}$

30. $F(s) = \dfrac{1}{s^2-6s+10}$

31. $F(s) = \dfrac{2s+5}{s^2+6s+34}$

32. $F(s) = \dfrac{1}{s(s-1)}$

33. $F(s) = \dfrac{1}{s^2(s-1)}$

34. $F(s) = \dfrac{1}{s^2(s-2)}e^{-2s}$

3-5　　拉氏轉換的應用

　　拉氏轉換來求解物理系統之觀念如圖 3-14 所示，本章節將利用此觀念來求解工程上的微分方程或積分方程。由下列觀念圖中我們可以將一個物理問題，如 *m-c-k* 彈簧振動問題或 *R-L-C* 電路問題，透過微分方程式或積分方程進行建模。但此時直接求解可能比較麻煩，我們可以透過拉氏轉換，將其轉換到另一個空間形成代數問題再求解比較容易，求解後再利用拉氏反轉換可反轉換回原物理系統的解。

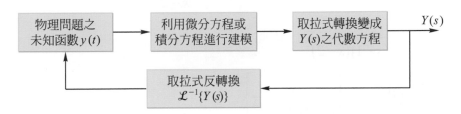

圖 3-14　拉氏轉換求解物理問題觀念圖

3-5.1　*L-T* 求解常係數 ODE(Constant Coefficients ODE)

　　常用微分函數之拉式轉換如下：

$\mathcal{L}\{y(t)\} = Y(s) = \hat{y}(s)$ ，

$\mathcal{L}\{y'(t)\} = s\hat{y}(s) - y(0)$ ，

$\mathcal{L}\{y''(t)\} = s^2\hat{y}(s) - sy(0) - y'(0)$ ，

　　　　$\vdots$

事實上，我們有一般項公式：

$$\mathcal{L}\{y^{(n)}(t)\} = s^n\hat{y}(s) - s^{n-1}y(0) - s^{n-2}y'(0)\cdots\cdots - y^{(n-1)}(0)$$

範例 1

利用拉氏轉換求解 $\begin{cases} y'' - 3y' + 2y = e^{2t} \\ y(0) = y'(0) = 0 \end{cases}$。

解

令 $\mathcal{L}\{y(t)\} = \hat{y}(s)$，

對原 ODE 取拉氏轉換後，代入一、二階微分的拉氏變換公式得：

$$s^2 \hat{y}(s) - sy(0) - y'(0) - 3(s\hat{y}(s) - y(0)) + 2\hat{y}(s) = \frac{1}{s-2}，$$

整理得：$\hat{y}(s) = \dfrac{1}{(s-1)(s-2)^2}$，因此

$$y(t) = \mathcal{L}^{-1}\left\{\hat{y}(s)\right\} = \mathcal{L}^{-1}\left\{\frac{1}{(s-1)(s-2)^2}\right\}$$

$$= \mathcal{L}^{-1}\left\{\frac{1}{s-1} + \frac{-1}{s-2} + \frac{1}{(s-2)^2}\right\} \quad (部分分式)$$

$$= \mathcal{L}^{-1}\left\{\frac{1}{s-1}\right\} + \mathcal{L}^{-1}\left\{\frac{-1}{s-2}\right\} + \mathcal{L}^{-1}\left\{\frac{1}{(s-2)^2}\right\} \quad (拉式變換為線性)$$

$$= e^t - e^{2t} + te^{2t} \quad (指數的拉式變換)。$$

範例 2

利用拉氏轉換求解：$y'' - 4y' + 4y = \delta(t-1)$，其中 $y(0) = 0, y'(0) = 1$。

解

令 $\mathcal{L}\{y(t)\} = \hat{y}(s)$，

則 $\mathcal{L}\{y'(t)\} = s\hat{y}(s) - y(0)$，

$\mathcal{L}\{y''(t)\} = s^2\hat{y}(s) - sy(0) - y'(0)$，

$\therefore$ 對原 ODE 取拉式轉換，得

$s^2\hat{y}(s) - sy(0) - y'(0) - 4s\hat{y}(s) + 4y(0) + 4\hat{y}(s) = e^{-s}$，

又 $y(0) = 0$，$y'(0) = 1$

$\Rightarrow s^2\hat{y}(s) - 1 - 4s\hat{y}(s) + 4\hat{y}(s) = e^{-s}$

$\Rightarrow (s^2 - 4s + 4)\hat{y}(s) = 1 + e^{-s}$，

$\therefore \hat{y}(s) = \dfrac{1 + e^{-s}}{s^2 - 4s + 4} = \dfrac{1}{(s-2)^2} + \dfrac{e^{-s}}{(s-2)^2}$，

$y(t) = \mathcal{L}^{-1}\{\hat{y}(s)\} = \mathcal{L}^{-1}\left(\dfrac{1}{(s-2)^2} + \dfrac{1}{(s-2)^2}e^{-s} \right) = te^{2t} + (t-1)e^{2(t-1)} \cdot u(t-1)$。

3-5.2 解常係數的聯立 ODE
(Simultaneous constant coefficients ODE)

求解聯立方程式時，常常會用到克萊瑪法則(Cramer's rule)，以下先介紹兩個未知數之克萊瑪法則，其詳細介紹將在矩陣分析時進行。

$\begin{cases} a_1 x + b_1 y = c_1 \\ a_2 x + b_2 y = c_2 \end{cases}$，若 $\begin{vmatrix} a_1 & b_1 \\ a_2 & b_2 \end{vmatrix} = a_1 b_2 - a_2 b_1 \neq 0$，則 $x = \dfrac{\begin{vmatrix} c_1 & b_1 \\ c_2 & b_2 \end{vmatrix}}{\begin{vmatrix} a_1 & b_1 \\ a_2 & b_2 \end{vmatrix}}$，$y = \dfrac{\begin{vmatrix} a_1 & c_1 \\ a_2 & c_2 \end{vmatrix}}{\begin{vmatrix} a_1 & b_1 \\ a_2 & b_2 \end{vmatrix}}$。

對於常係數聯立 ODE，可以利用拉氏轉換先化成聯立的代數方程，再利用克萊瑪法則求解，然後利用反拉氏轉換求出原常係數聯立 ODE 的解。

範例 *3*

利用拉式轉換求解 $\begin{cases} \dfrac{dx}{dt} = 2x - 3y \\ \dfrac{dy}{dt} = y - 2x \end{cases}$ ，其中 $x(0) = 8, y(0) = 3$。

解

令 $\mathcal{L}\{x(t)\} = \hat{x}(s)$ ， $\mathcal{L}\{y(t)\} = \hat{y}(s)$ ，對原 ODE 作 *L-T* ：

$$\begin{cases} s\hat{x}(s) - x(0) = 2\hat{x}(s) - 3\hat{y}(s) \\ s\hat{y}(s) - y(0) = \hat{y}(s) - 2\hat{x}(s) \end{cases} \Rightarrow \begin{cases} (s-2)\hat{x}(s) + 3\hat{y}(s) = 8 \\ 2\hat{x}(s) + (s-1)\hat{y}(s) = 3 \end{cases} ,$$

由克萊瑪法則可知

$$\hat{x}(s) = \frac{\begin{vmatrix} 8 & 3 \\ 3 & s-1 \end{vmatrix}}{\begin{vmatrix} s-2 & 3 \\ 2 & s-1 \end{vmatrix}} = \frac{8s-17}{s^2-3s-4} = \frac{8s-17}{(s+1)(s-4)} = \frac{5}{s+1} + \frac{3}{s-4} ,$$

$$\hat{y}(s) = \frac{\begin{vmatrix} s-2 & 8 \\ 2 & 3 \end{vmatrix}}{s^2-3s-4} = \frac{3s-22}{(s+1)(s-4)} = \frac{5}{s+1} + \frac{-2}{s-4} 。$$

$$\therefore x(t) = \mathcal{L}^{-1}\{\hat{x}(s)\} = \mathcal{L}^{-1}\left\{\frac{5}{s+1} + \frac{3}{s-4}\right\} = 5e^{-t} + 3e^{4t} ,$$

$$y(t) = \mathcal{L}^{-1}\{\hat{y}(s)\} = \mathcal{L}^{-1}\left\{\frac{5}{s+1} + \frac{-2}{s-4}\right\} = 5e^{-t} - 2e^{4t} 。$$

3-5.3 *L-T* 求解摺積型的積分方程(Integral Equation)

常見之積分方程式為 $y(t) = f(t) + \int_0^t y(\tau)k(t-\tau)d\tau = f(t) + y(t) * k(t)$ ，

對其取拉式轉換可得 $\hat{y}(s) = F(s) + \hat{y}(s) \cdot \hat{k}(s)$ ，故得 $\left[1 - \hat{k}(s)\right]\hat{y}(s) = F(s)$ ，

$$\therefore \hat{y}(s) = \frac{F(s)}{1 - \hat{k}(s)} ，所以$$

$$y(t) = \mathcal{L}^{-1}\{\hat{y}(s)\} = \mathcal{L}^{-1}\left\{\frac{F(s)}{1 - \hat{k}(s)}\right\}$$

範例 4

利用拉式轉換求解 $y(t) = u(t) + \int_0^t e^{-(t-\tau)} y(\tau) d\tau$，其中 $u(t) = \begin{cases} 1 \; ; \; t \geq 0 \\ 0 \; ; \; t < 0 \end{cases}$。

解

令 $\mathscr{L}\{y(t)\} = \hat{y}(s)$，則 $\mathscr{L}\{u(t)\} = \dfrac{1}{s}$，$\mathscr{L}\left\{\int_0^t e^{-(t-\tau)} y(\tau) d\tau\right\} = \mathscr{L}\{e^{-t} * y(t)\} = \dfrac{1}{s+1} \cdot \hat{y}(s)$。

對原積分方程取 L-T：

$$\hat{y}(s) = \frac{1}{s} + \frac{1}{s+1} \hat{y}(s) \Rightarrow \hat{y}(s) = \frac{\dfrac{1}{s}}{1 - \dfrac{1}{s+1}} = \frac{s+1}{s^2} = \frac{1}{s} + \frac{1}{s^2}$$。

$$\therefore y(t) = \mathscr{L}^{-1}\{\hat{y}(s)\} = \mathscr{L}^{-1}\left\{\frac{1}{s} + \frac{1}{s^2}\right\} = u(t) + t = 1 + t$$。

3-5　習題演練

利用拉氏轉換求解下列方程式或系統

1. $y'' - 3y' + 2y = 2e^t$，$y(0) = y'(0) = 0$

2. $y'' - 2y' + 10y = 0$，$y(0) = 6$，
   $y'(0) = 0$

3. $y'' + 2y' + 5y = \delta(t-1) + \delta(t-3)$，
   $y(0) = y'(0) = 0$

4. $y'' + 4y' + 4y = 1 + \delta(t-1)$，
   $y(0) = 0$，$y'(0) = 0.5$

5. $y'' - 4y' + 4y = \delta(t-1)$，
   $y(0) = 0$，$y'(0) = 1$

6. $y'' - 4y' + 3y = 4e^{3x}$，
   $y(0) = -1$，$y'(0) = 3$

7. $y'' - 3y' + 2y = 4t + e^{3t}$，$y(0) = 0$，
   $y'(0) = -1$

8. $\ddot{y} + 9y = f(t)$，$y'(0) = y(0) = 1$，
   $f(t) = \begin{cases} 0, & 0 \leq t < \pi \\ \cos t, & t \geq \pi \end{cases}$

9. $y'' - y = 2\sin t + \delta(t-1)$，
   $y(0) = 0$，$y'(0) = 2$

10. $y'' + 4y = f(t)$，$y(0) = 0$，$y'(0) = 1$，
    $f(t) = \begin{cases} 0, & 0 < t < 3 \\ 1, & t > 3 \end{cases}$

11. $y'' + y = r(t)$，$y(0) = y'(0) = 0$，
    $r(t) = \begin{cases} t, & 0 < t < 1 \\ 0, & t > 1 \end{cases}$

12. 利用拉式轉換求解
    $y'' + 4y = \begin{cases} 0 \; ; & 0 \leq t < \pi \\ 3\cos t \; ; & t \geq \pi \end{cases}$，
    其中 $y(0) = y'(0) = 1$

13. $y_1' = 6y_1 + 9y_2$，$y_1(0) = -3$

　　$y_2' = y_1 + 6y_2$，$y_2(0) = -3$

14. $x' + 2y' - y = 1$，$2x' + y = 0$，

　　$x(0) = y(0) = 0$

15. $x' - 2y' = 1$，$x' + y - x = 0$，

　　$x(0) = 0$，$y(0) = 1$

16. $y'(t) = 1 - \int_0^t y(t-\tau)e^{-2\tau}d\tau$，$y(0) = 1$

17. $y(t) = \sin 5t - 6\int_0^t y(t-\lambda)\cdot\cos 5\lambda\, d\lambda$

18. $f(t) = \int_0^t \sin 2\lambda \cdot \sinh 2(t-\lambda)d\lambda$

19. $y' + \int_0^t y(\alpha)\cdot\cos 2(t-\alpha)d\alpha = \delta(t-3)$，

　　$y(0) = 1$

4

矩陣運算與線性代數

　　矩陣的由來已經有近三百年的歷史，在數學史上大致認定矩陣這個概念是由英國數學家凱萊(Cayley,1821-1895)首先提出。矩陣的一個重要用途是解線性方程組，在線性方程組中，其未知函數(變量)的係數可以寫成矩陣形式，對於聯立方程組的求解，我們只要利用簡單的係數矩陣作運算即可。之後矩陣被大量用在求解線性變換上，是一門相當重要的代數工具，也常被用於統計分析、力學分析、電路學分析、光學與量子物理當中。

　　本章將從簡單的矩陣運算談起，然後介紹如何利用它來解聯立方程組，並導入特徵值系統的概念，且談其應用。本章在各個專業領域用很多，是非常重要的一個章節。

4-1　矩陣定義與基本運算

　　我們在日常生活上常常需要處理大量的數據，例如家庭中每年每個月的開銷分析，假設某一年前三個月重要開銷如下：

	一月	二月	三月	…
房租	5000	5000	5000	…
伙食費	8000	10000	7000	…
交通費	2000	1500	2500	…
教育費	10000	8000	12000	…

　　我們可用陣列的方式來排列表示如下：

$$\begin{array}{ccc} \text{一月} & \text{二月} & \text{三月} \end{array}$$

$$\begin{bmatrix} 5000 & 5000 & 5000 & \cdots \\ 8000 & 10000 & 7000 & \cdots \\ 2000 & 1500 & 2500 & \cdots \\ 10000 & 8000 & 12000 & \cdots \end{bmatrix} \begin{matrix} R_1 \\ R_2 \\ R_3 \\ R_4 \end{matrix}$$

其中第一行，第二行與第三行分別代表一月，二月與三月份之各類開銷，而第一列 R_1 表示各月份房租支出，第二列 R_2 表示伙食支出，第三列 R_3 表示交通支出，第四列 R_4 表示教育支出。

　　如果我們要比較每個月或每年的某項開銷，或者比較某兩個月的開銷差異，那就需要用有系統的分析方法，其常用的方法為矩陣，介紹如下：

4-1.1 基本概念

定義

　　設將 $m \times n$ 個實數(複數)排列成 m 個列與 n 個行之長方形陣列，則可得一個 $m \times n$ 階(order)實(複)矩陣。記為 $A_{m \times n}$ 或 $A \equiv [a_{ij}]_{m \times n}$，稱其為 $m \times n$ 階矩陣(Matrix, Matrices)。

$$A = \begin{bmatrix} a_{11} & a_{12} & \cdots & a_{1n} \\ a_{21} & a_{22} & \cdots & a_{2n} \\ \vdots & & & \vdots \\ a_{m1} & a_{m2} & \cdots & a_{mn} \end{bmatrix}_{m \times n}$$

其中 m 稱為 A 的列數(Row)，n 稱為 A 的行數(Column)，a_{ij} 稱為 A 的第 i 列第 j 行之元素(Element) $a_{ij} = (A)_{ij}$。一般矩陣會用粗體大寫英文字母表示。

名詞解釋

1. 行矩陣(或行向量)(Column vector)：

$$X_{m \times 1} = \begin{bmatrix} x_1 \\ x_2 \\ \vdots \\ x_m \end{bmatrix} \in \mathbb{R}^m \,(\text{or } \mathbb{C}^m)$$

2. 列矩陣(列向量)(Row vector)：

$$Y_{1 \times n} = \begin{bmatrix} y_1 & y_2 & \cdots & y_n \end{bmatrix} \in \mathbb{R}^n \text{ or } \mathbb{C}^n$$

3. 常用向量空間：

$\mathbb{R}^n$ 表示實數 n 度空間，$\mathbb{C}^n$ 表示複數 n 度空間。

設 $A = [a_{ij}]_{m \times n} \equiv \begin{bmatrix} a_{11} & a_{12} & \cdots & a_{1n} \\ a_{21} & & & \vdots \\ \vdots & & & \vdots \\ a_{m1} & a_{m2} & \cdots & a_{mn} \end{bmatrix}$ 為具有 m 個列向量與 n 個行向量的矩陣，

則 $A_{m \times n}$ 可表示為 $= \begin{bmatrix} v_1 & v_2 & \cdots & v_n \end{bmatrix}$ 或 $\begin{bmatrix} u_1 \\ u_2 \\ \vdots \\ u_m \end{bmatrix}$，其中 $v_{i(i=1,2,\ldots,n)}$ 為 $m \times 1$ 的行向量矩陣，

而 $u_{i(i=1,2,\ldots,m)}$ 為 $1 \times n$ 的列向量矩陣。

4. 方陣(Square matrix)

矩陣之行數 = 列數 (即 $m = n$)，可圖示為：

$$A_{n \times n} = \begin{bmatrix} a_{11} & a_{12} & \cdots & a_{1n} \\ a_{21} & a_{22} & & \vdots \\ \vdots & & & \vdots \\ a_{n1} & \cdots & \cdots & a_{nn} \end{bmatrix}$$ 主對角線(main diagonal) 。

5. 上三角矩陣(Upper triangular matrix)

設方陣 $U = [a_{ij}]_{n \times n}$，若 $a_{ij} = 0$，$\forall i > j$，則稱 U 為上三角矩陣，可圖示為：

$$U_{n \times n} = \begin{bmatrix} & & & \\ i > j & & i \le j \\ a_{ij} = 0 & & \end{bmatrix}$$ 。

6. 下三角矩陣(lower triangular matrix)

設方陣 $L = [a_{ij}]_{n \times n}$，若 $a_{ij} = 0$，$\forall i < j$，則稱 L 為下三角矩陣，可圖示為：

$$L_{n \times n} = \begin{bmatrix} & & i < j \\ i \ge j & & a_{ij} = 0 \end{bmatrix}$$ 。

7. 對角線矩陣(Diagonal matrix)

$a_{ij} = 0$，$\forall i \ne j$，則對角線矩陣 $D_{n \times n} = \begin{bmatrix} \ddots & O \\ O & \ddots \end{bmatrix}$ 。

8. 單位矩陣**(Unit matrix)**

$A = [a_{ij}]_{n \times n}$，若 $a_{ij} = \delta_{ij} = \begin{cases} 1 & ; \ i = j \\ 0 & ; \ i \neq j \end{cases}$，則 $I_n = \begin{bmatrix} 1 & & O \\ & \ddots & \\ O & & 1 \end{bmatrix}$ 稱 n 階單位矩陣。

9. 零矩陣**(Null matrix, Zero matrix)**

$a_{ij} = 0$，$\forall i, j$，則零矩陣 $0_{n \times n} = \begin{bmatrix} \ddots & & 0 \\ & & \\ 0 & & \ddots \end{bmatrix}$。

10. 子矩陣**(Submatrix)**

將 $A = [a_{ij}]_{n \times n}$ 去掉若干列、行之後，所得矩陣稱為 A 之子矩陣。

範例 *1*

設矩陣 $A = \begin{bmatrix} -1 & 3 & \pi & 5 \\ 0 & 1 & 0.1 & \sqrt{2} \\ 0 & \frac{1}{2} & -4 & 0 \end{bmatrix}$，則

(1) A 中第二列第三行之元素為何？　(2) 寫出矩陣 A 的階數(維度)。

(3) 寫出 A 中所有列向量與行向量所形成集合。

解

(1) $a_{23} = 0.1$。　(2) A 矩陣階數為 3×4 階。

(3) 矩陣 A 之所有列向量所形成集合為：

$$\left\{ \begin{bmatrix} -1 & 3 & \pi & 5 \end{bmatrix}, \begin{bmatrix} 0 & 1 & 0.1 & \sqrt{2} \end{bmatrix}, \begin{bmatrix} 0 & \frac{1}{2} & -4 & 0 \end{bmatrix} \right\}。$$

矩陣 A 之所有行向量所形成集合為：$\left\{ \begin{bmatrix} -1 \\ 0 \\ 0 \end{bmatrix}, \begin{bmatrix} 3 \\ 1 \\ \frac{1}{2} \end{bmatrix}, \begin{bmatrix} \pi \\ 0.1 \\ -4 \end{bmatrix}, \begin{bmatrix} 5 \\ \sqrt{2} \\ 0 \end{bmatrix} \right\}。$

範例 2

名詞解釋 4～10 均為常見的矩陣（子矩陣），試對各專有名詞舉一實例。

解

$\begin{bmatrix} 1 & 2 \\ 3 & 4 \end{bmatrix}$ 為 2×2 階方陣；$\begin{bmatrix} 1 & 2 & 3 \\ -1 & 2 & 3 \\ 4 & 5 & 1 \end{bmatrix}$ 為 3×3 階方陣。$\begin{bmatrix} 1 & 2 & 3 \\ 0 & 2 & 3 \\ 0 & 0 & 1 \end{bmatrix}$ 為上三角矩陣。

$\begin{bmatrix} 1 & 0 & 0 \\ 2 & 2 & 0 \\ 3 & 2 & 1 \end{bmatrix}$ 為下三角矩陣。$\begin{bmatrix} 1 & 0 & 0 \\ 0 & 2 & 0 \\ 0 & 0 & 1 \end{bmatrix}$ 為 3×3 之對角線矩陣。$I_{2 \times 2} = \begin{bmatrix} 1 & 0 \\ 0 & 1 \end{bmatrix}$ 為 2×2 單

位矩陣。$\boldsymbol{0}_{2 \times 2} = \begin{bmatrix} 0 & 0 \\ 0 & 0 \end{bmatrix}$、$\boldsymbol{0}_{3 \times 3} = \begin{bmatrix} 0 & 0 & 0 \\ 0 & 0 & 0 \\ 0 & 0 & 0 \end{bmatrix}$ 為零矩陣。$\begin{bmatrix} 1 & 4 \\ 2 & 5 \end{bmatrix}$ 是 $A = \begin{bmatrix} 1 & 4 & 7 \\ 2 & 5 & 8 \\ 3 & 6 & 9 \end{bmatrix}$ 去掉

第 3 列第 3 行後的子矩陣。

　　按照定義，A 為自己的子矩陣；在 A 之子矩陣中，行數＝列數者稱為 A 之子方陣；設 $A \equiv [a_{ij}]_{n \times n}$ 為方陣，則同時去掉 A 中之數個相同引數（index）的列與行後，所得子

方陣，稱為 A 之主子方陣。例如 $A = \begin{bmatrix} 1 & 4 & 7 \\ 2 & 5 & 8 \\ 3 & 6 & 9 \end{bmatrix}$，則 A 矩陣之子矩陣有：$\begin{bmatrix} 1 & 4 & 7 \end{bmatrix}$、

$[9]$、$\begin{bmatrix} 1 & 4 \\ 2 & 5 \end{bmatrix}$、$\begin{bmatrix} 4 & 7 \\ 5 & 8 \\ 6 & 9 \end{bmatrix}$、$\cdots$，且 A 矩陣之主子方陣為：$[1]$、$[5]$、$[9]$、$\begin{bmatrix} 1 & 4 \\ 2 & 5 \end{bmatrix}$、$\begin{bmatrix} 1 & 7 \\ 3 & 9 \end{bmatrix}$、

$\begin{bmatrix} 5 & 8 \\ 6 & 9 \end{bmatrix}$、$\begin{bmatrix} 1 & 4 & 7 \\ 2 & 5 & 8 \\ 3 & 6 & 9 \end{bmatrix}$。

4-1.2 矩陣之基本代數運算

矩陣的加減法與係數積(Matrix addition and Scalar multiplication)

1. 矩陣的相等

若 $A = [a_{ij}]_{m \times n}$，$B = [b_{ij}]_{m \times n}$，則定義 $A = B \Leftrightarrow a_{ij} = b_{ij}$。

2. 矩陣的加減法

若 $A = [a_{ij}]_{m \times n}$，$B = [b_{ij}]_{m \times n}$，則定義：

$$A + B = [a_{ij}]_{m \times n} + [b_{ij}]_{m \times n} = [a_{ij} + b_{ij}]_{m \times n}，$$

$$A - B = [a_{ij}]_{m \times n} - [b_{ij}]_{m \times n} = [a_{ij} - b_{ij}]_{m \times n}。$$

3. 矩陣的係數積

設 $A = [a_{ij}]_{m \times n}$，定義 $\alpha A = [\alpha a_{ij}]_{m \times n}$。

4. 重要性質

(1) $A + B = B + A$，$(A + B) + C = A + (B + C)$。

(2) $A + O = O + A = A$，$A + (-A) = -A + A = O$。

(3) $A + B = A + C \to B = C$。

(4) $(\alpha + \beta)A = \alpha A + \beta A$，對所有純量 α、β 均成立。

(5) $\alpha(A + B) = \alpha A + \alpha B$，對所有純量 α、β 均成立。

例如：若 $A = \begin{bmatrix} 1 & -1 & 3 \\ 2 & 4 & 5 \end{bmatrix}$，$B = \begin{bmatrix} 0 & 1 & 1 \\ -1 & -2 & -3 \end{bmatrix}$，則

$$A + 2B = \begin{bmatrix} 1 & -1 & 3 \\ 2 & 4 & 5 \end{bmatrix} + \begin{bmatrix} 0 & 2 & 2 \\ -2 & -4 & -6 \end{bmatrix} = \begin{bmatrix} 1 & 1 & 5 \\ 0 & 0 & -1 \end{bmatrix}。$$

矩陣的轉置(Transpose)

重要性質：

1. $(A^T)^T = A$。

2. $(A + B)^T = A^T + B^T$。

3. $(\alpha A)^T = \alpha A^T$。

4. $A_{n \times n} = \dfrac{A + A^T}{2} + \dfrac{A - A^T}{2}$。

設 $A = [a_{ij}]_{m \times n}$，則 $A^T = [a_{ji}]_{n \times m}$ 稱為 A 的轉置矩陣。

例如： $A = \begin{bmatrix} 1 & 2 & -3 \\ 5 & 0 & 7 \end{bmatrix}$，則 A 的轉置矩陣為 $A^T = \begin{bmatrix} 1 & 5 \\ 2 & 0 \\ -3 & 7 \end{bmatrix}$。

矩陣的共軛(Matrix conjugation)

若 $A = [a_{ij}]_{m \times n}$，定義 $\overline{A} = [\overline{a_{ij}}]_{m \times n}$，$A^H = \overline{A}^T = A^*$ 稱為 A 的共軛轉置矩陣。

重要性質：

1. $a_{ij} = \alpha + \beta i$，則 $\overline{a_{ij}} = \alpha - \beta i$，其中 α，β 為任意實數，

2. $\overline{(\overline{A})} = A$ ； $(\overline{A})^T = \overline{(A^T)}$ 。

例如： $A = \begin{bmatrix} 1-3i & 2 & -3 \\ 5 & i & 7+4i \end{bmatrix}$，則 A 的共軛矩陣為 $\overline{A} = \begin{bmatrix} 1+3i & 2 & -3 \\ 5 & -i & 7-4i \end{bmatrix}$，

A 的共軛轉置 $A^H = \begin{bmatrix} 1-3i & 5 \\ 2 & -i \\ -3 & 7-4i \end{bmatrix}$。

矩陣乘法(Matrix multiplication)

1. 定義

設 $A = [a_{ij}]_{m \times n}$，$B = [b_{ij}]_{n \times l}$，則 $A \times B = C = [c_{ij}]_{m \times l}$，其中

$$c_{ij} = \sum_{k=1}^{n} a_{ik} \, b_{kj}$$

(1) $A \times B$ 有意義只有在 A 的行數= B 的列數時。

(2) 矩陣乘法的規則可圖示如下：

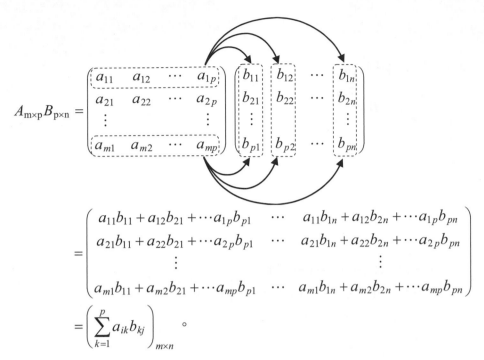

$$= \begin{pmatrix} a_{11}b_{11} + a_{12}b_{21} + \cdots a_{1p}b_{p1} & \cdots & a_{11}b_{1n} + a_{12}b_{2n} + \cdots a_{1p}b_{pn} \\ a_{21}b_{11} + a_{22}b_{21} + \cdots a_{2p}b_{p1} & \cdots & a_{21}b_{1n} + a_{22}b_{2n} + \cdots a_{2p}b_{pn} \\ \vdots & & \vdots \\ a_{m1}b_{11} + a_{m2}b_{21} + \cdots a_{mp}b_{p1} & \cdots & a_{m1}b_{1n} + a_{m2}b_{2n} + \cdots a_{mp}b_{pn} \end{pmatrix}$$

$$= \left(\sum_{k=1}^{p} a_{ik}b_{kj} \right)_{m \times n} \text{。}$$

2. **重要性質**

    (1) $A(B + C) = AB + AC$ ；$(B + C)A = BA + CA$。

    (2) $A \times O = O \times A = O$。

    (3) $(AB)^T = B^T A^T$。

3. **矩陣乘法不具有的特性**

    (1) $AB \neq BA$（不交換）

    (2) $A^n = 0$ 不代表 $A = 0$（nilpotent）

    (3) $A^2 = A$ 不代表 $A = I$ 或 0（不具消去律）

    (4) 若 $A \neq 0, B \neq 0$ 不代表 $AB \neq 0$

    (5) $(A + B)^2 = A^2 + AB + BA + B^2 \neq A^2 + 2AB + B^2$

        因 AB 不一定等於 BA，見(1)。

範例 3

求下列兩矩陣之乘積 AB：

(1) $A = \begin{bmatrix} 1 & -2 \\ 3 & 4 \end{bmatrix}$，$B = \begin{bmatrix} 3 & 1 \\ -2 & 0 \end{bmatrix}$。

(2) $A = \begin{bmatrix} 5 & 3 \\ -2 & 1 \\ 0 & 7 \end{bmatrix}$，$B = \begin{bmatrix} 3 & 1 \\ -2 & 0 \end{bmatrix}$。

解

(1) $AB = \begin{bmatrix} 1\cdot3+(-2)\cdot(-2) & 1\cdot1+(-2)\cdot0 \\ 3\cdot3+4\cdot(-2) & 3\cdot1+4\cdot0 \end{bmatrix} = \begin{bmatrix} 7 & 1 \\ 1 & 3 \end{bmatrix}$。

(2) $AB = \begin{bmatrix} 5\cdot3+(3)\cdot(-2) & 5\cdot1+(3)\cdot0 \\ (-2)\cdot3+1\cdot(-2) & (-2)\cdot1+1\cdot0 \\ 0\cdot3+(7)\cdot(-2) & 0\cdot1+(7)\cdot(0) \end{bmatrix} = \begin{bmatrix} 9 & 5 \\ -8 & -2 \\ -14 & 0 \end{bmatrix}$。

範例 4

各舉一例說明矩陣不具有的特性。

解

不交換性：$BA = \begin{bmatrix} 3 & 1 \\ -2 & 0 \end{bmatrix}\begin{bmatrix} 1 & -2 \\ 3 & 4 \end{bmatrix} = \begin{bmatrix} 6 & -2 \\ -2 & 4 \end{bmatrix} \neq AB$。nilpotent：$A = \begin{bmatrix} 0 & 0 \\ 1 & 0 \end{bmatrix}$，則

$A^2 = 0$，但 $A \neq 0$；不具消去律：又對 $A = \begin{bmatrix} \frac{1}{2} & \frac{-1}{2} \\ \frac{-1}{2} & \frac{1}{2} \end{bmatrix} \neq I$ 或 0，但 $A^2 = A$。另外，

$AB = \begin{bmatrix} 2 & 3 \\ 2 & 3 \end{bmatrix}\begin{bmatrix} -3 & -3 \\ 2 & 2 \end{bmatrix} = 0$，但 $A \neq 0, B \neq 0$。

方陣的跡數(Trace)

定義

若 $A_{n \times n} = [a_{ij}]_{n \times n}$ 為方陣，則 $\text{trace}(A) = tr(A) = a_{11} + a_{22} + \cdots + a_{nn}$ （主對角線元素和）
稱為方陣 A 的跡數。

重要性質

1. $tr(A \pm B) = tr(A) \pm tr(B)$。

2. $tr(\alpha A) = \alpha \cdot tr(A)$，其中 α 為任意純量。

3. $tr(A^T) = tr(A)$。

4. $tr(A \times B) = tr(B \times A)$。

5. $tr(AB) \neq tr(A)tr(B)$。

例如：$A = \begin{bmatrix} 1 & 4 & 7 \\ 2 & 5 & 8 \\ 3 & 6 & 9 \end{bmatrix}$，則 $tr(A) = tr(A^T) = 1+5+9 = 15$。在範例 3 的(1)中，

$tr(AB) = 10$，$tr(BA) = 10$，所以 $tr(AB) = tr(BA)$，

$tr(A) = 5$，$tr(B) = 3$，則 $tr(AB) \neq tr(A) \cdot tr(B)$。

4-1.3 其他常見的矩陣

對稱矩陣(Symmetric matrix)

在 $A_{n \times n} = [a_{ij}]$ 中，若 $A^T = A$ ，即 $a_{ij} = a_{ji}$，則稱 A 為對稱矩陣。

例如：$A = \begin{bmatrix} 1 & 2 & 3 \\ 2 & 5 & 6 \\ 3 & 6 & 9 \end{bmatrix}$。

反對稱矩陣(Skew-symmetric matrix)

在 $A_{n \times n} = [a_{ij}]$ 中，若 $A^T = -A$ 則稱 A 為反對稱矩陣(即 $a_{ij} = -a_{ji}$)。

反對稱矩陣的主對角線元素滿足 $a_{ii} = -a_{ii}$，所以 $a_{ii} = 0$，即對角線元素為 0。

例如：$A = \begin{bmatrix} 0 & -2 & -3 \\ 2 & 0 & -6 \\ 3 & 6 & 0 \end{bmatrix}$。

定理

　　任意方陣 $A_{n \times n} = [a_{ij}]_{n \times n}$ 可以分解成一個對稱矩陣及一個反對稱矩陣之和。

[證明]

$A_{n \times n} = \left(\dfrac{A + A^T}{2} \right) + \left(\dfrac{A - A^T}{2} \right) = B + C$，其中 $B = \left(\dfrac{A + A^T}{2} \right)$, $C = \left(\dfrac{A - A^T}{2} \right)$，且

$B^T = \left(\dfrac{A + A^T}{2} \right)^T = \left(\dfrac{A^T + A}{2} \right) = B$ 為對稱矩陣；$C^T = \left(\dfrac{A - A^T}{2} \right)^T = \left(\dfrac{A^T - A}{2} \right) = -C$ 為

反對稱矩陣，所以 $A_{n \times n} = \left(\dfrac{A + A^T}{2} \right) + \left(\dfrac{A - A^T}{2} \right) = B + C$，為一個對稱矩陣及一個反

對稱矩陣之和。　　　　　　　　　　　　　　　　　　　　　　　　　　　　■

範例 5

設 $A = \begin{bmatrix} 2 & 2 & -1 \\ 1 & -1 & 0 \\ 0 & 1 & 0 \end{bmatrix}$，求一個對稱矩陣 B 及一個反對稱矩陣 C，使得 $A = B + C$。

[解]

令 $A = B + C$，其中 B，C 為上述定理證明中的對稱矩陣與反對稱矩陣，

所以 $B = \left(\dfrac{A + A^T}{2} \right) = \dfrac{1}{2} \left(\begin{bmatrix} 2 & 2 & -1 \\ 1 & -1 & 0 \\ 0 & 1 & 0 \end{bmatrix} + \begin{bmatrix} 2 & 1 & 0 \\ 2 & -1 & 1 \\ -1 & 0 & 0 \end{bmatrix} \right)$

$= \dfrac{1}{2} \begin{bmatrix} 4 & 3 & -1 \\ 3 & -2 & 1 \\ -1 & 1 & 0 \end{bmatrix} = \begin{bmatrix} 2 & \dfrac{3}{2} & -\dfrac{1}{2} \\ \dfrac{3}{2} & -1 & \dfrac{1}{2} \\ -\dfrac{1}{2} & \dfrac{1}{2} & 0 \end{bmatrix}$。

$$C = \left(\frac{A - A^T}{2}\right) = \frac{1}{2}\left(\begin{bmatrix} 2 & 2 & -1 \\ 1 & -1 & 0 \\ 0 & 1 & 0 \end{bmatrix} - \begin{bmatrix} 2 & 1 & 0 \\ 2 & -1 & 1 \\ -1 & 0 & 0 \end{bmatrix}\right)$$

$$= \frac{1}{2}\begin{bmatrix} 0 & 1 & -1 \\ -1 & 0 & -1 \\ 1 & 1 & 0 \end{bmatrix} = \begin{bmatrix} 0 & \frac{1}{2} & -\frac{1}{2} \\ -\frac{1}{2} & 0 & -\frac{1}{2} \\ \frac{1}{2} & \frac{1}{2} & 0 \end{bmatrix}。$$

4-1　習題演練

求參數 α 與 β 之值，使得下列兩矩陣相等。

1. $\begin{bmatrix} 2 & \alpha - 4 \\ \beta + 3 & 1 \end{bmatrix}$，$\begin{bmatrix} 2 & 3\alpha + 8 \\ 7 & 1 \end{bmatrix}$

2. $\begin{bmatrix} 9 & -2 \\ \beta^3 & 5 \end{bmatrix}$，$\begin{bmatrix} \alpha^2 & -2 \\ 8 & 5 \end{bmatrix}$

寫出下列矩陣 A 與 B 的階數，使得其乘積有意義。

3. $\begin{bmatrix} -4 & -6 \\ 2 & 8 \\ 14 & 4 \end{bmatrix} A \begin{bmatrix} 1 & 2 & 4 \\ -1 & 2 & 1 \\ 5 & 0 & 7 \\ 2 & -1 & 3 \end{bmatrix} = B$

4. $\begin{bmatrix} 1 & 2 & -3 & 5 \\ 2 & 0 & 3 & 4 \end{bmatrix} A \begin{bmatrix} 1 \\ 2 \\ -1 \\ 7 \\ 8 \end{bmatrix} = B$

有 A，B 兩矩陣分別為

$A = \begin{bmatrix} -2 & -4 \\ -3 & 1 \end{bmatrix}$，$B = \begin{bmatrix} 6 & 8 \\ 1 & -3 \end{bmatrix}$，

求下列計算

5. $2A + 3B$ 　　6. AB

7. BA 　　8. $tr(BA)$

有 A，B 兩矩陣分別為

$A = \begin{bmatrix} 1 & -1 \\ 2 & 1 \\ 3 & 2 \end{bmatrix}$，$B = \begin{bmatrix} 4 & 1 & -1 \\ 1 & -2 & 2 \end{bmatrix}$，求下列計算

9. $4A - 2B^T$ 　　10. AB

11. BA 　　12. $tr(AB)$

13. $tr(BA)$

$A = \begin{bmatrix} 1 & 2 & 3 \\ 4 & 5 & 6 \\ 7 & 8 & 9 \end{bmatrix}$，$B = \begin{bmatrix} 1 & 2 & 1 \\ 2 & 3 & 2 \\ 3 & 4 & 3 \end{bmatrix}$

$C = \begin{bmatrix} 1 & 2 \\ 3 & 4 \\ 5 & 6 \end{bmatrix}$，$D = \begin{bmatrix} 1 & 2 & 3 \\ 4 & 5 & 6 \end{bmatrix}$

請計算

14. $2A - 3B = ?$ 　　15. $A + 2B = ?$

16. $C \cdot D = ?$ 　　17. $D \cdot C = ?$

18. trace $(AB) = ?$ 　　19. trace $(BA) = ?$

20. trace $(CD) = ?$ 　　21. trace $(DC) = ?$

22. $A = \begin{bmatrix} -2 & -4 \\ 1 & 1 \end{bmatrix}$，$B = \begin{bmatrix} 0 & 2 \\ 1 & -3 \end{bmatrix}$，求 $A^3 - B^2$

23. 設 $A = \begin{bmatrix} 2 & 1 & 4 \\ 3 & 2 & 1 \\ 1 & 3 & 2 \end{bmatrix}$，$B = \begin{bmatrix} 5 & 1 & 6 \\ 9 & 2 & -3 \\ -1 & 3 & 7 \end{bmatrix}$，

$C = \begin{bmatrix} 0 & 0 & 0 \\ 2 & 3 & 4 \\ 0 & 0 & 0 \end{bmatrix}$

請驗證 $C \neq 0$ 且 $A \neq B$，但 $AC = BC$

24. 設 $A = \begin{bmatrix} 2 & 3 & -1 \\ 1 & -1 & 0 \\ 0 & 1 & 2 \end{bmatrix}$，求一個對稱矩陣 B

及一個反對稱矩陣 C，使得 $A = B + C$

25. 求一個對稱矩陣 B 及一個反對稱矩陣

C，使得 $A = B + C$，其中

$A = \begin{bmatrix} 3 & -4 & -1 \\ 6 & 0 & -1 \\ -3 & 13 & -4 \end{bmatrix}$

26. 證明：$A + (B + C) = (A + B) + C$

27. 證明：$(\alpha + \beta)A = \alpha A + \beta A$

28. 證明：$(AB)C = A(BC)$

29. 證明：$\alpha(BC) = (\alpha B)C = B(\alpha C)$

30. 證明：$tr(AB) = tr(BA)$

31. 證明：$(A + B)^T = A^T + B^T$

4-2　矩陣的列(行)運算與行列式

　　我們在前一節已經介紹了矩陣的定義與基本運算，而在矩陣的運算中，列(行)運算會牽涉到聯立方程組的解，是非常重要的矩陣運算，這是本節的第一個重點，即了解列(行)運算對矩陣的影響，而第二個重點要學的就是行列式，其是由萊布尼茲(Leibniz, 1646－1716)在十七世紀首先提出，在十九世紀後進一步發展與完善，且大量用在求解線性方程組，以下將介紹此兩大重點，爲下一個章節求解聯立方程組做準備。

4-2.1　基本列運算(Elementary row operation)

定義

1. **對調型(第一型)列運算(Interchange of two rows)：**

   將矩陣中的某兩列互調，記作 $r_{ij}(A)$ 或 $R_{ij}(A)$。

2. **列乘型(第二型)列運算(Multiplication of a row)：**

   將矩陣的某一列乘以一個非零數 k，記作 $r_i^{(k)}(A)$ 或 $R_i^{(k)}(A)$；$k \neq 0$。

3. **加入型(第三型)列運算(Addition one row to another row)：**

   將矩陣中的某一列乘以某一非零數 k 加到另一列，記作 $r_{ij}^{(k)}(A)$ 或 $R_{ij}^{(k)}(A)$；$k \neq 0$。

　　我們以 $A = \begin{bmatrix} 1 & 2 & 3 \\ 4 & 5 & 6 \\ 7 & 8 & 9 \end{bmatrix}$ 舉例說明上述三種基本列運算，$r_{12}(A)$ 表示將 A 的第一列與

第二列對調，所以 $\begin{bmatrix} 1 & 2 & 3 \\ 4 & 5 & 6 \\ 7 & 8 & 9 \end{bmatrix} \xrightarrow{r_{12}} \begin{bmatrix} 4 & 5 & 6 \\ 1 & 2 & 3 \\ 7 & 8 & 9 \end{bmatrix}$；$r_2^{(-3)}(A)$ 表示將 A 的第二列乘上 -3，

所以 $\begin{bmatrix} 1 & 2 & 3 \\ 4 & 5 & 6 \\ 7 & 8 & 9 \end{bmatrix} \xrightarrow{r_2^{(-3)}} \begin{bmatrix} 1 & 2 & 3 \\ -12 & -15 & -18 \\ 7 & 8 & 9 \end{bmatrix}$；$r_{12}^{(-4)}(A)$ 表示將 A 的第一列乘上 -4 加到第

二列，所以 $\begin{bmatrix} 1 & 2 & 3 \\ 4 & 5 & 6 \\ 7 & 8 & 9 \end{bmatrix} \xrightarrow{r_{12}^{(-4)}} \begin{bmatrix} 1 & 2 & 3 \\ 4+(-4) & 5+(-8) & 6+(-12) \\ 7 & 8 & 9 \end{bmatrix} = \begin{bmatrix} 1 & 2 & 3 \\ 0 & -3 & -6 \\ 7 & 8 & 9 \end{bmatrix}$。

矩陣化簡

1. **列梯形矩陣(echelon matrix)：若矩陣滿足下列性質，稱爲列梯形矩陣。**

    (1) 零列在非零列下方。

    (2) 非零列最左邊的非零元素(區別元素)所在之行均異。

    (3) 越上方的列，其最左邊區別元素越靠左。

    例如：$A = \begin{bmatrix} \boxed{3} & 1 & 0 & 5 \\ 0 & \boxed{2} & 1 & -4 \\ 0 & 0 & 0 & 0 \end{bmatrix}$ 爲列梯形矩陣，其中第一列的區別元素爲 3，第二

    列的區別元素爲 2。

2. **列簡化梯形矩陣(row reduced echelon matrix)：若列梯形矩陣滿足下列性質，稱爲列簡化梯形矩陣。**

    (1) 每一個區別元素所在的行，除了區別元素外，其餘均爲 0。

    (2) 每一個區別元素均爲 1。

    例如：$A = \begin{bmatrix} 1 & 0 & 3 & 5 \\ 0 & 1 & 1 & -4 \\ 0 & 0 & 0 & 0 \end{bmatrix}$ 爲列簡化梯形矩陣。

3. **性質：**

    任意非零矩陣均可經由基本列運算化成列梯形矩陣或列簡化梯形矩陣。

範例 1

若 $A = \begin{bmatrix} 1 & 2 & 3 \\ 4 & 5 & 6 \\ 7 & 8 & 9 \end{bmatrix}$，

(1) 透過基本列運算將 A 矩陣化成列梯形矩陣。

(2) 透過基本列運算將 A 矩陣化成列簡化梯形矩陣。

解

(1) $A = \begin{bmatrix} 1 & 2 & 3 \\ 4 & 5 & 6 \\ 7 & 8 & 9 \end{bmatrix} \xrightarrow{r_{12}^{(-4)} r_{13}^{(-7)}} \begin{bmatrix} 1 & 2 & 3 \\ 0 & -3 & -6 \\ 0 & -6 & -12 \end{bmatrix} \xrightarrow{r_{23}^{(-2)}} \begin{bmatrix} 1 & 2 & 3 \\ 0 & -3 & -6 \\ 0 & 0 & 0 \end{bmatrix}$，

上式為 A 矩陣的列梯形矩陣。

(2) $A = \begin{bmatrix} 1 & 2 & 3 \\ 4 & 5 & 6 \\ 7 & 8 & 9 \end{bmatrix} \xrightarrow{r_{12}^{(-4)} r_{13}^{(-7)}} \begin{bmatrix} 1 & 2 & 3 \\ 0 & -3 & -6 \\ 0 & -6 & -12 \end{bmatrix} \xrightarrow{r_{23}^{(-2)}} \begin{bmatrix} 1 & 2 & 3 \\ 0 & -3 & -6 \\ 0 & 0 & 0 \end{bmatrix}$

$\xrightarrow{r_2^{(-1/3)}} \begin{bmatrix} 1 & 2 & 3 \\ 0 & 1 & 2 \\ 0 & 0 & 0 \end{bmatrix} \xrightarrow{r_{21}^{(-2)}} \begin{bmatrix} 1 & 0 & -1 \\ 0 & 1 & 2 \\ 0 & 0 & 0 \end{bmatrix}$，

上式為 A 矩陣的列簡化梯形矩陣。

由上面範例可以看出第三個列向量會被第一與第二個列向量進行列運算時化成零向量，即第三個列向量可由第一與第二個列向量組合而成，事實上：

$$[7 \ 8 \ 9] = +7[1 \ 2 \ 3] + 2(-4[1 \ 2 \ 3] + [4 \ 5 \ 6])$$

我們稱 A 中這三個列向量為線性相依，而第一個列量則與第二個列向量線性獨立，所以列運算作化簡時，最後化為列梯形矩陣中非零列向量的數目，即為線性獨立列向量的數目。

4-2.2 行列式值(Determinants)

符號

設方陣 $A_{n \times n} = [a_{ij}]_{n \times n}$ ，其行列式以符號 $\det(A)$ 或 $|A|$ 表示，

$$\det(A) = |A| = \begin{vmatrix} a_{11} & a_{12} & \cdots & a_{1n} \\ a_{21} & \cdots & \cdots & a_{2n} \\ \vdots & & & \\ a_{n1} & \cdots & \cdots & a_{nn} \end{vmatrix} \text{為一個純量} 。$$

定義

1. 若 $A = \begin{bmatrix} a_{11} & a_{12} \\ a_{21} & a_{22} \end{bmatrix}$ 為二階矩陣，則 $|A| = \begin{vmatrix} a_{11} & a_{12} \\ a_{21} & a_{22} \end{vmatrix} = a_{11} \cdot a_{22} - a_{21} \cdot a_{12}$ 。

2. 若 $A = \begin{bmatrix} a_{11} & a_{12} & a_{13} \\ a_{21} & a_{22} & a_{23} \\ a_{31} & a_{32} & a_{33} \end{bmatrix}$ 為三階矩陣，則

$$|A| = \begin{vmatrix} a_{11} & a_{12} & a_{13} \\ a_{21} & a_{22} & a_{23} \\ a_{31} & a_{32} & a_{33} \end{vmatrix} = a_{11} \cdot \begin{vmatrix} a_{22} & a_{23} \\ a_{32} & a_{33} \end{vmatrix} - a_{12} \cdot \begin{vmatrix} a_{21} & a_{23} \\ a_{31} & a_{33} \end{vmatrix} + a_{13} \cdot \begin{vmatrix} a_{21} & a_{22} \\ a_{31} & a_{32} \end{vmatrix}$$

$$= a_{11}a_{22}a_{33} + a_{21}a_{32}a_{13} + a_{31}a_{12}a_{23} - a_{13}a_{22}a_{31} - a_{11}a_{32}a_{23} - a_{21}a_{12}a_{33} 。$$

Note

利用圖形記公式

3. 拉氏(Laplace)降階法

對於三階以上的方陣可以利用拉式降階法求行列式值，公式如下：

$$|A_{n\times n}| = \begin{vmatrix} a_{11} & a_{12} & \cdots & a_{1n} \\ a_{21} & a_{22} & \cdots & a_{2n} \\ \vdots & & & \\ a_{n1} & \cdots & \cdots & a_{nn} \end{vmatrix} = \sum_{j=1}^{n} a_{ij}C_{ij} = \sum_{i=1}^{n} a_{ij}(-1)^{i+j}M_{ij}$$

其中 $C_{ij} = (-1)^{i+j}M_{ij}$ 稱為餘因子(Cofactor)，這裡的次行列式(minor) M_{ij} 為 A 中，去掉第 i 行與第 j 列後所剩餘之矩陣的行列式。$(-1)^{i+j}$ 會由 a_{11} 開始之正負正負…交錯往旁邊數之數列 $\Rightarrow \begin{vmatrix} + & - & + & \cdots \\ - & + & - & \cdots \\ + & - & & \vdots \\ \vdots & \vdots & \cdots & \end{vmatrix}$。

例如： $|A_{4\times 4}| = \begin{vmatrix} a_{11} & a_{12} & a_{13} & a_{14} \\ a_{21} & a_{22} & a_{23} & a_{24} \\ a_{31} & a_{32} & a_{33} & a_{34} \\ a_{41} & a_{42} & a_{43} & a_{44} \end{vmatrix}$

$= (-1)^{1+1}a_{11}M_{11} + (-1)^{1+2}a_{12}M_{12} + (-1)^{1+3}a_{13}M_{13} + (-1)^{1+4}a_{14}M_{14}$ (第一列展)

$= a_{11}M_{11} - a_{12}M_{12} + a_{13}M_{13} - a_{14}M_{14}$ (第一列展)

$= a_{11}M_{11} - a_{21}M_{21} + a_{31}M_{31} - a_{41}M_{41}$ (第一行展)

$= -a_{21}M_{21} + a_{22}M_{22} - a_{23}M_{23} + a_{24}M_{24}$ (第二列展)

$= \cdots$ (某一列或行展)。

其中 $M_{11} = \begin{vmatrix} a_{22} & a_{23} & a_{24} \\ a_{32} & a_{33} & a_{34} \\ a_{42} & a_{43} & a_{44} \end{vmatrix}$, $M_{12} = \begin{vmatrix} a_{21} & a_{23} & a_{24} \\ a_{31} & a_{33} & a_{34} \\ a_{41} & a_{43} & a_{44} \end{vmatrix}$,

$M_{13} = \begin{vmatrix} a_{21} & a_{22} & a_{24} \\ a_{31} & a_{32} & a_{34} \\ a_{41} & a_{42} & a_{44} \end{vmatrix}$, $M_{14} = \begin{vmatrix} a_{21} & a_{22} & a_{23} \\ a_{31} & a_{32} & a_{33} \\ a_{41} & a_{42} & a_{43} \end{vmatrix}$。

範例 2

求下列方陣之行列式值：

$$A = \begin{bmatrix} 1 & 3 \\ 2 & 4 \end{bmatrix}, \ B = \begin{bmatrix} 2 & 1 & -3 \\ 3 & 1 & 0 \\ -6 & -4 & 2 \end{bmatrix}。$$

解

$$|A| = \begin{vmatrix} 1 & 3 \\ 2 & 4 \end{vmatrix} = 4 - 6 = -2，$$

$$|B| = \begin{vmatrix} 2 & 1 & -3 \\ 3 & 1 & 0 \\ -6 & -4 & 2 \end{vmatrix}$$

$$\begin{matrix} 2 & 1 & -3 \\ 3 & 1 & 0 \\ -6 & -4 & 2 \\ 2 & 1 & -3 \\ 3 & 1 & 0 \end{matrix}$$

$$= 2 \cdot 1 \cdot 2 + 3 \cdot (-4) \cdot (-3) + (-6) \cdot 1 \cdot 0 - (-3) \cdot 1 \cdot (-6) - 2 \cdot (-4) \cdot 0 - 3 \cdot 1 \cdot 2 = 16。$$

或者利用降階法求解：

$$|B| = \begin{vmatrix} 2 & 1 & -3 \\ 3 & 1 & 0 \\ -6 & -4 & 2 \end{vmatrix} = 2 \cdot C_{11} + 1 \cdot C_{12} + (-3)C_{13} = 2 \cdot (+M_{11}) + 1 \cdot (-M_{12}) + (-3) \cdot (M_{13})$$

$$= 2 \cdot \begin{vmatrix} 1 & 0 \\ -4 & 2 \end{vmatrix} - 1 \cdot \begin{vmatrix} 3 & 0 \\ -6 & 2 \end{vmatrix} + (-3) \cdot \begin{vmatrix} 3 & 1 \\ -6 & -4 \end{vmatrix} = 16 \ (利用第一列展)。$$

Note

M_{11} 表示原矩陣 B 中去掉第一列第一行之子矩陣的行列式，即 $M_{11} = \begin{vmatrix} 1 & 0 \\ -4 & -2 \end{vmatrix}$。

M_{12} 表示原矩陣 B 中去掉第一列第二行之子矩陣的行列式，即 $M_{12} = \begin{vmatrix} 3 & 0 \\ -6 & 2 \end{vmatrix}$。

M_{13} 表示原矩陣 B 中去掉第一列第三行之子矩陣的行列式，即 $M_{13} = \begin{vmatrix} 3 & 1 \\ -6 & -4 \end{vmatrix}$。

行列式的列(行)運算性質

1. $A_{n\times n}$ 中任兩列(行)互調,其行列式值變號。

2. $A_{n\times n}$ 中任一列(行),乘以某一個數 $k \neq 0$,其行列式值變成原來的 k 倍。

3. $A_{n\times n}$ 中任一列(行),乘以 $k \neq 0$,加入另一列(行),其行列式值不變。

4. $A_{n\times n}$ 中某列(行)為零列(行)時,其行列式值為 0。

5. $A_{n\times n}$ 中某兩列(行)成比例時,其行列式值為 0。

範例 3

若 $A = \begin{bmatrix} 3 & 1 & 0 \\ -2 & -4 & 3 \\ 5 & 4 & -2 \end{bmatrix}$,$B = \begin{bmatrix} 3 & 1 & 0 \\ -10 & -20 & 15 \\ 5 & 4 & -2 \end{bmatrix}$,

$C = \begin{bmatrix} -2 & -4 & 3 \\ 3 & 1 & 0 \\ 5 & 4 & -2 \end{bmatrix}$,$D = \begin{bmatrix} 3 & 1 & 0 \\ -2 & -4 & 3 \\ 11 & 6 & -2 \end{bmatrix}$,求 A, B, C, D 矩陣之行列式值?

解

(1) $|A| = \begin{vmatrix} 3 & 1 & 0 \\ -2 & -4 & 3 \\ 5 & 4 & -2 \end{vmatrix} = 1 \cdot C_{12} + (-4) \cdot C_{22} + 4 \cdot C_{32}$ (利用第二行展)

$$= 1 \cdot (-1)^{1+2} M_{12} + (-4) \cdot (-1)^{2+2} M_{22} + 4 \cdot (-1)^{3+2} M_{32}$$

$$= (-1) M_{12} + (-4) M_{22} + (-4) M_{32}$$

$$= -(1) \cdot \begin{vmatrix} -2 & 3 \\ 5 & -2 \end{vmatrix} + (-4) \cdot \begin{vmatrix} 3 & 0 \\ 5 & -2 \end{vmatrix} - (4) \cdot \begin{vmatrix} 3 & 0 \\ -2 & 3 \end{vmatrix} = -1 ,$$

上式為利用第二行展,降階求解(讀者可以試試利用其他列或行降階求解)。

其中 $M_{12} = \begin{vmatrix} -2 & 3 \\ 5 & -2 \end{vmatrix}$;$M_{22} = \begin{vmatrix} 3 & 0 \\ 5 & -2 \end{vmatrix}$;$M_{32} = \begin{vmatrix} 3 & 0 \\ -2 & 2 \end{vmatrix}$。

(2) B 矩陣為 A 之第二列乘上 5 倍,所以 $|B| = 5 \cdot |A| = -5$。

(3) C 矩陣為 A 之第一列與第二列對調,所以 $|C| = -|A| = -(-1) = 1$。

(4) D 矩陣為 A 之第一列乘上 2 倍加到第三列,所以 $|D| = |A| = -1$。

行列式的重要性質

A, B 均為 $n \times n$ 方陣，則

1. $|A| = |A^T|$。

2. $|AB| = |BA| = |A||B|$。

3. $|\overline{A}| = \overline{|A|}$。

4. $|AA^T| = |A|^2$，$|AA^H| = |A||\overline{A}| = |A||\overline{A}| = \|A\|^2 = |A^H A|$。

5. $|\alpha A| = \alpha^n |A|$ 這裡 α 為純量。

舉例來說：若 $A = \begin{bmatrix} 2 & 0 \\ 0 & 3 \end{bmatrix}$，則 $\det(A) = 2 \times 3 = 6$ ；$2A = \begin{bmatrix} 4 & 0 \\ 0 & 6 \end{bmatrix}$，

$\det(2A) = 4 \times 6 = 24 = 2^2 \times 6$ ；$3A = \begin{bmatrix} 6 & 0 \\ 0 & 9 \end{bmatrix}$，$\det(3A) = 6 \times 9 = 3^2 \times 6$。

6. 設 A 為上(下)三角矩陣或對角線矩陣，則 $|A|$ 等於 A 矩陣對角線元素之乘積。

舉例來說：若 $A = \begin{bmatrix} 5 & 7 & 8 & 5 \\ 0 & -2 & 9 & -7 \\ 0 & 0 & 3 & 3 \\ 0 & 0 & 0 & 1 \end{bmatrix}$，則 A 為上三角矩陣，

所以 $\det(A) = |A| = 5 \cdot (-2) \cdot 3 \cdot 1 = -30$。

範例 *4*

$A = \begin{bmatrix} a & b & c \\ d & e & f \\ g & h & i \end{bmatrix}$，$B = \begin{bmatrix} 2 & 1 & -3 \\ 3 & 1 & 0 \\ -6 & -4 & 2 \end{bmatrix}$ 且 $\det(A) = |A| = 5$，則

(1) $\det(-4A) = ?$　　(2) $\det(A^2) = ?$　　(3) $\det(A^T) = ?$　　(4) $\det(AB) = ?$

解

(1) $\det(-4A) = (-4)^3 \det(A) = -64 \times 5 = -320$。

(2) $\det(A^2) = |A|^2 = 5^2 = 25$。

(3) $\det(A^T) = \det(A) = 5$。

(4) $\det(AB) = \det(A) \cdot \det(B) = 5 \cdot \begin{vmatrix} 2 & 1 & -3 \\ 3 & 1 & 0 \\ -6 & -4 & 2 \end{vmatrix} = 5 \cdot 16 = 80$。

4-2.3 方陣之反矩陣的求法

定義

對方陣 $A_{n \times n}$，若存在一方陣 $B_{n \times n}$，使得 $AB = BA = I_n$，其中 I_n 為 n 階單位矩陣。則稱 B 矩陣為 A 矩陣的反矩陣(Inverse matrix)，記作 $B = A^{-1}$。

例如：$A = \begin{bmatrix} 1 & 2 \\ 3 & 4 \end{bmatrix}$，$B = \begin{bmatrix} -2 & 1 \\ \frac{3}{2} & -\frac{1}{2} \end{bmatrix}$，則 $AB = \begin{bmatrix} 1 & 2 \\ 3 & 4 \end{bmatrix} \cdot \begin{bmatrix} -2 & 1 \\ \frac{3}{2} & -\frac{1}{2} \end{bmatrix} = \begin{bmatrix} 1 & 0 \\ 0 & 1 \end{bmatrix} = I_2$，且

$BA = \begin{bmatrix} -2 & 1 \\ \frac{3}{2} & -\frac{1}{2} \end{bmatrix} \cdot \begin{bmatrix} 1 & 2 \\ 3 & 4 \end{bmatrix} = \begin{bmatrix} 1 & 0 \\ 0 & 1 \end{bmatrix} = I_2$，所以 $B = \begin{bmatrix} -2 & 1 \\ \frac{3}{2} & -\frac{1}{2} \end{bmatrix} = A^{-1}$ 為 A 之反矩

陣。

擴大矩陣法求 A^{-1}

對方陣 $A_{n \times n}$，令其增廣矩陣為 $\left[A_{n \times n} \vdots I_{n \times n} \right]_{n \times (2n)}$ (Augmented matrix)，再透過基本列運算，將增廣矩陣化成 $\left[I_{n \times n} \vdots B_{n \times n} \right]_{n \times (2n)}$，則 $B = A^{-1}$，換句話說，若

$$\left[A_{n \times n} \vdots I_{n \times n} \right]_{n \times (2n)} \xrightarrow{r} \left[I_{n \times n} \vdots B_{n \times n} \right]_{n \times (2n)}，則 B_{n \times n} = A^{-1}。$$

範例 5

請利用基本列運算求下列 A^{-1}：

(1) $A = \begin{bmatrix} 1 & 2 \\ 3 & 4 \end{bmatrix}$ (2) $A = \begin{bmatrix} 1 & 0 & 2 \\ 2 & -1 & 3 \\ 4 & 1 & 8 \end{bmatrix}$

解

(1) $[A \mid I] = \begin{bmatrix} 1 & 2 & 1 & 0 \\ 3 & 4 & 0 & 1 \end{bmatrix} \xrightarrow{r_{12}^{(-3)}} \begin{bmatrix} 1 & 2 & 1 & 0 \\ 0 & -2 & -3 & 1 \end{bmatrix}$

$\xrightarrow{r_2^{(-\frac{1}{2})}} \begin{bmatrix} 1 & 2 & 1 & 0 \\ 0 & 1 & \dfrac{3}{2} & -\dfrac{1}{2} \end{bmatrix} \xrightarrow{r_{21}^{(-2)}} \begin{bmatrix} 1 & 0 & -2 & 1 \\ 0 & 1 & \dfrac{3}{2} & -\dfrac{1}{2} \end{bmatrix}$,

$\therefore A^{-1} = \begin{bmatrix} -2 & 1 \\ \dfrac{3}{2} & -\dfrac{1}{2} \end{bmatrix}$。

(2) $[A \mid I] = \begin{bmatrix} 1 & 0 & 2 & 1 & 0 & 0 \\ 2 & -1 & 3 & 0 & 1 & 0 \\ 4 & 1 & 8 & 0 & 0 & 1 \end{bmatrix} \xrightarrow{r_{12}^{(-2)} r_{13}^{(-4)}} \begin{bmatrix} 1 & 0 & 2 & 1 & 0 & 0 \\ 0 & -1 & -1 & -2 & 1 & 0 \\ 0 & 1 & 0 & -4 & 0 & 1 \end{bmatrix}$

$\xrightarrow{r_2^{(-1)}} \begin{bmatrix} 1 & 0 & 2 & 1 & 0 & 0 \\ 0 & 1 & 1 & 2 & -1 & 0 \\ 0 & 1 & 0 & -4 & 0 & 1 \end{bmatrix} \xrightarrow{r_{23}^{(-1)}} \begin{bmatrix} 1 & 0 & 2 & 1 & 0 & 0 \\ 0 & 1 & 1 & 2 & -1 & 0 \\ 0 & 0 & -1 & -6 & 1 & 1 \end{bmatrix}$

$\xrightarrow{r_3^{(-1)}} \begin{bmatrix} 1 & 0 & 2 & 1 & 0 & 0 \\ 0 & 1 & 1 & 2 & -1 & 0 \\ 0 & 0 & 1 & 6 & -1 & -1 \end{bmatrix} \xrightarrow{r_{32}^{(-1)} r_{31}^{(-2)}} \begin{bmatrix} 1 & 0 & 0 & -11 & 2 & 2 \\ 0 & 1 & 0 & -4 & 0 & 1 \\ 0 & 0 & 1 & 6 & -1 & -1 \end{bmatrix}$,

$\therefore A^{-1} = \begin{bmatrix} -11 & 2 & 2 \\ -4 & 0 & 1 \\ 6 & -1 & -1 \end{bmatrix}$。

古典伴隨矩陣(Adjoint matrix)法求方陣的反矩陣 $(A \cdot adj(A) = |A|I)$

前面介紹了利用擴大距陣法求 A^{-1}，接著將介紹伴隨矩陣法。對任意的方陣 $A_{n \times n}$，其存在 $A \cdot adj(A) = |A|I$ 之特性，其中 A 的伴隨矩陣 $adj(A)$ 定義為：

$$adj(A) = C^T ， C = \begin{bmatrix} C_{11} & C_{12} & \cdots & C_{1n} \\ C_{21} & C_{22} & \cdots & C_{2n} \\ \vdots & \vdots & \ddots & \vdots \\ C_{n1} & C_{n2} & \cdots & C_{nn} \end{bmatrix}$$

其中 $C_{ij} = (-1)^{i+j} M_{ij}$。

以 2×2 方陣說明如下：

$$A \cdot adj(A) = \begin{bmatrix} a_{11} & a_{12} \\ a_{21} & a_{22} \end{bmatrix} \begin{bmatrix} C_{11} & C_{12} \\ C_{21} & C_{22} \end{bmatrix}^T = \begin{bmatrix} a_{11} & a_{12} \\ a_{21} & a_{22} \end{bmatrix} \begin{bmatrix} C_{11} & C_{21} \\ C_{12} & C_{22} \end{bmatrix}$$

$$= \begin{bmatrix} a_{11} & a_{12} \\ a_{21} & a_{22} \end{bmatrix} \begin{bmatrix} +a_{22} & -a_{12} \\ -a_{21} & a_{11} \end{bmatrix} = \begin{bmatrix} a_{11}a_{22} - a_{12}a_{21} & 0 \\ 0 & a_{11}a_{22} - a_{21}a_{12} \end{bmatrix}$$

$$= \begin{bmatrix} |A| & 0 \\ 0 & |A| \end{bmatrix} = |A| \begin{bmatrix} 1 & 0 \\ 0 & 1 \end{bmatrix} = |A| \cdot I 。$$

事實上，這在 $n \times n$ 方陣仍然成立：

$A^{-1}A \cdot adj(A) = A^{-1}|A|I_n$

$\Rightarrow adj(A) = A^{-1}|A|I_n = |A|A^{-1}$

$\Rightarrow A^{-1} = \dfrac{adj(A)}{|A|}$ ，

所以若 $|A| \neq 0$，則 A^{-1} 存在。

重點整理

設矩陣 $A = [a_{ij}]_{n \times n}$，利用古典伴隨矩陣法求其反矩陣為 $A^{-1} = \dfrac{adj(A)}{det(A)}$，解法步驟為：

1. 求 A 之行列式值 $|A|$，(若 $|A| = 0$，則 A^{-1} 不存在)。

2. 求 A 之 minor 行列式 M_{ij}。

3. 令 $C = \begin{bmatrix} C_{11} & C_{12} & \cdots & C_{1n} \\ C_{21} & \cdots & \cdots & C_{2n} \\ C_{n1} & \cdots & \cdots & C_{nn} \end{bmatrix}$ ，其中 $C_{ij} = (-1)^{i+j} M_{ij}$ 。

4. 令 A 之伴隨矩陣為 $adj(A) = C^T$ 。

5. $A \cdot adj(A) = |A| I$ ，所以 $A^{-1} = \dfrac{adj(A)}{|A|}$ 。

二階與三階 A^{-1} 的求法：伴隨矩陣的應用

1. 若 $A_{2 \times 2} = \begin{bmatrix} a_{11} & a_{12} \\ a_{21} & a_{22} \end{bmatrix}$ 且 $|A| \neq 0$ ，則

$$A^{-1} = \frac{adj(A)}{|A|} = \frac{1}{|A|}\begin{bmatrix} C_{11} & C_{12} \\ C_{21} & C_{22} \end{bmatrix} = \frac{1}{|A|}\begin{bmatrix} M_{11} & -M_{12} \\ -M_{21} & M_{22} \end{bmatrix}^T = \frac{1}{|A|}\begin{bmatrix} a_{22} & -a_{21} \\ -a_{12} & a_{11} \end{bmatrix}^T$$

$$= \frac{1}{|A|}\begin{bmatrix} a_{22} & -a_{12} \\ -a_{21} & a_{11} \end{bmatrix} 。$$

2. 若 $A_{3 \times 3} = \begin{bmatrix} a_{11} & a_{12} & a_{13} \\ a_{21} & a_{22} & a_{23} \\ a_{31} & a_{32} & a_{33} \end{bmatrix}$ 且 $|A| \neq 0$ ，則 $A^{-1} = \dfrac{adj(A)}{|A|}$ ，

其中 $adj(A_{3\times3}) = \begin{bmatrix} C_{11} & C_{12} & C_{13} \\ C_{21} & C_{22} & C_{23} \\ C_{31} & C_{32} & C_{33} \end{bmatrix}^T = \begin{bmatrix} +M_{11} & -M_{12} & +M_{13} \\ -M_{21} & +M_{22} & -M_{23} \\ +M_{31} & -M_{32} & +M_{33} \end{bmatrix}^T$

$$= \begin{bmatrix} +\begin{vmatrix} a_{22} & a_{23} \\ a_{32} & a_{33} \end{vmatrix} & -\begin{vmatrix} a_{21} & a_{23} \\ a_{31} & a_{33} \end{vmatrix} & +\begin{vmatrix} a_{21} & a_{22} \\ a_{31} & a_{32} \end{vmatrix} \\ -\begin{vmatrix} a_{12} & a_{13} \\ a_{32} & a_{33} \end{vmatrix} & +\begin{vmatrix} a_{11} & a_{13} \\ a_{31} & a_{33} \end{vmatrix} & -\begin{vmatrix} a_{11} & a_{12} \\ a_{31} & a_{32} \end{vmatrix} \\ +\begin{vmatrix} a_{12} & a_{13} \\ a_{22} & a_{23} \end{vmatrix} & -\begin{vmatrix} a_{11} & a_{13} \\ a_{21} & a_{23} \end{vmatrix} & +\begin{vmatrix} a_{11} & a_{12} \\ a_{21} & a_{22} \end{vmatrix} \end{bmatrix}^T 。$$

Note
三階反矩陣之 $adj(A)$ 的記憶圖→此圖只限用 3×3 矩陣求反矩陣

$$
\begin{matrix}
a_{11} & a_{12} & a_{13} & a_{11} & a_{12} \\
a_{21} & \begin{pmatrix} a_{22} & a_{23} & a_{21} & a_{22} \\ a_{32} & a_{33} & a_{31} & a_{32} \\ a_{12} & a_{13} & a_{11} & a_{12} \\ a_{22} & a_{23} & a_{21} & a_{22} \end{pmatrix}^T \\
a_{31} \\
a_{11} \\
a_{21}
\end{matrix}
$$

範例 6

(1) $A = \begin{bmatrix} 3 & 5 \\ 1 & 3 \end{bmatrix}$，求 $A^{-1} = ?$ (2) $A = \begin{bmatrix} 1 & 0 & 2 \\ 2 & -1 & 3 \\ 4 & 1 & 8 \end{bmatrix}$，求 $A^{-1} = ?$

解

(1) $|A| = 4$，則

$$
A^{-1} = \frac{adj(A)}{|A|} = \frac{1}{4}\begin{bmatrix} C_{11} & C_{12} \\ C_{21} & C_{22} \end{bmatrix}^T = \frac{1}{4}\begin{bmatrix} M_{11} & -M_{12} \\ -M_{21} & M_{22} \end{bmatrix}^T = \frac{1}{4}\begin{bmatrix} 3 & -5 \\ -1 & 3 \end{bmatrix} = \begin{bmatrix} \dfrac{3}{4} & -\dfrac{5}{4} \\ -\dfrac{1}{4} & \dfrac{3}{4} \end{bmatrix}
$$

(2) $|A| = -8 + 4 + 8 - 3 = 1$，故

$$
A^{-1} = \frac{adj(A)}{|A|} = \frac{1}{|A|}\begin{bmatrix} C_{11} & C_{12} & C_{13} \\ C_{21} & C_{22} & C_{23} \\ C_{31} & C_{32} & C_{33} \end{bmatrix}^T = \frac{1}{|A|}\begin{bmatrix} +M_{11} & -M_{12} & +M_{13} \\ -M_{21} & +M_{22} & -M_{23} \\ M_{31} & -M_{32} & +M_{33} \end{bmatrix}^T
$$

$$
= \frac{1}{|A|}\begin{bmatrix} +\begin{vmatrix} -1 & 3 \\ 1 & 8 \end{vmatrix} & -\begin{vmatrix} 2 & 3 \\ 4 & 8 \end{vmatrix} & +\begin{vmatrix} 2 & -1 \\ 4 & 1 \end{vmatrix} \\ -\begin{vmatrix} 0 & 2 \\ 1 & 8 \end{vmatrix} & +\begin{vmatrix} 1 & 2 \\ 4 & 8 \end{vmatrix} & -\begin{vmatrix} 1 & 0 \\ 4 & 1 \end{vmatrix} \\ +\begin{vmatrix} 0 & 2 \\ -1 & 3 \end{vmatrix} & -\begin{vmatrix} 1 & 2 \\ 2 & 3 \end{vmatrix} & +\begin{vmatrix} 1 & 0 \\ 2 & -1 \end{vmatrix} \end{bmatrix}^T = \frac{1}{1}\begin{bmatrix} -11 & -4 & 6 \\ 2 & 0 & -1 \\ 2 & 1 & -1 \end{bmatrix}^T = \begin{bmatrix} -11 & 2 & 2 \\ -4 & 0 & 1 \\ 6 & -1 & -1 \end{bmatrix} 。
$$

$$
\begin{matrix}
1 & 0 & 2 & 1 & 0 \\
2 & \begin{pmatrix} -1 & 3 & 2 & -1 \\ 1 & 8 & 4 & 1 \\ 0 & 2 & 1 & 0 \\ -1 & 3 & 2 & -1 \end{pmatrix}^T \\
4 \\
1 \\
2
\end{matrix}
$$

行列式的性質

1. 若 A^{-1} 存在，則 $AA^{-1} = I \Rightarrow \det(A^{-1}) = \dfrac{1}{|A|} = \dfrac{1}{\det(A)}$ 。

2. 令 $Q = B^{-1}AB$，稱 Q 為 A 的相似矩陣，則 $|Q| = |B^{-1}AB| = |A|$ 。

3. 若 A 可逆(Invertible) $\Leftrightarrow |A| \neq 0$，$A$ 不可逆 $\Leftrightarrow |A| = 0$ 。

所謂可逆，即表示反矩陣 A^{-1} 存在 $\Rightarrow \det(A) \neq 0$。而所謂不可逆，即表示反矩陣 A^{-1} 不存在 $\Rightarrow \det(A) = 0$。

範例 7

已知 $A = \begin{bmatrix} s & t & u \\ v & w & x \\ y & z & r \end{bmatrix}$，若 $|A| = -30$，且 $|B| \neq 0$，

求 (1) $\det(A^{-1})$ (2) $\det(B^{-1}AB)$。

解

(1) $\det(A^{-1}) = \dfrac{1}{\det(A)} = -\dfrac{1}{30}$ 。

(2) $\det(B^{-1}AB) = \det(ABB^{-1}) = \det(A) = -30$ 。

4-2　習題演練

利用矩陣列運算，將下列各矩陣化成列梯形矩陣(答案不唯一)

1. $\begin{bmatrix} 2 & 6 & 1 \\ 1 & 2 & -1 \\ 5 & 7 & -4 \end{bmatrix}$　　2. $\begin{bmatrix} 2 & -1 & 1 \\ 1 & 1 & 2 \\ 0 & 3 & 3 \end{bmatrix}$

3. $\begin{bmatrix} 1 & 2 & 3 \\ 2 & 5 & 8 \\ 3 & 5 & 7 \end{bmatrix}$

利用矩陣列運算，將下列各矩陣化成列簡化梯形矩陣

4. $\begin{bmatrix} 1 & 1 & -1 \\ 4 & 0 & 1 \\ 0 & 4 & 1 \end{bmatrix}$　　5. $\begin{bmatrix} 2 & 6 & 1 & 7 \\ 1 & 2 & -1 & -1 \\ 5 & 7 & -4 & 9 \end{bmatrix}$

求下列各矩陣行列式值及其反矩陣

6. $\begin{bmatrix} 1 & 3 \\ 2 & 4 \end{bmatrix}$　　7. $\begin{bmatrix} 5 & -8 \\ 1 & -3 \end{bmatrix}$

8. $\begin{bmatrix} 9 & 1 \\ 1 & 9 \end{bmatrix}$　　9. $\begin{bmatrix} 1 & 4 \\ 2 & 9 \end{bmatrix}$

10. $\begin{bmatrix} 3 & -1 \\ -5 & 2 \end{bmatrix}$　　11. $\begin{bmatrix} 5 & 1 \\ -4 & 1 \end{bmatrix}$

求下列各矩陣行列式值及其反矩陣

12. $\begin{bmatrix} 1 & 0 & 2 \\ 2 & 1 & 1 \\ 1 & 1 & 1 \end{bmatrix}$　　13. $\begin{bmatrix} 9 & 2 & 0 \\ 2 & 6 & 0 \\ 0 & 0 & 5 \end{bmatrix}$

14. $\begin{bmatrix} 8 & 0 & 1 \\ 3 & -2 & 1 \\ 1 & 4 & 0 \end{bmatrix}$　　15. $\begin{bmatrix} 1 & 2 & 3 \\ 2 & 5 & 3 \\ 1 & 0 & 8 \end{bmatrix}$

16. $\begin{bmatrix} 3 & 4 & -1 \\ 1 & 0 & 3 \\ 2 & 5 & -4 \end{bmatrix}$　　17. $\begin{bmatrix} 2 & 1 & -1 \\ 1 & -3 & 1 \\ 1 & 3 & -3 \end{bmatrix}$

利用基本列運算求下列矩陣之反矩陣

18. $\begin{bmatrix} 1 & 4 \\ 2 & 9 \end{bmatrix}$　　19. $\begin{bmatrix} 3 & -1 \\ -5 & 2 \end{bmatrix}$

20. $\begin{bmatrix} 1 & 0 & -1 \\ 0 & 2 & -1 \\ -1 & 1 & 0 \end{bmatrix}$　　21. $\begin{bmatrix} 3 & -1 & 1 \\ -15 & 6 & -4 \\ 5 & -2 & 2 \end{bmatrix}$

已知 $A = \begin{bmatrix} 2 & 1 & -3 \\ 3 & 1 & 0 \\ -6 & -4 & 2 \end{bmatrix}$，且$|\,B\,| \neq 0$，求

22. $\det(A)$　　　23. $\det(A^{-1})$

24. $\det(B^{-1}AB)$　　25. $\det(A^T)$

$$A = \begin{bmatrix} \cos\theta & 0 & -\sin\theta \\ 0 & 1 & 0 \\ \sin\theta & 0 & \cos\theta \end{bmatrix}$$

26. 求 $\det(A)$

27. 求 $A^{-1} = ?$

求下列行列式值？

28. $\begin{vmatrix} 6 & 1 & -1 & 5 \\ 2 & -1 & 3 & -2 \\ 1 & 0 & -1 & 0 \\ -4 & 3 & 2 & 1 \end{vmatrix}$

29. $\begin{vmatrix} 5 & 0 & 0 & 0 \\ 6 & 2 & 0 & 0 \\ 7 & 9 & 1 & 0 \\ 8 & 11 & -8 & 3 \end{vmatrix}$

30. $\begin{vmatrix} 1 & 5 & -3 & 2 \\ 0 & 8 & 1 & 0 \\ 0 & 0 & 7 & 1 \\ 0 & 0 & 0 & -2 \end{vmatrix}$

4-3　線性聯立方程組的解

　　線性聯立方程組求解在我們日常生活中是常常會碰到的問題，其在工程上更是常見。雖然我們在中學時期就已經學會如何利用加減消去法與代入消去法來求解線性聯立方程組，但是其主要是針對變數較少的聯立方程組，然而在工程的應用上，我們常常需要求解具有很多未知數的問題，這時候就需要利用矩陣來求解，例如以下的一個三變數聯立方程組：

$$\begin{cases} -x_1 + x_2 + 2x_3 = 2 \cdots\cdots (1) \\ 3x_1 - x_2 + x_3 = 6 \cdots\cdots\cdots (2) \\ -x_1 + 3x_2 + 4x_3 = 4 \cdots\cdots (3) \end{cases},$$

其中變數為 x_1, x_2, x_3。我們可以第(1)式乘上 3 倍加到第(2)式，同時第(1)式也乘上(− 1)倍加到第(3)式，此時的第(2)與(3)方程式會變成 $2x_2 + 7x_3 = 12$ 與 $2x_2 + 2x_3 = 2$，則聯立方程組變成：

$$\begin{cases} -x_1 + x_2 + 2x_3 = 2 \cdots (1) \\ 2x_2 + 7x_3 = 12 \cdots\cdots (2^*) \\ 2x_2 + 2x_3 = 2 \cdots\cdots (3^*) \end{cases}.$$

我們再將第(2*)式乘上(− 1)倍加到第(3*)式，會出現 $-5x_3 = -10$，則聯立方程組變成：

$$\begin{cases} -x_1 + x_2 + 2x_3 = 2 \cdots (1) \\ 2x_2 + 7x_3 = 12 \cdots\cdots (2^*) \\ -5x_3 = -10 \cdots\cdots\cdots (3^{**}) \end{cases}.$$

可以由(3**)得到 $x_3 = 2$，代入(2*)中可得 $x_2 = -1$，再代入(1)中可以得 $x_1 = 1$。

　　由上述的求解過程可以知道，聯立方程組求解過程只跟係數與常數項有關，而且方程式與方程式之間進行列運算不影響聯立方程組之解，即將原聯立方程組改寫成

$$\begin{bmatrix} -1 & 1 & 2 \\ 3 & -1 & 1 \\ -1 & 3 & 4 \end{bmatrix} \begin{bmatrix} x_1 \\ x_2 \\ x_3 \end{bmatrix} = \begin{bmatrix} 2 \\ 6 \\ 4 \end{bmatrix}, \text{其中 } A = \begin{bmatrix} -1 & 1 & 2 \\ 3 & -1 & 1 \\ -1 & 3 & 4 \end{bmatrix}, X = \begin{bmatrix} x_1 \\ x_2 \\ x_3 \end{bmatrix}, B = \begin{bmatrix} 2 \\ 6 \\ 4 \end{bmatrix}$$

則此聯立方程組之求解只跟係數矩陣及常數矩陣 B 有關。

　　接下來我們將學習如何利用矩陣運算的技巧求解聯立方程組。

4-3.1 高斯消去法(Gauss Elimination Method)

高斯消去法是經常使用來求解聯立方程組的一種方法，以下將介紹高斯消去法求解之常見定義與定理。

定義

已知 $A_{m \times n}$，則 $AX = B$ 表一聯立方程組，其中 A 為係數矩陣，B 為常數矩陣，$[A：B]$為增廣矩陣(augmented matrix)，通常以下方形式表示：

$$\begin{bmatrix} a_{11} & a_{12} & \cdots & a_{1n} & \vdots & b_1 \\ a_{21} & a_{22} & \cdots & a_{2n} & \vdots & b_2 \\ \vdots & \vdots & \ddots & \vdots & & \\ a_{m1} & a_{m2} & \cdots & a_{mn} & \vdots & b_n \end{bmatrix}$$

Note

$B = 0$ 表齊性方程組。

定義

1. 利用列運算將聯立方程組的增廣矩陣化成梯形矩陣，再解方程組，稱為高斯消去法(Gauss Elimination Method)。

2. 將增廣矩陣化成列簡化梯形矩陣再解方程組，謂之高斯-喬登消去法(Gauss-Jordan Elimination Method)。

定理

若 A 矩陣經過基本列運算後為 C，即 A 列等價於 C，則 $AX = 0$ 與 $CX = 0$ 具有相同解。

定理

增廣矩陣$[A：B]$列等價於$[A_1：B_1]$，則 $AX = B$ 與 $A_1X = B_1$ 有相同解。

Note

基本列運算不影響聯立方程組的解。

範例 *1*

利用高斯消去法求解下列聯立方程組：

$$\begin{cases} -x_1 + x_2 + 2x_3 = 2 \\ 3x_1 - x_2 + x_3 = 6 \\ -x_1 + 3x_2 + 4x_3 = 4 \end{cases} \circ$$

解

$$[A \vdots B] = \begin{bmatrix} -1 & 1 & 2 & \vdots & 2 \\ 3 & -1 & 1 & \vdots & 6 \\ -1 & 3 & 4 & \vdots & 4 \end{bmatrix} \xrightarrow{r_{12}^{(3)} r_{13}^{(-1)}} \begin{bmatrix} -1 & 1 & 2 & 2 \\ 0 & 2 & 7 & 12 \\ 0 & 2 & 2 & 2 \end{bmatrix} \xrightarrow{r_{23}^{(-1)}} \begin{bmatrix} -1 & 1 & 2 & 2 \\ 0 & 2 & 7 & 12 \\ 0 & 0 & -5 & -10 \end{bmatrix}$$

$$\Rightarrow \begin{cases} -x_1 + x_2 + 2x_3 = 2 \\ 2x_2 + 7x_3 = 12 \\ -5x_3 = -10 \end{cases} \Rightarrow x_3 = 2 \text{，} x_2 = -1 \text{，} x_1 = 1 \circ$$

範例 1 中可觀察到 rank (A) = rank $([A \vdots B])$，故可知，聯立方程組的解跟增廣矩陣有關，接著我們將先介紹一下矩陣的秩(rank)，然後再討論其與聯立方程組之關係。

4-3.2 矩陣的秩數(rank)

矩陣中的任一列均表示一向量(或表示一條方程式)，若在所有列向量中，存在某一列可以用其他列之線性組合而成，則該列可由其他列經由列運算化成零列，我們稱這些列向量為線性相依(linear dependent)，反之則稱為線性獨立。所以在進行矩陣列運算時，我們可以藉由列運算化成列梯形矩陣，則會被化成零列所對應之原列向量即與其他列向量線性相依，而非零列則為線性獨立之列向量，我們就將這些線性獨立的列向量之個數定義為該矩陣的秩。

定義

將 $A_{m \times n}$ 以列運算化成列梯形矩陣後，其非零列的個數，稱為 A 的秩數，記作：rank(A) 或 $r(A)$。

就齊性聯立方程組 $A_{m \times n} X_{n \times 1} = 0$ 而言，rank(A)表示線性聯立獨立方程式的數目，舉例來說：$\begin{cases} x_1 + 2x_2 = 0 \\ 3x_1 + 6x_2 = 0 \end{cases} \Rightarrow \begin{bmatrix} 1 & 2 \\ 3 & 6 \end{bmatrix} \begin{bmatrix} x_1 \\ x_2 \end{bmatrix} = \begin{bmatrix} 0 \\ 0 \end{bmatrix}$，令 $A = \begin{bmatrix} 1 & 2 \\ 3 & 6 \end{bmatrix}$，則 $A \xrightarrow{r_{12}^{(-3)}} \begin{bmatrix} 1 & 2 \\ 0 & 0 \end{bmatrix}$，所以 rank($A$) = 1，即原聯立方程組 $AX = 0$ 中，只有一個線性獨立方程式 $x_1 + 2x_2 = 0$。

又例如：$A = \begin{bmatrix} 1 & 2 & 3 \\ 4 & 5 & 6 \\ 7 & 8 & 9 \end{bmatrix} \xrightarrow{r_{12}^{(-4)} r_{13}^{(-7)}} \begin{bmatrix} 1 & 2 & 3 \\ 0 & -3 & -6 \\ 0 & -6 & -12 \end{bmatrix} \xrightarrow{r_{23}^{(-2)}} \begin{bmatrix} 1 & 2 & 3 \\ 0 & -3 & -6 \\ 0 & 0 & 0 \end{bmatrix}$，則 A 中線性獨立列向量數目為 2，所以 A 的秩數 rank(A) = 2。即聯立方程組 $\begin{cases} x_1 + 2x_2 + 3x_3 = 0 \\ 4x_1 + 5x_2 + 6x_3 = 0 \\ 7x_1 + 8x_2 + 9x_3 = 0 \end{cases}$ 中，只有兩個線性獨立方程式，即方程式 $7x_1 + 8x_2 + 9x_3 = 0$，可由方程式 $x_1 + 2x_2 + 3x_3 = 0$ 與 $4x_1 + 5x_2 + 6x_3 = 0$ 化簡後消去。一個矩陣經列運算化成列梯形矩陣後，非零列必為線性獨立列向量，而區別元素所在之行，所對應原矩陣 A 的行向量亦必線性獨立。

定理

已知 $A_{m \times n}$，則 A 中線性獨立列向量數目與線性獨立行向量數目必相同，稱此共同數稱為 A 的 rank，記作 rank(A)或 $r(A)$。

範例 2

求解 $A = \begin{bmatrix} 1 & -2 & 1 & 0 \\ 2 & 1 & 1 & 2 \\ 1 & -7 & 2 & -2 \end{bmatrix}$ 之秩數。

解

$A = \begin{bmatrix} 1 & -2 & 1 & 0 \\ 2 & 1 & 1 & 2 \\ 1 & -7 & 2 & -2 \end{bmatrix} \xrightarrow{r_{12}^{(-2)} r_{13}^{(-1)}} \begin{bmatrix} 1 & -2 & 1 & 0 \\ 0 & 5 & -1 & 2 \\ 0 & -5 & 1 & -2 \end{bmatrix} \xrightarrow{r_{23}^{(1)}} \begin{bmatrix} 1 & -2 & 1 & 0 \\ 0 & 5 & -1 & 2 \\ 0 & 0 & 0 & 0 \end{bmatrix}$，

所以 rank(A) = 2。

秩的性質

1. $\text{rank}(A) = \text{rank}(A^T)$。

2. A 經過基本列運算後為 $B \Rightarrow$ 則 $\text{rank}(A) = \text{rank}(B)$。

3. 設 A 為上(下)三角矩陣,則其非零列個數,即為 A 的 rank。

4. 對聯立方程組 $AX = B$ 而言,$\text{rank}([A \vdots B])$ 表示此方程組之線性獨立方程式的個數。

可逆方陣的特性

設 $A_{n \times n}$,A 為可逆(反矩陣存在),則

1. $\det(A) \neq 0$。

2. $\text{rank}(A) = n$。

3. A 具有 n 個線性獨立的行(列)向量。

4. A 之行(列)空間的維數為 n。

5. $A_{n \times n} X_{n \times 1} = 0$ 之齊性聯立方程組具有唯一當然解(零解) $X_{n \times 1} = A^{-1} 0 = 0$。

6. $A_{n \times n} X_{n \times 1} = B_{n \times 1}$ 具有唯一非零解 $X_{n \times 1} = A^{-1} B$。

範例 3

有一電路之電流 I_1, I_2, I_3 經過克希荷夫定律化簡後可得

$$\begin{cases} I_1 + I_2 - I_3 = E_1 \\ 4I_1 + I_3 = E_2 \\ 4I_2 + I_3 = E_3 \end{cases}$$,其中 E_1, E_2, E_3 為外加電壓源,

(1) 若無外加電壓源,即 E_1, E_2, E_3 均為 0,求解 I_1, I_2, I_3。

(2) 若外加電壓源為 $E_1 = 0, E_2 = 16, E_3 = 32$,求解 I_1, I_2, I_3。

解

原聯立方程組可以改寫為 $\begin{bmatrix} 1 & 1 & -1 \\ 4 & 0 & 1 \\ 0 & 4 & 1 \end{bmatrix} \begin{bmatrix} I_1 \\ I_2 \\ I_3 \end{bmatrix} = \begin{bmatrix} E_1 \\ E_2 \\ E_3 \end{bmatrix}$,其中 $A = \begin{bmatrix} 1 & 1 & -1 \\ 4 & 0 & 1 \\ 0 & 4 & 1 \end{bmatrix}$,

$X = \begin{bmatrix} I_1 \\ I_2 \\ I_3 \end{bmatrix}$,$B = \begin{bmatrix} E_1 \\ E_2 \\ E_3 \end{bmatrix}$,又 $\det(A) = -24 \neq 0$,$A^{-1} = \dfrac{1}{-24} \begin{bmatrix} -4 & -5 & 1 \\ -4 & 1 & -5 \\ 16 & -4 & -4 \end{bmatrix}$。

(1) $B = \begin{bmatrix} 0 \\ 0 \\ 0 \end{bmatrix}$，則齊性方程組之解為 $X = \begin{bmatrix} I_1 \\ I_2 \\ I_3 \end{bmatrix} = A^{-1}0 = 0 = \begin{bmatrix} 0 \\ 0 \\ 0 \end{bmatrix}$。

(2) $B = \begin{bmatrix} 0 \\ 16 \\ 32 \end{bmatrix}$，則非齊性方程組之解為 $X = \begin{bmatrix} I_1 \\ I_2 \\ I_3 \end{bmatrix} = A^{-1}B = \begin{bmatrix} 2 \\ 6 \\ 8 \end{bmatrix}$。

4-3.3 齊性聯立方程組的解集合

$\begin{cases} x - 2y = 0 \\ 2x - 4y = 0 \end{cases}$ 之聯立方程組可以表示為 $\begin{bmatrix} 1 & -2 \\ 2 & -4 \end{bmatrix} \begin{bmatrix} x \\ y \end{bmatrix} = \begin{bmatrix} 0 \\ 0 \end{bmatrix}$，其中 $A = \begin{bmatrix} 1 & -2 \\ 2 & -4 \end{bmatrix}$，

$B = \begin{bmatrix} 0 \\ 0 \end{bmatrix}$ 為齊性聯立方程組，且 $\text{rank}(A) = 1$，所以只有一個線性獨立方程式 $x - 2y = 0$。

我們可令解的參數個數 $= 2 - \text{rank}(A) = 1$ 個，所以令 $y = c$，得 $x = 2c$。

故解集合 $\left\{ \begin{bmatrix} x \\ y \end{bmatrix} \in \mathbb{R}^2 \middle| A \begin{bmatrix} x \\ y \end{bmatrix} = \begin{bmatrix} 0 \\ 0 \end{bmatrix} \right\} = \left\{ c \begin{bmatrix} 2 \\ 1 \end{bmatrix}, c \in \mathbb{R} \right\}$，此為齊性聯立方程組之解集合。

以下介紹齊性聯立方程組之解集合的定義與性質：

齊性方程組之解集合定義

R^n 中，所有能滿足齊性聯立方程組 $A_{m \times n} X_{n \times 1} = 0$ 之 X 所成的集合稱為齊性聯立方程組 $AX = 0$ 之解集合。

定理

齊性聯立方程組 $A_{m \times n} X_{n \times 1} = 0$ 之求解中(解集合中)，需假設之參數個數為未知數個數 n 減去線性獨立方程式數目 $\text{rank}(A)$，即

$$\text{參數個數} = n - \text{rank}(A)$$

齊性聯立方程組解之分類

齊性聯立方程組 $A_{m \times n} X_{n \times 1} = 0$，其解的情形如下：

$$A_{m \times n} X_{n \times 1} = 0 \begin{cases} 1.\ \text{rank}(A) = n \leftrightarrow \text{具有唯一解 } X = 0 \text{。} \\ 2.\ \text{rank}(A) = r < n \leftrightarrow \text{無窮多解} \\ \quad \Rightarrow \text{具有} (n-r) \text{個參數之非零解} \\ \quad X = c_1 X_1 + \cdots + c_{n-r} X_{n-r} \text{。} \end{cases}$$

範例 4

考慮一個齊性聯立方程組 $A_{3 \times 3} X_{3 \times 1} = 0$，其中 $A_{3 \times 3} = \begin{bmatrix} 1 & 2 & 3 \\ 2 & 5 & 8 \\ 3 & 5 & 7 \end{bmatrix}$，$X_{3 \times 1} = \begin{bmatrix} x_1 \\ x_2 \\ x_3 \end{bmatrix}$，

求 A 之秩數，並求 $AX = 0$ 之解。

解

(1) $A_{3 \times 3} = \begin{bmatrix} 1 & 2 & 3 \\ 2 & 5 & 8 \\ 3 & 5 & 7 \end{bmatrix} \xrightarrow{r_{12}^{(-2)} r_{13}^{(-3)}} \begin{bmatrix} 1 & 2 & 3 \\ 0 & 1 & 2 \\ 0 & -1 & -2 \end{bmatrix} \xrightarrow{r_{23}^{(1)}} \begin{bmatrix} 1 & 2 & 3 \\ 0 & 1 & 2 \\ 0 & 0 & 0 \end{bmatrix}$，

則 $\text{rank}(A) = 2$，表示此聯立方程組中只有兩個線性獨立方程式。

(2) $A_{3 \times 3} X_{3 \times 1} = 0$ 經由列運算可以化簡為

$\begin{bmatrix} 1 & 2 & 3 \\ 0 & 1 & 2 \\ 0 & 0 & 0 \end{bmatrix} \begin{bmatrix} x_1 \\ x_2 \\ x_3 \end{bmatrix} = \begin{bmatrix} 0 \\ 0 \\ 0 \end{bmatrix}$，即 $\begin{cases} x_1 + 2x_2 + 3x_3 = 0 \\ x_2 + 2x_3 = 0 \end{cases}$，

聯立方程式有三個未知數，但只有兩個線性獨立方程式。

參數個數 $= 3 - \text{rank}(A) = 3 - 2 = 1$，所以求解時需假設之獨立參數個數為 1。

令 $x_3 = c$，則 $x_2 = -2c$，$x_1 = c$，

所以解集合為 $X_{3 \times 1} = \begin{bmatrix} x_1 \\ x_2 \\ x_3 \end{bmatrix} = \begin{bmatrix} c \\ -2c \\ c \end{bmatrix} = c \begin{bmatrix} 1 \\ -2 \\ 1 \end{bmatrix}$。

4-3.4 非齊性聯立方程組的解

非齊性聯立方程組 $A_{m \times n} X_{n \times 1} = B_{m \times 1}$，其可能存在唯一解，無限多解或無解，以下將介紹各種情形。

定理

非齊性聯立方程組 $A_{m \times n} X_{n \times 1} = B_{m \times 1}$ 之解存在的條件爲：

$$\text{rank}(A_{m \times n}) = \text{rank}([A_{m \times n} \vdots B_{n \times 1}])$$

即 A 矩陣的秩數與增廣矩陣 $[A \vdots B]$ 具有相同秩數。

例如：對 $\begin{cases} -x_1 + x_2 + 2x_3 = 2 \\ 3x_1 - x_2 + x_3 = 6 \\ -x_1 + 3x_2 + 4x_3 = 4 \end{cases}$ 而言，由前面範例 1 可知增廣矩陣

$$[A \vdots B] = \begin{bmatrix} -1 & 1 & 2 & \vdots & 2 \\ 3 & -1 & 1 & \vdots & 6 \\ -1 & 3 & 4 & \vdots & 4 \end{bmatrix} \xrightarrow{r} \begin{bmatrix} -1 & 1 & 2 & \vdots & 2 \\ 0 & 2 & 7 & \vdots & 12 \\ 0 & 0 & -5 & \vdots & -10 \end{bmatrix} \text{，因爲}$$

$\text{rank}(A) = 3 = \text{rank}([A \vdots B])$，所以此聯立非齊性方程組必有解。

範例 5

利用列運算判斷下列聯立方程組是否有解：

(1) $\begin{cases} x_1 - 2x_2 = 3 \\ 2x_1 - 4x_2 = 5 \end{cases}$ (2) $\begin{cases} x_1 - x_2 + x_3 = 2 \\ x_1 + 3x_2 - x_3 = 4 \\ 2x_1 + 2x_2 = -3 \end{cases}$

解

(1) 原聯立方程組可以改寫爲 $\begin{bmatrix} 1 & -2 \\ 2 & -4 \end{bmatrix} \begin{bmatrix} x_1 \\ x_2 \end{bmatrix} = \begin{bmatrix} 3 \\ 5 \end{bmatrix}$，

其中 $A = \begin{bmatrix} 1 & -2 \\ 2 & -4 \end{bmatrix}$，$X = \begin{bmatrix} x_1 \\ x_2 \end{bmatrix}$，$B = \begin{bmatrix} 3 \\ 5 \end{bmatrix}$，

則 $[A \mid B] = \begin{bmatrix} 1 & -2 & | & 3 \\ 2 & -4 & | & 5 \end{bmatrix} \xrightarrow{r_{12}^{(-2)}} \begin{bmatrix} 1 & -2 & | & 3 \\ 0 & 0 & | & -1 \end{bmatrix}$，

因爲 $\text{rank}(A) = 1 \neq \text{rank}([A \mid B]) = 2$，所以此聯立方程組無解。

(2) 原聯立方程組可以改寫爲 $\begin{bmatrix} 1 & -1 & 1 \\ 1 & 3 & -1 \\ 2 & 2 & 0 \end{bmatrix} \begin{bmatrix} x_1 \\ x_2 \\ x_3 \end{bmatrix} = \begin{bmatrix} 2 \\ 4 \\ -3 \end{bmatrix}$,

其中 $A = \begin{bmatrix} 1 & -1 & 1 \\ 1 & 3 & -1 \\ 2 & 2 & -3 \end{bmatrix}$, $X = \begin{bmatrix} x_1 \\ x_2 \\ x_3 \end{bmatrix}$, $B = \begin{bmatrix} 2 \\ 4 \\ -3 \end{bmatrix}$,

則 $[A \mid B] = \begin{bmatrix} 1 & -1 & 1 & 2 \\ 1 & 3 & -1 & 4 \\ 2 & 2 & 0 & -3 \end{bmatrix} \xrightarrow{r_{12}^{(-1)} r_{13}^{(-2)}} \begin{bmatrix} 1 & -1 & 1 & 2 \\ 0 & 4 & -2 & 2 \\ 0 & 4 & -2 & -7 \end{bmatrix}$

$\xrightarrow{r_{23}^{(-1)}} \begin{bmatrix} 1 & -1 & 1 & 2 \\ 0 & 4 & -2 & 2 \\ 0 & 0 & 0 & -9 \end{bmatrix}$,

因爲 rank$(A) = 2 \neq$ rank$([A \mid B]) = 3$,所以此聯立方程組解不存在,即無解。

ote

聯立方程組會出現 0 = (–9)矛盾方程式(在第三列)。

非齊性聯立方程組解之分類

設聯立方程組爲 $A_{m \times n} X_{n \times 1} = B_{m \times 1}$, $B_{m \times 1} \neq 0$,則其爲非齊性聯立方程組,其解的情形如下:

$$A_{m \times n} X_{n \times 1} = B_{m \times 1} \begin{cases} 1.\ \text{rank}(A) = \text{rank}([A \vdots B]) = r \rightarrow \begin{cases} (a)\ r = n \rightarrow \text{唯一解。} \\ (b)\ r < n \rightarrow \text{無窮多解} \\ \qquad\qquad \Rightarrow \text{具有}(n-r)\text{個參數解。} \end{cases} \\ 2.\ \text{rank}(A) \neq \text{rank}([A \vdots B]) \rightarrow \text{無解。} \end{cases}$$

範例 6

利用高斯消去法求解下列聯立方程組：(1) $\begin{cases} x_1 - 2x_2 = 3 \\ 2x_1 - 4x_2 = 6 \end{cases}$ (2) $\begin{cases} x_1 + 2x_2 - x_3 = 7 \\ 2x_1 + 3x_2 + x_3 = 14 \\ x_1 + x_2 + 2x_3 = 7 \end{cases}$

解

(1) 原聯立方程組可以改寫為 $\begin{bmatrix} 1 & -2 \\ 2 & -4 \end{bmatrix}\begin{bmatrix} x_1 \\ x_2 \end{bmatrix} = \begin{bmatrix} 3 \\ 6 \end{bmatrix}$，

其中 $A = \begin{bmatrix} 1 & -2 \\ 2 & -4 \end{bmatrix}$，$X = \begin{bmatrix} x_1 \\ x_2 \end{bmatrix}$，$B = \begin{bmatrix} 3 \\ 6 \end{bmatrix}$，

則 $[A \mid B] = \begin{bmatrix} 1 & -2 & | & 3 \\ 2 & -4 & | & 6 \end{bmatrix} \xrightarrow{r_{12}^{(-2)}} \begin{bmatrix} 1 & -2 & | & 3 \\ 0 & 0 & | & 0 \end{bmatrix}$，rank$(A)$ = rank$([A \mid B])$ = 1 < 2，

所以為一個參數解，可令 $x_2 = c$，則 $x_1 = 2c + 3$，即解

$X = \begin{bmatrix} x_1 \\ x_2 \end{bmatrix} = \begin{bmatrix} 2c+3 \\ c \end{bmatrix} = c\begin{bmatrix} 2 \\ 1 \end{bmatrix} + \begin{bmatrix} 3 \\ 0 \end{bmatrix}$，其中齊性解 $X_h = c\begin{bmatrix} 2 \\ 1 \end{bmatrix}$，特解 $X_p = \begin{bmatrix} 3 \\ 0 \end{bmatrix}$。

(2) 原聯立方程組可以改寫為 $\begin{bmatrix} 1 & 2 & -1 \\ 2 & 3 & 1 \\ 1 & 1 & 2 \end{bmatrix}\begin{bmatrix} x_1 \\ x_2 \\ x_3 \end{bmatrix} = \begin{bmatrix} 7 \\ 14 \\ 7 \end{bmatrix}$，

其中 $A = \begin{bmatrix} 1 & 2 & -1 \\ 2 & 3 & 1 \\ 1 & 1 & 2 \end{bmatrix}$，$X = \begin{bmatrix} x_1 \\ x_2 \\ x_3 \end{bmatrix}$，$B = \begin{bmatrix} 7 \\ 14 \\ 7 \end{bmatrix}$，則

$[A \mid B] = \begin{bmatrix} 1 & 2 & -1 & | & 7 \\ 2 & 3 & 1 & | & 14 \\ 1 & 1 & 2 & | & 7 \end{bmatrix} \xrightarrow{r_{12}^{(-2)} r_{13}^{(-1)}} \begin{bmatrix} 1 & 2 & -1 & | & 7 \\ 0 & -1 & 3 & | & 0 \\ 0 & -1 & 3 & | & 0 \end{bmatrix} \xrightarrow{r_{23}^{(-1)}} \begin{bmatrix} 1 & 2 & -1 & | & 7 \\ 0 & -1 & 3 & | & 0 \\ 0 & 0 & 0 & | & 0 \end{bmatrix}$

因為 rank(A) = rank$([A \mid B])$ = 2 < 3，

所以聯立方程組為具有 3 − rank(A) = 1 之一個參數的無窮多解。

由 $\begin{cases} x_1 + 2x_2 - x_3 = 7 \\ -x_2 + 3x_3 = 0 \end{cases}$，令 $x_3 = c$，則 $x_2 = 3c$，$x_1 = 7 - 5c$，

所以聯立方程組之解為：

$X = \begin{bmatrix} x_1 \\ x_2 \\ x_3 \end{bmatrix} = \begin{bmatrix} 7-5c \\ 3c \\ c \end{bmatrix} = c\begin{bmatrix} -5 \\ 3 \\ 1 \end{bmatrix} + \begin{bmatrix} 7 \\ 0 \\ 0 \end{bmatrix}$，其中齊性解 $X_h = c\begin{bmatrix} -5 \\ 3 \\ 1 \end{bmatrix}$，特解 $X_p = \begin{bmatrix} 7 \\ 0 \\ 0 \end{bmatrix}$。

範例 7

已知 $\begin{bmatrix} 1 & -1 & 2 \\ 2 & -2 & 4 \\ 4 & -4 & 8 \end{bmatrix} \begin{bmatrix} x_1 \\ x_2 \\ x_3 \end{bmatrix} = \begin{bmatrix} 4 \\ 8 \\ 16 \end{bmatrix}$，即 $AX = B$，

(1) 求 A 的 rank 與需假設之參數個數。

(2) 求解 $AX = B$。

解

(1) $[A \mid B] = \begin{bmatrix} 1 & -1 & 2 & | & 4 \\ 2 & -2 & 4 & | & 8 \\ 4 & -4 & 8 & | & 16 \end{bmatrix} \xrightarrow{r_{12}^{(-2)} r_{13}^{(-4)}} \begin{bmatrix} 1 & -1 & 2 & | & 4 \\ 0 & 0 & 0 & | & 0 \\ 0 & 0 & 0 & | & 0 \end{bmatrix}$，

得 $\text{rank}(A) = \text{rank}([A \mid B]) = 1$，需假設之參數個數 $= 3 - 1 = 2$。

(2) 令 $x_2 = c_1$，$x_3 = c_2$，又 $x_1 - x_2 + 2x_3 = 4$，即 $x_1 = c_1 - 2c_2 + 4$。

$\therefore$ 解 $X = \begin{bmatrix} x_1 \\ x_2 \\ x_3 \end{bmatrix} = \begin{bmatrix} c_1 - 2c_2 + 4 \\ c_1 \\ c_2 \end{bmatrix} = c_1 \begin{bmatrix} 1 \\ 1 \\ 0 \end{bmatrix} + c_2 \begin{bmatrix} -2 \\ 0 \\ 1 \end{bmatrix} + \begin{bmatrix} 4 \\ 0 \\ 0 \end{bmatrix}$，

即齊性解 $X_h = c_1 \begin{bmatrix} 1 \\ 1 \\ 0 \end{bmatrix} + c_2 \begin{bmatrix} -2 \\ 0 \\ 1 \end{bmatrix}$，特解 $X_p = \begin{bmatrix} 4 \\ 0 \\ 0 \end{bmatrix}$。

4-3.5　克萊瑪法則(Cramer's Rule)

利用行列式來計算聯立線性方程組中的所有解之觀念，是由加白利－克萊瑪 (Gabriel Cramer, 1704－1752)，首先提出此方法，雖然在計算上並非最有效率，但在很多理論的推導上卻相對有用，先以二階聯立方程組為例：

$A_{2\times2} X_{2\times1} = B_{2\times1}$，且 $|A| \neq 0$，即 $\begin{bmatrix} a_{11} & a_{12} \\ a_{21} & a_{22} \end{bmatrix} \begin{bmatrix} x_1 \\ x_2 \end{bmatrix} = \begin{bmatrix} b_1 \\ b_2 \end{bmatrix} \Rightarrow \begin{cases} a_{11}x_1 + a_{12}x_2 = b_1 \\ a_{21}x_1 + a_{22}x_2 = b_2 \end{cases}$，

利用代入消去法可得：$x_1 = \dfrac{b_1 a_{11} - b_2 a_{21}}{a_{11}a_{22} - a_{21}a_{12}} = \dfrac{\begin{vmatrix} b_1 & a_{12} \\ b_2 & a_{22} \end{vmatrix}}{\begin{vmatrix} a_{11} & a_{12} \\ a_{21} & a_{22} \end{vmatrix}} = \dfrac{\Delta_1}{|A|}$，

其中 Δ_1 表示 A 中第一行用 B 代替後之矩陣行列式值。同理，$x_2 = \dfrac{\begin{vmatrix} a_{11} & b_1 \\ a_{21} & b_2 \end{vmatrix}}{\begin{vmatrix} a_{11} & a_{12} \\ a_{21} & a_{22} \end{vmatrix}} = \dfrac{\Delta_2}{|A|}$

推廣

設聯立方程組 $A_{n \times n} X_{n \times 1} = B_{n \times 1} = \begin{bmatrix} b_1 \\ b_2 \\ \vdots \\ b_n \end{bmatrix}$，且 $|A_{n \times n}| \neq 0$，則 $X = A^{-1}B$，即

$$X = \frac{adj(A) \cdot B}{|A|} = \frac{\Sigma}{|A|}$$

其中 $\Sigma = adj(A)B = \begin{bmatrix} C_{11} & C_{21} & \cdots & C_{n1} \\ C_{12} & C_{22} & & \vdots \\ \vdots & \vdots & & \vdots \\ C_{1n} & C_{2n} & \cdots & C_{nn} \end{bmatrix} \begin{bmatrix} b_1 \\ b_2 \\ \vdots \\ b_n \end{bmatrix}$。在左式矩陣相乘的結果中令

$\Delta_1 = b_1 C_{11} + b_2 C_{21} + \cdots + b_n C_{n1}$，$\Delta_2 = b_1 C_{12} + b_2 C_{22} + \cdots + b_n C_{n2}$，$\cdots\cdots$，即 Δ_i 為 A 之第 i 行用 B 取代後之矩陣的行列式值($i = 1, 2, \cdots, n$)，則聯立方程組之解 x_i 為

$$x_i = \frac{\Delta_i}{|A|}$$

範例 8

利用克萊瑪法則求解下列方程式的解：

$$\begin{cases} 3x + 2y + 4z = 1 \\ 2x - y + z = 0 \\ x + 2y + 3z = 1 \end{cases} \circ$$

解

令 $\Delta = |\boldsymbol{A}| = \begin{vmatrix} 3 & 2 & 4 \\ 2 & -1 & 1 \\ 1 & 2 & 3 \end{vmatrix} = -5 \neq 0$，故有唯一解。

$\Delta x = \begin{vmatrix} 1 & 2 & 4 \\ 0 & -1 & 1 \\ 1 & 2 & 3 \end{vmatrix} = 1$，$\Delta y = \begin{vmatrix} 3 & 1 & 4 \\ 2 & 0 & 1 \\ 1 & 1 & 3 \end{vmatrix} = 0$，$\Delta z = \begin{vmatrix} 3 & 2 & 1 \\ 2 & -1 & 0 \\ 1 & 2 & 1 \end{vmatrix} = -2$，

由克萊瑪法則則得 $x = \dfrac{\Delta x}{\Delta} = -\dfrac{1}{5}$，$y = \dfrac{\Delta y}{\Delta} = 0$，$z = \dfrac{\Delta z}{\Delta} = \dfrac{2}{5}$。

4-3　習題演練

求下列各矩陣之秩數，並求齊性聯立方程組 $AX = 0$ 之解

1. $\begin{bmatrix} 5 & -3 \\ 0 & 0 \end{bmatrix}$　　2. $\begin{bmatrix} 3 & -3 \\ 1 & -1 \end{bmatrix}$

3. $\begin{bmatrix} 3 & -3 \\ 1 & -2 \end{bmatrix}$　　4. $\begin{bmatrix} 1 & -2 \\ 4 & -8 \\ 6 & -1 \\ 4 & 5 \end{bmatrix}$

5. $\begin{bmatrix} 1 & 2 \\ 3 & 6 \\ -1 & 3 \\ 3 & -9 \\ 1 & 7 \end{bmatrix}$　　6. $\begin{bmatrix} 4 & 4 & -2 \\ -4 & -4 & 2 \\ -2 & -2 & 1 \end{bmatrix}$

7. $\begin{bmatrix} -9 & 8 & -4 \\ 8 & -9 & -4 \\ -4 & -4 & -32 \end{bmatrix}$

8. $\begin{bmatrix} 3 & 4 & -2 \\ 4 & 3 & -2 \\ -2 & -2 & -1 \end{bmatrix}$

9. $\begin{bmatrix} 4 & -1 & 2 & 1 \\ 2 & -11 & 7 & 8 \\ 0 & 7 & -4 & -5 \\ 2 & 3 & -1 & -2 \end{bmatrix}$

10. $\begin{bmatrix} 1 & 2 & 1 & -1 & 2 \\ 1 & 4 & 5 & -3 & 8 \\ -2 & -1 & 4 & -1 & 5 \\ 3 & 7 & 5 & -4 & 9 \end{bmatrix}$

齊性聯立方程組 $AX = 0$，其中 A 矩陣如下所示，分別求其 A 矩陣的秩數與需假設之參數個數，並求其通解。

11. $\begin{bmatrix} 1 & 1 & 2 \\ 0 & 1 & 1 \\ 1 & 3 & 4 \end{bmatrix}$

12. $\begin{bmatrix} 1 & 2 & 3 \\ 2 & 5 & 3 \\ 1 & 0 & 8 \end{bmatrix}$

13. $\begin{bmatrix} 1 & 2 & -1 & 1 \\ 0 & 1 & -1 & 1 \end{bmatrix}$

以下每一小題均利用高斯消去法、高斯喬登消去法與克萊瑪法則之三種方法，求解下列聯立方程組。

14. $\begin{cases} x_1 + 2x_2 + 3x_3 = 4 \\ 2x_1 + 5x_2 + 3x_3 = 5 \\ x_1 + 8x_3 = 9 \end{cases}$

15. $\begin{cases} 2x_1 - 4x_2 + 3x_3 = 3 \\ x_1 - x_2 + x_3 = 2 \\ 3x_1 + 2x_2 - x_3 = 4 \end{cases}$

16. $\begin{cases} 2x_1 + 3x_2 - 4x_3 = 1 \\ 3x_1 - x_2 - 2x_3 = 4 \\ 4x_1 - 7x_2 - 6x_3 = -7 \end{cases}$

非齊性聯立方程組 $AX = B$，其中 A，B 矩陣分別如下所示，先檢驗其 $\text{rank}(A)$ 與 $\text{rank}(A \vdots B)$ 是否相等，若是相等，則求此聯立方程組之通解。

17. $A = \begin{bmatrix} 1 & 1 & 1 \\ 1 & -1 & 1 \\ 3 & 1 & 3 \end{bmatrix}$, $B = \begin{bmatrix} 1 \\ 2 \\ 4 \end{bmatrix}$

18. $A = \begin{bmatrix} 1 & 0 & 1 & 0 \\ 2 & 2 & 0 & 3 \\ 0 & 4 & -4 & 5 \end{bmatrix}$, $B = \begin{bmatrix} 2 \\ 1 \\ -7 \end{bmatrix}$

19. 若 $X_p = \begin{bmatrix} -7 & 8 & 9 & 11 \end{bmatrix}^T$

    為 $\begin{cases} x_1 - x_2 + x_3 - x_4 = a \\ -2x_1 + 3x_2 - x_3 + 2x_4 = b \\ 4x_1 - 2x_2 + 2x_3 - 3x_4 = d \end{cases}$ 之一特解，

    則此聯立方程組之通解為何？

20. 若 $X_p = \begin{bmatrix} 7 & 8 & 9 & 13 \end{bmatrix}^T$ 為

    $\begin{cases} x_1 + x_3 - x_4 = a \\ -x_1 + x_2 + x_3 + 2x_4 = b \\ x_1 + 2x_2 + 5x_3 + x_4 = d \end{cases}$ 之一特解，

    則此聯立方程組之通解為何？

考慮一個聯立方程組 $A_{3\times3} X_{3\times1} = B_{3\times1}$，其中

$A_{3\times3} = \begin{bmatrix} 1 & a & 3 \\ 1 & 2 & 2 \\ 1 & 3 & a \end{bmatrix}$, $B_{3\times1} = \begin{bmatrix} 2 \\ 3 \\ a+3 \end{bmatrix}$

求 a 之值，使此聯立方程組為

21. 唯一解

22. 無窮多解

23. 無解

考慮一個聯立方程組 $A_{3\times3} X_{3\times1} = B_{3\times1}$，其中

$A_{3\times3} = \begin{bmatrix} 0 & a & 1 \\ a & 0 & b \\ a & a & 2 \end{bmatrix}$, $B_{3\times1} = \begin{bmatrix} b \\ 1 \\ 2 \end{bmatrix}$

求 a, b 之值，使此聯立方程組為

24. 唯一解

25. 一個參數解

26. 兩個參數解

27. 無解

考慮一個聯立方程組 $A_{3\times3} X_{3\times1} = B_{3\times1}$，其中

$A_{3\times3} = \begin{bmatrix} 1 & -2 & 3 \\ 2 & k+1 & 6 \\ -1 & 3 & k-2 \end{bmatrix}$, $B_{3\times1} = \begin{bmatrix} 2 \\ 8 \\ -1 \end{bmatrix}$,

求 k 值，使此聯立方程組為

28. 無窮多解

29. 唯一解

30. 無解

4-4　特徵值與特徵向量

在工程應用中，很多的線性系統會存在保留原物理量的形態，只將其此物理量放大或縮小，其中大家常常看到這一類的系統就是麥克風系統，此系統會將講者的物理量(聲音)放大，在工程數學上，我們稱此系統爲特徵值系統，接下來就是要介紹此種系統。

4-4.1　基本定義與定理

特徵值

設 A 爲 $n×n$ 階矩陣，若 X 爲 $\mathbb{R}^n$ 之非零向量，且滿足

$$A_{n×n}X_{n×1} = \lambda X_{n×1}$$

(其中 λ 爲純量)，則稱 $A_{n×n}X_{n×1}=\lambda X_{n×1}$ 爲特徵值系統(Eigensystem)，且 X 爲 A 之特徵向量(Eigenvector)，λ 爲 X 所對應之特徵值(Eigenvalue)。

設 A 爲 n 階實方陣，則由定義可知，A 會在特徵向量上做同方向的尺度變換，所以若特徵值爲 λ，則 $|\lambda|$ 爲 X 在 L 上之尺度變換係數；而其對應的特徵向量 X 在被 A 轉換前後方位一致，如圖 4-1 所示。

圖 4-1　特徵值系統示意圖

定理

設 A 爲 n 階方陣，若且唯若 λ 爲 A 之特徵值，則 λ 爲 $\det(A - \lambda I) = |A - \lambda I| = 0$ 之根。

[證明]

由 $AX = \lambda X \Rightarrow (A - \lambda I)X = 0$ 若且唯若 $\text{rank}(A - \lambda I) < n$，即 $|A - \lambda I| = 0$，因此我們知道 $AX = \lambda X$ 具有非零解 X。

同時根據齊性聯立方程組的定義，可知 X 爲特徵向量若且唯若 $X \in (A - \lambda I)X = 0$ 之非零解。 ■

定義

設 A 爲 $n \times n$ 方陣，則

$$f(\lambda) = \det(A - \lambda I) = |A - \lambda I| = \begin{vmatrix} a_{11} - \lambda & a_{12} & \cdots & a_{1n} \\ \vdots & & & \\ \vdots & & \ddots & \\ \vdots & & & \ddots & \\ a_{1n} & \cdots & \cdots & a_{nn} - \lambda \end{vmatrix}$$

稱爲 A 的特徵多項式；$f(\lambda) = 0$，稱爲 A 的特徵方程式(Characteristic equation)。

以 $A = \begin{bmatrix} 1 & 2 \\ 2 & 1 \end{bmatrix}$ 爲例：$f(\lambda) = \det(A - \lambda I) = \begin{vmatrix} 1 - \lambda & 2 \\ 2 & 1 - \lambda \end{vmatrix} = (1 - \lambda)^2 - 4 = \lambda^2 - 2\lambda - 3$

稱爲特徵多項式，而 $\lambda^2 - 2\lambda - 3 = 0$ 稱爲特徵方程式，而其根 $\lambda = 3, -1$ 稱爲特徵值。

定理

設 A 為 $n \times n$ 方陣，若 $f(x) = \det(A - \lambda I)$

$$= (-1)^n[\lambda^n - \beta\lambda^{n-1} + \beta_2\lambda^{n-1} + \beta_2\lambda^{n-2} + \cdots + (-1)^n\beta_n]$$

則 β_k 為 A 之所有 k 階主子方陣行列式值之和。

[說明]

1. $n = 2$ 時，

    由 $|A - \lambda I| = \begin{vmatrix} a_{11} - \lambda & a_{12} \\ a_{21} & a_{22} - \lambda \end{vmatrix} = (-1)^2\left[\lambda^2 - \beta_1\lambda + \beta_2\right]$，故

    $\beta_1 = a_{11} + a_{22} = tr(A)$，$\beta_2 = \begin{vmatrix} a_{11} & a_{12} \\ a_{21} & a_{22} \end{vmatrix} = |A|$。

2. 討論 $n = 3$ 時，

    $$|A - \lambda I| = \begin{vmatrix} a_{11} - \lambda & a_{12} & a_{13} \\ a_{21} & a_{22} - \lambda & a_{23} \\ a_{31} & a_{32} & a_{33} - \lambda \end{vmatrix}$$

    $$= (-1)^3\left[\lambda^3 - \beta_1\lambda^2 + \beta_2\lambda - \beta_3\right]，故$$

    $\beta_1 = a_{11} + a_{22} + a_{33} = tr(A)$，

    $\beta_2 = \begin{vmatrix} a_{11} & a_{12} \\ a_{21} & a_{22} \end{vmatrix} + \begin{vmatrix} a_{22} & a_{23} \\ a_{32} & a_{33} \end{vmatrix} + \begin{vmatrix} a_{11} & a_{13} \\ a_{31} & a_{33} \end{vmatrix} = A_{11} + A_{22} + A_{33}$，

    $\beta_3 = |A| = \begin{vmatrix} a_{11} & a_{12} & a_{13} \\ a_{21} & a_{22} & a_{23} \\ a_{31} & a_{32} & a_{33} \end{vmatrix}$。

Note

特徵方程式的決定

(1) $A_{2\times2}$：

$|A - \lambda I| = (-1)^2\left[\lambda^2 - tr(A)\lambda + |A|\right]$。

(2) $A_{3\times3}$：

$|A - \lambda I| = (-1)^3\left[\lambda^3 - tr(A)\lambda^2 + (A_{11} + A_{22} + A_{33})\lambda - |A|\right]$。

範例 *1*

求下列方陣之特徵多項式與特徵值：

(1) $A = \begin{bmatrix} 3 & 1 \\ 1 & 3 \end{bmatrix}$; (2) $A = \begin{bmatrix} 0 & 1 & -2 \\ 2 & 1 & 0 \\ 4 & -2 & 5 \end{bmatrix}$ 。

解

(1) A 的特徵多項式為：

$|A - \lambda I| = (-1)^2 [\lambda^2 - tr(A)\lambda + |A|] = \lambda^2 - (3+3)\lambda + (9-1) = \lambda^2 - 6\lambda + 8$ 。

因 $|A - \lambda I| = \lambda^2 - 6\lambda + 8 = 0 \Rightarrow \lambda = 2, 4$ ，

所以 A 的特徵多項式為 $f(\lambda) = |A - \lambda I| = \lambda^2 - 6\lambda + 8$ 且特徵值為 $2, 4$ 。

(2) A 的特徵多項式為：

$|A - \lambda I| = (-1)^3 A[\lambda^3 - tr(A)\lambda^2 + (A_{11} + A_{22} + A_{33})\lambda - |A|]$ ，

其中 $tr(A) = 6$ ，

$A_{11} + A_{22} + A_{33} = \begin{vmatrix} 1 & 0 \\ -2 & 5 \end{vmatrix} + \begin{vmatrix} 0 & -2 \\ 4 & 5 \end{vmatrix} + \begin{vmatrix} 0 & 1 \\ 2 & 1 \end{vmatrix} = 5 + 8 - 2 = 11$ ，

$|A| = \begin{vmatrix} 0 & 1 & -2 \\ 2 & 1 & 0 \\ 4 & -2 & 5 \end{vmatrix} = 6$ 。

所以 A 的特徵多項式為 $f(\lambda) = |A - \lambda I| = -(\lambda^3 - 6\lambda^2 + 11\lambda - 6)$ ，

由 $|A - \lambda I| = -(\lambda^3 - 6\lambda^2 + 11\lambda - 6) = 0 \Rightarrow \lambda = 1, 2, 3$ ，特徵值為 $1, 2, 3$ 。

特徵值與特徵多項式係數關係

設 $\lambda_1, \cdots, \lambda_n$ 為 A 之 n 個特徵值，即 $\lambda_1, \cdots, \lambda_n$ 為 $|A - \lambda I| = 0$ 之 n 個根，則

$|A - \lambda I| = (-1)^n[\lambda^n - \beta_1 \lambda^{n-1} + \cdots + (-1)^n \beta_n]$

$= (-1)^n[(\lambda - \lambda_1)(\lambda - \lambda_2)\cdots(\lambda - \lambda_n)]$

$= (-1)^n[\lambda^n - (\lambda_1 + \lambda_2 + \cdots + \lambda_n)\lambda^{n-1} + \cdots + (-1)^n \lambda_1 \lambda_2 \cdots \lambda_n]$ ，

例如：

$A = \begin{bmatrix} 0 & 1 & -2 \\ 2 & 1 & 0 \\ 4 & -2 & 5 \end{bmatrix}$，由前面範例可知：$A$ 的特徵多項式為

$f(\lambda) = |A - \lambda I| = -(\lambda^3 - 6\lambda^2 + 11\lambda - 6)$，特徵值為 $\lambda_1 = 1$，$\lambda_2 = 2$，$\lambda_3 = 3$。故

$\lambda_1 + \lambda_2 + \lambda_3 = 1 + 2 + 3 = \beta_1 = tr(A) = 0 + 1 + 5$，

$\lambda_1\lambda_2 + \lambda_2\lambda_3 + \lambda_3\lambda_1 = 1 \cdot 2 + 2 \cdot 3 + 3 \cdot 1 = \beta_2 = A_{11} + A_{22} + A_{33} = 5 + 8 - 2$，

$\lambda_1 \cdot \lambda_2 \cdot \lambda_3 = 1 \cdot 2 \cdot 3 = \beta_3 = |A| = 6$。

定理

$\beta_1 = \lambda_1 + \lambda_2 + \cdots + \lambda_n = \mathrm{tr}(A)$，即 A 中 1 階主子行列式和，

$\beta_2 = \lambda_1\lambda_2 + \lambda_1\lambda_3 + \cdots = A$ 中 2 階主子行列式的和，

$\vdots$

$\beta_n = \lambda_1\lambda_2 \cdots \lambda_n = |A| = A$ 中 n 階主子行列式的和。

特徵向量之求法

設 λ_1, λ_2, $\cdots$, λ_n 為 A 的特徵值，則將 λ_i 代入 $(A - \lambda_i I)X_i = 0 \Rightarrow$ 求其非零解，即齊性聯立方程組之解 X_i 即為 $\lambda = \lambda_i$ 所對應之特徵向量。

以範例 1 的第(1)小題為例，我們要求特徵值 $\lambda = 2$ 所對應的特徵向量可將 $\lambda = 2$ 代入 $(A - \lambda I)X = 0$ 中 $\rightarrow \begin{bmatrix} 1 & 1 \\ 1 & 1 \end{bmatrix} \begin{bmatrix} x_1 \\ x_2 \end{bmatrix} = 0$，此時係數矩陣之秩數為 1，所以只有一個獨立方程式 $x_1 + x_2 = 0 \rightarrow x_2 = -x_1$ 所以 $x_1 = c_1$，則 $x_2 = -c$，則特徵向量 $X = \begin{bmatrix} x_1 \\ x_2 \end{bmatrix} = \begin{bmatrix} c \\ -c \end{bmatrix} = c\begin{bmatrix} 1 \\ -1 \end{bmatrix}$，其中 c 為非零的常數。為了方便，一般取 $c = 1$，則 $\lambda = 2$ 所對應的特徵向量為 $\begin{bmatrix} 1 \\ -1 \end{bmatrix}$，依此類推可得 $\lambda = 4$ 的特徵項量為 $\begin{bmatrix} 1 \\ 1 \end{bmatrix}$。

範例 2

求下列方陣之特徵值與特徵向量：

$A = \begin{bmatrix} -5 & 2 \\ 2 & -2 \end{bmatrix}$。

解

(1) 求特徵值：

$|A - \lambda I| = \lambda^2 - (-7)\lambda + 6 = 0 \Rightarrow \lambda = -1, -6$。

(2) 求特徵向量：

$\lambda = -1$ 時，代入 $(A - \lambda I)X = 0$ 中可得

$\begin{bmatrix} -4 & 2 \\ 2 & -1 \end{bmatrix}\begin{bmatrix} x_1 \\ x_2 \end{bmatrix} = 0$，因為係數矩陣之秩數為 1，

所以只有一個線性獨立方程式 $2x_1 - x_2 = 0$，令 $x_1 = c_1$，則 $x_2 = 2c_1$，

特徵向量 $X_1 = \begin{bmatrix} x_1 \\ x_2 \end{bmatrix} = \begin{bmatrix} c_1 \\ 2c_1 \end{bmatrix} = c_1 \begin{bmatrix} 1 \\ 2 \end{bmatrix}$，$c_1 \neq 0$。

$\lambda = -6$ 時，代入 $(A - \lambda I)X = 0$ 中可得

$\begin{bmatrix} 1 & 2 \\ 2 & 4 \end{bmatrix}\begin{bmatrix} x_1 \\ x_2 \end{bmatrix} = 0$，因為係數矩陣之秩數為 1，

所以只有一個線性獨立方程式 $x_1 + 2x_2 = 0$，令 $x_2 = c_2$，則 $x_1 = -2c_2$，

特徵向量 $X_2 = \begin{bmatrix} x_1 \\ x_2 \end{bmatrix} = \begin{bmatrix} -2c_2 \\ c_2 \end{bmatrix} = c_2 \begin{bmatrix} -2 \\ 1 \end{bmatrix}$，$c_2 \neq 0$。

Note

方程式 $ax_1 + bx_2 = 0$，表示兩向量 $\begin{bmatrix} x_1 \\ x_2 \end{bmatrix}$ 與 $\begin{bmatrix} a \\ b \end{bmatrix}$ 正交，所以 $\begin{bmatrix} x_1 \\ x_2 \end{bmatrix} = c\begin{bmatrix} b \\ -a \end{bmatrix}$ 或 $c\begin{bmatrix} -b \\ a \end{bmatrix}$。

例如從 $x_1 + 2x_2 = 0$ 可得 $\begin{bmatrix} x_1 \\ x_2 \end{bmatrix} = c \cdot \begin{bmatrix} -2 \\ 1 \end{bmatrix}$ 或 $c \cdot \begin{bmatrix} 2 \\ -1 \end{bmatrix}$，其中 c 為任意常數。

範例 *3*

$$A = \begin{bmatrix} 1 & 0 & 0 \\ 3 & 7 & 0 \\ -2 & 4 & -5 \end{bmatrix},$$

(1) 求 A 的特徵值。

(2) 求所有線性獨立的特徵向量。

解

(1) 求特徵值：

$$|A - \lambda I| = (-1)^3(\lambda^3 - (3)\lambda^2 + (-33)\lambda - (-35)) = (-1)^3(\lambda-1)(\lambda-7)(\lambda+5) = 0$$

$$\Rightarrow \lambda = 1, 7, -5 \text{。}$$

Note

A 矩陣為上(下)三角矩陣或對角線矩陣時，A 矩陣之對角線元素即為特徵值。本題中 A 為下三角矩陣，所以特徵值為對角線元素 $1, 7, -5$。

(2) 求特徵向量

① $\lambda_1 = 1$ 時，代入 $(A - \lambda_1 I)X_1 = 0$ 中可得

$$\begin{bmatrix} 0 & 0 & 0 \\ 3 & 6 & 0 \\ -2 & 4 & -6 \end{bmatrix}\begin{bmatrix} x_1 \\ x_2 \\ x_3 \end{bmatrix} = 0 \text{。}$$

因為係數矩陣之秩數為 2，所以有兩個線性獨立方程式

$$\begin{cases} 3x_1 + 6x_2 = 0 \\ -2x_1 + 4x_2 - 6x_3 = 0 \end{cases} \text{。}$$

則 $x_1 : x_2 : x_3 = \begin{vmatrix} 6 & 0 \\ 4 & -6 \end{vmatrix} : -\begin{vmatrix} 3 & 0 \\ -2 & -6 \end{vmatrix} : \begin{vmatrix} 3 & 6 \\ -2 & 4 \end{vmatrix} = -36 : 18 : 24 = -6 : 3 : 4$，

所以 $\lambda_1 = 1$ 所對應之特徵向量為

$$X_1 = c_1 \begin{bmatrix} -6 \\ 3 \\ 4 \end{bmatrix}, \ c_1 \neq 0 \text{。}$$

② $\lambda_2 = 7$，代入 $(A - \lambda_2 I)X_2 = 0$ 中可得 $\begin{bmatrix} -6 & 0 & 0 \\ 3 & 0 & 0 \\ -2 & 4 & -12 \end{bmatrix} \begin{bmatrix} x_1 \\ x_2 \\ x_3 \end{bmatrix} = 0$，

因為係數矩陣之秩數為 2，

所以有兩個線性獨立方程式 $\begin{cases} 3x_1 + 0x_2 + 0x_3 = 0 \\ -2x_1 + 4x_2 - 12x_3 = 0 \end{cases}$。而

$x_1 : x_2 : x_3 = \begin{vmatrix} 0 & 0 \\ 4 & -12 \end{vmatrix} : -\begin{vmatrix} 3 & 0 \\ -2 & -12 \end{vmatrix} : \begin{vmatrix} 3 & 0 \\ -2 & 4 \end{vmatrix} = 0 : 36 : 12 = 0 : 3 : 1$，

所以 $\lambda_2 = 7$ 所對應之特徵向量為 $X_2 = c_2 \begin{bmatrix} 0 \\ 3 \\ 1 \end{bmatrix}$，$c_2 \neq 0$。

③ $\lambda_3 = -5$，代入 $(A - \lambda_3 I)X_3 = 0$ 中可得 $\Rightarrow \begin{bmatrix} 6 & 0 & 0 \\ 3 & 12 & 0 \\ -2 & 4 & 0 \end{bmatrix} \begin{bmatrix} x_1 \\ x_2 \\ x_3 \end{bmatrix} = 0$，

因為係數矩陣之秩數為 2，

所以有兩個線性獨立方程式 $\begin{cases} 6x_1 + 0x_2 + 0x_3 = 0 \\ 3x_1 + 12x_2 + 0x_3 = 0 \end{cases}$。而

$x_1 : x_2 : x_3 = \begin{vmatrix} 0 & 0 \\ 12 & 0 \end{vmatrix} : -\begin{vmatrix} 6 & 0 \\ 3 & 0 \end{vmatrix} : \begin{vmatrix} 6 & 0 \\ 3 & 12 \end{vmatrix} = 0 : 0 : 72 = 0 : 0 : 1$，

所以 $\lambda_3 = -5$ 所對應之特徵向量為 $X_3 = c_3 \begin{bmatrix} 0 \\ 0 \\ 1 \end{bmatrix}$，$c_3 \neq 0$。

Note

對於聯立方程組 $\begin{cases} a_1 x_1 + b_1 x_2 + c_1 x_3 = 0 \\ a_2 x_1 + b_2 x_2 + c_2 x = 0 \end{cases}$，可以視為 $\vec{X} = \begin{bmatrix} x_1 \\ x_2 \\ x_3 \end{bmatrix}$ 與 $\vec{u} = \begin{bmatrix} a_1 \\ b_1 \\ c_1 \end{bmatrix}$ 及 $\vec{v} = \begin{bmatrix} a_2 \\ b_2 \\ c_2 \end{bmatrix}$ 正交，

即 $\begin{cases} \vec{X} \cdot \vec{u} = 0 \\ \vec{X} \cdot \vec{v} = 0 \end{cases}$，所以 $\vec{X} = \begin{bmatrix} x_1 \\ x_2 \\ x_3 \end{bmatrix}$ 可以取 $\vec{u} = \begin{bmatrix} a_1 \\ b_1 \\ c_1 \end{bmatrix}$ 與 $\vec{v} = \begin{bmatrix} a_2 \\ b_2 \\ c_2 \end{bmatrix}$ 之外積向量的比：

$x_1 : x_2 : x_3 = \begin{vmatrix} b_1 & c_1 \\ b_2 & c_2 \end{vmatrix} : -\begin{vmatrix} a_1 & c_1 \\ a_2 & c_2 \end{vmatrix} : \begin{vmatrix} a_1 & b_1 \\ a_2 & b_2 \end{vmatrix}$。

4-4.2 n 階方陣 A 之特徵值與特徵向量之重要性質

1. 相異特徵值所對應之特徵向量必線性獨立。

2. A 為一奇異方陣($|A| = 0$)若且唯若 A 至少有一特徵值為 0。

3. A 與 A^T 具有相同特徵值。

4. 設 A 為上(下)三角矩陣或對角線矩陣,則 A 之 n 個特徵值為其對角線元素 $a_{11}, a_{22}, \cdots, a_{nn}$。

5. 設 A 之 n 個特徵值為 $\lambda_1, \lambda_2, \cdots, \lambda_n$,則:

   (1) αA 之 n 個特徵值為 $\alpha\lambda_1, \alpha\lambda_2, \cdots \alpha\lambda_n$。

   (2) A^m 之 n 個特徵值為 $\lambda_1^m, \lambda_2^m, \cdots, \lambda_n^m$。

   (3) 設 $B = \alpha_k A^k + \cdots + \alpha_1 A + \alpha_0 I$,則 B 之 n 個特徵值為:

   $\alpha_k \lambda_i^k + \cdots + \alpha_1 \lambda_i + \alpha_0$;$i = 1, 2, \cdots, n$。

   (4) 設 A 為一可逆方陣,則 A^{-1} 之 n 個特徵值為 $\lambda_1^{-1}, \lambda_2^{-1}, \cdots, \lambda_n^{-1}$。

6. 上述之 αA, A^m, B, A^{-1} 均與 A 具有相同的特徵向量。

範例 *4*

設 A 為 3×3 的矩陣,且其特徵值為 1, 2, 3

(1) 求 $2A^{-1} + I$ 的特徵值。 (2) 若 $A = \begin{bmatrix} 2 & -1 & 1 \\ 1 & 2 & -1 \\ 1 & -1 & a \end{bmatrix}$,求 $a = ?$

(3) rank$(A^5) = ?$

解

(1) $|A| = 1 \cdot 2 \cdot 3 = 6 \neq 0$,$\therefore A^{-1}$ 存在,

   故 $B = 2A^{-1} + I$ 之特徵值為 $2 \cdot \dfrac{1}{1} + 1 = 3$,$2 \cdot \dfrac{1}{2} + 1 = 2$,$2 \cdot \dfrac{1}{3} + 1 = \dfrac{5}{3}$。

(2) $tr(A) = 4 + a = \lambda_1 + \lambda_2 + \lambda_3 = 6 \Rightarrow a = 2$。

(3) $\det(A^5) = |A|^5 = 6^5 \neq 0$,$\therefore$ rank$(A^5) = 3$。

4-4.3 特徵值之特例與快速求法

A 矩陣之特徵值必滿足 $|A - \lambda I| = 0$，即 A 矩陣之主對角線元素同減去一數後，其行列式值為 0，該減去之數即為 A 矩陣之特徵值。所以求解特徵值時，可以先觀察看看 A 矩陣主對角線同減一數後，會不會出現某一列(行)全為 0 或是某兩列(行)成比例，再配合所有特徵值之和為 $tr(A)$，可以觀察出部分特徵值，如此可以降低求解高次方程式之麻煩。例如：$A = \begin{bmatrix} 2 & 1 & 0 \\ 2 & 1 & 0 \\ 0 & 0 & 5 \end{bmatrix}$，則 A 矩陣之主對角線元素同減 5 後，第三列為零列，

所以有一特徵值為 5。又同減 0 後(即不用減)，第一列與第二列成比例，所以又有一特徵值為 0。最後再利用所有特徵值的和為 $tr(A) = 2 + 1 + 5 = 8$，所以第三個特徵值為 $8 - 5 - 0 = 3$。如此可以輕易求得三個特徵值，而不用解一元三次方程式。

另外有一奇特的性質也是值得注意的：若 A 矩陣中各列(行)和均相同，則此相同的數為 A 矩陣之特徵值。

例如：$A = \begin{bmatrix} 9 & 1 & 1 \\ 1 & 9 & 1 \\ 1 & 1 & 9 \end{bmatrix}$，則所有列和均為 11，所以 A 矩陣必有特徵值為 11，且大小為

其中一個特徵向量。

範例 5

求 $A = \begin{bmatrix} 9 & 1 & 1 \\ 1 & 9 & 1 \\ 1 & 1 & 9 \end{bmatrix}$ 的特徵值與特徵向量。

解

(1) 求特徵值：

由 $|A - \lambda I| = 0$ 得 $\lambda = 8, 8, 11$。

(2) 求特徵向量：

① $\lambda = 8$ 代回 $(A - \lambda I)X = 0$ 可得

$$\Rightarrow \begin{bmatrix} 1 & 1 & 1 \\ 1 & 1 & 1 \\ 1 & 1 & 1 \end{bmatrix} \begin{bmatrix} x_1 \\ x_2 \\ x_3 \end{bmatrix} = 0 \Rightarrow x_1 + x_2 + x_3 = 0 \text{。}$$

令 $x_2 = c_1$，$x_3 = c_2$，則 $x_1 = -c_1 - c_2$，得 $X = c_1 \begin{bmatrix} -1 \\ 1 \\ 0 \end{bmatrix} + c_2 \begin{bmatrix} -1 \\ 0 \\ 1 \end{bmatrix}$，

特徵向量可取為 $X_1 = c_1 \begin{bmatrix} -1 \\ 1 \\ 0 \end{bmatrix}$ $(c_1 \neq 0)$，$X_2 = c_2 \begin{bmatrix} -1 \\ 0 \\ 1 \end{bmatrix}$ $(c_2 \neq 0)$。

② $\lambda = 11$ 代回 $(A - \lambda I)X = 0$

可得 $\Rightarrow \begin{bmatrix} -2 & 1 & 1 \\ 1 & -2 & 1 \\ 1 & 1 & -2 \end{bmatrix} \begin{bmatrix} x_1 \\ x_2 \\ x_3 \end{bmatrix} = 0 \Rightarrow \begin{cases} -2x_1 + x_2 + x_3 = 0 \\ x_1 - 2x_2 + x_3 = 0 \end{cases}$，

令 $x_3 = c_3$，$x_1 = c_3$，$x_2 = c_3$，

特徵向量 $\Rightarrow X_3 = c_3 \begin{bmatrix} 1 \\ 1 \\ 1 \end{bmatrix}$，$c_3 \neq 0$。

Note

(1) 由所有列和均為 11，所以特徵值有 11。

(2) A 矩陣主對角線元素同減 8 後成比例，所以特徵值有 8。

(3) 再有所有特徵值和為 $tr(A) = 27$，所以另一個特徵值為 $27 - 11 - 8 = 8$。

4-4 習題演練

求下列各方陣之特徵值與特徵向量

1. $\begin{bmatrix} 5 & 4 \\ 1 & 2 \end{bmatrix}$; 　 2. $\begin{bmatrix} 2 & 4 \\ 6 & 4 \end{bmatrix}$

3. $\begin{bmatrix} -3 & 2 \\ 6 & 1 \end{bmatrix}$; 　 4. $\begin{bmatrix} 0 & 0 \\ 0 & 0 \end{bmatrix}$

5. $\begin{bmatrix} 4 & 0 & 0 \\ 0 & 8 & 0 \\ 0 & 0 & 6 \end{bmatrix}$

6. $\begin{bmatrix} 1 & -1 & 0 \\ -1 & 2 & -1 \\ 0 & -1 & 1 \end{bmatrix}$

7. $\begin{bmatrix} 3 & 0 & 0 \\ 1 & -2 & -8 \\ 0 & -5 & 1 \end{bmatrix}$

8. $\begin{bmatrix} 8 & 0 & 3 \\ 2 & 2 & 1 \\ 2 & 0 & 3 \end{bmatrix}$

9. $\begin{bmatrix} -2 & 2 & -3 \\ 2 & 1 & -6 \\ -1 & -2 & 0 \end{bmatrix}$

10. $\begin{bmatrix} 13 & 0 & -15 \\ -3 & 4 & 9 \\ 5 & 0 & -7 \end{bmatrix}$

11. $\begin{bmatrix} 2 & 1 & 1 \\ 1 & 2 & 1 \\ 1 & 1 & 2 \end{bmatrix}$

12. $\begin{bmatrix} 0 & 1 & 1 \\ 1 & 0 & 1 \\ 1 & 1 & 0 \end{bmatrix}$

4-5　矩陣對角化

　　矩陣對角化在矩陣運算與線性代數中有重要價值，因為對角矩陣是比較容易處理，在本節中將介紹如何利用特徵值系統所得到的特徵值與特徵向量對一個矩陣進行對角化，以利後續計算該矩陣的高次矩陣函數。

4-5.1　相似矩陣(Similar matrix)

定義

　　設 A, B 均為 n 階方陣，若存在一非奇異方陣(nonsingular matrix)Q 使得 $Q^{-1}AQ = B$，則稱 A 相似於 B，記作 $A \sim B$，A 與 B 為相似矩陣。

性質

若 $A \sim B$，則

1. $\det(A) = \det(B)$。

2. $\operatorname{rank}(A) = \operatorname{rank}(B)$。

3. A 與 B 具有相同的特徵值。

4. $\operatorname{trace}(A) = \operatorname{trace}(B)$。

[證明]

1. $A \sim B$，則

$$\det(B) = \det(Q^{-1}AQ) = \det(Q^{-1})\det(A)\det(Q) = \frac{1}{\det(Q)}\det(A)\det(Q) = \det(A)。$$

2. $A \sim B$，則此兩相似矩陣具有相同特徵多項式：

$$|B - \lambda I| = |Q^{-1}AQ - \lambda Q^{-1}Q| = |Q^{-1}(A - \lambda I)Q| = |Q^{-1}||A - \lambda I||Q| = |A - \lambda I|。$$

所以相似矩陣具有相同特徵值。

3. 因 $\operatorname{tr}(AB) = \operatorname{tr}(BA)$，所以 $\operatorname{tr}(B) = \operatorname{tr}[(Q^{-1}A)Q] = \operatorname{tr}[(QQ^{-1})A] = \operatorname{tr}(A)$。　∎

4-5.2 矩陣之對角化(Matrix diagonalization)

定義

設 A 爲一 n 階方陣，若存在 P 爲一可逆方陣滿足 $P^{-1}AP$ 爲一對角矩陣 D，則稱 A 可對角化(Diagonalizable)，且 P 稱爲 A 之過渡矩陣(Transition matrix)。

定理

設 A 爲一 n 階方陣。A 具有 n 個線性獨立的特徵向量若且唯若 A 與一對角矩陣 D 相似，即 A 可對角化。

証明

充分條件

設 $V_1, V_2, \cdots, V_n$ 爲相應 A 之 n 個特徵值 $\lambda_1, \lambda_2, \cdots, \lambda_n$(可能重覆)之 n 個線性獨立的特徵向量，滿足 $AV_1 = \lambda_1 V_1$, $AV_2 = \lambda_2 V_2, \cdots$, $AV_n = \lambda_n V_n$，令 $P = \{V_1, V_2, \cdots, V_n\}$，

則 $AP = A[V_1, V_2, \cdots, V_n] = [AV_1 \quad AV_2 \quad \cdots \quad AV_n] = [\lambda_1 V_1 \quad \lambda_2 V_2 \quad \cdots \quad \lambda_n V_n]$

$$= [V_1 \quad V_2 \quad \cdots \quad V_n] \begin{bmatrix} \lambda_1 & & & 0 \\ & \lambda_2 & & \\ & & \ddots & \\ 0 & & & \lambda_n \end{bmatrix} = PD$$

$\Rightarrow AP = PD \Rightarrow P^{-1}AP = D$。

必要條件

$\because A \sim D$，$\therefore \exists P$ 可逆並滿足 $P^{-1}AP = D$，則 $AP = PD$。

令 $P = \begin{bmatrix} \xi_1 & \xi_2 & \cdots & \xi_n \end{bmatrix}$，$D = \begin{bmatrix} d_1 & & 0 \\ & \ddots & \\ 0 & & d_n \end{bmatrix}$，則

$$A\begin{bmatrix} \xi_1 & \xi_2 & \cdots & \xi_n \end{bmatrix} = \begin{bmatrix} \xi_1 & \xi_2 & \cdots & \xi_n \end{bmatrix}\begin{bmatrix} d_1 & & 0 \\ & \ddots & \\ 0 & & d_n \end{bmatrix} = \begin{bmatrix} d_1\xi_1 & \cdots & d_n\xi_n \end{bmatrix}$$

$\Rightarrow A\xi_k = d_k\xi_k$，其中 $k = 1, 2, 3, \cdots, n$。

$\therefore d_1, d_2, \cdots, d_n$ 為 A 之 n 個特徵值，且 $\xi_1, \xi_2, \cdots, \xi_n$ 為其相應之特徵向量。

又 P 可逆 $\Rightarrow \xi_1, \xi_2, \cdots, \xi_n$ 必線性獨立。 ■

性質

若 n 階方陣 A 具有 n 個相異特徵值，則 A 必可對角化。

Note

對角化時，過渡矩陣 P 中特徵向量的排列，要依序跟對角線矩陣 D 中所對應的特徵值一致。

範例 *1*

$$A = \begin{bmatrix} 5 & 10 \\ 4 & -1 \end{bmatrix},$$

(1) 求一矩陣 P 使得 $P^{-1}AP = D$ 爲一對角矩陣。

(2) 求此對角化矩陣 D。

解

(1) 由 $|A - \lambda I| = 0 \Rightarrow (-1)^2 [\lambda^2 - 4\lambda - 45] = 0 \Rightarrow (\lambda - 9)(\lambda + 5) = 0$，

$\lambda = 9$，-5，(行和爲 9，必有特徵值爲 9)。

$\lambda = 9 \Rightarrow (A - \lambda I)X = \mathbf{0} \Rightarrow \begin{bmatrix} -4 & 10 \\ 4 & -10 \end{bmatrix} \begin{bmatrix} x_1 \\ x_2 \end{bmatrix} = \mathbf{0} \Rightarrow X_1 = c_1 \begin{bmatrix} 5 \\ 2 \end{bmatrix}$，$c_1 \neq 0$，

$\lambda = -5 \Rightarrow (A - \lambda I)X = \mathbf{0} \Rightarrow \begin{bmatrix} 10 & 10 \\ 4 & 4 \end{bmatrix} \begin{bmatrix} x_1 \\ x_2 \end{bmatrix} = \mathbf{0} \Rightarrow X_2 = c_2 \begin{bmatrix} 1 \\ -1 \end{bmatrix}$，$c_2 \neq 0$，

$\therefore P = \begin{bmatrix} 5 & 1 \\ 2 & -1 \end{bmatrix}$。

(2) $P^{-1}AP = \begin{bmatrix} 9 & 0 \\ 0 & -5 \end{bmatrix} = D$。

Note

若改基底的排列，即 $P = \begin{bmatrix} 1 & 5 \\ -1 & 2 \end{bmatrix}$，則 $P^{-1}AP = \begin{bmatrix} -5 & 0 \\ 0 & 9 \end{bmatrix} = D$。

範例 2

$$A = \begin{bmatrix} 0 & 1 & 0 \\ 1 & 0 & 0 \\ 0 & 0 & 1 \end{bmatrix},$$

(1) 求矩陣 A 之特徵值。

(2) 求矩陣 A 之特徵向量。

(3) 求矩陣 P，使 $P^{-1}AP$ 成爲對角矩陣。

(4) 求 P 之反矩陣 P^{-1}。

解

(1) 由 $|A - \lambda I| = 0 \Rightarrow \lambda = -1, 1, 1$ (A 中的列和爲 1，必有特徵值爲 1)。

(2) $\lambda = -1 \Rightarrow X_1 = c_1 \begin{bmatrix} 1 \\ -1 \\ 0 \end{bmatrix}$，$c_1 \neq 0$。

$\lambda = 1 \Rightarrow X_2 = c_2 \begin{bmatrix} 1 \\ 1 \\ 0 \end{bmatrix}$，$c_2 \neq 0$；$X_3 = c_3 \begin{bmatrix} 0 \\ 0 \\ 1 \end{bmatrix}$，$c_3 \neq 0$。

特徵向量可取 $\Rightarrow X_1 = \begin{bmatrix} 1 \\ -1 \\ 0 \end{bmatrix}$，$X_2 = \begin{bmatrix} 1 \\ 1 \\ 0 \end{bmatrix}$，$X_3 = \begin{bmatrix} 0 \\ 0 \\ 1 \end{bmatrix}$。

(3) $P = \begin{bmatrix} X_1 & X_2 & X_3 \end{bmatrix} = \begin{bmatrix} 1 & 1 & 0 \\ -1 & 1 & 0 \\ 0 & 0 & 1 \end{bmatrix} \Rightarrow P^{-1}AP = D = \begin{bmatrix} -1 & 0 & 0 \\ 0 & 1 & 0 \\ 0 & 0 & 1 \end{bmatrix}$。

(4) $|P| = 2$，$\therefore P^{-1} = \dfrac{1}{2} \begin{bmatrix} 1 & -1 & 0 \\ 1 & 1 & 0 \\ 0 & 0 & 2 \end{bmatrix}$。

4-5 習題演練

針對下列方陣，求一矩陣 P 使得 $P^{-1}AP = D$ 為一對角矩陣，並求此對角化矩陣 D。

1. $\begin{bmatrix} 3 & 4 \\ 2 & -4 \end{bmatrix}$
         4. $\begin{bmatrix} 5 & 2 \\ 2 & 5 \end{bmatrix}$

2. $\begin{bmatrix} 1 & 0 \\ 2 & -1 \end{bmatrix}$
         5. $\begin{bmatrix} -1 & 1 \\ 1 & -1 \end{bmatrix}$

3. $\begin{bmatrix} 25 & 40 \\ -12 & -19 \end{bmatrix}$

針對下列方陣，求一矩陣 P 使得 $P^{-1}AP = D$ 為一對角矩陣，並求此對角化矩陣 D。

6. $\begin{bmatrix} 1 & 2 & 1 \\ 6 & -1 & 0 \\ -1 & -2 & -1 \end{bmatrix}$
         7. $\begin{bmatrix} 2 & 1 & -1 \\ 1 & 4 & 3 \\ -1 & 3 & 4 \end{bmatrix}$

8. $\begin{bmatrix} 1 & 1 & -4 \\ 2 & 0 & -4 \\ -1 & 1 & -2 \end{bmatrix}$

針對下列方陣，求一矩陣 P 使得 $P^{-1}AP = D$ 為一對角矩陣，並此對角化矩陣 D。

9. $\begin{bmatrix} 1 & 2 & 2 \\ 1 & 2 & -1 \\ -1 & 1 & 4 \end{bmatrix}$
         10. $\begin{bmatrix} 5 & 2 & 2 \\ 3 & 6 & 3 \\ 6 & 6 & 9 \end{bmatrix}$

11. $\begin{bmatrix} 5 & 1 & 1 \\ 1 & 5 & 1 \\ 1 & 1 & 5 \end{bmatrix}$

4-6　聯立微分方程系統的解

對於高階的微分方程式或是複雜的多維系統，求解時最常用的方法就是將此系統化成一階聯立 ODE 後再求解，此概念大量用在 ODE 的數值解軟體中，其中最有名就是 Matlab。以一個二階振動系統為例：$mx'' + cx' + kx = \alpha \cos wt$ ，即

$$x'' = -\frac{c}{m}x' - \frac{k}{m}x + \frac{\alpha}{m}\cos wt$$

由於此系統是二階系統，所以需要假設兩個狀態，我們可以令狀態 $x_1 = x, x_2 = x'$，其中 $x_1 = x$ 表示位移，而 $x_2 = x'$ 表示速度。則

$$\begin{cases} x_1' = x_2 \\ x_2' = -\dfrac{c}{m}x' - \dfrac{k}{m}x + \dfrac{\alpha}{m}\cos wt = -\dfrac{k}{m}x_1 - \dfrac{c}{m}x_2 + \dfrac{\alpha}{m}\cos wt \end{cases}$$

令 $X = \begin{bmatrix} x_1 \\ x_2 \end{bmatrix}$，則此二階微分方程式可以化成一階聯立 ODE，其矩陣形式

$X' = AX + B(t)$ 為

$$\begin{bmatrix} x_1' \\ x_2' \end{bmatrix} = \begin{bmatrix} 0 & 1 \\ -\dfrac{k}{m} & -\dfrac{c}{m} \end{bmatrix}\begin{bmatrix} x_1 \\ x_1 \end{bmatrix} + \begin{bmatrix} 0 \\ \dfrac{\alpha}{m}\cos wt \end{bmatrix}$$

其中 $A = \begin{bmatrix} 0 & 1 \\ -\dfrac{k}{m} & -\dfrac{c}{m} \end{bmatrix}$，$B = \begin{bmatrix} 0 \\ \dfrac{\alpha}{m}\cos wt \end{bmatrix}$，此方程式稱為該系統的動態系統狀態方程式或是簡稱為狀態方程式。接下來本章就是要介紹如何求解這一類的一階聯立微分方程系統。

前面介紹了拉氏轉換法求解聯立 ODE，然而其較易用來求解階數較低的聯立 ODE，若是階數高的系統，還是要用到矩陣來求解。

4-6.1 　一階齊性聯立微分方程系統的解

一階齊性聯立微分方程的型式

$$\begin{bmatrix} x_1' \\ x_2' \\ \vdots \\ x_n' \end{bmatrix} = \begin{bmatrix} a_{11} & a_{12} & \cdots & a_{1n} \\ a_{21} & a_{22} & \cdots & \vdots \\ \vdots & \vdots & \ddots & \vdots \\ a_{n1} & \cdots & \cdots & a_{nn} \end{bmatrix} \begin{bmatrix} x_1 \\ x_2 \\ \vdots \\ x_n \end{bmatrix}$$ ，也可簡寫為 $X' = AX$ 。

　　其實一階齊性聯立方程系統 $X' = AX$ 之解法與一階常係數常微分方程式 $y' = ay$ 之解法雷同。在求解 $y' = ay$ 時，我們假設其解為 $y(x) = ce^{ax}$ 代入 ODE 中，可以得到特性方程式；同理，求解 $X' = AX$ 時，我們假設其解為 $X_{n \times 1}(t) = V_{n \times 1} e^{\lambda t}$ 代入 $X' = AX$ 中，可得 $V_{n \times 1} \lambda e^{\lambda t} = A V e^{\lambda t} \Rightarrow (A_{n \times n} V_{n \times 1} - \lambda V_{n \times 1}) e^{\lambda t} = 0$ 。因為 $e^{\lambda t} \neq 0 \Rightarrow AV = \lambda V$ ，為一特徵值系統，λ 為特徵值，$V_{n \times 1}$ 為其非零之特徵向量，所以求解一階齊性聯立方程組的問題轉變成先對係數矩陣 A 做對角化的問題。

定理

　　假設 A 為可對角化之 n 階方陣，且設 A 的特徵值為 $\lambda_1, \lambda_2, \cdots, \lambda_n$，其相對之線性獨立特徵向量為 $V_1, V_2, \cdots, V_n$，則對 n 階齊性聯立微分方程系統 $X' = AX$ 而言，$V_1 e^{\lambda_1 t}, V_2 e^{\lambda_2 t}, \cdots, V_n e^{\lambda_n t}$ 為其 n 個線性獨立解。

[證明]

　　在 $t = 0$ 時，可得 $V_1 e^{\lambda_1 t}, V_2 e^{\lambda_2 t}, \cdots, V_n e^{\lambda_n t}$ 所形成之方陣為過渡矩陣 $P = [V_1, V_2, \cdots, V_n]$，因為 P 矩陣可逆，即 $\det(P) \neq 0$，所以此 n 個解必線性獨立。

基本矩陣(Fundamental matrix)

　　在上述定理中，由 $X' = AX$ 之 n 個線性獨立解所形成之方陣

$$\Phi = [V_1 e^{\lambda_1 t}, V_2 e^{\lambda_2 t}, \cdots, V_n e^{\lambda_n t}]$$

定義為 $X' = AX$ 之基本矩陣。

通解

假設 A 為可對角化之 n 階方陣，且對 n 階齊性聯立微分方程系統 $X' = AX$，$\Phi = [V_1 e^{\lambda_1 t}, V_2 e^{\lambda_2 t}, \cdots, V_n e^{\lambda_n t}]$ 為其基本矩陣，則

$$\Phi_{n \times n} C_{n \times 1}$$

為 $X' = AX$ 之通解，其中 $C_{n \times 1} = \begin{bmatrix} c_1 \\ c_2 \\ \vdots \\ c_n \end{bmatrix}$ 為 R^n 中任意向量。

證明

因為 $V_1 e^{\lambda_1 t}, V_2 e^{\lambda_2 t}, \cdots, V_n e^{\lambda_n t}$ 為 $X' = AX$ 之 n 個線性獨立解，由向量空間及行列式之理論可以得知，此 n 個線性獨立解可以形成解集合，用來表示 $X' = AX$ 之任一解，所以 $X' = AX$ 之通解可以寫成 $X = c_1 V_1 e^{\lambda_1 t} + c_2 V_2 e^{\lambda_2 t} + \cdots + c_n V_n e^{\lambda_n t}$，即

$$X = \left[V_1 e^{\lambda_1 t}, V_2 e^{\lambda_2 t}, \cdots, V_n e^{\lambda_n t} \right] \begin{bmatrix} c_1 \\ c_2 \\ \vdots \\ c_n \end{bmatrix} = \Phi(t) C \text{ 。}$$

Note

其實 $X' = AX$ 之通解亦可以利用拉氏轉換求解，我們可以取 $X(0) = C = \begin{bmatrix} c_1 \\ c_2 \\ \vdots \\ c_n \end{bmatrix}$。

拉氏轉換求解方程組

$$定義 \mathcal{L}\left(\begin{bmatrix} x_1(t) \\ \vdots \\ x_2(t) \end{bmatrix} \right) = \begin{bmatrix} \mathcal{L}\{x_1(t)\} \\ \mathcal{L}\{x_2(t)\} \\ \vdots \\ \mathcal{L}\{x_n(t)\} \end{bmatrix} = \begin{bmatrix} \hat{x}_1(s) \\ \hat{x}_2(s) \\ \vdots \\ \hat{x}_n(s) \end{bmatrix} = \widehat{X}(s) \text{ ，}$$

則對 $X' = AX$ 取拉氏轉換可以得到 $s\hat{X}(s) - X(0) = A\hat{X}(s)$，即 $(sI_{n \times n} - A_{n \times n})\hat{X}(s) = X(0)$

$\Rightarrow \hat{X}(s) = (sI_{n \times n} - A_{n \times n})^{-1} \cdot C = \dfrac{I}{sI - A} \cdot C$，$X_{n \times 1}(t) = \mathscr{L}^{-1}\{\hat{X}(s)\} = \mathscr{L}^{-1}\left\{\dfrac{I}{sI - A} \cdot C\right\}$

$= e^{At} \cdot C$，所以基本矩陣 $\Phi = [V_1 e^{\lambda_1 t}, V_2 e^{\lambda_2 t}, \cdots, V_n e^{\lambda_n t}]$ 亦可以表示為方陣函數 e^{At}。

範例 1

求解 $\begin{bmatrix} x_1' \\ x_2' \end{bmatrix} = \begin{bmatrix} 4 & 2 \\ 2 & 1 \end{bmatrix} \begin{bmatrix} x_1 \\ x_2 \end{bmatrix}$。

解

令 $A = \begin{bmatrix} 4 & 2 \\ 2 & 1 \end{bmatrix}$，由 $|A - \lambda I| = 0 \Rightarrow \lambda^2 - 5\lambda = 0 \Rightarrow \lambda = 0,\ 5$。

$\lambda = 0$ 代入 $(A - \lambda I)V = 0$ 中，得 $\begin{bmatrix} 4 & 2 \\ 2 & 1 \end{bmatrix} \begin{bmatrix} v_1 \\ v_2 \end{bmatrix} = 0 \Rightarrow V_1 = c_1 \begin{bmatrix} 1 \\ -2 \end{bmatrix}$。

$\lambda = 5$ 代入 $(A - \lambda I)V = 0$ 中，得 $\begin{bmatrix} -1 & 2 \\ 2 & -4 \end{bmatrix} \begin{bmatrix} v_1 \\ v_2 \end{bmatrix} = 0 \Rightarrow V_2 = c_2 \begin{bmatrix} 2 \\ 1 \end{bmatrix}$。

取基本矩陣為 $\Phi = \begin{bmatrix} 1 \cdot e^{0t} & 2e^{5t} \\ -2 \cdot e^{0t} & 1 \cdot e^{5t} \end{bmatrix}$，則 ODE 之解為

$X = \Phi \cdot C = \begin{bmatrix} 1 \cdot e^{0t} & 2e^{5t} \\ -2 \cdot e^{0t} & 1 \cdot e^{5t} \end{bmatrix} \begin{bmatrix} c_1 \\ c_2 \end{bmatrix} = c_1 \begin{bmatrix} 1 \\ -2 \end{bmatrix} + c_2 e^{5t} \begin{bmatrix} 2 \\ 1 \end{bmatrix}$，所以 $\begin{bmatrix} x_1 \\ x_2 \end{bmatrix} = \begin{bmatrix} c_1 + 2c_2 e^{5t} \\ -2c_1 + c_2 e^{5t} \end{bmatrix}$。

Note

本題亦可使用 **Laplace** 轉換求解：令 $X(0) = \begin{bmatrix} x_1(0) \\ x_2(0) \end{bmatrix} = \begin{bmatrix} c_1 \\ c_2 \end{bmatrix}$ 且 $\mathscr{L}(X(t)) = \widehat{X}(s)$。

對原 **ODE** 取 Laplace 轉換 $\Rightarrow s\widehat{X}(s) - X(0) = A\widehat{X}(s) \Rightarrow (sI - A)\widehat{X}(s) = X(0)$。

$\Rightarrow \widehat{X}(s) = (sI - A)^{-1} X(0) = \begin{bmatrix} s-4 & -2 \\ -2 & s-1 \end{bmatrix}^{-1} \begin{bmatrix} c_1 \\ c_2 \end{bmatrix} = \begin{bmatrix} \dfrac{s-1}{s(s-5)} & \dfrac{2}{s(s-5)} \\ \dfrac{2}{s(s-5)} & \dfrac{s-4}{s(s-5)} \end{bmatrix} \begin{bmatrix} c_1 \\ c_2 \end{bmatrix}$，故

$X(t) = \mathscr{L}^{-1}\left\{\widehat{X}(s)\right\} = \begin{bmatrix} \mathscr{L}^{-1}\left\{\dfrac{s-1}{s(s-5)}\right\} & \mathscr{L}^{-1}\left\{\dfrac{2}{s(s-5)}\right\} \\ \mathscr{L}^{-1}\left\{\dfrac{2}{s(s-5)}\right\} & \mathscr{L}^{-1}\left\{\dfrac{s-4}{s(s-5)}\right\} \end{bmatrix} \begin{bmatrix} c_1 \\ c_2 \end{bmatrix} = \begin{bmatrix} \dfrac{1}{5} + \dfrac{4}{5}e^{5t} & -\dfrac{2}{5} + \dfrac{2}{5}e^{5t} \\ -\dfrac{2}{5} + \dfrac{2}{5}e^{5t} & \dfrac{4}{5} + \dfrac{1}{5}e^{5t} \end{bmatrix} \begin{bmatrix} c_1 \\ c_2 \end{bmatrix}$，

$$\therefore X(t) = \begin{bmatrix} x_1(t) \\ x_2(t) \end{bmatrix} = \begin{bmatrix} \left(\dfrac{1}{5}c_1 - \dfrac{2}{5}c_2\right) + \left(\dfrac{4}{5}c_1 + \dfrac{2}{5}c_2\right)e^{5t} \\ \left(-\dfrac{2}{5}c_1 + \dfrac{4}{5}c_2\right) + \left(\dfrac{2}{5}c_1 + \dfrac{1}{5}c_2\right)e^{5t} \end{bmatrix} \circ$$

範例 2

$$X' = AX \text{，} X = \begin{bmatrix} x_1 \\ x_2 \\ x_3 \end{bmatrix} \text{，} A = \begin{bmatrix} -1 & 1 & 0 \\ 1 & -1 & 0 \\ 0 & 0 & -2 \end{bmatrix} \text{，}$$

(1) 求 A 的特徵值與特徵向量？

(2) 求聯立方程的基本矩陣。

(3) 求通解 X。

解

(1) ① 由 $|A - \lambda I| = 0 \Rightarrow \lambda^3 + 4\lambda^2 + 4\lambda = 0$，$\lambda = 0, -2, -2$。

② $\lambda = 0$ 代入 $(A - \lambda I)V = 0$ 中 $\Rightarrow \begin{bmatrix} -1 & 1 & 0 \\ 1 & -1 & 0 \\ 0 & 0 & -2 \end{bmatrix} \begin{bmatrix} v_1 \\ v_2 \\ v_3 \end{bmatrix} = 0 \Rightarrow V = c_1 \begin{bmatrix} 1 \\ 1 \\ 0 \end{bmatrix}$。

$\lambda = -2$ 代入 $(A - \lambda I)V = 0$ 中 $\Rightarrow \begin{bmatrix} 1 & 1 & 0 \\ 1 & 1 & 0 \\ 0 & 0 & 0 \end{bmatrix} \begin{bmatrix} v_1 \\ v_2 \\ v_3 \end{bmatrix} = 0 \Rightarrow V = c_2 \begin{bmatrix} 1 \\ -1 \\ 0 \end{bmatrix} + c_3 \begin{bmatrix} 0 \\ 0 \\ 1 \end{bmatrix}$，

取 $V_1 = \begin{bmatrix} 1 \\ 1 \\ 0 \end{bmatrix}$，$V_2 = \begin{bmatrix} +1 \\ -1 \\ 0 \end{bmatrix}$，$V_3 = \begin{bmatrix} 0 \\ 0 \\ 1 \end{bmatrix}$。

(2) 基本矩陣 $\Phi = \begin{bmatrix} 1 \cdot e^{0t} & 1 \cdot e^{-2t} & 0 \cdot e^{-2t} \\ 1 \cdot e^{0t} & -1 \cdot e^{-2t} & 0 \cdot e^{-2t} \\ 0 \cdot e^{0t} & 0 \cdot e^{-2t} & 1 \cdot e^{-2t} \end{bmatrix} = \begin{bmatrix} 1 & e^{-2t} & 0 \\ 1 & -e^{-2t} & 0 \\ 0 & 0 & e^{-2t} \end{bmatrix}$。

(3) $X = \begin{bmatrix} x_1 \\ x_2 \\ x_3 \end{bmatrix} = c_1 e^{0t} \begin{bmatrix} 1 \\ 1 \\ 0 \end{bmatrix} + c_2 e^{-2t} \begin{bmatrix} 1 \\ -1 \\ 0 \end{bmatrix} + c_3 e^{-2t} \begin{bmatrix} 0 \\ 0 \\ 1 \end{bmatrix} = \begin{bmatrix} c_1 + c_2 e^{-2t} \\ c_1 - c_2 e^{-2t} \\ c_3 e^{-2t} \end{bmatrix} = \Phi \cdot \begin{bmatrix} c_1 \\ c_2 \\ c_3 \end{bmatrix}$。

4-6.2 矩陣對角化求解非齊性聯立微分方程系統

我們在前面一節已經談了如何求解齊性聯立微分方程系統，再來要介紹求解非齊性聯立微分方程系統，在求解的方法中最直接的解法就是利用對角化求解，其觀念為將互相耦合之聯立微分方程系統進行對角化解耦成各自均為單一未知函數之 ODE 再求解，其詳細情形介紹如下。

一階非齊性聯立方程的型式

$$\begin{bmatrix} x_1' \\ x_2' \\ \vdots \\ x_n' \end{bmatrix} = \begin{bmatrix} a_{11} & a_{12} & \cdots & a_{1n} \\ a_{21} & a_{22} & \cdots & \vdots \\ \vdots & \vdots & \ddots & \vdots \\ a_{n1} & \cdots & \cdots & a_{nn} \end{bmatrix} \begin{bmatrix} x_1 \\ x_2 \\ \vdots \\ x_n \end{bmatrix} + \begin{bmatrix} b_1(t) \\ b_2(t) \\ \vdots \\ b_n(t) \end{bmatrix}$$，也可簡寫為 $X' = AX + B(t)$。

解法

對解化：設 A 可對角化，且 A 的特徵值為 $\lambda_1, \lambda_2, \cdots, \lambda_n$，其相對之特徵向量為 $V_1, V_2, \cdots, V_n$。令過渡矩陣 $P = [V_1, V_2, \cdots, V_n]$，則

$$P^{-1}AP = D = \begin{bmatrix} \lambda_1 & & 0 \\ & \ddots & \\ 0 & & \lambda_n \end{bmatrix}。$$

解耦：令 $X = PY$ 進行座標變換解耦，其中 $Y = \begin{bmatrix} y_1(t) & y_2(t) & \cdots & y_n(t) \end{bmatrix}^T$，則 $X' = PY'$，代回原式 $X' = AX + B(t)$ 中，得 $PY' = APY + B(t)$

$\Rightarrow Y' = P^{-1}APY + P^{-1}B(t) \Rightarrow Y' = DY + P^{-1}B(t)$，故

$$\begin{bmatrix} y_1' \\ \vdots \\ \vdots \\ y_n' \end{bmatrix} = \begin{bmatrix} \lambda_1 & & & 0 \\ & \lambda_2 & & \\ & & \ddots & \\ 0 & & & \lambda_n \end{bmatrix} \begin{bmatrix} y_1 \\ y_2 \\ \vdots \\ y_n \end{bmatrix} + \begin{bmatrix} b_1^*(t) \\ b_2^*(t) \\ \vdots \\ b_n^*(t) \end{bmatrix}。$$為解耦的系統 $\begin{cases} y_1' = \lambda_1 y_1 + b_1^*(t) \\ \vdots \\ y_n' = \lambda_n y_n + b_n^*(t) \end{cases}$

再利用常微分方程之解法進行求解，可得 $\begin{cases} y_1(t) = c_1 e^{\lambda_1 t} + \xi_1(t) \\ y_2(t) = c_2 e^{\lambda_2 t} + \xi_2(t) \\ \vdots \\ y_n(t) = c_n e^{\lambda_n t} + \xi_n(t) \end{cases}$。

通解：最後將 Y 代回 $X = PY$，得 $X = PY = \begin{bmatrix} V_1 & V_2 & \cdots & V_n \end{bmatrix} \begin{bmatrix} c_1 e^{\lambda_1 t} + \xi_1(t) \\ \vdots \\ c_n e^{\lambda_n t} + \xi_n(t) \end{bmatrix}$，即

$$X = c_1 V_1 e^{\lambda_1 t} + \cdots + c_n V_n e^{\lambda_n t} + V_1 \xi_1(t) + \cdots + V_n \xi_n(t)$$

其中齊性解為 $X_h = c_1 V_1 e^{\lambda_1 t} + \cdots + c_n V_n e^{\lambda_n t}$，特解為

$X_p = V_1 \xi_1(t) + \cdots + V_n \xi_n(t)$。由其齊性解 $X_h = c_1 V_1 e^{\lambda_1 t} + \cdots + c_n V_n e^{\lambda_n t}$ 可以發現

與前面所得之結果相同。 ■

範例 3

利用矩陣對角化求解 $\begin{bmatrix} x_1' \\ x_2' \end{bmatrix} = \begin{bmatrix} 4 & 2 \\ 2 & 1 \end{bmatrix} \begin{bmatrix} x_1 \\ x_2 \end{bmatrix} + \begin{bmatrix} 3e^t \\ e^t \end{bmatrix}$。

解

令 $X = \begin{bmatrix} x_1 \\ x_2 \end{bmatrix}$，$A = \begin{bmatrix} 4 & 2 \\ 2 & 1 \end{bmatrix}$，$B = \begin{bmatrix} 3e^t \\ e^t \end{bmatrix} \Rightarrow \dot{X} = AX + B(t)$，

(1) 由 $|A - \lambda I| = 0 \Rightarrow \lambda^2 - 5\lambda = 0 \Rightarrow \lambda = 0, 5$。

(2) $\lambda = 0$ 代入 $(A - \lambda I)V = 0$ 中 $\Rightarrow \begin{bmatrix} 4 & 2 \\ 2 & 1 \end{bmatrix} \begin{bmatrix} v_1 \\ v_2 \end{bmatrix} = 0 \Rightarrow$ 取特徵向量 $V_1 = \begin{bmatrix} 1 \\ -2 \end{bmatrix}$。

　　$\lambda = 5$ 代入 $(A - \lambda I)V = 0$ 中 $\Rightarrow \begin{bmatrix} -1 & 2 \\ 2 & -4 \end{bmatrix} \begin{bmatrix} v_1 \\ v_2 \end{bmatrix} = 0 \Rightarrow$ 取特徵向量 $V_2 = \begin{bmatrix} 2 \\ +1 \end{bmatrix}$。

(3) 令 $P = \begin{bmatrix} 1 & 2 \\ -2 & +1 \end{bmatrix}$，且 $X = PY$ 代入原 ODE，其中 $P^{-1} = \dfrac{1}{5} \begin{bmatrix} 1 & -2 \\ 2 & 1 \end{bmatrix}$

$\Rightarrow PY' = APY + B(t) \Rightarrow Y' = P^{-1}APY + P^{-1}B(t)$

$\Rightarrow \begin{bmatrix} y_1' \\ y_2' \end{bmatrix} = \begin{bmatrix} 0 & 0 \\ 0 & 5 \end{bmatrix} \begin{bmatrix} y_1 \\ y_2 \end{bmatrix} + \dfrac{1}{5} \begin{bmatrix} 1 & -2 \\ 2 & 1 \end{bmatrix} \begin{bmatrix} 3e^t \\ e^t \end{bmatrix}$，得

$\begin{cases} y_1' = \dfrac{1}{5}e^t \\ y_2' = 5y_2 + \dfrac{7}{5}e^t \end{cases} \Rightarrow \begin{cases} y_1(t) = \dfrac{1}{5}e^t + c_1 \\ y_2(t) = c_2 e^{5t} - \dfrac{7}{20}e^t \end{cases} \Rightarrow \begin{bmatrix} y_1 \\ y_2 \end{bmatrix} = Y = \begin{bmatrix} \dfrac{1}{5}e^t + c_1 \\ c_2 e^{5t} - \dfrac{7}{20}e^t \end{bmatrix}$。

$\therefore \begin{bmatrix} x_1 \\ x_2 \end{bmatrix} = X = PY = \begin{bmatrix} 1 & 2 \\ -2 & 1 \end{bmatrix} \begin{bmatrix} \dfrac{1}{5}e^t + c_1 \\ c_2 e^{5t} - \dfrac{7}{20}e^t \end{bmatrix}$，

$\begin{bmatrix} x_1 \\ x_2 \end{bmatrix} = X = c_1 \begin{bmatrix} 1 \\ -2 \end{bmatrix} + c_2 \begin{bmatrix} 2 \\ 1 \end{bmatrix} e^{5t} + \begin{bmatrix} -\dfrac{1}{2}e^t \\ -\dfrac{3}{4}e^t \end{bmatrix} = \begin{bmatrix} c_1 + 2c_2 e^{5t} - \dfrac{1}{2}e^t \\ -2c_1 + c_2 e^{5t} - \dfrac{3}{4}e^t \end{bmatrix}$。

4-6　習題演練

求聯立方程組 $X' = AX$ 中的基本矩陣 Φ，並求其通解，其中 A 如下

1. $A = \begin{bmatrix} 1 & 2 \\ 12 & -1 \end{bmatrix}$

2. $A = \begin{bmatrix} 2 & 3 \\ \frac{1}{3} & 2 \end{bmatrix}$；初始條件
   $X(0) = \begin{bmatrix} 0 \\ 2 \end{bmatrix}$

3. $A = \begin{bmatrix} 1 & -2 & 2 \\ -2 & 1 & -2 \\ 2 & -2 & 1 \end{bmatrix}$

4. $A = \begin{bmatrix} 4 & 1 & 2 \\ 1 & 0 & 0 \\ 2 & 0 & 0 \end{bmatrix}$

5. $A = \begin{bmatrix} 3 & 4 \\ 3 & 2 \end{bmatrix}$；$X(0) = \begin{bmatrix} 6 \\ 1 \end{bmatrix}$

6. $A = \begin{bmatrix} -4 & 1 & 1 \\ 1 & 5 & -1 \\ 0 & 1 & -3 \end{bmatrix}$；$X(0) = \begin{bmatrix} 9 \\ 7 \\ 0 \end{bmatrix}$

利用矩陣對角化求解下列聯立 ODE

7. $\begin{bmatrix} x_1' \\ x_2' \end{bmatrix} = \begin{bmatrix} 3 & 3 \\ 1 & 5 \end{bmatrix}\begin{bmatrix} x_1 \\ x_2 \end{bmatrix} + \begin{bmatrix} 8 \\ 4e^{3t} \end{bmatrix}$

8. $\begin{bmatrix} x_1' \\ x_2' \end{bmatrix} = \begin{bmatrix} -2 & 1 \\ -4 & 3 \end{bmatrix}\begin{bmatrix} x_1 \\ x_2 \end{bmatrix} + \begin{bmatrix} 0 \\ 10\cos t \end{bmatrix}$

9. $\begin{cases} y_1' = y_1 + y_2 \\ y_2' = -2y_1 + 4y_2 + 1 \end{cases}$ 且 $\begin{cases} y_1(0) = 1 \\ y_2(0) = 0 \end{cases}$

10. $\begin{bmatrix} x_1' \\ x_2' \end{bmatrix} = \begin{bmatrix} -3 & 1 \\ 1 & -3 \end{bmatrix}\begin{bmatrix} x_1 \\ x_2 \end{bmatrix} + \begin{bmatrix} -6e^{-2t} \\ 2e^{-2t} \end{bmatrix}$

11. $\begin{bmatrix} x_1' \\ x_2' \end{bmatrix} = \begin{bmatrix} 1 & 1 \\ 1 & 1 \end{bmatrix}\begin{bmatrix} x_1 \\ x_2 \end{bmatrix} + \begin{bmatrix} 6e^{3t} \\ 4 \end{bmatrix}$

12. $\begin{bmatrix} x_1' \\ x_2' \end{bmatrix} = \begin{bmatrix} 2 & 1 \\ 4 & -1 \end{bmatrix}\begin{bmatrix} x_1 \\ x_2 \end{bmatrix} + \begin{bmatrix} e^t \\ -e^t \end{bmatrix}$
    $x_1(0) = 1$，$x_2(0) = 0$

13. $\begin{bmatrix} x_1' \\ x_2' \\ x_3' \end{bmatrix} = \begin{bmatrix} 1 & 1 & 0 \\ 1 & 1 & 0 \\ 0 & 0 & 3 \end{bmatrix}\begin{bmatrix} x_1 \\ x_2 \\ x_3 \end{bmatrix} + \begin{bmatrix} e^t \\ e^{2t} \\ te^{3t} \end{bmatrix}$

5

向量運算與向量函數微分

在工程問題上，常見的物理量有純量與向量兩種，其中純量就只有大小，沒有方向，例如：質量、溫度、高度等；而同時具有大小與方向的量則稱為向量，常見的向量有速度、加速度、力等。本章主要幫大家複習以前就已經學過的基本向量概念，如：內積與外積等。但在最後一節，我們將會談到比較抽象的向量空間概念，並談談向量空間的基底與維度，及如何利用基底來表示向量空間中的任一向量等，這些都是相當重要的概念。

5-1   向量的基本運算

首先將介紹三維空間中的座標向量，此座標又稱卡氏座標(Cartesian coordinate)，是由法國數學家笛卡兒(Descartes, 1596－1650)所創立，其廣泛被用來求解各類物理與工程問題。

5-1.1   向量(Vector)之基本性質

定義

凡是具有大小與方向的量稱為向量。若$|\vec{A}|$表示$\vec{A}$的大小；$\vec{e_t}$表示$\vec{A}$所指的方向(一般以該方向上的單位向量來表示方向)，則$\vec{A}=|\vec{A}|\vec{e_t}$，如圖 5-1 所示。

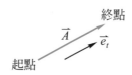

終點

$\vec{A}$ $\vec{e_t}$

起點

圖 5-1   向量示意圖

Note

分類：$\begin{cases} 常數向量 \Rightarrow \vec{A} = 2\,\vec{i} + 3\,\vec{j} \\ 函數向量 \Rightarrow \vec{A}(t) = t\,\vec{i} + 2t\,\vec{k} \end{cases}$ 。

卡氏座標(直角座標)(Cartesian coordinate)

一般在 3 維空間中，我們常用卡氏座標 $\langle \vec{i} , \vec{j} , \vec{k} \rangle$ 來描述空間中的任何一個向量，如圖 5-2 所示。其中 x 軸、y 軸與 z 軸爲互相垂直之座標軸，x 軸上的單位向量爲 $\vec{i} = (1, 0, 0)$，用來表示 x 軸的方向，y 軸上的單位向量爲 $\vec{j} = (0, 1, 0)$，用來表示 y 軸的方向，z 軸上的單位向量爲 $\vec{k} = (0, 0, 1)$，用來表示 z 軸的方向。則空間中 P 點相對原點之位置向量 $\vec{r} = \overrightarrow{OP} = (x, y, z) - (0, 0, 0) = (x, y, z) = x\vec{i} + y\vec{j} + z\vec{k}$，即爲 P 點座標，若空間中另一點座標爲 $Q(a, b, c)$，則

$$\overrightarrow{PQ} = (a - x, b - x, c - z) = (a - x)\vec{i} + (b - y)\vec{j} + (c - z)\vec{k} \text{ 。}$$

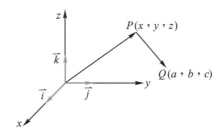

圖 5-2　卡氏(直角)座標

基本定義、性質

在三維直角座標之向量具有一些基本的特性如下：

1. **向量相等**

   若 $\vec{A} = (a_1 , a_2 , a_3)$，$\vec{B} = (b_1 , b_2 , b_3)$，

   且 $\vec{A} = \vec{B}$，則 $a_1 = b_1, a_2 = b_2, a_3 = b_3$。

2. 若 $\vec{A} = (a_1 , a_2 , a_3)$，

   則 $|\vec{A}| = \sqrt{a_1^2 + a_2^2 + a_3^2}$ 表 $\vec{A}$ 的大小，如圖 5-3 所示。

3. 若 $|\vec{A}| = 0$，則稱 $\vec{A}$ 爲**零向量**。

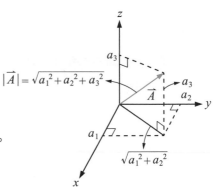

圖 5-3　三維向量大小幾何圖

4. 對 $\vec{A}$ 而言，$\dfrac{\vec{A}}{|\vec{A}|}$ 稱爲 $\vec{A}$ 方向上的**單位向量**，

   可用來表示 $\vec{A}$ 的方向。

5. 若 $\vec{A} = (a_1, a_2, a_3)$ 與正 x 軸的夾角 α，與正 y 軸的夾角 β，與正 z 軸的夾角爲 γ，如圖 5-4 所示，則：

   (1) α，β，γ 稱爲向量 $\vec{A}$ 的方向角，

   (2) $\dfrac{\vec{A}}{|\vec{A}|} = \cos\alpha \vec{i} + \cos\beta \vec{j} + \cos\gamma \vec{k}$

   $$= \left(\frac{a_1}{|\vec{A}|}\vec{i} + \frac{a_2}{|\vec{A}|}\vec{j} + \frac{a_3}{|\vec{A}|}\vec{k} \right)$$

   $\Rightarrow \cos\alpha$，$\cos\beta$，$\cos\gamma$ 稱爲**方向餘弦**，

   (3) $\cos^2\alpha + \cos^2\beta + \cos^2\gamma = 1$。

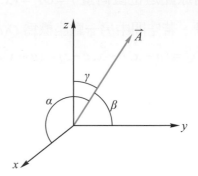

圖 5-4　向量之方向角

6. **向量的加減**

   令

   $\vec{A} = a_1\vec{i} + a_2\vec{j} + a_3\vec{k} = (a_1, a_2, a_3)$；$\vec{B} = b_1\vec{i} + b_2\vec{j} + b_3\vec{k} = (b_1, b_2, b_3)$，

   則定義 $\vec{A} \pm \vec{B} = (a_1 \pm b_1, a_2 \pm b_2, a_3 \pm b_3)$。

   Ⓝote

   在幾何上，如圖 5-5 所示，

   ① **向量加法**　　　　　　　　　　　② **向量減法**

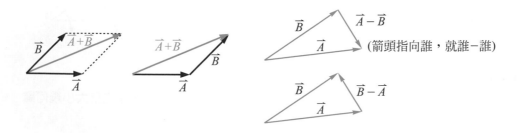

(箭頭指向誰，就誰−誰)

圖 5-5　向量加減法幾何示意圖

7. **數積**(Scalar multiplication)

若 $\vec{A} = a_1\vec{i} + a_2\vec{j} + a_3\vec{k}$ ，m 為任意純量，則 $m\vec{A} = ma_1\vec{i} + ma_2\vec{j} + ma_3\vec{k}$ ，

其意義為：將 $\vec{A}$ 放大 m 倍。

8. **平行**

$$\text{若 }\vec{A}//\vec{B} \Rightarrow \vec{B} = m\vec{A} \Rightarrow \begin{cases} m > 1 & \Rightarrow \text{放大} \\ m = 1 & \Rightarrow \vec{A} = \vec{B} \\ 0 < m < 1 & \Rightarrow \text{正方向縮小} \\ -1 < m < 0 & \Rightarrow \text{負方向縮小} \\ m < -1 & \Rightarrow \text{負方向放大} \end{cases}$$

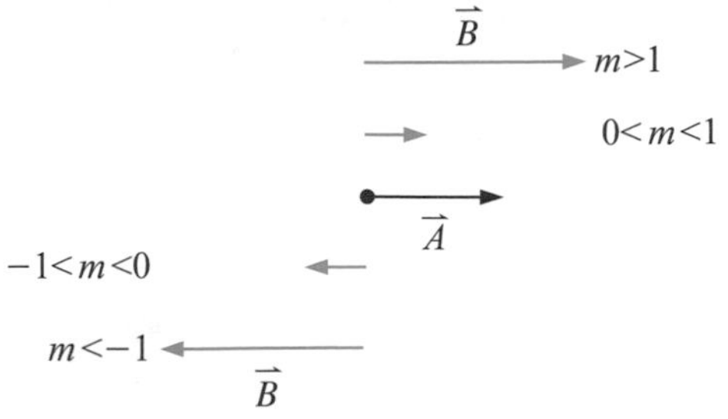

圖 5-6　向量係數積

9. 向量運算的其他性質

(1) $\vec{A} + \vec{B} = \vec{B} + \vec{A}$ (交換性)。

(2) $(\vec{A} + \vec{B}) + \vec{C} = \vec{A} + (\vec{B} + \vec{C})$ (結合性)。

(3) $m(\vec{A} + \vec{B}) = m\vec{A} + m\vec{B}$ (純量積對向加法分配性)，m 為任意純量。

(4) $\vec{A} + \vec{0} = \vec{A}$ (加法單位元素性)。

(5) $\vec{A} - \vec{A} = \vec{0}$ (加法反元素性)。

範例 1

設直角座標空間中有兩點 $p_1(-2, 1, 3)$ ，$p_2(-3, -1, 5)$ ，則

(1)求 $\overrightarrow{p_1p_2} = ?$　(2)$|\overrightarrow{p_1p_2}| = ?$　(3)求 $\overrightarrow{p_1p_2}$ 上的單位向量？

解

(1) $\overrightarrow{p_1p_2} = (-1, -2, 2)$ 。

(2) $|\overrightarrow{p_1p_2}| = \sqrt{(-1)^2 + (-2)^2 + (2)^2} = 3$ 。

(3) $\overrightarrow{p_1p_2}$ 上的單位向量 $\vec{e} = \dfrac{\overrightarrow{p_1p_2}}{|\overrightarrow{p_1p_2}|} = \left(\dfrac{-1}{3}, \dfrac{-2}{3}, \dfrac{2}{3}\right)$ 。

範例 *2*

設直角座標平面中 $\vec{P}$ 與 x 軸之夾角為 $\dfrac{\pi}{3}$，且此向量之長度為 10，求此向量？

解

$$\vec{P} = |\vec{P}| \cdot \cos\left(\frac{\pi}{3}\right)\vec{i} + |\vec{P}| \cdot \cos\left(\frac{\pi}{6}\right)\vec{j}$$

$$= \left(10 \cdot \frac{1}{2}\right)\vec{i} + \left(10 \cdot \frac{\sqrt{3}}{2}\right)\vec{j} = 5\vec{i} + 5\sqrt{3}\,\vec{j} \text{ ，}$$

其中 $\cos\dfrac{\pi}{3}$ 稱為 x 軸上的方向餘弦；

$\cos\dfrac{\pi}{6}$ 稱為 y 軸上的方向餘弦。

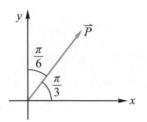

5-1.2 **向量的內積**(Inner product, Dot product)

向量的「內積」又稱為「點積」，在古典力學常用來計算力在某個方向所做的功，其定義與性質介紹如下：

定義

設 $\vec{A}$，$\vec{B} \in R^3$ 為三維空間的向量，則 $\vec{A}$ 與 $\vec{B}$ 之內積定義為 $\vec{A} \cdot \vec{B} = |\vec{A}||\vec{B}| \cdot \cos\theta$，如圖 5-7 所示。若 $\vec{A} = (a_1, a_2, a_3)$，$\vec{B} = (b_1, b_2, b_3)$，則 $\vec{A} \cdot \vec{B} = a_1 b_1 + a_2 b_2 + a_3 b_3$。若 $\vec{A}$，$\vec{B} \in R^n$ 為 n 維空間的向量，$\vec{A} = (a_1, a_2, \cdots, a_n)$，$\vec{B} = (b_1, b_2, \cdots, b_n)$，則 $\vec{A} \cdot \vec{B} = |\vec{A}||\vec{B}|\cos\theta = a_1 b_1 + a_2 b_2 + a_3 b_3 + \cdots\cdots + a_n b_n$。

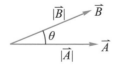

圖 5-7　向量內積示意圖

向量的正交(Orthogonal , Perpendicular)

設 $\vec{A}$，$\vec{B} \in R^3$，若 $|\vec{A}| \neq 0$，$|\vec{B}| \neq 0$，且 $\vec{A} \cdot \vec{B} = 0$，則稱 $\vec{A}$ 與 $\vec{B}$ 為正交(orthogonal)，此時兩向量夾角 $\dfrac{\pi}{2}$。

Note
$\vec{A} \cdot \vec{B} = 0 \Rightarrow$ (1)$\vec{A}$，$\vec{B}$ 中至少有一為 $\vec{0}$ 或(2)$\vec{A} \perp \vec{B}$。

範例 3

設 $\vec{A} = -4\vec{i} + \vec{j} + 2\vec{k}$，$\vec{B} = 2\vec{i} + 4\vec{k}$，$\vec{C} = \vec{i} + 2\vec{j} + 3\vec{k}$，請驗證 $\vec{A}$ 與 $\vec{B}$ 垂直，而 $\vec{A}$ 與 $\vec{C}$ 不垂直

解

(1) $\vec{A} \cdot \vec{B} = -4 \cdot 2 + 1 \cdot 0 + 2 \cdot 4 = 0$，所以 $\vec{A}$ 與 $\vec{B}$ 垂直。

(2) $\vec{A} \cdot \vec{C} = -4 \cdot 1 + 1 \cdot 2 + 2 \cdot 3 = 4 \neq 0$，所以 $\vec{A}$ 與 $\vec{C}$ 不垂直。

重要性質

1. $\vec{A} \cdot \vec{A} = |\vec{A}|^2 \Rightarrow |\vec{A}| = \sqrt{\vec{A} \cdot \vec{A}} = \sqrt{a_1^2 + a_2^2 + a_3^2}$。

2. $\cos \theta = \dfrac{\vec{A} \cdot \vec{B}}{|\vec{A}||\vec{B}|} \Rightarrow \theta = \cos^{-1}\left(\dfrac{\vec{A} \cdot \vec{B}}{|\vec{A}||\vec{B}|}\right)$ 表示兩向量的夾角。

3. $\vec{i} = (1，0，0)$，$\vec{j} = (0，1，0)$，$\vec{k} = (0，0，1)$ 稱 R^3 中的標準向量，

   且 $\begin{cases} \vec{i} \cdot \vec{i} = \vec{j} \cdot \vec{j} = \vec{k} \cdot \vec{k} = 1 \\ \vec{i} \cdot \vec{j} = \vec{j} \cdot \vec{k} = \vec{k} \cdot \vec{i} = 0 \end{cases}$。

4. $\vec{A} \cdot \vec{B} = \vec{B} \cdot \vec{A}$ (交換性)。

   $\vec{A} \cdot (\vec{B} + \vec{C}) = \vec{A} \cdot \vec{B} + \vec{A} \cdot \vec{C}$ (分配律)。

   $\alpha(\vec{A} \cdot \vec{B}) = (\alpha\vec{A}) \cdot \vec{B} = \vec{A} \cdot (\alpha\vec{B})$ (結合性)。

   $\vec{A} \cdot \vec{B} = \vec{A} \cdot \vec{C} \nRightarrow \vec{B} = \vec{C}$ **例如：** $\vec{i} \cdot \vec{j} = \vec{i} \cdot \vec{k} = 0 \to \vec{j} \neq \vec{k}$。

5. **向量的投影**(Projection)

(1) 若 $\vec{A}$，$\vec{B} \in R^3$，且令 $\vec{A}$ 在 $\vec{B}$ 上的投影量為 P，如圖 5-8 所示，

則 $P = |\vec{A}| \cdot \cos\theta = |\vec{A}| \cdot \dfrac{\vec{A} \cdot \vec{B}}{|\vec{A}||\vec{B}|} = \vec{A} \cdot \dfrac{\vec{B}}{|\vec{B}|} = \vec{A} \cdot \vec{e}_B$ ，其中

$\vec{e}_B = \dfrac{\vec{B}}{|\vec{B}|}$ 表示 $\vec{B}$ 上的單位向量可用來表示 $\vec{B}$ 的方向。

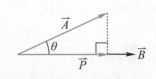

圖 5-8　向量投影示意圖

(2) 故 $\vec{A}$ 在 $\vec{B}$ 上的投影向量為：

$$\vec{P} = (|\vec{A}| \cdot \cos\theta) \frac{\vec{B}}{|\vec{B}|} = (\vec{A} \cdot \vec{e}_B) \frac{\vec{B}}{|\vec{B}|} = \left(\frac{\vec{A} \cdot \vec{B}}{|\vec{B}|^2} \right) \vec{B}$$

範例 *4*

設 $\vec{A} = -2\vec{i} + \vec{j} + 2\vec{k}$ ，$\vec{B} = 3\vec{i} + 4\vec{k}$ 則

(1)求 $\vec{A}$ 與 $\vec{B}$ 之內積？　(2)求 $\vec{A}$ 與 $\vec{B}$ 之夾角？　(3)求 $\vec{A}$ 在 $\vec{B}$ 上的投影向量？

解

(1) $\vec{A} \cdot \vec{B} = -2 \cdot 3 + 1 \cdot 0 + 2 \cdot 4 = 2$ 。

(2) $|\vec{A}| = \sqrt{(-2)^2 + (1)^2 + (2)^2} = 3$ ，$|\vec{B}| = \sqrt{(3)^2 + (0)^2 + (4)^2} = 5$ ，

$\cos\theta = \dfrac{\vec{A} \cdot \vec{B}}{|\vec{A}||\vec{B}|} = \dfrac{2}{3 \cdot 5} = \dfrac{2}{15}$ ，所以 $\theta = \cos^{-1}\left(\dfrac{2}{15}\right)$ 。

(3) $\vec{A}$ 在 $\vec{B}$ 上的投影向量 $\vec{P} = \left(\dfrac{\vec{A} \cdot \vec{B}}{|\vec{B}|^2} \right) \vec{B} = \dfrac{2}{25}(3\vec{i} + 4\vec{k})$ 。

範例 5

設 $\vec{u}$，$\vec{v}$ 為兩個互相垂直的單位向量，則 $|\vec{u} + \vec{v}| = ?$

解

因為 $\vec{u}$，$\vec{v}$ 為兩個互相垂直的單位向量，所以 $|\vec{u}| = 1$，$|\vec{v}| = 1$ 且 $\vec{u} \cdot \vec{v} = 0$，則

$|\vec{u} + \vec{v}| = \sqrt{(\vec{u} + \vec{v}) \cdot (\vec{u} + \vec{v})} = \sqrt{\vec{u} \cdot \vec{u} + \vec{u} \cdot \vec{v} + \vec{v} \cdot \vec{u} + \vec{v} \cdot \vec{v}} = \sqrt{1 + 0 + 0 + 1} = \sqrt{2}$ 。

5-1.3 **向量之外積**(Vector product, Cross product)

向量外積又稱為「叉積」，其所得到的物理量為一向量，這與向量內積會得到一實數值不同，以下請介紹向量外積的定義與性質：

定義

若 $\vec{A} = A_1\vec{i} + A_2\vec{j} + A_3\vec{k}$ 、 $\vec{B} = B_1\vec{i} + B_2\vec{j} + B_3\vec{k}$ ，定義 $\vec{A}$ 與 $\vec{B}$ 的外積為

$$\vec{A} \times \vec{B} = \begin{vmatrix} \vec{i} & \vec{j} & \vec{k} \\ A_1 & A_2 & A_3 \\ B_1 & B_2 & B_3 \end{vmatrix} = \begin{vmatrix} A_2 & A_3 \\ B_2 & B_3 \end{vmatrix}\vec{i} - \begin{vmatrix} A_1 & A_3 \\ B_1 & B_3 \end{vmatrix}\vec{j} + \begin{vmatrix} A_1 & A_2 \\ B_1 & B_2 \end{vmatrix}\vec{k}$$

另外根據定義，外積 $\vec{A} \times \vec{B}$ 之大小為 $|\vec{A}||\vec{B}|\sin\theta$ ；方向上，同時 $\perp \vec{A}$ 且 $\perp \vec{B}$ ，可根據右手螺旋(Right-hand screw)定向，如圖 5-9 所示。

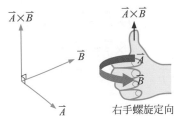

圖 5-9 向量外積示意圖

範例 *6*

設 $\vec{A} = -2\vec{i} + \vec{j} + 2\vec{k}$ ， $\vec{B} = 3\vec{i} + 4\vec{k}$ ，求 $\vec{A}$ 與 $\vec{B}$ 之外積？

解

$\vec{A}$ 與 $\vec{B}$ 之外積向量 $\vec{C} = \begin{vmatrix} 1 & 2 \\ 0 & 4 \end{vmatrix}\vec{i} - \begin{vmatrix} -2 & 2 \\ 3 & 4 \end{vmatrix}\vec{j} + \begin{vmatrix} -2 & 1 \\ 3 & 0 \end{vmatrix}\vec{k} = 4\vec{i} + 14\vec{j} - 3\vec{k}$ 。

性質

1. $|\vec{A} \times \vec{B}| = |\vec{A}||\vec{B}||\sin\theta| = |\vec{A}| \cdot h$ ，
    故為以 $\vec{A}$ ， $\vec{B}$ 為邊之平行四邊形面積，
    如圖 5-10 所示。

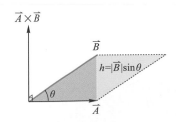

圖 5-10 向量外積所形成平行四邊形

2. 若 $\vec{A} \times \vec{B} = 0$，則下列其中之一為眞：

$$\begin{cases} ① \ \vec{A}, \vec{B} \text{ 中至少有一為 } \vec{0} \\ ② \ \vec{A} /\!/ \vec{B} \Rightarrow \text{ 即 } \vec{A} = \alpha \vec{B} \end{cases}$$

3. $\vec{A} \times \vec{B} = -\vec{B} \times \vec{A}$ ，

$\vec{A} \times (\vec{B} + \vec{C}) = \vec{A} \times \vec{B} + \vec{A} \times \vec{C}$ ，

$(\vec{A} + \vec{B}) \times \vec{C} = \vec{A} \times \vec{C} + \vec{B} \times \vec{C}$ ，

$\alpha \vec{A} \times \vec{B} = \vec{A} \times (\alpha \vec{B})$ 。

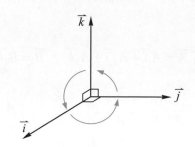

圖 5-11 直角座標單位向量外積關係

4. $\vec{i} \times \vec{j} = \vec{k}$ $\quad \vec{j} \times \vec{i} = -\vec{k}$ ，

$\vec{j} \times \vec{k} = \vec{i}$ $\quad \vec{k} \times \vec{j} = -\vec{i}$ ，

$\vec{k} \times \vec{i} = \vec{j}$ $\quad \vec{i} \times \vec{k} = -\vec{j}$ 。

圖 5-12

範例 7

求一個同時垂直 $2\vec{j} - 3\vec{k}$ 與 $2\vec{i}$ 之單位向量？

解

令 $\vec{A} = 2\vec{j} - 3\vec{k}$ ，$\vec{B} = 2\vec{i}$ ，$\vec{N} = \vec{A} \times \vec{B} = \begin{vmatrix} \vec{i} & \vec{j} & \vec{k} \\ 0 & 2 & -3 \\ 2 & 0 & 0 \end{vmatrix} = -6\vec{j} - 4\vec{k}$ ，

取 $\vec{u} = \pm \dfrac{\vec{N}}{|\vec{N}|} = \pm \dfrac{(-6\vec{j} - 4\vec{k})}{2\sqrt{13}} = \pm \left(\dfrac{3}{\sqrt{13}}, \dfrac{2}{\sqrt{13}} \right)$ 。

範例 *8*

$A(2, 2, 2)$，$B(3, 0, 4)$，$C(5, 2, -2)$為空間中三點，求此三點所形成之三角形面積？

解

$\overrightarrow{AB} = (1, -2, 2)$，$\overrightarrow{AC} = (3, 0, -4)$，

$\overrightarrow{AB} \times \overrightarrow{AC} = \begin{vmatrix} \vec{i} & \vec{j} & \vec{k} \\ 1 & -2 & 2 \\ 3 & 0 & -4 \end{vmatrix} = (8, 10, 6)$，

所以三角形 ABC 面積 $= \frac{1}{2} |\overrightarrow{AB} \times \overrightarrow{AC}| = \frac{1}{2}\sqrt{(8^2 + 10^2 + 6^2)} = 5\sqrt{2}$。

5-1.4　向量之純量三重積(Scalar triple product)

在幾何上，我們在某些物理系統中會計算到三個向量所張之平行六面體或四面體體積，這時候就會用到向量的純量三重積，其定義與性質如下：

定義

設 $\vec{A}$，$\vec{B}$，$\vec{C} \in R^3$，則此三向量之純量三重積定義為：$\vec{A} \cdot (\vec{B} \times \vec{C})$ 或 $(\vec{A} \times \vec{B}) \cdot \vec{C}$。

重要性質

1. **體積**：$|\vec{A} \cdot \vec{B} \times \vec{C}| = |\vec{A}| \cdot |\vec{B} \times \vec{C}| \cdot |\cos\theta|$
   $= |\vec{B} \times \vec{C}| \cdot |\vec{A}| \cdot |\cos\theta|$為以 $\vec{A}$，$\vec{B}$，$\vec{C}$ 為邊之平行六面體(Parallelepiped)的體積，如圖 5-13 所示。故 $\vec{A}$、$\vec{B}$、$\vec{C}$ 所張之四面體(Tetrahedron)體積為 $\frac{1}{6}|\vec{A} \cdot \vec{B} \times \vec{C}|$；而 $\vec{A}$、$\vec{B}$、$\vec{C}$ 所張之三角柱(Triangular prism)體積為 $\frac{1}{2}|\vec{A} \cdot \vec{B} \times \vec{C}|$。

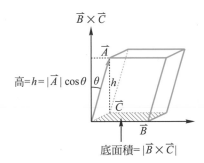

圖 5-13　純量三重積示意圖

2. 若 $\vec{A} = a_1\vec{i} + b_1\vec{j} + c_1\vec{k}$，$\vec{B} = a_2\vec{i} + b_2\vec{j} + c_2\vec{k}$，$\vec{C} = a_3\vec{i} + b_3\vec{j} + c_3\vec{k}$，則

$$\vec{A} \cdot (\vec{B} \times \vec{C}) = \begin{vmatrix} a_1 & b_1 & c_1 \\ a_2 & b_2 & c_2 \\ a_3 & b_3 & c_3 \end{vmatrix}。$$

3. 若 $\vec{A} \cdot \vec{B} \times \vec{C} = 0$ 則表示存在下列之某一種情形

(1) $\vec{A}$，$\vec{B}$，$\vec{C}$ 至少有一為 $\vec{0}$。

(2) $\vec{A}$，$\vec{B}$，$\vec{C}$ 三向量共平面(體積為 0)。

範例 9

設 $\vec{a} = 3\vec{i} + 2\vec{j} + \vec{k}$，$\vec{b} = 2\vec{i} - \vec{j} + \vec{k}$，$\vec{c} = \vec{j} + \vec{k}$，求 $\vec{a}$，$\vec{b}$，$\vec{c}$ 所圍之平行六面體體積？

解

$$\vec{a} \cdot \vec{b} \times \vec{c} = \begin{vmatrix} 3 & 2 & 1 \\ 2 & -1 & 1 \\ 0 & 1 & 1 \end{vmatrix} = -8 \text{，} V = |\vec{a} \cdot \vec{b} \times \vec{c}| = 8。$$

範例 10

設 $\vec{a} = \vec{i} + 2\vec{k}$，$\vec{b} = 4\vec{i} + 6\vec{j} + 2\vec{k}$，$\vec{c} = 3\vec{i} + 3\vec{j} - 6\vec{k}$，求 $\vec{a}$，$\vec{b}$，$\vec{c}$ 所張開之四面體體積？

解

$$\vec{a} \cdot \vec{b} \times \vec{c} = \begin{vmatrix} 1 & 0 & 2 \\ 4 & 6 & 2 \\ 3 & 3 & -6 \end{vmatrix} = -54 \text{，} V = \frac{1}{6}|\vec{a} \cdot \vec{b} \times \vec{c}| = 9。$$

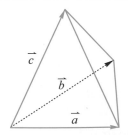

5-1 習題演練

求下列直角座標系中 $\vec{A}$ 與 $\vec{B}$ 之內積值與
外積向量

1. $\vec{A} = (-3, 6, 1)$，$\vec{B} = (-1, -2, 1)$

2. $\vec{A} = (2, -3, 4)$，$\vec{B} = (-3, 2, 0)$

3. $\vec{A} = (5, 3, 4)$，$\vec{B} = (20, 0, 6)$

4. $\vec{A} = (18, -3, 4)$，$\vec{B} = (0, 22, -1)$

5. $\vec{A} = (-4, 0, 6)$，$\vec{B} = (1, -2, 7)$

在下列 6～8 題中，求 $\vec{A}$ 與 $\vec{B}$ 之夾角？並求 $\vec{A}$ 在
$\vec{B}$ 上的投影向量？

6. $\vec{A} = (3, 4, 5)$，$\vec{B} = (-1, -2, 2)$

7. $\vec{A} = (2, -3, 4)$，$\vec{B} = (3, 0, 4)$

8. $\vec{A} = (2, 2, 1)$，$\vec{B} = (0, 5, -12)$

在下列 9～10 題中，A, B, C 為空間中三點，求
此三點所形成之三角形面積

9. $A(6, 1, 1)$，$B(7, -2, 4)$，$C(8, -4, 3)$

10. $A(4, 2, -3)$，$B(6, 2, -1)$，$C(2, -6, 4)$

在下列 11～13 題中，求 $\vec{a}$，$\vec{b}$，$\vec{c}$ 所張開之
四面體體積

11. $\vec{a} = (-5, 1, 6)$，$\vec{b} = (2, 4, 6)$，
$\vec{c} = (-1, 0, 5)$

12. $\vec{a} = (-3, -2, 1)$，$\vec{b} = (2, -6, -1)$，
$\vec{c} = (1, -4, -5)$

13. $\vec{a} = (1, 1, 1)$，$\vec{b} = (5, 0, 2)$，
$\vec{c} = (-3, 3, 5)$

14. 求 $\vec{a} = (2, 0, 3)$，$\vec{b} = (0, 6, 2)$，
$\vec{c} = (3, 3, 0)$ 所圍之六面體體積。

15. 求以 $A(1, 0, 1)$，$B(0, 1, -1)$，
$C(2, 1, 0)$，$D(3, 5, 2)$ 為頂點之四面
體體積。

16. 求以 $A(0, 1, 2)$，$B(5, 5, 6)$，
$C(1, 2, 1)$，$D(3, 3, 1)$ 為頂點之四面
體體積。

5-2　向量幾何

　　接下來的這一節將介紹三維空間中的直線與平面如何決定，並研究空間中點、線與面相對應之幾何關係與交錯出的幾何問題。

5-2.1　直線方程式(Equation of line)

　　空間中相異兩點可以形成一直線，其求法有下列兩種形式：

兩點式

　　設已知空間中兩點 $P(x_1, y_1, z_1)$，$Q(x_2, y_2, z_2)$，如圖 5-14 所示，

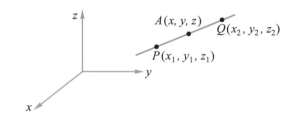

圖 5-14　空間中直線的兩點式

設通過 P, Q 兩點之直線上任意點為 $A(x, y, z)$，則 $\overrightarrow{PA}/\!/\overrightarrow{PQ} \Rightarrow \overrightarrow{PA} = t\overrightarrow{PQ}$，

所以 $(x - x_1 , y - y_1 , z - z_1) = t(x_2 - x_1 , y_2 - y_1 , z_2 - z_1)$，則

$$\begin{cases} x = x_1 + (x_2 - x_1)t \\ y = y_1 + (y_2 - y_1)t \quad ; t \in \mathbb{R} \\ z = z_1 + (z_2 - z_1)t \end{cases}$$

稱為過 P, Q 兩點之直線的參數式。此外，我們亦可將直線表示為對稱比例式：

$\dfrac{x - x_1}{x_2 - x_1} = \dfrac{y - y_1}{y_2 - y_1} = \dfrac{z - z_1}{z_2 - z_1} = t$。

點向式

　　設已知一點 $P(x_1 , y_1 , z_1)$ 及一向量 $\vec{u} = (a , b , c)$，令通過 P 點且平行 $\vec{u}$ 之直線為 L，則 $\overrightarrow{PA}/\!/\vec{u} \Rightarrow \overrightarrow{PA} = t\vec{u}$，故 $(x - x_1 , y - y_1 , z - z_1) = t(a , b , c)$，如圖 5-15 所示。

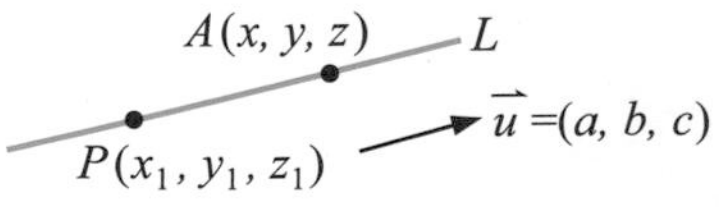

圖 5-15　點向式

則直線 L 可以寫成：

$$參數式：\begin{cases} x = x_1 + a \cdot t \\ y = y_1 + b \cdot t \ ; \ t \in \mathbb{R} \\ z = z_1 + c \cdot t \end{cases}$$

或寫成對稱比例式：$\dfrac{x - x_1}{a} = \dfrac{y - y_1}{b} = \dfrac{z - z_1}{c} = t$。

𝓝ote

空間直線之決定的兩大要素：

$\begin{cases} \text{(1) 已知線上一點 } P \\ \text{(2) 已知線上一向量 } \vec{u} \end{cases}$。

範例 *1*

求通過點 $P = (1, 0, 4)$ 與 $Q = (2, 1, 1)$ 之直線 L 的參數式與對稱比例式。

解

直線 L 的參數式為

$$\begin{cases} x = 1 + (2-1) \cdot t \\ y = 0 + (1-0) \cdot t \\ z = 4 + (1-4) \cdot t \end{cases} ， 即 \begin{cases} x = 1 + t \\ y = t \\ z = 4 - 3t \end{cases} ， 所以 L 上任一點可以寫成 (1 + t, t, 4 - 3t)，t \in \mathbb{R}$$

直線 L 的對稱比例式為

$\dfrac{x-1}{2-1} = \dfrac{y-0}{1-0} = \dfrac{z-4}{1-4}$，即 $\dfrac{x-1}{1} = \dfrac{y-0}{1} = \dfrac{z-4}{-3}$。

5-2.2　平面方程式(Equation of plane)

下列四種情況可決定空間中之唯一的平面，如圖 5-16 所示，

$\begin{cases} \text{(1) 三不共線之點} \\ \text{(2) 兩相交直線} \\ \text{(3) 兩平行線} \\ \text{(4) 一線及線外一點} \end{cases}$。

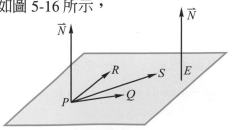

以三不共線之點做說明，其他情形以此類推。

圖 5-16　空間中三點決定一平面圖

設不共線相異三點為 $P(x_1, y_1, z_1)$，$Q(x_2, y_2, z_2)$，$R(x_3, y_3, z_3)$。令 $S(x, y, z)$為平面 E 上之任一點，且 $\vec{N}$ 為平面法向量，則 $\overrightarrow{PS} \cdot \vec{N} = 0$。其中 $\vec{N}$ 可取為 $\overrightarrow{PQ} \times \overrightarrow{PR} = a\vec{i} + b\vec{j} + c\vec{k} = (a, b, c)$，又 $\overrightarrow{PS} = (x - x_1, y - y_1, z - z_1)$，則 $\overrightarrow{PS} \cdot \vec{N} = 0$，展開得平面方程式：

$$a(x - x_1) + b(y - y_1) + c(z - z_1) = 0$$

整理得 $ax + by + cz + d = 0$，其中 $d = -ax_1 - by_1 - cz_1$。另外，亦可利用 $\overrightarrow{PS}$，$\overrightarrow{PQ}$ 與 $\overrightarrow{PR}$ 三向量共平面時體積為 0。此時其純量三重積為 0，故

$$\overrightarrow{PS} \cdot \left(\overrightarrow{PQ} \times \overrightarrow{PR} \right) = \begin{vmatrix} x - x_1 & y - y_1 & z - z_1 \\ x_2 - x_1 & y_2 - y_1 & z_2 - z_1 \\ x_3 - x_1 & y_3 - y_1 & z_3 - z_1 \end{vmatrix} = 0$$

Note

空間中，下列兩條件若已知，則可決定一平面：

(1)平面上一點。

(2)平面的法向量。

範例 2

求過三點 $(1, 2, 3)$，$(3, 2, 2)$，$(-2, -1, 3)$ 之平面方程式

解

所欲求之方程式為：$\begin{vmatrix} x-1 & y-2 & z-3 \\ 2 & 0 & -1 \\ -3 & -3 & 0 \end{vmatrix} = 0$，展開整理得：$x - y + 2z = 5$。

<另解>

令 $P(1,2,3)$，$Q(3,2,2)$，$R = (-2,-1,3)$，則 $\overrightarrow{PQ} = (2,0,-1)$，$\overrightarrow{PR} = (-3,-3,0)$。而平面法向量 $\vec{N} = \overrightarrow{PQ} \times \overrightarrow{PR} = (-3,3,-6)$，故取平面上任一點 $S(x,y,z)$，可得 $\overrightarrow{PS} = (x-1, y-2, z-3)$，則 $\overrightarrow{PS} \cdot \vec{N} = 0$

$\Rightarrow -3(x-1) + 3(y-2) - 6(z-3) = 0 \Rightarrow x - y + 2z = 5$。

5-2.3 一點到一平面間之最短距離

已知平面 $E : ax + by + cz + d = 0$，$P(x_0, y_0, z_0)$為平面外一點。令 $Q(x, y, z)$為平面上任一點，且平面法向量 $\vec{N} = (a, b, c)$，則 P 點到 E 的最短距離為：

$$d(P, E) = \left| \overrightarrow{PQ} \cdot \frac{\vec{N}}{|\vec{N}|} \right| = \left| (x - x_0, y - y_0, z - z_0) \cdot \frac{(a, b, c)}{\sqrt{a^2 + b^2 + c^2}} \right| = \left| \frac{-d - ax_0 - by_0 - cz_0}{\sqrt{a^2 + b^2 + c^2}} \right|$$，如圖

5-17 所示。故得公式

$$d(P, E) = \left| \frac{ax_0 - by_0 + cz_0 + d}{\sqrt{a^2 + b^2 + c^2}} \right|$$

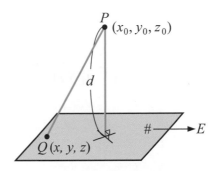

圖 5-17 空間中點到面距離示意圖

範例 3

求點 $P(3, 2, 4)$到平面 $E : 2x - y + 2z = 5$ 之最短距離。

解

$$d(P, E) = \frac{|2 \cdot 3 - 2 + 2 \cdot 4 - 5|}{\sqrt{2^2 + (-1)^2 + 2^2}} = \frac{7}{3}$$。

5-2.4 兩平面間的夾角(Angle between two planes)

設兩平面 $E_1 : a_1x + b_1y + c_1z + d_1 = 0$；$E_2 : a_2x + b_2y + c_2z + d_2 = 0$，則 E_1 與 E_2 之夾角可由公式 $\cos\theta = \dfrac{\vec{N}_1 \cdot \vec{N}_2}{|\vec{N}_1||\vec{N}_2|}$ 得來，其中 $\vec{N}_1 = (a_1, b_1, c_1)$，$\vec{N}_2 = (a_2, b_2, c_2)$，如圖 5-18 所示。故 $\cos\theta = \dfrac{(a_1a_2 + b_1b_2 + c_1c_2)}{\sqrt{a_1^2 + b_1^2 + c_1^2}\sqrt{a_2^2 + b_2^2 + c_2^2}}$，得夾角為

$$\theta = \cos^{-1}\left(\frac{\vec{N}_1 \cdot \vec{N}_2}{|\vec{N}_1||\vec{N}_2|} \right) 與 \pi - \theta$$

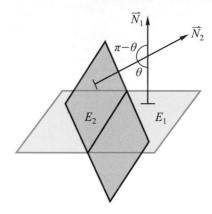

圖 5-18　空間中兩平面夾角示意圖

範例 *4*

求二平面 $x + 2y + 3z = 3$ 與 $x - 2y - 3z = 3$ 間之夾角。

解

$$\cos\theta = \frac{\vec{N}_1 \cdot \vec{N}_2}{|\vec{N}_1||\vec{N}_2|} = \frac{(1, 2, 3) \cdot (1, -2, -3)}{\sqrt{1^2 + 2^2 + 3^2} \cdot \sqrt{1^2 + 2^2 + 3^2}} = \frac{-12}{14} = \frac{6}{7}$$

$$\Rightarrow \theta = \cos^{-1}\left(\frac{6}{7}\right) 或 \pi - \theta 。$$

5-2　習題演練

在下列 1～5 題中，求空間中通過給定兩點之直線的參數式。

1. $(1, 0, 5)$，$(2, 1, -1)$

2. $(4, 0, 0)$，$(-3, 1, 0)$

3. $(2, 1, 1)$，$(2, 1, -4)$

4. $(0, 1, 3)$，$(0, -1, 2)$

5. $(1, 0, 4)$，$(-2, -3, 5)$

在下列 6～10 題中，求空間中包含給定三點之平面

6. $(12, 5, 0)$，$(0, 4, 0)$，$(12, 0, 6)$

7. $(1, 2, 1)$，$(-1, 1, 3)$，$(-2, -2, -2)$

8. $(1, 1, 2)$，$(-1, 1, -26)$，$(0, 2, 1)$

9. $(-1, 3, 2)$，$(-5, 5, 0)$，$(11, -4, 5)$

10. $(3, 0, 0)$，$(0, -2, 0)$，$(0, 0, 4)$

11. 求點$(1, 3, 2)$到平面 $x + 2y + z = 4$ 之最短距離。

12. 求點 $(-4, 0, 1)$，到平面 $-x + 3y - 2z = 1$ 之距離。

13. 若兩平面 $x + y + z = 1$ 與 $2x + cy + 7z = 0$ 為正交，則 $c = ?$

14. 求兩平面 $x + 2y - 2z + 3 = 0$ 與 $2x - y + 2z - 3 = 0$ 間之夾角。

15. 求兩平面 $x + 2y - z = 3$ 與 $2x + y = 5$ 之夾角。

5-3 向量函數與微分

　　向量一般分爲常數向量與函數向量，前面我們介紹了常數向量運算，以下將介紹函數向量。本節將先介紹何謂向量函數(函數向量)，然後討論其微分性質。

5-3.1 向量函數(Vector functions)

單變數向量函數(Single variable vector functions)

1. 定義

在某一區間中，所有的純量變數 t，恰有一向量 $\vec{V}$ 與其對應，則稱 $\vec{V}$ 爲單變數向量函數，表示成：

$$\vec{V}(t) = V_1(t)\vec{i} + V_2(t)\vec{j} + V_2(t)\vec{k} \quad 。$$

在 $V_1(t)$，$V_2(t)$，$V_3(t)$ 在區間 R 中連續若且唯若 $\vec{V}(t)$ 在區間 R 中連續。

2. 導數

設 $\vec{V} = \vec{V}(t)$，$t \in [a, b]$，則 $\vec{V}$ 的導數定義爲 $\dfrac{d\vec{V}}{dt}$ 或 $\vec{V}'(t)$，即

$$\frac{d\vec{V}(t)}{dt} = \lim_{\Delta t \to 0} \frac{\vec{V}(t + \Delta t) - \vec{V}(t)}{\Delta t} = \frac{dV_1}{dt}\vec{i} + \frac{dV_2}{dt}\vec{j} + \frac{dV_3}{dt}\vec{k} \quad 。$$

3. 性質：(滿足純量函數的所有性質)

(1) $\dfrac{d}{dt}(\vec{A}(t) \pm \vec{B}(t)) = \dfrac{d\vec{A}(t)}{dt} \pm \dfrac{d\vec{B}(t)}{dt}$ 。

(2) $\dfrac{d}{dt}(\phi(t)\vec{B}(t)) = \dfrac{d\phi(t)}{dt}\vec{B}(t) + \phi(t)\dfrac{d\vec{B}(t)}{dt}$ 。

(3) $\dfrac{d}{dt}(\vec{A}(t) \cdot \vec{B}(t)) = \dfrac{d}{dt}\vec{A}(t) \cdot \vec{B}(t) + \vec{A}(t) \cdot \dfrac{d\vec{B}(t)}{dt}$ 。

(4) $\dfrac{d}{dt}(\vec{A}(t) \times \vec{B}(t)) = \dfrac{d\vec{A}(t)}{dt} \times \vec{B}(t) + \vec{A}(t) \times \dfrac{d\vec{B}(t)}{dt}$ 。

(5) $\dfrac{d\vec{A}(t)}{ds} = \dfrac{d\vec{A}(t)}{dt} \cdot \dfrac{dt}{ds}$ (鏈微法則)。

範例 *1*

$\vec{A}(t) = \sin t\vec{i} + \cos t\vec{j} + 3t\vec{k}$，$t \in [0, \infty)$，

如圖右所示。求下列資訊

(1) $\dfrac{d\vec{A}(t)}{dt}$ (2) $\vec{A}(0)$

(3) $\vec{A}(\dfrac{\pi}{2})$ (4) $\dfrac{d\vec{A}(0)}{dt}$

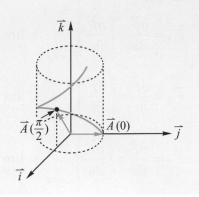

解

(1) $\dfrac{d\vec{A}(t)}{dt} = \dfrac{d(\sin t)}{dt}\vec{i} + \dfrac{d(\cos t)}{dt}\vec{j} + \dfrac{d(3t)}{dt}\vec{k} = \cos t\vec{i} - \sin t\vec{j} + 3\vec{k}$ 。

(2) $\vec{A}(0) = \sin 0\vec{i} + \cos 0\vec{j} + 3 \cdot 0\vec{k} = \vec{j}$ 。

(3) $\vec{A}(\dfrac{\pi}{2}) = \sin \dfrac{\pi}{2}\vec{i} + \cos \dfrac{\pi}{2}\vec{j} + 3 \cdot \dfrac{\pi}{2}\vec{k} = \vec{i} + \dfrac{3\pi}{2}\vec{k}$ 。

(4) $\dfrac{d\vec{A}(0)}{dt} = \cos 0\vec{i} - \sin 0\vec{j} + 3\vec{k} = \vec{i} + 3\vec{k}$ 。

多變數向量函數(Mutivariable vector functions)

1. 定義

在某一區間中，所有的純量變數 u，v，w 恰有一向量 $\vec{F}$ 與其對應，則稱 $\vec{F}$ 爲三變
數向量函數，即 $\vec{F} = \vec{F}(u, v, w) = F_1(u, v, w)\vec{i} + F_2(u, v, w)\vec{j} + F_3(u, v, w)\vec{k}$ 。

2. 連續性

$F_1(u, v, w)$，$F_2(u, v, w)$，$F_3(u, v, w)$在區間中均連續若且唯若 $\vec{F}(u, v, w)$ 在區間中連
續。

3. **偏導數**

$$\vec{F}_u = \frac{\partial \vec{F}}{\partial u} = \left(\frac{\partial \vec{F}}{\partial u}\right)_{v,\,w\text{常數}} = \lim_{\Delta u \to 0} \frac{\vec{F}(u+\Delta u,\, v,\, w) - \vec{F}(u,\, v,\, w)}{\Delta u} \quad ;$$

$$\vec{F}_v = \frac{\partial \vec{F}}{\partial v} = \left(\frac{\partial \vec{F}}{\partial v}\right)_{u,\,w\text{常數}} = \lim_{\Delta v \to 0} \frac{\vec{F}(u,\, v+\Delta v,\, w) - \vec{F}(u,\, v,\, w)}{\Delta v} \quad ;$$

$$\vec{F}_w = \frac{\partial \vec{F}}{\partial w} = \left(\frac{\partial \vec{F}}{\partial w}\right)_{u,\,v\text{常數}} = \lim_{\Delta w \to 0} \frac{\vec{F}(u,\, v,\, w+\Delta w) - \vec{F}(u,\, v,\, w)}{\Delta w} \quad ;$$

4. **偏導數的性質**

(1) $\dfrac{\partial}{\partial u}(\vec{A} \pm \vec{B}) = \dfrac{\partial \vec{A}}{\partial u} \pm \dfrac{\partial \vec{B}}{\partial u}$ 。

(3) $\dfrac{\partial}{\partial u}(\vec{A} \cdot \vec{B}) = \dfrac{\partial \vec{A}}{\partial u} \cdot \vec{B} + \vec{A} \cdot \dfrac{\partial \vec{B}}{\partial u}$ 。

(2) $\dfrac{\partial}{\partial u}(\phi\vec{B}) = \dfrac{\partial \phi}{\partial u}\vec{B} + \phi\dfrac{\partial \vec{B}}{\partial u}$ 。

(4) $\dfrac{\partial}{\partial u}(\vec{A} \times \vec{B}) = \dfrac{\partial \vec{A}}{\partial u} \times \vec{B} + \vec{A} \times \dfrac{\partial \vec{B}}{\partial u}$ 。

5. **全微分**

定義

設 $\vec{f} = \vec{f}(u,\, v,\, w)$ ，且 $\dfrac{\partial \vec{f}}{\partial u}$ ，$\dfrac{\partial \vec{f}}{\partial v}$ ，$\dfrac{\partial \vec{f}}{\partial w} \in C\,(R)$ ，則

$$d\vec{f} = \frac{\partial \vec{f}}{\partial u}du + \frac{\partial \vec{f}}{\partial v}dv + \frac{\partial \vec{f}}{\partial w}dw \qquad \text{稱為向量函數全微分。}$$

範例 *2*

設 $\vec{F}(x,\, y,\, z) = \sin(xy)\vec{i} + e^{xyz}\vec{j} + x \cdot \cos z\,\vec{k}$ ，求 $\vec{F}_x, \vec{F}_y, \vec{F}_z$ 。

解

$$\vec{F}_x = \left(\frac{\partial F}{\partial x}\right)_{y,z\text{常數}} = y \cdot \cos(xy)\vec{i} + yz \cdot e^{xyz}\vec{j} + \cos z\,\vec{k} \quad ,$$

$$\vec{F}_y = \left(\frac{\partial F}{\partial y}\right)_{x,z\text{常數}} = x \cdot \cos(xy)\vec{i} + xz \cdot e^{xyz}\vec{j} + 0\vec{k} \quad ,$$

$$\vec{F}_z = \left(\frac{\partial F}{\partial z}\right)_{x,y\text{常數}} = 0\vec{i} + xy \cdot e^{xyz}\vec{j} - x \cdot \sin z\,\vec{k} \quad 。$$

5-3.2　空間幾何

本重點將先介紹空間中常用的位置向量表示法，然後介紹由空間中常見的座標系與空間曲線的表示式及其物理性質。

位置向量(position vector)

空間中任一點 P，其與原點所形成之向量稱為位置向量，一般以直角座標系表示為：$\vec{r}_p = x\vec{i} + y\vec{j} + z\vec{k}$，如圖 5-19 所示。常見位置向量座標系表示式：

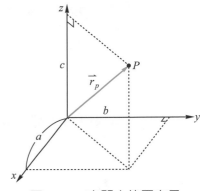

圖 5-19　空間中位置向量

1. 極坐標(Polar coordinate)

x-y 平面之位置向量 $\vec{r}_p = x\vec{i} + y\vec{j}$，其亦可改用極座標來表示為：$\vec{r}_p = r\vec{e}_r = r\cos\theta\vec{i} + r\sin\theta\vec{j}$。

其分量與直角座標之關係為 $\begin{cases} x = r\cos\theta \\ y = r\sin\theta \end{cases}$，如圖 5-20。

其中 $\left\{\vec{e}_r, \vec{e}_\theta\right\}$ 為極座標之一組正規化正交(么正)基底，且其與直角座標之關係為：

$\vec{e}_r = \cos\theta\vec{i} + \sin\theta\vec{j}$，$\vec{e}_\theta = -\sin\theta\vec{i} + \cos\theta\vec{j}$。

2. 圓柱座標系(Cylindrical coordinate)

x-y-z 空間之位置向量 $\vec{r}_p = x\vec{i} + y\vec{j} + z\vec{k}$ 亦可改成用圓柱座標來表示，如圖 5-21 所示，其表示式為：$\vec{r}_p = r\vec{e}_r + z\vec{e}_z = r\cos\theta\vec{i} + r\sin\theta\vec{j} + z\vec{k}$，$0 \le \theta \le 2\pi$。其分量與直角座標之關係為 $\begin{cases} x = r\cos\theta \\ y = r\sin\theta \\ z = z \end{cases}$，其中 $\left\{\vec{e}_r, \vec{e}_\theta, \vec{e}_z\right\}$ 為圓柱座標之一組正規化正交(么正)基底。

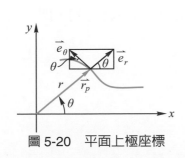

圖 5-20　平面上極座標

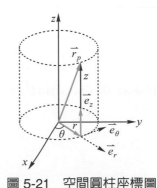

圖 5-21　空間圓柱座標圖

與極座標的關係：

將圓柱座標投影到 x-y 平面即為極座標，圓柱座標上一點之表示式為 $P(r, \theta, z)$。
第一個分量表示與對稱軸之距離，第二個分量表示與正 x 軸之夾角，
第三個分量表示與 z 軸之投影量。

3. **球座標系(Spherical coordinate)**

x-y-z 空間之位置向量 $\vec{r_p} = x\vec{i} + y\vec{j} + z\vec{k}$ 亦可改成用球座標來表示，如圖 5-22 所示
其表示式為 $\vec{r_p} = r\vec{e_r} = r\sin\phi\cos\theta\,\vec{i} + r\sin\phi\sin\theta\,\vec{j} + r\cos\phi\,\vec{k}$ ，$0 \leq \theta \leq 2\pi$ ，$0 \leq \phi \leq \pi$ 。

其分量與直角座標之關係為：$\begin{cases} x = r\sin\phi\cos\theta \\ y = r\sin\phi\sin\theta \\ z = r\cos\phi \end{cases}$ ，其中 $\{\vec{e_r}, \vec{e_\phi}, \vec{e_\theta}\}$ 為球座標之一組

么正基底。

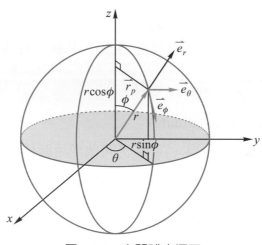

圖 5-22　空間球座標圖

　　一般來說，球座標上一點 P 之參數式為 $P(r, \phi, \theta)$，第一個分量表示與球心之距離、
第二個分量表示與 z 軸之夾角、第三個分量表示投影到 xy 平面後與 x 軸之夾角。另外，
球座標中半徑 r 方向上的單位位置向量可在向量參數式中令 $r = 1$ 得到，即
$\vec{r_p} = \vec{e_r} = \sin\phi\cos\theta\,\vec{i} + \sin\phi\sin\theta\,\vec{j} + \cos\phi\,\vec{k}$

範例 *3*

(1) P 點在圓柱座標中為 $\left(10, \dfrac{\pi}{6}, 8\right)$，將其轉換成直角座標。

(2) P 點在球座標為 $\left(10, \dfrac{\pi}{3}, \dfrac{\pi}{4}\right)$，請將其轉換成直角座標與圓柱座標。

解

(1) $\begin{cases} x = r\cos\theta = 10 \cdot \cos\dfrac{\pi}{6} = 5\sqrt{3} \\[2mm] y = 10\sin\dfrac{\pi}{6} = 5 \\[2mm] z = 8 \end{cases}$ ，所以 P 點之直角座標為 $(5\sqrt{3},\, 5,\, 8)$。

(2) $\begin{cases} x = 10\sin\dfrac{\pi}{3}\cos\dfrac{\pi}{4} = \dfrac{5\sqrt{6}}{2} \\[2mm] y = 10\sin\dfrac{\pi}{3}\sin\dfrac{\pi}{4} = \dfrac{5\sqrt{6}}{2} \\[2mm] z = 10\cos\dfrac{\pi}{3} = 5 \end{cases}$ ，所以 P 點之直角座標為 $\left(\dfrac{5\sqrt{6}}{2},\, \dfrac{5\sqrt{6}}{2},\, 5\right)$。

改成圓柱座標之 $r = 10\sin\dfrac{\pi}{3} = 5\sqrt{3}$ ， $\theta = \dfrac{\pi}{4}$ ， $z = 10\cos\dfrac{\pi}{3} = 5$ ，

所以 P 點之圓柱座標為 $\left(5\sqrt{3}, \dfrac{\pi}{4}, 5\right)$。

空間曲線(Curves)之表示式

設空間中一點 P 之位置向量 $\vec{r}_p(t)$ 爲參數 t 之函數關係。隨著參數 t 的變化，$\vec{r}_p(t)$ 會在空間中形成一條曲線 C，如圖 5-23 所示，記作：

$$C : \vec{r}_p(t) = x(t)\vec{i} + y(t)\vec{j} + z(t)\vec{k} \ , \ t \in [t_0 \sim t_1] \ 。$$

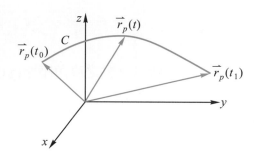

圖 5-23　空間中曲線

物理意義

牛頓力學中，位置向量對時間的一次微分爲速度(Velocity)向量，二次微分則爲加速度(Acceleration)向量。假設空間中的位置向量函數爲 $\vec{r}_p(t) = x(t)\vec{i} + y(t)\vec{j} + z(t)\vec{k}$，則速度向量函數爲 $\vec{v}_p(t) = \dfrac{d\vec{r}_p(t)}{dt} = \dfrac{dx(t)}{dt}\vec{i} + \dfrac{dy(t)}{dt}\vec{j} + \dfrac{dz(t)}{dt}\vec{k}$，加速度向量函數爲 $\vec{a}_p(t) = \dfrac{d^2\vec{r}_p(t)}{dt^2} = \dfrac{d^2x(t)}{dt^2}\vec{i} + \dfrac{d^2y(t)}{dt^2}\vec{j} + \dfrac{d^2z(t)}{dt^2}\vec{k}$ 。

例如：位置向量函數若爲 $\vec{r}_p(t) = \cos t\,\vec{i} + \sin t\,\vec{j} + t\vec{k}$，$t \in [0, 2\pi]$，則速度向量函數爲 $\vec{v}_p(t) = \dfrac{d\vec{r}_p(t)}{dt} = \dfrac{d(\cos t)}{dt}\vec{i} + \dfrac{d(\sin t)}{dt}\vec{j} + \dfrac{d(t)}{dt}\vec{k} = -\sin t\,\vec{i} + \cos t\,\vec{j} + \vec{k}$，加速度向量函數爲 $\vec{a}_p(t) = \dfrac{d^2\vec{r}_p(t)}{dt^2} = \dfrac{d^2(\cos t)}{dt^2}\vec{i} + \dfrac{d^2(\sin t)}{dt^2}\vec{j} + \dfrac{d^2(t)}{dt^2}\vec{k} = -\cos t\,\vec{i} - \sin t\,\vec{j}$ 。

範例 4

有一位置向量函數 $\vec{r}(t) = \sin 2t\vec{i} + e^{-2t}\vec{j} + t^2\vec{k}$，$t = [0, 2\pi]$，求其所對應之速度與加速度函數，並求其初始速度與加速度。

解

速度向量函數爲：

$$\vec{v}(t) = \frac{d\vec{r}(t)}{dt} = \frac{d(\sin 2t)}{dt}\vec{i} + \frac{d(e^{-2t})}{dt}\vec{j} + \frac{d(t^2)}{dt}\vec{k} = 2\cos 2t\vec{i} - 2e^{-2t}\vec{j} + 2t\vec{k}$$ 。

加速度向量函數爲：

$$\vec{a}(t) = \frac{d^2\vec{r}(t)}{dt^2} = \frac{d^2(\sin 2t)}{dt^2}\vec{i} + \frac{d^2(e^{-2t})}{dt^2}\vec{j} + \frac{d^2(t^2)}{dt^2}\vec{k} = -4\sin 2t\vec{i} + 4e^{-2t}\vec{j} + 2\vec{k}$$ 。

初始速度 $\vec{v}(0) = 2\vec{i} - 2\vec{j}$，初始加速度 $\vec{a}(0) = 4\vec{j} + 2\vec{k}$ 。

5-3 習題演練

位置向量函數 $\vec{r}(t)$ 定義如下 1～3 題，分別求其速度與加速度向量函數

1. $\vec{r}(t) = 3t\vec{i} - 2\vec{j} + t^2\vec{k}$

2. $\vec{r}(t) = 2\cos t\vec{i} + 2\sin t\vec{j} - 3t\vec{k}$

3. $\vec{r}(t) = t\sin t\vec{i} - 2e^{-3t}\vec{j} + e^{-t}\cos t\vec{k}$

在下列 4～6 題中，對給定的位置函數 $\vec{r}(t)$，求其在 $t = 0$ 時的速度與加速度向量：

4. $\vec{r}(t) = 3t^2\vec{i} + \sin t\vec{j} - 2t^2\vec{k}$

5. $\vec{r}(t) = \vec{i} - 2\cos(t)\vec{j} + t\vec{k}$

6. $\vec{r}(t) = \sinh(t)\vec{i} - 2t^2\vec{k}$

在下列 7～9 題中，給定向量場 $\vec{f}$，求其 $\vec{f}_x$、$\vec{f}_y$、$\vec{f}_z$、$\vec{f}_{xx}$、$\vec{f}_{xy}$

7. $\vec{f} = 4x\vec{i} + 5xy\vec{j} - z\vec{k}$

8. $\vec{f} = e^x\vec{i} - 3x^2yz\vec{j}$

9. $\vec{f} = 2xy\vec{i} + y\sin(x)\vec{j} + \cos(z)\vec{k}$

10. 若 $\vec{f}(x, y) = e^{xy}\vec{i} + (x+y)\vec{j} + x\cos y\vec{k}$，求 $\vec{f}_x$，$\vec{f}_y$，$\vec{f}_{xx}$？

P 點在圓柱座標中如下，將其轉換成直角座標。

11. $\left(10, \dfrac{3\pi}{4}, 5\right)$

12. $\left(\sqrt{3}, \dfrac{\pi}{3}, -4\right)$

在下列 13～14 題中，對給定的球座標，試將其轉換成直角座標與圓柱座標。

13. $\left(\dfrac{2}{3}, \dfrac{\pi}{2}, \dfrac{\pi}{6}\right)$

14. $\left(8, \dfrac{\pi}{4}, \dfrac{3\pi}{4}\right)$

5-4 方向導數

單變數微積分中的純量函數導數(微分)或偏導數(偏微分)是不考慮方向性,它所研究的是切線方向變化率,然而在實際物理系統中,純量函數的變化率是會因為所沿的方向不同而有所不同,就好像一座山的高度變化會因為你所爬的方向不同而有所不同,可能從西南面爬的坡度變化最小,比較好爬,但所走的長度最長;而從東北面爬的坡度變化可能最大,比較難爬,但所走的距離最短。由此可知,純量場(高度場,溫度場等)沿不同方向之變化率會有所不同。

5-4.1 ∇運算子

定義

向量微分算子∇定義為一個從$C^\infty(\mathbb{R}^3, \mathbb{R})$對應到$\mathbb{R}^3$的函數

$$\nabla \equiv \vec{i}\frac{\partial}{\partial x} + \vec{j}\frac{\partial}{\partial y} + \vec{k}\frac{\partial}{\partial z}$$

我們稍微對微分算子∇做些解釋。假設$f: \mathbb{R}^3 \to \mathbb{R}$是一個平滑函數,則對於選定的點$P(x, y, z)$,根據定義,我們有$\nabla f(x, y, z) = \frac{\partial f}{\partial x}\vec{i} + \frac{\partial f}{\partial y}\vec{j} + \frac{\partial f}{\partial z}\vec{k}$,換句話說∇在函數$f$的圖形上給定了一個以$f(P)$為起點的向量。

基本運算

對純量場ϕ與向量場$\vec{u} = u_1\vec{i} + u_2\vec{j} + u_3\vec{k}$,其中$\phi$與$\vec{u}$之偏導數均存在且連續,則常見∇之四大運算定義如下:

1. 梯度(gradient)

$$\nabla\phi \equiv \frac{\partial\phi}{\partial x}\vec{i} + \frac{\partial\phi}{\partial y}\vec{j} + \frac{\partial\phi}{\partial z}\vec{k} = \text{grad}(\phi)$$

2. 散度(divergence)

$$\nabla \cdot \vec{u} = \frac{\partial u_1}{\partial x} + \frac{\partial u_2}{\partial y} + \frac{\partial u_3}{\partial z} = div(\vec{u})$$

3. 旋度(curl)

$$\nabla \times \vec{u} \equiv \begin{vmatrix} \vec{i} & \vec{j} & \vec{k} \\ \dfrac{\partial}{\partial x} & \dfrac{\partial}{\partial y} & \dfrac{\partial}{\partial z} \\ u_1 & u_2 & u_3 \end{vmatrix} = \mathrm{curl}(\vec{u})$$

4. 拉普拉斯算子(Laplacian of ϕ)

$$\nabla^2 \phi \equiv \nabla \cdot \nabla \phi = \frac{\partial^2 \phi}{\partial x^2} + \frac{\partial^2 \phi}{\partial y^2} + \frac{\partial^2 \phi}{\partial z^2}$$

物理意義

在物理系統中,「場函數」在區域上的每一點所對應的函數值即爲物理量在該點的狀態。「場」分爲**純量場**(salar field)與**向量場**(vector field),純量場如溫度場 $T(x, y, z)$,向量場如速度場 $\vec{V} = V_1(x, y, z)\vec{i} + V_2(x, y, z)\vec{j} + V_3(x, y, z)\vec{k}$,利用 ∇ 算子在各種場上不同的作用方式,可用來描述不同的物理狀態。

梯度

一般梯度場$\nabla \phi$ 表示該純量場 ϕ 之最大變化率向量,例如:地圖中的等高線變化最劇烈的路徑便是由梯度場來描述。

散度

散度場$\nabla \cdot \vec{u}$ 是表示該向量場$\vec{u}$ 之往外散失的量。以流場、電場或磁場來說散度就是流經某一微小體積的淨進出量。$div(\vec{u}) > 0$ 表示向量場$\vec{u}$ 有向外發散趨勢,稱此時的$\vec{u}$ 爲源(source);反之,若$div(\vec{u}) < 0$ 表示向量場$\vec{u}$ 有向內聚集趨勢,稱此時的$\vec{u}$ 爲槽(sink)。流體力學中,若$div(\vec{u}) = 0$,稱$\vec{u}$ 爲不可壓縮流場(incompressible),反之則爲可壓縮。而在電磁學上則稱$div(\vec{u}) = 0$ 爲螺旋場(solenoidal)。

旋度

旋度場 $\nabla \times \vec{u}$ 表示該向量場 $\vec{u}$ 之旋轉向量。以流場、電場或磁場來說旋度就是在某一微小封閉曲線的環流強度。

拉普拉斯方程

$\nabla^2 \phi = 0$ 稱為拉普拉斯方程式，且滿足 $\nabla^2 \phi = 0$ 之 ϕ 稱為調和函數(harmonic function)。拉普拉斯方程通常被用來描述流體、熱傳導與電磁場之穩態解。

範例 1

設 $f(x, y, z) = x^4 + y^4 + z$，$\vec{V}(x, y, z) = (x + y)^2 \vec{i} + z^2 \vec{j} + 2yz\vec{k}$，

$\vec{F}(x, y, z) = 2x\vec{i} - y\vec{j} - z\vec{k}$。

(1)求在 $(4, -1, 3)$ 之 $\text{grad}(f)$　(2)計算 $\text{div}(\vec{V})$，$\text{curl}(\vec{V})$ 及 $\nabla^2 f$　(3)證 $\vec{F}$ 為不可壓縮。

解

(1) $\nabla f = \dfrac{\partial f}{\partial x}\vec{i} + \dfrac{\partial f}{\partial y}\vec{j} + \dfrac{\partial f}{\partial z}\vec{k} = 4x^3\vec{i} + 4y^3\vec{j} + \vec{k}$，

　　所以 $\text{grad}(f)\big|_{(4,-1,3)} = 256\vec{i} - 4\vec{j} + \vec{k}$。

(2) $\text{div}(\vec{V}) = \nabla \cdot \vec{V} = \dfrac{\partial (x+y)^2}{\partial x} + \dfrac{\partial (z^2)}{\partial y} + \dfrac{\partial (2yz)}{\partial z} = 2(x+y) + 2y = 2x + 4y$。

　　$\nabla^2 f = \dfrac{\partial^2 f}{\partial x^2} + \dfrac{\partial^2 f}{\partial y^2} + \dfrac{\partial^2 f}{\partial z^2} = 12x^2 + 12y^2$。

$$\text{curl}(\vec{V}) = \nabla \times \vec{V} = \begin{vmatrix} \vec{i} & \vec{j} & \vec{k} \\ \dfrac{\partial}{\partial x} & \dfrac{\partial}{\partial y} & \dfrac{\partial}{\partial z} \\ (x+y)^2 & z^2 & 2yz \end{vmatrix}$$

　　$= (2z - 2z)\vec{i} - 0\vec{j} + (0 - 2(x+y))\vec{k} = -2(x+y)\vec{k}$。

(3) $\text{div}(\vec{F}) = \nabla \cdot \vec{F} = \dfrac{\partial (2x)}{\partial x} + \dfrac{\partial (-y)}{\partial y} + \dfrac{\partial (-z)}{\partial z} = 2 - 1 - 1 = 0$，所以 $\vec{F}$ 為不可壓縮。

5-4.2 **方向導數**(Direction derivative)

我們在本單元一開始就提到純量場的變化會因為方向的不同而有所不同，此概念即為方向導數，接著將介紹方向導數的定義與性質：

定義

設 $F(\vec{r}) = F(x, y, z)$ 為定義在 D 之一純量場，若 $P(x_0, y_0, z_0)$ 為 D 內之某一點，而 $Q(x_1, y_1, z_1)$ 為點 P 鄰域中之任一點，同時 $F(\vec{r}) = F(x, y, z)$ 在點 P 處為一階微分連續函數，設 $\overrightarrow{PQ}$ 直線上任一點位置 $\vec{r}(s) = x(s)\vec{i} + y(s)\vec{j} + z(s)\vec{k}$ ，且 $\vec{u} = \overrightarrow{PQ}$ ，則

$$D_{\vec{u}}F(P) = \frac{dF(P)}{ds} = \lim_{s \to 0} \frac{F(Q) - F(P)}{s} = \frac{\partial F(P)}{\partial x}\frac{dx}{ds} + \frac{\partial F(P)}{\partial y}\frac{dy}{ds} + \frac{\partial F(P)}{\partial z}\frac{dz}{ds}$$

$$= (\frac{\partial F(P)}{\partial x}\vec{i} + \frac{\partial F(P)}{\partial y}\vec{j} + \frac{\partial F(P)}{\partial z}\vec{k}) \cdot (\frac{dx}{ds}\vec{i} + \frac{dy}{ds}\vec{j} + \frac{dz}{ds}\vec{k}) = \nabla F(P) \cdot \frac{d\vec{r}}{ds} \quad ,$$

又 $\vec{r}(s) = \vec{r}_P + s\frac{\vec{u}}{|\vec{u}|}$ ，所以 $\frac{d\vec{r}}{ds} = \frac{\vec{u}}{|\vec{u}|}$ ，故 $D_{\vec{u}}F(P) = \nabla F(P) \cdot \frac{\vec{u}}{|\vec{u}|}$ ，

所以純量場 $F(\vec{r})$ 沿著 $\vec{u} = \overrightarrow{PQ}$ 方向的導數為

$$D_{\vec{u}}F(P) = \frac{dF}{ds}(P) = \nabla F(P) \cdot \frac{\vec{u}}{|\vec{u}|} = |\nabla F(P)| \cdot \cos\theta$$

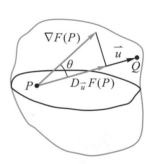

上式表示 $F(\vec{r}) = F(x, y, z)$ 在 P 點處之梯度向量在 $\vec{u}$ 上的投影量即為方向導數 $D_{\vec{u}}F(P)$ ，且 $|\vec{u}| = ds$ 為在 P 點處之切線微小弧長，如圖 5-24 所示。

圖 5-24　方向導數求法

性質

$$\nabla F(P) = F_x(P)\vec{i} + F_y(P)\vec{j} + F_z(P)\vec{k}$$

1. $\vec{u} = \vec{i} \Rightarrow D_{\vec{u}}F(P) = \nabla F(P) \cdot \vec{i} = F_x(P)$ 。

2. $\vec{u} = \vec{j} \Rightarrow D_{\vec{u}}F(P) = \nabla F(P) \cdot \vec{j} = F_y(P)$ 。

3. $\vec{u} = \vec{k} \Rightarrow D_{\vec{u}}F(P) = \nabla F(P) \cdot \vec{k} = F_z(P)$ 。

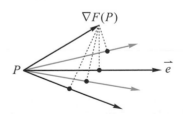

圖 5-25　不同方向之方向導數

4. 若 $\vec{u} = \dfrac{\nabla F(P)}{|\nabla F(P)|}$ ，即 $\theta = 0$，則此時方向導數為最大值，

   且 $\max\left\{D_{\vec{u}}F(P)\right\} = \nabla F(P) \cdot \dfrac{\nabla F(P)}{|\nabla F(P)|} = |\nabla F(P)|$ 。

5. 若 $\vec{u} = -\dfrac{\nabla F(P)}{|\nabla F(P)|}$ ，即 $\theta = \pi$，則此時方向導數為最小值，

   且 $\min\left\{D_{\vec{u}}F(P)\right\} = \nabla F(P) \cdot \left(\dfrac{-\nabla F(P)}{|\nabla F(P)|}\right) = -|\nabla F(P)|$ 。

範例 2

若 $f(x, y, z) = 3x^2 - y^3 + 2z^2$，則求 $f(x, y, z)$ 在點 $P(1, -1, 2)$ 處，沿著 $\vec{v} = 2\vec{i} + 2\vec{j} - \vec{k}$ 的方向導數？

解

$\nabla f = 6x\vec{i} - 3y^2\vec{j} + 4z\vec{k}$ ，故 $\nabla f(P) = 6\vec{i} - 3\vec{j} + 8\vec{k}$ 。

$D_{\vec{v}}f(P) = \nabla f(P) \cdot \dfrac{\vec{v}}{|\vec{v}|} = (6\vec{i} - 3\vec{j} + 8\vec{k}) \cdot \dfrac{(2\vec{i} + 2\vec{j} - \vec{k})}{\sqrt{2^2 + 2^2 + 1^2}} = -\dfrac{2}{3}$ 。

範例 3

求 $f(x, y) = 2x^2y^3 + 6xy$ 在點 $P(2, 1)$ 處，沿著與正 x 軸夾 $\dfrac{\pi}{6}$ 方向的方向導數？

解

$\nabla f(x, y) = (4xy^3 + 6y)\vec{i} + (6x^2y^2 + 6x)\vec{j}$ ，
故 $\nabla f(2, 1) = (8 + 6)\vec{i} + (24 + 12)\vec{j} = 14\vec{i} + 36\vec{j}$ 。

$\vec{v} = \cos\dfrac{\pi}{6}\vec{i} + \cos\dfrac{\pi}{3}\vec{j} = \dfrac{\sqrt{3}}{2}\vec{i} + \dfrac{1}{2}\vec{j}$ ，

$\therefore D_{\vec{v}}f(2, 1) = (14\vec{i} + 36\vec{j}) \cdot \left(\dfrac{\sqrt{3}}{2}\vec{i} + \dfrac{1}{2}\vec{j}\right) = 7\sqrt{3} + 18$ 。

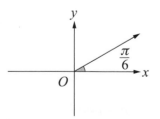

範例 *4*

求 $f(x, y, z) = x^2 + y^2 + z^2$ 在 $P_0(1, 1, 1)$ 處增加速率最快的方向，並求此改變率？

解

$\nabla f = 2x\vec{i} + 2y\vec{j} + 2z\vec{k}$ ，$\nabla f(1, 1, 1) = 2\vec{i} + 2\vec{j} + 2\vec{k}$ 。

(1) 最大方向導數方向 $= \dfrac{\nabla f(P_0)}{|\nabla f(P_0)|} = \dfrac{1}{\sqrt{3}}\vec{i} + \dfrac{1}{\sqrt{3}}\vec{j} + \dfrac{1}{\sqrt{3}}\vec{k}$ 。

(2) 最大改變率 $= |\nabla f(P_0)| = 2\sqrt{3}$ 。

5-4.3 曲面的法向量

設有一曲面族為 $\phi(x, y, z) = c$，則由全微分公式知：

$$
\begin{aligned}
d\phi(x, y, z) &= \frac{\partial \phi}{\partial x}dx + \frac{\partial \phi}{\partial y}dy + \frac{\partial \phi}{\partial z}dz \\
&= \left(\frac{\partial \phi}{\partial x}\vec{i} + \frac{\partial \phi}{\partial y}\vec{j} + \frac{\partial \phi}{\partial z}\vec{k} \right) \cdot (dx\vec{i} + dy\vec{j} + dz\vec{k}) \\
&= \nabla \phi \cdot d\vec{r} = 0
\end{aligned}
$$

其中 $d\vec{r}$ 為曲面的切向量，故 $\nabla \phi$ 為曲面的法向量，即曲面 $\phi(x, y, z) = c$ 之單位法向量為 $\vec{e_n} = \pm \dfrac{\nabla \phi}{|\nabla \phi|}$ ，如圖 5-26 所示。

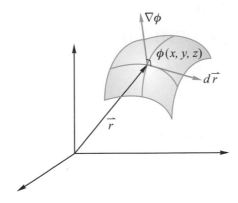

圖 5-26 空間中曲面法向量圖

Note

若 $\vec{e_n} = \dfrac{\nabla \phi}{|\nabla \phi|}$ 表示朝上，則 $\vec{e_n} = -\dfrac{\nabla \phi}{|\nabla \phi|}$ 則表示朝下。

範例 5

求函數 $f(x, y, z) = x + 3y^2 + 4z^3$，在點 $P\left(\dfrac{1}{2}, \dfrac{1}{2}, 2\right)$ 沿著曲面 $z = 4x^2 + 4y^2$ 的法向量的方向導數？

解

$\nabla f = \vec{i} + 6y\vec{j} + 12z^2\vec{k}$，$\nabla f(P) = \vec{i} + 3\vec{j} + 48\vec{k}$。

令 $\phi = 4x^2 + 4y^2 - z = 0$，則

$\nabla \phi = 8x\vec{i} + 8y\vec{j} - \vec{k}$，$\nabla \phi(P) = 4\vec{i} + 4\vec{j} - \vec{k}$。

曲面 ϕ 的法向量 $\vec{n} = \pm \dfrac{\nabla \phi(P)}{|\nabla \phi(P)|} = \pm \left(\dfrac{4\vec{i} + 4\vec{j} - \vec{k}}{\sqrt{33}}\right)$，

$\therefore D_{\vec{u}} f(P) = \nabla f(P) \cdot \vec{n} = \pm \dfrac{32}{\sqrt{33}}$。

範例 6

(1) 求曲面 $x^2 + y^2 + z^2 = 3$ 在點 $P(1, 1, 1)$ 處的單位法向量與法線參數式。

(2) 求該曲面在 $P(1, 1, 1)$ 處的切平面。

解

(1) 令 $\phi = x^2 + y^2 + z^2 - 3 = 0$，

則 $\nabla \phi = 2x\vec{i} + 2y\vec{j} + 2z\vec{k}$，$\nabla \phi(1, 1, 1) = 2\vec{i} + 2\vec{j} + 2\vec{k}$，

單位法向量 $= \pm \dfrac{\nabla \phi}{|\nabla \phi|} = \pm \dfrac{\vec{i} + \vec{j} + \vec{k}}{\sqrt{3}}$

法線參數式為 $L : \begin{cases} x = 1 + t \\ y = 1 + t \\ z = 1 + t \end{cases}$，$t \in R$。

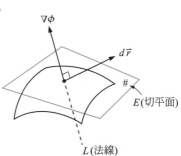

(2) 可取法向量 $\vec{n} = (1, 1, 1)$，

故切平面為 $(x - 1) + (y - 1) + (z - 1) = 0$，即 $x + y + z = 3$。

5-4　習題演練

在下列 1～3 題中，請求出 $\nabla \cdot \vec{F}$ 與 $\nabla \times \vec{F}$ ，
並驗證 $\nabla \cdot (\nabla \times \vec{F}) = 0$

1. $\vec{F} = 2x\vec{i} + y\vec{j} + z\vec{k}$

2. $\vec{F} = 2xy\vec{i} + x^2 e^y \vec{j} + 2z\vec{k}$

3. $\vec{F} = \cosh(xyz)\vec{j}$

求下列函數的梯度 $\nabla \phi$ ，並驗證 $\nabla \times (\nabla \phi) = 0$

4. $\phi = 2x - 2y$

5. $\phi = \cos(xz)$

6. $\phi = xyz + e^x$

請判別下列向量場，何者為螺旋向量場
(不可壓縮場)

7. $\vec{F} = x\vec{i} + y\vec{j} - 2z\vec{k}$

8. $\vec{F} = 3xy^2 \vec{i} - y^3 \vec{j} + e^{xyz} \vec{k}$

9. $\vec{F} = \sin(y)\vec{i} + \cos(x)\vec{j} + z\vec{k}$

10. $\vec{F} = (z^2 - 3x)\vec{i} - 3x\vec{j} + (3z)\vec{k}$

請判別下列向量場，何者為非旋向量場

11. $\vec{F} = x\vec{i} + y\vec{j} + z\vec{k}$

12. $\vec{F} = yz\vec{i} + xz\vec{j} + xy\vec{k}$

13. $\vec{F} = xy\vec{i} + xy\vec{j} + z^2 \vec{k}$

14. $\vec{F} = y^3 \vec{i} + (3xy^2 - 4)\vec{j} + z\vec{k}$

計算下列各函數的梯度與拉普拉斯運算值。

15. $\phi(x, y, z) = xyz$

16. $\phi(x, y, z) = \dfrac{xy^2}{z^3}$

17. $\phi(x, y, z) = xy\cos(yz)$

計算下列各向量函數的散度與旋度

18. $\vec{V}(x, y, z) = xz\vec{i} + yz\vec{j} + xy\vec{k}$

19. $\vec{V}(x, y, z) = 10yz\vec{i} + 2x^2 z\vec{j} + 6x^3 \vec{k}$

20. $\vec{V}(x, y, z) = xe^{-z}\vec{i} + 4yz^2 \vec{j} + 3ye^{-z}\vec{k}$

在下列 21～23 題中，計算下列各函數在 P 點之
梯度

21. $f(x, y) = 100 - 2x^2 - y^2$

   $P(1, 2)$ ；

22. $f(x, y, z) = 2x^2 + 3y^2 + z^2$

   $P(2, 1, 3)$ ；

23. $f(x, y, z) = x^2 z + yz^2$

   $P(1, 0, 2)$

24. 求函數 $f(x, y, z) = 2x^2 + 3y^2 + z^2$
   在點 $P(2, 1, 3)$ 沿著方向 $\vec{a} = \vec{i} - 2\vec{k}$
   的方向導數？

25. 求函數 $F(x, y, z) = xy^2 - 4x^2 y + z^2$
   在點 $P(1, -1, 2)$ 沿著方向
   $\vec{u} = 6\vec{i} + 2\vec{j} + 3\vec{k}$ 的方向導數？

26. 已知函數 $f(x, y, z) = x + y + z$ 及
   直線 S：$x = t$，$y = 2t$，$z = 3t$，
   求 f 在點 $P(1, 2, 3)$ 沿著直線 S 方向
   的方向導數。

27. 求 $f(x, y) = 5x^3 y^6$ 在點 $P(-1, 1)$ 處，沿著與正
   x 軸夾 $\dfrac{\pi}{6}$ 方向的方向導數？

28. 求 $f(x, y) = (xy + 1)^2$ 在點 $P(3, 2)$ 處，沿著
   $(3, 2)$ 與 $(5, 3)$ 所形成之方向的方向導數？

29. 求 $F(x, y, z) = x^2 y^2 (2z + 1)^2$ 在點
   $P(1, -1, 1)$ 處，沿著 $(1, -1, 1)$ 與 $(0, 3, 3)$ 兩點
   所形成之直線方向的方向導數？

30. 若有一純量場 f 及其上一點 P，求此純量場 f 在 P 處增加速率最快的方向，並求此改變率？

(1) $f(x, y) = e^{2x} \sin y$，$P(0, \frac{\pi}{4})$；

(2) $f(x, y, z) = x^2 + 4xz + 2yz^2$，$P(1, 2, -1)$

31. 若有一純量場 f 及其上一點 P，求此純量場 f 在 P 處減少速率最快的方向，並求此改變率？

(1) $f(x, y) = x^3 - y^3$，$P(2, -2)$；

(2) $f(x, y, z) = \ln\left(\frac{xy}{z}\right)$，$P(\frac{1}{2}, \frac{1}{6}, \frac{1}{3})$

32. 求曲面 $x^2 + y^2 + z^2 = 4$ 在點 $P(1, 1, \sqrt{2})$ 處的切平面與法線參數式。

33. 求曲面 $z = xy^2$ 在點 $P(1, 1, 1)$ 處的切平面與法線。

34. 若 $\vec{V} = (5x - 7)\vec{i} + (3y + 13)\vec{j} - 4\alpha z \vec{k}$，請計算 α 值為何可使 $\vec{V}$ 為不可壓縮流場或螺旋電磁場？

35. 若有一溫度場為 $f(x, y, z) = x^2 + y^2 + z^2$，且此時你所在的位置為 $(1, 0, 3)$，若你想讓自己最快覺得涼爽，則你應該往哪個方向走？

36. 求函數 $T(x, y, z) = x^2 + 2y^2 + 3z^2$ 在點 $P(0, 1, 2)$ 沿著直線 $S：x = t$，$y = t + 1$，$z = t + 2$ 方向的方向導數。

37. 求函數 $f(x, y, z) = x^2 + y^2 + z^2$ 在點 $P(2, 2, 2)$ 沿著方向 $\vec{a} = \vec{i} + 2\vec{j} - 3\vec{k}$ 的方向導數？

6

向量函數積分

　　向量分析(又稱向量微積分)是由約西亞·吉布斯(Josiah-Gibbs)和奧利弗·亥維賽(Oliver Heaviside)在十九世紀末提出,它被廣泛應用在物理學和工程領域中,特別是在電磁場、萬有引力場和流體動力學上。前面章節已經談了向量函數與微分,並引入在向量函數中常見的運算子 ∇ (Del),然後介紹向量函數的梯度、散度與旋度。本章節將介紹在向量微積分中最重要的面積分、線積分與三大積分定理(格林定理、高斯散度定理與史托克定理),由淺而深,讓大家可以完全了解向量積分。

6-1　線積分

　　本節將介紹向量中的線積分(Line integrals),其包含純量函數線積分與向量函數線積分,此節所介紹之積分經常用在力場中之計算作功量上,是非常重要的一節,然而要談線積分之前,就必須先了解在線積分中所沿的曲線 C 有哪些形式,以下將先介紹常見各種曲線之定義,然後再介紹線積分的計算。

6-1.1　曲線

平滑曲線(Smooth curve)與片段平滑曲線(Piecewise smooth curve)

1. **平滑曲線:**若曲線 C 之切線向量 $\vec{e_t}$ 均為連續變化,更嚴格的來說,C 的參數式可以微分無限多次,則稱曲線 C 為平滑曲線(Smooth Curve),如圖 6-1 所示。

2. **分段平滑:**若曲線 C 為有限個平滑曲線相加,則其切線向量 $\vec{e_t}$ 為片段連續變化(片段無窮可微),則稱曲線 C 為片段平滑曲線(Piecewise Smooth Curve),如圖 6-2 所示。

圖 6-1　平滑曲線　　　　　　　　圖 6-2　片段平滑曲線

多重點(Multiple point)與簡單曲線(Simple curve)

1. **多重點:**曲線之自交點稱為多重點,如圖 6-3 所示。

2. **簡單曲線(simple):**不具多重點之曲線稱為簡單曲線,如圖 6-4 所示。

3. **規則曲線(regular curve):**片段平滑之簡單曲線稱為規則曲線。

P(多重點)

圖 6-3　曲線多重點

簡單曲線

圖 6-4　簡單曲線

封閉曲線(Closed curve)

　　若曲線 C 為 $\vec{r}(t) = x(t)\vec{i} + y(t)\vec{j} + z(t)\vec{k}$，$t \in [a, b]$，且 $\vec{r}(a) = \vec{r}(b)$，則稱該曲線為封閉曲線。依據該封閉曲線有無自交點，可分為簡單封閉曲線與複雜封閉曲線，如圖 6-5、6-6 所示。

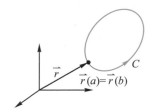

圖 6-5　簡單封閉曲線

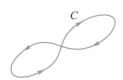

圖 6-6　複雜封閉曲線(具多重點之封閉曲線)

6-1.2　曲線弧長

　　我們可以利用線積分來計算空間中曲線弧長，如下：

設 $C : \vec{r}(t) = x(t)\vec{i} + y(t)\vec{j} + z(t)\vec{k}$，$t \in [a, b]$，則 C 上之微分位移向量定義為：

$d\vec{r} = \lim\limits_{\Delta t \to 0}[\vec{r}(t + \Delta t) - \vec{r}(t)] = \lim\limits_{\Delta t \to 0}(\Delta \vec{r}(t))$。當 $\Delta t \to 0$，$|\Delta \vec{r}|$ 即可以近似為微小弧長 Δs，所以 $ds = |d\vec{r}| = \lim\limits_{\Delta t \to 0} |\Delta \vec{r}|$，稱為**微分弧長**，如圖 6-7 所示。又 $|d\vec{r}| = |ds| = \left|\dfrac{d\vec{r}}{dt} dt\right| = \left|\dfrac{d\vec{r}}{dt}\right| |dt|$

$\Rightarrow ds = \left|\dfrac{d\vec{r}}{dt}\right| dt$，故曲線弧長

$$s = \int ds = \int_{t=a}^{b} \left|\dfrac{d\vec{r}}{dt}\right| dt$$

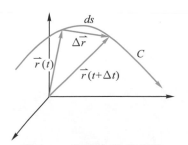

圖 6-7　空間中微分弧長

若 $\vec{r}(t) = x(t)\vec{i} + y(t)\vec{j} + z(t)\vec{k}$，則 $\dfrac{d\vec{r}(t)}{dt}$ 亦可表示曲線 C 的切向量。

空間曲線的弧長(Arc length)

若 $\vec{r} = \vec{r}(t) = x(t)\vec{i} + y(t)\vec{j} + z(t)\vec{k}$ ，$t \in [a, b]$，為空間中之某一曲線，則微分弧長

$$ds = |d\vec{r}| = \left|\frac{d\vec{r}}{dt}\right|dt = \sqrt{\left(\frac{d\vec{r}}{dt}\right)\cdot\left(\frac{d\vec{r}}{dt}\right)}dt = \sqrt{\left(\frac{dx}{dt}\right)^2 + \left(\frac{dy}{dt}\right)^2 + \left(\frac{dz}{dt}\right)^2}dt$$，故曲線弧長

$$s = \int_{t=a}^{b}\sqrt{\left(\frac{dx}{dt}\right)^2 + \left(\frac{dy}{dt}\right)^2 + \left(\frac{dz}{dt}\right)^2}dt$$

平面曲線的弧長

1. 若將平面上微小弧長 ds 放大如圖 6-8 所示，由幾何關係可知：

    $$ds = \sqrt{(dx)^2 + (dy)^2}$$ ，即微分弧長 $ds = \sqrt{\left(\frac{dx}{dt}\right)^2 + \left(\frac{dy}{dt}\right)^2}dt$ ，

    則平面曲線弧長為

    $$s = \int_{t=a}^{b}\sqrt{\left(\frac{dx}{dt}\right)^2 + \left(\frac{dy}{dt}\right)^2}dt$$

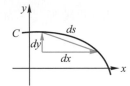

圖 6-8　平面上直角座標微分弧長

2. 若曲線 $C : y = f(x)$為 x-y 平面曲線，則其曲線參數式為

    $$\vec{r}(x) = x\vec{i} + y\vec{j} = x\vec{i} + f(x)\vec{j} \Rightarrow \frac{d\vec{r}}{dx} = \vec{i} + f'(x)\vec{j}$$ ，即

    $$ds = \sqrt{1 + \left(\frac{df}{dx}\right)^2}dx$$ ，故曲線弧長

    $$s = \int_{x=x_1}^{x_2}\sqrt{1 + \left(\frac{df}{dx}\right)^2}dx$$

範例 *1*

設 C：$\vec{r}(t) = a\cos t\,\vec{i} + a\sin t\,\vec{j} + ct\,\vec{k}$

(1) 求曲線 C 在 $t \in [0, 2\pi]$ 之弧長。

(2) 若 $a = 3$，$c = 4$，求其弧長。

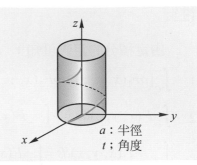

a：半徑
t；角度

解

$\dfrac{d\vec{r}}{dt} = -a\sin t\,\vec{i} + a\cos t\,\vec{j} + c\,\vec{k}$ ，$\therefore \dfrac{d\vec{r}}{dt} \cdot \dfrac{d\vec{r}}{dt} = a^2 + c^2$ 。

(1) 所求弧長 $s = \displaystyle\int_0^{2\pi} \sqrt{\dfrac{d\vec{r}}{dt} \cdot \dfrac{d\vec{r}}{dt}}\, dt = \int_0^{2\pi} \sqrt{a^2 + c^2}\, dt = 2\pi \cdot \sqrt{a^2 + c^2}$ 。

(2) $s = 2\pi\sqrt{3^2 + 4^2} = 10\pi$ 。

6-1.3 純量函數的線積分

線積分的定義

曲線 C 在兩端點 A, B 間為平滑曲線，同時函數 $F(x, y, z)$ 在曲線 C 上為連續函數，則函數 $F(x, y, z)$ 沿著曲線 C 之線積分定義為：

$\displaystyle\lim_{|\Delta s_i| \to 0} \sum_{i=1}^{n} F(x_i, y_i, z_i)|\Delta s_i|$ ，其中 Δs_i 為曲線 C 在點 A 至點 B 內切為 n 個小片段之後的第 i 個片段，而 $|\Delta s_i|$ 為其長度，如圖 6-9 所示。通常此積分以符號表示 $\displaystyle\int_C F(x, y, z)\,ds$ 。ds 則根據 C 的參數式會有不同求法。

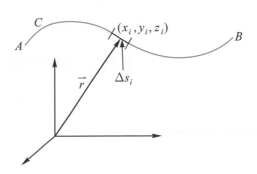

圖 6-9 空間曲線線積分示意圖

性質

由定積分的定義可知：

1. $\int_C [aF_1(x, y, z) + bF_2(x, y, z)]ds = a\int_C F_1(x, y, z)ds + b\int_C F_2(x, y, z)ds$ 。

2. $\int_C F(x, y, z)ds = -\int_{-C} F(x, y, z)ds$ ，其中$(-C)$爲與 C 方向相反之路徑。

3. $\int_{C_1+C_2} F(x, y, z)ds = \int_{C_1} F(x, y, z)ds + \int_{C_2} F(x, y, z)ds$ 。

4. 若 $F(x, y, z) = 1$，則$\int_C F(x, y, z)ds$ 表曲線 C 之弧長。

5. 若 $F(x, y, z)$表曲線 C 之密度函數，則$\int_C F(x, y, z)ds$ 表示曲線 C 之質量。

求法

1. 若空間曲線 C：$\vec{r}(t) = x(t)\vec{i} + y(t)\vec{j} + z(t)\vec{k}$ ，參數 $t \in [a, b]$ ，則

   曲線微分弧長 $ds = \sqrt{\left(\dfrac{dx}{dt}\right)^2 + \left(\dfrac{dy}{dt}\right)^2 + \left(\dfrac{dz}{dt}\right)^2}\, dt$ ，故

   $$\int_C F(x, y, z)ds = \int_a^b F(x(t), y(t), z(t)) \cdot \sqrt{\left(\dfrac{dx}{dt}\right)^2 + \left(\dfrac{dy}{dt}\right)^2 + \left(\dfrac{dz}{dt}\right)^2}\, dt \text{ 。}$$

2. 若空間曲線 C：$\vec{r}(x) = x\vec{i} + y(x)\vec{j} + z(x)\vec{k}$ ，參數 $x \in [a, b]$ ，則由(1)知

   曲線微分弧長 $ds = \sqrt{1 + \left(\dfrac{dy}{dx}\right)^2 + \left(\dfrac{dz}{dx}\right)^2}\, dx$ ，故

   $$\int_C F(x, y, z)ds = \int_a^b F(x, y(x), z(x))\sqrt{1 + (y')^2 + (z')^2}\, dx \text{ 。}$$

範例 *2*

求 $\int_C (x^2 + y^2 + z^2)ds$，其中 C：$\vec{r}(t) = \cos t\vec{i} + \sin t\vec{j} + 3t\vec{k}$，從曲線上兩點$(1, 0, 0)$

到$(1, 0, 6\pi)$的曲線段。

解

$\because \vec{r}(t) = \cos t\vec{i} + \sin t\vec{j} + 3t\vec{k}$，

$\therefore \begin{cases} x = \cos t \\ y = \sin t \\ z = 3t \end{cases}$，$(1, 0, 0) \sim (1, 0, 6\pi)$，$t \in [0, 2\pi]$。

$ds = \sqrt{\left(\dfrac{dx}{dt}\right)^2 + \left(\dfrac{dy}{dt}\right)^2 + \left(\dfrac{dz}{dt}\right)^2}\ dt$，

$\dfrac{dx}{dt} = -\sin t$，$\dfrac{dy}{dt} = \cos t$，$\dfrac{dz}{dt} = 3$，

$\begin{aligned} \therefore \int_C (x^2 + y^2 + z^2)ds &= \int_0^{2\pi} \left[(\cos t)^2 + (\sin t)^2 + (3t)^2\right] \cdot \sqrt{\sin^2 t + \cos^2 t + 3^2}\ dt \\ &= \int_0^{2\pi} \sqrt{10}(1 + 9t^2)dt \\ &= \sqrt{10}(2\pi + 24\pi^3) \text{。} \end{aligned}$

範例 *3*

求線積分 $\int_C (3x^2 + 3y^2)\,ds$ 沿著：

(1) $x + y = 1$ 的路徑從$(0, 1)$到$(1, 0)$，

(2) $x^2 + y^2 = 1$ 的路徑，順時針方向由$(0, 1)$到$(1, 0)$。

(3) $x^2 + y^2 = 1$ 的路徑，逆時針方向由$(0, 1)$到$(1, 0)$。

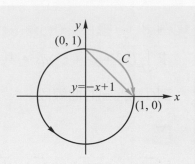

解

(1) 沿著 $y = -x + 1$，

則 $ds = \sqrt{1 + \left(\dfrac{dy}{dx}\right)^2}\,dx = \sqrt{2}\,dx$，

$\therefore \int_C (3x^2 + 3y^2)\,ds = \int_0^1 \left[3x^2 + 3(-x+1)^2\right]\sqrt{2}\,dx$

$\qquad\qquad\qquad\qquad = \int_0^1 (6x^2 - 6x + 3)\cdot\sqrt{2}\,dx = 2\sqrt{2}$ 。

(2) 沿著 $x^2 + y^2 = 1$(順時針)，

$x = \cos\theta$，$y = \sin\theta$，$\theta \in [0, 2\pi]$，

$ds = \sqrt{\left(\dfrac{dx}{d\theta}\right)^2 + \left(\dfrac{dy}{d\theta}\right)^2}\,d\theta = d\theta$，故

$\int_C (3x^2 + 3y^2)\,ds = \int_{\frac{\pi}{2}}^0 3\cdot d\theta = -\dfrac{3\pi}{2}$ 。

(3) 沿著 $x^2 + y^2 = 1$(逆時針)，

$x = \cos\theta$，$y = \sin\theta$，$ds = d\theta$，$\theta \in \left[\dfrac{\pi}{2}, 2\pi\right]$，

$\int_C (3x^2 + 3y^2)\,ds = \int_{\frac{\pi}{2}}^{2\pi} 3\,d\theta = \dfrac{9\pi}{2}$ 。

　　由此題可以看出，一般純量函數線積分與路徑有關，即雖然起始點與終點相同，但積分路徑不同，則積分值不同。接下來將介紹向量函數線積分。

6-1.4　**向量函數的線積分**

定義

若曲線 C：$\vec{r} = x\vec{i} + y\vec{j} + z\vec{k}$ 在兩端點 A, B 間為平滑曲線，同時向量函數 $\vec{F}(x, y, z) = F_1(x, y, z)\vec{i} + F_2(x, y, z)\vec{j} + F_3(x, y, z)\vec{k}$ 在曲線 C 上任一點連續，如圖 6-10 所示。則向量函數 $\vec{F}(x, y, z) = F_1(x, y, z)\vec{i} + F_2(x, y, z)\vec{j} + F_3(x, y, z)\vec{k}$ 沿著曲線 C 之向量函數線積分定義為

$$\int_C \vec{F}(x, y, z) \cdot d\vec{r} = \int_C \left[\vec{F}(x, y, z) \cdot \frac{d\vec{r}}{dt} \right] dt$$

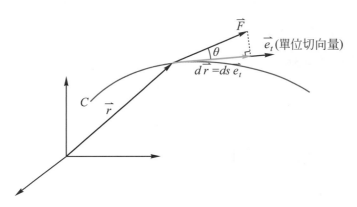

圖 6-10　向量函數線積分示意圖

物理意義

在線積分的定義中，$\vec{F} \cdot d\vec{r} = |\vec{F}| \cdot |d\vec{r}| \cdot \cos\theta = |\vec{F}| ds \cos\theta = |\vec{F}| \cos\theta ds$，若今 $\vec{F}(x, y, z)$ 表示一力場，$d\vec{r}$ 表示位移，則 $\vec{F} \cdot d\vec{r}$ 代表力場沿著曲線 C 移動微小位移所作之功(work)，故 $\int_C \vec{F}(x, y, z) \cdot d\vec{r}$ 表示力場 $\vec{F}(x, y, z)$ 沿曲線 C 移動所作之功的總和。

性質(與純量函數同)

1.　$\displaystyle\int_C \vec{F} \cdot d\vec{r} = -\int_{-C} \vec{F} \cdot d\vec{r}$ 。

2.　$\displaystyle\int_{C_1 + C_2} \vec{F} \cdot d\vec{r} = \int_{C_1} \vec{F} \cdot d\vec{r} + \int_{C_2} \vec{F} \cdot d\vec{r}$ 。

3.　$\displaystyle\int_C (k_1 \vec{F}_1 + k_2 \vec{F}_2) \cdot d\vec{r} = k_1 \int_C \vec{F}_1 \cdot d\vec{r} + k_2 \int_C \vec{F}_2 \cdot d\vec{r}$ 。

範例 *4*

設某力場 $\vec{F}$ 與曲線路徑 C 如下：

$\vec{F} = -y\vec{i} + x\vec{j} + \vec{k}$，$C：\vec{r}(t) = \cos t\vec{i} + \sin t\vec{j} + t\vec{k}$，$0 \leq t \leq \dfrac{3}{2}\pi$，

計算力場 $\vec{F}$ 沿曲線 C 之作功量 $\int_C \vec{F} \cdot d\vec{r}$。

解

$C：\begin{cases} x = \cos t \\ y = \sin t \\ z = t \end{cases}$，$d\vec{r} = (-\sin t\vec{i} + \cos t\vec{j} + \vec{k})dt$，$\vec{F} = -\sin t\vec{i} + \cos t\vec{j} + \vec{k}$，

$\vec{F} \cdot d\vec{r} = \sin^2 t + \cos^2 t + 1 = 2$，

$\therefore \int_C \vec{F} \cdot d\vec{r} = \int_0^{\frac{3\pi}{2}} 2\,dt = 3\pi$。

範例 *5*

$\vec{F} = xy\vec{i} + x\vec{j}$ 對下列兩曲線，求 $\int_C \vec{F} \cdot d\vec{r}$。

(1) $C_1：y = x$，從$(0, 0)$到$(1, 1)$。

(2) $C_2：y = x^2$，從$(0, 0)$～$(1, 1)$。

解

(1) $C_1：x = y$，$d\vec{r} = (\vec{i} + \vec{j})dx$，

$\quad \therefore \int_C \vec{F} \cdot d\vec{r} = \int_0^1 (xy + x)dx = \int_0^1 (x^2 + x)dx = \dfrac{1}{3} + \dfrac{1}{2} = \dfrac{5}{6}$。

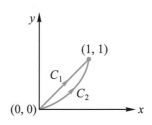

(2) $C_2：y = x^2$，$d\vec{r} = (\vec{i} + 2x\vec{j})dx$，

$\quad \vec{F} = x^3\vec{i} + x\vec{j}$，

$\quad \therefore \int_{C_2} \vec{F} \cdot d\vec{r} = \int_0^1 (x^3 + 2x^2)dx = \dfrac{11}{12}$。

6-1.5 與路徑無關之線積分(Path independence of line integrals)

　　由範例 1～5 發現，向量場中的線積分與積分路徑有關，沿著不同路徑，雖然起始點與終點相同，但積分值會不同。然而物理系統中存在一種向量場，其線積分與路徑是不相關的，例如：重力場。在重力場中將一物體由 A 點往上提到 B 點，其位能增加的量即為所需做功之量，因此我們不論由哪一條路徑來移動此物體，其所需之做功量均為 mgh，如圖 6-11 所示。請看接下來的具體陳述。

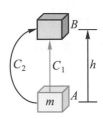

圖 6-11　保守場作功示意圖

保守場

　　若 $\vec{F}$ 為定義在區域 D 之一向量場且 $\vec{F}$ 在 D 為一階偏導數存在連續，若存在一純量 ϕ，使得 $\int_C \vec{F} \cdot \vec{dr} = \phi(B) - \phi(A)$，則稱 $\int_C \vec{F} \cdot \vec{dr}$ 在 D 內與路徑無關，且稱 $\vec{F}$ 為 D 內之保守向量場(Convervative field)。其中 C 為 D 內規則曲線，而 A，B 分別表示在 C 上之起點與終點。

定理

　　若 $\vec{F}$ 為定義在單連通區域 D 之一向量場且 $\vec{F}$ 在 D 為一階偏導數存在連續，且在 D 內 $\nabla \times \vec{F} = 0$，則 $\vec{F}$ 為 D 內之保守向量場。換句話說，若 C_1、C_2 為兩起終點一致的平滑曲線，則 $\int_{C_1} \vec{F} \cdot \vec{dr} = \int_{C_2} \vec{F} \cdot \vec{dr}$，如圖 6-12 所示。

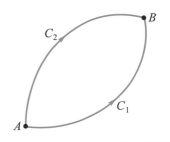

圖 6-12　單連通區域積分路徑

證明

　　因為 $\nabla \times \vec{F} = 0$，所以 $\vec{F}$ 為非旋向量場，必存在一純量函數 ϕ，使得 $\vec{F} = \nabla \phi$，

則 $\int_C \vec{F} \cdot \vec{dr} = \int_C \nabla \phi \cdot \vec{dr} = \int_C \left(\dfrac{\partial \phi}{\partial x} dx + \dfrac{\partial \phi}{\partial y} dy + \dfrac{\partial \phi}{\partial z} dz \right) = \int_C d\phi = \phi \Big|_A^B = \phi(B) - \phi(A)$，

其中 A，B 分別表示在 C 上之起點與終點，所以此積分與

積分路徑 C 無關，只跟起始點與終點有關。

Note

(1) 一般物理系統中，此純量函數 ϕ 稱為勢能函數(Potential function)。

(2) 常見的保守向量場為重力場，靜電場，非黏性流場等。

性質

　　若 $\vec{F}$ 為定義在單連通區域 D 之保守向量場，如

圖 6-13 所示。則對 D 內任一簡單封閉曲線 C，有

$\oint_C \vec{F} \cdot d\vec{r} = 0$，即保守場內環線作功積分為 0。

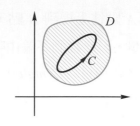

圖 6-13　簡單封閉曲線

證明

　　連接 A, B 之任二曲線 C_1, C_2 (如圖 6-12)，取 $C = C_1 + C_2^*$，其中 $C_2^* = -C_2$，則

C 為 D 內簡單封閉曲線。又 $\vec{F}$ 為保守場，所以向量函數線積分與路徑無關，即

$\int_{C_1} \vec{F} \cdot d\vec{r} = \int_{C_2} \vec{F} \cdot d\vec{r}$，即

$$\oint_C \vec{F} \cdot d\vec{r} = \int_{C_1} \vec{F} \cdot d\vec{r} + \int_{C_2^*} \vec{F} \cdot d\vec{r} = \int_{C_1} \vec{F} \cdot d\vec{r} - \int_{C_2} \vec{F} \cdot d\vec{r} = 0$$

範例 6

求 $\int_C (e^x \cos y\, dx - e^x \sin y\, dy)$，$C$：為 $(0, 0)$ 和 $(2, \frac{\pi}{4})$ 兩點間之任一分段平滑曲線

解

令 $\vec{F} = e^x \cos y\, \vec{i} - e^x \sin y\, \vec{j}$，則

$$\nabla \times \vec{F} = \begin{vmatrix} \vec{i} & \vec{j} & \vec{k} \\ \dfrac{\partial}{\partial x} & \dfrac{\partial}{\partial y} & \dfrac{\partial}{\partial z} \\ e^x \cos y & -e^x \sin y & 0 \end{vmatrix} = 0，故 \vec{F} 為保守向量場，$$

必存在一純量函數 ϕ 使得 $\nabla \phi = \dfrac{\partial \phi}{\partial x}\vec{i} + \dfrac{\partial \phi}{\partial y}\vec{j} + \dfrac{\partial \phi}{\partial z}\vec{k} = \vec{F}$，

$$\therefore \begin{cases} \dfrac{\partial \phi}{\partial x} = e^x \cos y \\ \dfrac{\partial \phi}{\partial y} = -e^x \sin y \end{cases} \overset{偏積分}{\Rightarrow} \begin{array}{l} \phi = e^x \cos y + f(y) \\ \phi = e^x \cos y + g(x) \end{array} 。$$

比較上列二式可得 $f(y)=0$、$g(x)=0$，取 $\phi(x,\,y)=e^x \cos y + c$，

$$\int_C \vec{F}\cdot d\vec{r} = e^x \cos y + c \Big|_{(0,0)}^{\left(2,\frac{\pi}{4}\right)} = \frac{e^2}{\sqrt{2}} - 1 。$$

Note

此解法觀念與一階正合 **ODE** 之解法一致，其中常數 c 亦可為 0，不影響定積分的值。

範例 7

證明線積分 $\displaystyle\int_{(0,2,1)}^{(2,0,1)} ze^x dx + 2yz dy + (e^x + y^2)dz$ 與路徑無關，並求其積分值。

解

(1) 令 $\vec{F} = ze^x \vec{i} + 2yz\vec{j} + (e^x+y^2)\vec{k}$。

因 $\nabla \times \vec{F} = \begin{vmatrix} \vec{i} & \vec{j} & \vec{k} \\ \dfrac{\partial}{\partial x} & \dfrac{\partial}{\partial y} & \dfrac{\partial}{\partial z} \\ ze^x & 2yz & e^x+y^2 \end{vmatrix} = 0$，故該積分與路徑無關。

(2) 欲求解 ϕ 使得 $\vec{F} = \nabla \phi$：

$$\begin{cases} \dfrac{\partial \phi}{\partial x} = ze^x \\ \dfrac{\partial \phi}{\partial y} = 2yz \\ \dfrac{\partial \phi}{\partial z} = e^x + y^2 \end{cases} \overset{偏積分}{\Rightarrow} \begin{array}{l} \phi = ze^x + f(y,z) \\ \phi = y^2 z + g(x,y) \\ \phi = e^x z + y^2 z + h(x,z) \end{array} ，其中 \begin{cases} f(y,z) = y^2 z \\ g(x,y) = 0 \\ h(x,z) = ze^x \end{cases}$$

$\therefore$可取 $\phi(x,\,y,\,z) = ze^x + y^2 z + c$。(其中 $\phi(x,\,y,\,z)$ 可以取偏積分後 $\phi(x,\,y,\,z)$ 之聯集)。

故 $\displaystyle\int_{(0,2,1)}^{(2,0,1)} ze^x dx + 2yzdy + (e^x+y^2)dz = \int_{(0,2,1)}^{(2,0,1)} \vec{F}\cdot d\vec{r} = ze^x + y^2 z + c \Big|_{(0,2,1)}^{(2,0,1)} = e^2 - 5$。

範例 *8*

(1) 證明 $\vec{F} = (y^2\cos x + z^3)\vec{i} + (2y\sin x - 4)\vec{j} + (3xz^2 + 2)\vec{k}$ 為一保守場。

(2) 求 $\vec{F}$ 的位能函數。

(3) 計算物體在 $\vec{F}$ 作用下，由$(0, 1, -1)$到$(\frac{\pi}{2}, -1, 2)$所作之功。

解

(1) $\nabla \times \vec{F} = 0$ 故 $\vec{F}$ 為保守場。

(2) 必存在一存量函數$\phi(x, y, z)$，使得$\vec{F} = \nabla\phi(x, y, z)$，以下求解$\phi$：

$$\begin{cases} \dfrac{\partial \phi}{\partial x} = y^2\cos x + z^3 \\[2mm] \dfrac{\partial \phi}{\partial y} = 2y\sin x - 4 \\[2mm] \dfrac{\partial \phi}{\partial z} = 3xz^2 + 2 \end{cases} \Rightarrow \begin{cases} \phi = y^2\sin x + z^3 x + f(y, z) \\[1mm] \phi = y^2\sin x - 4y + g(x, z) \\[1mm] \phi = xz^3 + 2z + h(x, y) \end{cases} ,$$

比較可取 $\phi(x, y, z) = y^2\sin x + xz^3 - 4y + 2z + c$。

(3) 所做之功為：

$$\int_C \vec{F} \cdot d\vec{r} = \phi\left(\frac{\pi}{2}, -1, 2\right) - \phi(0, 1, -1) = 15 + 4\pi 。$$

6-1 習題演練

求下列定義之曲線參數式的曲線弧長

1. $C: \begin{cases} x = 3\sin(t) \\ y = 3\cos t \\ z = 2t \end{cases}$; $t \in [0, 2\pi]$

2. $C: \begin{cases} x = 2t^2 \\ y = t^2 \\ z = 2t^2 \end{cases}$; $t \in [0, 1]$

3. $C: \begin{cases} x = t^3 \\ y = t^3 \\ z = t^3 \end{cases}$; $t \in [-2, 2]$

曲線 C 定義如下，求弧長。

4. $C: \vec{r}(t) = \cos t\vec{i} + \sin t\vec{j} + \frac{1}{3}t\vec{k}$

   $-4\pi \le t \le 4\pi$

5. $C: \vec{r}(t) = 2t\vec{i} + t^2\vec{j} + \ln t\vec{k}$

   $1 \le t \le 2$

6. $C: \vec{r}(t) = t^2\vec{i} + t^2\vec{j} + \frac{1}{2}t^2\vec{k}$

   $1 \le t \le 3$

7. 求 $\int_C (xy + z^2) ds$，其中

    $C：\vec{r}(t) = \cos t \vec{i} + \sin t \vec{j} + t \vec{k}$，

    從$(1, 0, 0)$～$(-1, 0, \pi)$的曲線。

求 $\int_{(0,0,0)}^{(6,8,5)} (y\,dx + z\,dy + x\,dz)$，其中積分曲線 C

如下

8. C 由$(0, 0, 0)$到$(2, 3, 4)$之線段與$(2, 3, 4)$
    到$(6, 8, 5)$之線段所組成。

9. $C：x = 3t$，$y = t^3$，$z = \dfrac{5}{4} t^2$，

    從 $t = 0$～$t = 2$。

10. $\vec{F} = x\vec{i} - yz\vec{j} + e^z \vec{k}$，曲線

    $C：x = t^3$，$y = -t$，$z = t^2$，
    從 $t = 1$～$t = 2$，求 $\int_C \vec{F} \cdot d\vec{r} = ?$

11. $\vec{F} = xy\vec{i} - \cos(yz)\vec{j} + xz\vec{k}$，曲線 C 為從

    點$(1, 0, 3)$到$(-2, 1, 3)$之直線，
    求 $\int_C \vec{F} \cdot d\vec{F} = ?$

12. $\vec{F} = 3xy\vec{i} - 5z\vec{j} + 10x\vec{k}$，曲線

    $C：x = t^2 + 1$，$y = 2t^2$，$z = t^3$，
    從 $t = 1$～$t = 2$，求 $\int_C \vec{F} \cdot d\vec{r} = ?$

令 $\vec{F} = (2xz^3 + 6y)\vec{i} + (6x - 2yz)\vec{j}$

    $+ (3x^2 z^2 - y^2)\vec{k}$。

13. 證明 $\vec{F}$ 為一保守場。

14. 求 $\vec{F}$ 的位能函數。

15. 計算物體在 $\vec{F}$ 作用下，

    由$(1, -1, 1) \rightarrow (2, 1, -1)$所作之功。

16. 求 $\int_C 2x\,dx + 3y^2 z\,dy + y^3\,dz$，

    $C：$由$(0, 0, 0) \rightarrow (2, 2, 3)$之直線。

17. 求沿著任意封閉路徑之積分值
    $\oint (yze^{xyz} - 4x)dx + (xze^{xyz} + z)dy$

    $+ (xye^{xyz} + y)dz ?$

18. $\vec{F} = (yz^2 - 1)\vec{i} + (xz^2 + e^y)\vec{j}$

    $+ (2xyz + 1)\vec{k}$，

    曲線 C 為由$(1, 1, 1) \rightarrow (-2, 1, 3)$之直
    線，求 $\int_C \vec{F} \cdot d\vec{r} = ?$

令 $\vec{F} = (2xy + z^3)\vec{i} + (x^2)\vec{j} + (3xz^2)\vec{k}$

19. 證明 $\vec{F}$ 為一保守場。

20. 求 $\vec{F}$ 的位能函數。

21. 計算物體在 $\vec{F}$ 作用下，

    由$(1, -2, 1) \rightarrow (3, 1, 4)$所作之功。

22. 求 $\int_C (6xy - 4e^x)dx + (3x^2)dy$，

    $C：$由$(0, 0) \rightarrow (-2, 1)$之任一分段平滑
    曲線。

23. $\vec{F} = (4y^3 - 8x)\vec{i} + 12xy^2\vec{j} - 8z\vec{k}$，曲線 C

    為由$(0, 0, 0) \rightarrow (2, 2, 10)$之直線，求
    $\int_C \vec{F} \cdot d\vec{r} = ?$

24. 求線積分
    $\int_C 2xyz^2\,dx + (x^2 z^2 + z\cos yz)dy$

    $+ (2x^2 yz + y\cos yz)dz$

    其中 C 為從$(0，0，1)$到$(1，\dfrac{\pi}{4}，2)$的任

    意曲線。

25. 計算力場 $\vec{F} = 4xy\vec{i} - 8y\vec{j} + z\vec{k}$ 沿著

   (1) 曲線 $y = 2x$，$z = 2$，
       從 $(0, 0, 2)$ 到 $(3, 6, 2)$ 所作之功。

   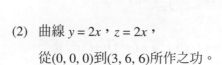

   (2) 曲線 $y = 2x$，$z = 2x$，
       從 $(0, 0, 0)$ 到 $(3, 6, 6)$ 所作之功。

   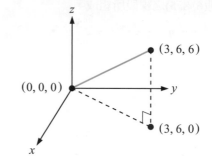

   (3) 曲線 $x^2 + y^2 = 4$，$z = 0$，
       從 $(2, 0, 0)$ 到 $(-2, 0, 0)$ 所作之功。

   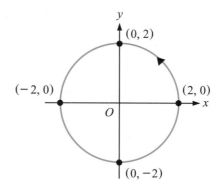

6-2　重積分

　　本章節將複習一下在微積分中所學的重積分，先討論直角座標系下的重積分，其中如何給積分上下限是非常重要的。再者，若是積分上下限不容易給，如何將其轉到適合的座標系下來給上下限也是本章節的重點。

6-2.1　二重積分(Double integrals)

定義

　　假設 R 為一封閉區域，且其邊界為片段連續，若 $f(x, y)$ 在 R 中為可積分函數，則 $f(x,y)$ 相對 R 之二重積分定義為

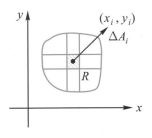

$$\iint_R f(x, y)dA = \iint_R f(x, y)dxdy = \lim_{\max|\Delta A_i| \to 0} \sum_{i=1}^{n} f(x_i, y_i)\Delta A_i ,$$

其中 ΔA_i 為 R 利用若干條水平及垂直線切割後，其中一小塊的面積，如圖 6-14 所示。

圖 6-14　平面二重積分

性質

1. $\iint_R [af + bg]dxdy = a\iint_R fdxdy + b\iint_R gdxdy$ 。

2. 若 $R = R_1 + R_2 + \cdots\cdots$ 為交集面積為 0 的若干個區域，
   則 $\iint_R fdxdy = \iint_{R_1} fdxdy + \iint_{R_2} fdxdy + \cdots\cdots$ 。

3. $f = 1 \Rightarrow \iint_R dxdy = A$ ，表示區域 R 面積。

4. 若形心座標為 $(\overline{x}, \overline{y})$ ，則
   $$\overline{x} = \frac{1}{A}\iint_R xdxdy , \quad \overline{y} = \frac{1}{A}\iint_R ydxdy 。$$

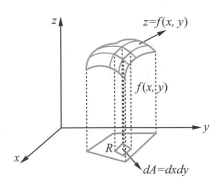

圖 6-15　空間曲面與 xy 平面
所圍體積示意圖

5. 若 $z = f(x, y)$ ，表空間一曲面，如圖 6-15 所示，則其
   與 $x\text{-}y$ 平面所圍之體積為：$V = \iint_R \underbrace{f(x, y)}_{\text{高}} \underbrace{dx\,dy}_{dA}$ 。

積分的上下限

二重積分之內外積分上下限如何給定是非常重要的，如圖 6-16 所示，其原則為外面積分項根據點，裡面積分項根據線，如下所示：

$$\iint_R f(x, y)dxdy = \int_{x=a}^{x=b}\left[\int_{y=y_1(x)}^{y=y_2(x)} f(x, y)dy\right]dx = \int_{y=c}^{y=d}\left[\int_{x=x_1(y)}^{x=x_2(y)} f(x, y)dx\right]dy$$ 。

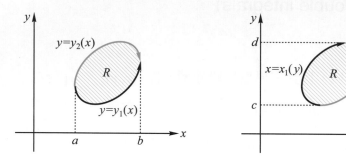

圖 6-16　二重積分上下限

範例 1

求 $\iint_R f(x, y)dxdy$，其中 $f(x, y) = xy$ 而 R 為 $y = 0$，$y = x$，$x + y = 2$ 所圍區域。

解

法 1.　$\displaystyle\iint_R f(x, y)dxdy = \int_{x=0}^{x=1}\left(\int_{y=0}^{y=x} xydy\right)dx + \int_{x=1}^{x=2}\left(\int_{y=0}^{y=2-x} xydy\right)dx$

$\displaystyle\qquad\qquad\qquad\quad = \int_0^1 \frac{1}{2}x^3 dx + \int_1^2 \frac{1}{2}x\cdot(2-x)^2 dx$

$\displaystyle\qquad\qquad\qquad\quad = \frac{1}{8}x^4\Big|_0^1 + \frac{1}{2}\left(2x^2 - \frac{4}{3}x^3 + \frac{1}{4}x^4\right)\Big|_1^2 = \frac{1}{3}$ 。

法 2.　$\displaystyle\iint_R f(x, y)dxdy = \int_{y=0}^{y=1}\left(\int_{x=y}^{x=2-y} xydx\right)dy = \frac{1}{3}$ 。

範例 2：(先對 x 積)

求 $\int_0^4 \int_{\frac{x}{2}}^2 e^{y^2} dy dx$ 。

解

$$\int_{x=0}^{x=4} \int_{y=\frac{x}{2}}^{y=2} e^{y^2} dy dx$$

$$= \int_0^2 \int_{x=0}^{x=2y} e^{y^2} dx dy$$

$$= \int_0^2 e^{y^2} x \Big|_0^{2y} dy = \int_0^2 2y e^{y^2} dy = e^{y^2} \Big|_0^2 = e^4 - e^0 = e^4 - 1 \ 。$$

(圖：y 軸，$y=2$，$(4,2)$，$y=\dfrac{x}{2}$，R 區域，$y=0$，$x=0$，$x=4$)

6-2.2 三重積分(Triple Integrals)

定義

D 為一封閉區域，其邊界為片段平滑，若 $f(x, y, z)$ 在 D 中為可積分函數，則其三重積分定義為(亦稱為體積分)

$$\iiint_D f(x, y, z) dV = \iiint_D f(x, y, z) dx dy dz = \lim_{\max \Delta V_i \to 0} \sum_{i=1}^n f(x_i, y_i, z_i) \Delta V_i$$

其中 ΔV_i 為區域 D 利用平行於 $x-y$ 、 $x-z$ 及 $y-z$ 平面的若干平面做切割後的一小塊區域體積，如圖 6-17 所示。

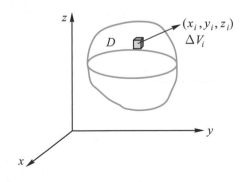

圖 6-17 三重積分示意圖

性質

1. 若 $f(x, y, z) = 1$，則 $\iiint_D dxdydz = V$ 表區域 D 的體積。

2. 空間區域 D 的形心：

$$\bar{x} = \frac{1}{V} \iiint_D xdV \,,\quad \bar{y} = \frac{1}{V} \iiint_D ydV \,,\quad \bar{z} = \frac{1}{V} \iiint_D zdV \,。$$

3. $\iiint_D (k_1 f_1 + k_2 f_2)dV = k_1 \iiint_D f_1 dV + k_2 \iiint_D f_2 dV \,。$

4. $\iiint_{D_1 + D_2} f(x, y, z)dV = \iiint_{D_1} f(x, y, z)dV + \iiint_{D_2} f(x, y, z)dV \,。$

積分的上下限

　　三重積分如何給上下限，可以遵循最外面給點，第二重積分給線，最內層積分給面的原則來給上下限。例如：區域 D 為 $x + y + z = 1$ 之平面與第一象限所夾之四面體，如圖 6-18 所示，則以六種不同的積分方式求體積

$$V = \iiint_D dxdydz$$

$$= \int_{x=0}^{x=1} \int_{y=0}^{y=1-x} \int_{z=0}^{z=1-x-y} dzdydx$$

$$= \int_{y=0}^{y=1} \int_{x=0}^{x=1-y} \int_{z=0}^{z=1-x-y} dzdxdy$$

$$= \int_{x=0}^{x=1} \int_{z=0}^{z=1-x} \int_{y=0}^{y=1-x-z} dydzdx$$

$$= \int_{z=0}^{z=1} \int_{x=0}^{x=1-z} \int_{y=0}^{y=1-x-z} dydxdz$$

$$= \int_{y=0}^{y=1} \int_{z=0}^{z=1-y} \int_{x=0}^{x=1-y-z} dxdzdy$$

$$= \int_{z=0}^{z=1} \int_{y=0}^{y=1-z} \int_{x=0}^{x=1-y-z} dxdydz \,,$$

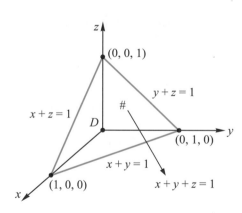

圖 6-18

其中 $\int_{x=0}^{1} \int_{y=0}^{1-x} \int_{z=0}^{1-x-y} dzdydx = \int_{x=0}^{1} \int_{y=0}^{1-x} (1 - x - y)dydx = \int_{0}^{1} (y - xy - \frac{1}{2}y^2)\Big|_{0}^{1-x} dx$

$$= \int_{0}^{1} [(1 - x) - x(1 - x) - \frac{1}{2}(1 - x)^2]dx = \int_{0}^{1} (\frac{1}{2}x^2 - x + \frac{1}{2})dx = (\frac{1}{6}x^3 - \frac{1}{2}x^2 + \frac{1}{2}x)\Big|_{0}^{1} = \frac{1}{6} \,。$$

範例 *3*

計算由 $z = 1 - y^2$，$y = x$，$x = 3$，$y = 0$，$z = 0$ 在第一個象限所圍的體積。

解

$$V = \int_{y=0}^{y=1} \int_{x=y}^{x=3} \int_{z=0}^{z=1-y^2} dz\,dx\,dy$$

$$= \int_{y=0}^{y=1} \int_{x=y}^{x=3} (1 - y^2)\,dx\,dy$$

$$= \int_0^1 (x - xy^2)\Big|_y^3 \,dy$$

$$= \int_0^1 (3 - 3y^2 - y + y^3)\,dy$$

$$= 3y - y^3 - \frac{1}{2}y^2 + \frac{1}{4}y^4 \Big|_0^1$$

$$= 3 - 1 - \frac{1}{2} + \frac{1}{4} = \frac{7}{4} \ 。$$

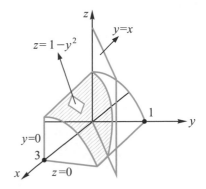

6-2.3　圓柱座標積分

　　很多物理系統的幾何為圓柱形式，用直角座標不易積分，在此將介紹如何用圓柱座標進行體積分或極座標作二重積分。

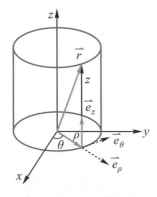

圖 6-19　圓柱座標

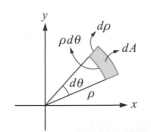

圖 6-20　極座標微小面積

圓柱座標與直角座標的關係

如圖 6-19，直角坐標可改用圓柱座標表示：$\begin{cases} x = \rho\cos\theta \\ y = \rho\sin\theta \\ z = z \end{cases}$，因此在 xy 平面上極座標微小面積 $dA = \rho\,d\rho\,d\theta$，如圖 6-20 所示。而在 xyz 空間中圓柱座標之微小體積 $dV = \rho\,dz\,d\rho\,d\theta$，如圖 6-21 所示。

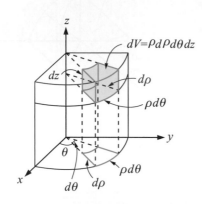 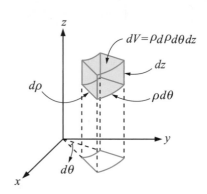

圖 6-21　圓柱座標微小體積圖

積分式座標轉換

令 $F(x, y, z) = F(\rho\cos\theta, \rho\sin\theta, z) = f(\rho, \theta, z)$

1. xy 平面上極座標之二重積分

$$\iint_R f(x, y)dxdy = \int_{\theta_1}^{\theta_2} \int_{\rho_1}^{\rho_2} f(\rho, \theta)\rho\,d\rho\,d\theta$$

2. 空間圓柱座標之三重積分

$$\iiint_D F(x, y, z)dxdydz = \int_{\theta_1}^{\theta_2} \int_{\rho_1}^{\rho_2} \int_{z_1}^{z_2} f(\rho, \theta, z)\rho\,dz\,d\rho\,d\theta$$

3. 使用極座標或圓柱座標進行重積分時機：

    (1) 被積分函數含有 $x^2 + y^2$，$y^2 + z^2$，$x^2 + z^2$ 等。

    (2) 積分區域對稱一軸，柱形或圓盤形區域。

範例 4

求 $\iint_R f(x, y)dxdy$，其中 $f(x, y) = \cos(x^2 + y^2)$，區域 R 為 $x^2 + y^2 \leq \dfrac{\pi}{2}$，$x \geq 0$。

解

因為積分區域 R 為半圓形，所以利用極座標比較容易積分。

令 $x = \rho \cos \theta$，$y = \rho \sin\theta$。

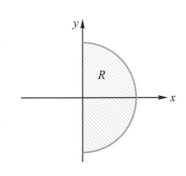

$$\iint_R f(x, y)dxdy = \int_{\theta=-\frac{\pi}{2}}^{\theta=\frac{\pi}{2}} \int_{\rho=0}^{\rho=\sqrt{\frac{\pi}{2}}} \cos(\rho^2) \cdot \rho d\rho d\theta$$

$$= \int_{-\frac{\pi}{2}}^{\frac{\pi}{2}} d\theta \cdot \int_0^{\sqrt{\frac{\pi}{2}}} \cos(\rho^2)\rho d\rho$$

$$= \pi \cdot \frac{1}{2} = \frac{\pi}{2}。$$

範例 5

求下圖之圓錐相對 z 軸的旋轉慣量：
$$\iiint_D (x^2 + y^2)dxdydz = ?$$

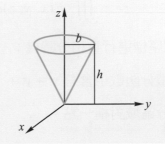

解

因為積分區域為對稱某一軸之圓錐體，所以利用圓柱座標比較容易積分。

令 $x = \rho \cos \theta$，$y = \rho \sin\theta$，$z = z$。

$$\iiint_D (x^2 + y^2)dxdydz = \int_{z=0}^{h} \int_{\theta=0}^{2\pi} \int_{\rho=0}^{\frac{b}{h}z} \rho^2 \cdot \rho d\rho d\theta dz$$

$$= \int_0^{2\pi} d\theta \int_0^h \int_{\rho=0}^{\frac{b}{h}z} \rho^2 \cdot \rho d\rho dz$$

$$= \frac{\pi}{10} b^4 h$$

6-2.4 球座標重積分

除了圓柱座標外，另一種常用的座標為球座標，在物理系統的幾何為球形下，利用球座標較易求解。

球座標與直角座標的關係

如圖 6-22，直角坐標可改用球座標表示：

$$\begin{cases} x = \rho \sin\phi \cdot \cos\theta \\ y = \rho \sin\phi \cdot \sin\theta \\ z = \rho \cos\phi \end{cases}$$，空間中球座標之微小體積

$dV = \rho^2 \sin\phi \, d\rho \, d\phi d\theta$，如圖 6-23 所示。

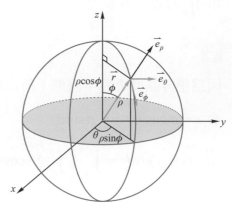

圖 6-22 球座標

積分式座標轉換

令 $F(x, y, z) = F(\rho \sin\phi \cos\theta, \rho \sin\phi \sin\theta, \rho \cos\phi) = f(\rho, \phi, \theta)$，則

$$\iiint_V F(x, y, z)dxdydz = \int_{\theta_1}^{\theta_2} \int_{\phi_1}^{\phi_2} \int_{\rho_1}^{\rho_2} f(\rho, \phi, \theta)\rho^2 \sin\phi d\rho d\phi d\theta$$

使用球座標進行重積分時機：

1. 被積分函數中含有 $x^2 + y^2 + z^2$。

2. 積分區域對稱一點。

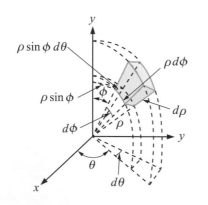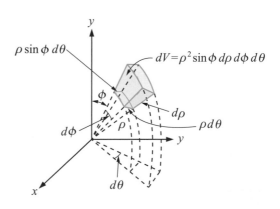

圖 6-23 球座標微小體積圖

範例 6

計算下列之 z 軸轉動慣量 $\iiint_D (x^2 + y^2)dxdydz$ ，

其中 $D = \{(x, y, z) \mid x^2 + y^2 + z^2 \leq 1 \text{ 且 } z \geq 0\}$ 為半徑為 1 之上半球，如附圖所示。

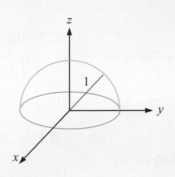

解

積分區域 D 為上半球，　所以利用球座標比較容易積分。

令 $\begin{cases} x = \rho\sin\phi\cos\theta \\ y = \rho\sin\phi\sin\theta \\ z = \rho\cos\phi \end{cases}$ ，

$D : x^2 + y^2 + z^2 \leq 1 \Rightarrow 0 \leq \rho \leq 1$ ， $0 \leq \phi \leq \dfrac{\pi}{2}$ ， $0 \leq \theta \leq 2\pi$ 。

$I_z = \iiint_D (x^2 + y^2)dxdydz$

$= \int_{\theta=0}^{2\pi} \int_{\phi=0}^{\phi=\frac{\pi}{2}} \int_{\rho=0}^{\rho=1} \rho^2 \sin^2\phi \cdot \rho^2 \sin\phi \, d\rho \, d\phi \, d\theta$

$= \int_{\theta=0}^{2\pi} d\theta \int_{\phi=0}^{\frac{\pi}{2}} \sin^3\phi \, d\phi \cdot \int_{\rho=0}^{1} \rho^4 d\rho$

$= 2\pi \cdot \dfrac{1}{5} \int_{\phi=0}^{\frac{\pi}{2}} -(1 - \cos^2\phi) d(\cos\phi)$

$= \dfrac{2\pi}{5} \left[-\cos\phi + \dfrac{1}{3}\cos^3\phi \right]_{0}^{\frac{\pi}{2}}$

$= \dfrac{2\pi}{5} \left[0 - (-1 + \dfrac{1}{3}) \right] = \dfrac{2\pi}{5} \times \dfrac{2}{3} = \dfrac{4}{15}\pi$ 。

6-2 習題演練

計算下列二重積分 $\iint_R f(x,\ y)dxdy$

1. $f(x,y) = x^2$，而 R 為 $x+y=2$，$x=0$，$y=x$ 所圍成

2. $f(x,y) = x^2+y^2$，而 R 為 $y=x$，$y=x+a$，$y=a$ 與 $y=3a$ 所圍成，其中 $a>0$。

3. $f(x,y) = 2xy$，而 R 為 $y=x^2$ 與 $y=x$ 所圍成。

4. $f(x,y) = 3x^2y$，而 R 為 $x=\sqrt{y}$ 與 $y=-x$ 所圍成。

計算下列二重積分

5. $\int_0^1 \int_x^1 e^{y^2} dydx$

6. $\int_0^2 \int_{y^2}^4 y\cos x^2 dxdy$

7. $\int_0^\pi \int_x^\pi \dfrac{\sin y}{y} dydx$

8. 請利用二重積分 $\iint_R z(x,\ y)dxdy$ 計算下列所圍區域的體積
   $2x+y+z=4$ ，$x=0$ ，
   $y=0$ ，$z=0$
   在第一象限所圍區域。

9. 請計算下列三重積分 $\iiint_D xdxdydz$ ，其中 $D = \{x+2y+z=4$，在第一象限所形成之四面體$\}$

計算下列積分

10. $\int_0^3 \int_0^{\sqrt{9-x^2}} \sin(x^2+y^2)dydx$

11. $\int_0^1 \int_0^{\sqrt{1-y^2}} e^{-(x^2+y^2)}dxdy$

計算下列二重積分 $\iint_R f(x,\ y)dxdy$

12. $f(x,y) = x^2y$，而 R 為 $x^2+y^2 \leq 9$，$y \geq 0$ 所圍成

13. $f(x,y) = y$，而 R 為 $1 \leq x^2+y^2 \leq 2$ 所圍成

14. $f(x,y) = e^{x^2+y^2}$，而 R 為 $x^2+y^2 \leq 1$，$0 \leq y \leq x$ 所圍成

15. 請計算下列三重積分 $\iiint_D x^2dxdydz$，其中 $D = \{\ x^2+y^2+z^2 \leq 1\ \}$

16. 請計算下列三重積分 $\iiint_D (x^2+y^2+z^2)dxdydz$，其中 $D = \{\ x^2+y^2+z^2 \leq a^2\ \}$

6-3 格林定理

在接下來的幾節將介紹在向量積分中最重要的三大積分定理，其包含了格林定理 (Green's 定理)、高斯散度定理(Gauss's Divergence 定理)與史托克定理(Stoke's 定理)，這三大定理會用到前面所介紹之向量微分與積分技巧，這三大定理在流體力學、電磁學等相關專業課程中會大量被使用。本節將先介紹格林定理，此定理將介紹二維 xy 平面環線作功(環線積分)與平面二重積分之轉換關係。

6-3.1 **格林定理**(Green's theorem)

設 $f(x, y)$，$g(x, y)$ 在區域 R 中及其邊界 C 上為連續可積分之函數，則

$$\iint_R \left[\frac{\partial g}{\partial x} - \frac{\partial f}{\partial y} \right] dxdy = \oint_C fdx + gdy$$

其中，R 為 xy 平面之單(複)連通區域，C 為 R 之邊界圍線，其為規則封閉曲線且相對 R 正向繞(一般以逆時間繞為正向繞)，如圖 6-24 所示。

證明

解析積分範圍：$a \le x \le b$，$h_1(x) \le y \le h_2(x)$。因此

$$\iint_R \frac{\partial f}{\partial y} dxdy = \int_{x=a}^{x=b} \int_{y=h_1(x)}^{y=h_2(x)} \frac{\partial f}{\partial y} dydx = \int_a^b f(x, y) \Big|_{h_1(x)}^{h_2(x)} dx$$

$$= \int_a^b [f(x, h_2(x)) - f(x, h_1(x))]dx$$

$$= -\int_b^a f(x, h_2(x))dx - \int_a^b f(x, h_1(x))dx$$

$$= -\left[\int_{C_2} f(x, y)dx + \int_{C_1} f(x, y)dx \right]$$

$$= -\left[\oint_C f(x, y)dx \right] 。$$

同理 $\iint_R \frac{\partial g}{\partial x} dxdy = \oint_C gdy$，兩式相減得公式：

$$\iint_R \left[\frac{\partial g}{\partial x} - \frac{\partial f}{\partial y} \right] dxdy = \int_C fdx + gdy 。$$

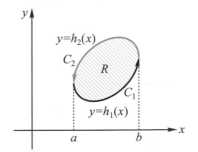

$C = C_1 + C_2$ 為區域的封閉邊界

圖 6-24   格林定理積分上下限

範例 *1*

求 $\oint_C (x^2 dx + 2xy dy)$ 之值，其中 C 為頂點 $(0,0)$，$(0,2)$，(3.0)，$(3,2)$ 之矩形區域且 C 為逆時針方向繞。

解

$$\oint_C (x^2 dx + 2xy dy) = \iint_R \left[\frac{\partial(2xy)}{\partial x} - \frac{\partial(x^2)}{\partial y} \right] dxdy$$

$$= \int_{y=0}^{2} \int_{x=0}^{3} (2y) dxdy$$

$$= \int_0^2 6y dy$$

$$= 3y^2 \Big|_0^2 = 12$$

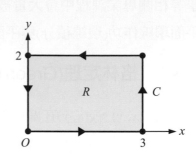

範例 *2*

求 $\oint_C (x^2 + 2y)dx + (4x + y^2)dy$，其中 $C : x^2 + y^2 = 1$ (clockwise 順時針)。

解

$$\oint_C (x^2 + 2y)dx + (4x + y^2)dy$$

$$= -\iint_R \left[\frac{\partial}{\partial x}(4x + y^2) - \frac{\partial}{\partial y}(x^2 + 2y) \right] dxdy$$

$$= -\iint_R [4 - 2] dxdy$$

$$= -2 \iint_R dxdy$$

$$= -2\pi \cdot 1^2 = -2\pi \ 。$$

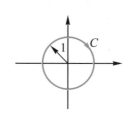

範例 *3*

求質點在力場 $\vec{F}(x, y) = (\sin x - y)\vec{i} + (e^y - x^2)\vec{j}$ 中逆時針繞圓 $x^2 + y^2 = a^2$ 一週所做之功 W。

解

$$W = \int_C \vec{F} \cdot d\vec{r} = \int_C (\sin x - y)dx + (e^y - x^2)dy$$

$$= \iint_R \left[\frac{\partial}{\partial x}(e^y - x^2) - \frac{\partial}{\partial y}(\sin x - y) \right] dxdy$$

$$= \iint_R (-2x+1)dxdy = \int_0^{2\pi} \int_0^a (-2r\cos\theta + 1)rdrd\theta$$

$$= \int_0^{2\pi} \left(-\frac{2}{3}r^3\cos\theta + \frac{1}{2}r^2 \right)\bigg|_0^a d\theta$$

$$= \left(-\frac{2}{3}a^3\sin\theta + \frac{1}{2}a^2\theta \right)\bigg|_0^{2\pi} = a^2\pi \text{。}$$

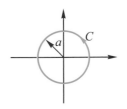

6-3 習題演練

在下列小題中，請利用格林定理計算 $\oint_C \vec{F} \cdot d\vec{r}$，其中 C 均為逆時針方向繞

1. $\vec{F} = 3y\vec{i} - 2x\vec{j}$，$C$ 為以 $(2, 3)$ 為圓心半徑為 2 的圓弧

2. $\vec{F} = 3xy^2\vec{i} + 3x^2y\vec{j}$，$C$ 為以 $(2, 3)$ 為中心且長軸為 6，短軸為 4 之橢圓

3. $\vec{F} = x^2\vec{i} - 2xy\vec{j}$，$C$ 為以 $(0, 0)$，$(1, 0)$，$(0, 1)$ 為頂點之三角形

4. $\vec{F} = (x^3 - y)\vec{i} + (\cos(2y) + e^{y^2} + 3x)\vec{j}$，$C$ 為以 $(0, 0)$，$(0, 2)$，$(2, 0)$，$(2, 2)$ 為頂點之正方形

5. 利用格林定理求線積分 $\oint_C ydx + x^2ydy$，其中 C 為 $y^2 = 2x$ 與 $y^3 = 4x$ 介於 $(0, 0)$ 與 $(2, 2)$ 所圍之區域。

6. 求線積分 $\oint_C \vec{F} \cdot d\vec{r}$，其中 $\vec{F} = \left(\frac{x^2 + y^2}{2} + 2y \right)\vec{i} + (xy - ye^y)\vec{j}$ 且 封閉曲線為 $C : \begin{cases} y = \pm 1, -1 \le x \le 1 \\ x = \pm 1, -1 \le y \le 1 \end{cases}$。

7. 利用格林定理計算 $\oint_C \vec{F} \cdot d\vec{r}$，其中 $\vec{F} = (e^{\sin y} - y)\vec{i} + (\sinh y^3 - 4x)\vec{j}$ 而封閉曲線 C 為以 $(-8, 0)$ 為圓心，半徑是 2 的逆時針旋轉圓。

8. 利用格林定理計算 $\oint_c \vec{F} \cdot d\vec{r}$，其中 $\vec{F} = y^2\vec{i} + \vec{j}$，而封閉曲線 C 為以 $O(0, 0)$，$A(1, 0)$ 與 $B(0, 2)$ 三點所圍之三角形邊界且沿 O-A-B-O 路徑。

9. 利用格林定理計算 $\oint_c \vec{F} \cdot d\vec{r}$，其中 $\vec{F} = x^2 y\vec{i} - xy^2\vec{j}$，而封閉曲線 C 為區域 R：$x^2 + y^2 \le 4$, $x \ge 0$, $y \ge 0$ 之逆時針旋轉邊界。

6-4　面積分(空間曲面積分)

　　若將原黎曼積分的積分區域換成曲面，則所對應的定積分稱為面積分。物理學上經常將曲面上的純量場或向量場當作面積分的被積分函數，尤其是在流體力學與電磁學上，向量函數面積分(Surface Integrals)可以表示物理量通過該曲面的面通量，是非常重要的物理觀念，請看以下詳細介紹。

6-4.1　定義與性質

平滑曲面與分區平滑曲面

1. 設曲面 S 上之各點的單位法向量 $\vec{n}$ 均非為零且連續，嚴格的來說，若其曲面的參數式無窮可微，則稱為**平滑曲面(Smooth surface)**。

2. 設曲面 S 為有限個平滑曲面 $S_1, S_2, \cdots, S_n$ 的聯集，
   則稱 S 為**分區(片段)平滑曲面(Piece-wise smooth surface)**。

面積分定義

1. 純量函數面積分

$f(x, y, z)$在平滑曲面 S 上可積分，則其相對曲面 S 之純量函數面積分為

$$\iint_S f(x, y, z)\,dA = \lim_{\max \Delta A_i \to 0} \sum_{i=1}^{n} f(x, y, z)\Delta A_i$$

其中ΔA_i為曲面 S 利用平行於$x-z$及$y-z$平面的若干平面切割後的一小塊曲面面積，如圖 6-25 所示。

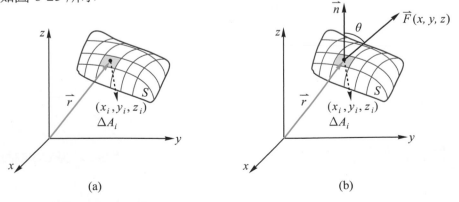

圖 6-25　空間中曲面積分示意圖

2. 向量函數面積分

$\vec{F}(x, y, z)$ 在平滑曲面 S 上可積分，且 $\vec{n}$ 為 S 上的單位法向量，則其相對曲面 S 之向量函數面積分為，

$$\iint_S \vec{F}(x, y, z) \cdot d\vec{A} = \iint_S \vec{F}(x, y, z) \cdot \vec{n} \, dA$$

Note 一般曲面法向量 $\vec{n}$ 的取法以朝外為正，且 $d\vec{A} = \vec{n} \, dA$。

性質

1. 若 $f(x, y, z) = 1$，則 $\iint_S dA$ 表空間曲面 S 的面積。

2. 若 $f(x, y, z)$ 表示曲面 S 的密度函數，則 $\iint_S f(x, y, z) \, dA$ 表示曲面質量。

物理意義

若 $\vec{F}(x, y, z)$ 表示某一物理量，則該物理量對曲面 S 的**面通量**(flux)為
$\phi = \iint_S \vec{F}(x, y, z) \cdot d\vec{A}$，其中 $\vec{F} \cdot d\vec{A} = \vec{F} \cdot \vec{n} \, dA = |\vec{F}| \cdot |\vec{n}| \, dA \cdot \cos\theta = |\vec{F}| \cos\theta \cdot dA$，

表示 $\vec{F}$ 沿曲面法線方向往外流出之面通量，其中 $\vec{n}$ 為曲面 S 的單位法向量。

6-4.2 微小面積 *dA* 的求法

參數式求 *dA*

若曲面 S 之參數式為 $S: \begin{cases} x = x(u, v) \\ y = y(u, v) \\ z = z(u, v) \end{cases}$，此時曲面

可表示為：$r(u, v) = x(u, v)\vec{i} + y(u, v)\vec{j} + z(u, v)\vec{k}$，則

$d\vec{r} = \dfrac{\partial \vec{r}}{\partial u} du + \dfrac{\partial \vec{r}}{\partial v} dv$，如圖 6-26 所示，且

$$dA = \left| \frac{\partial \vec{r}}{\partial u} du \times \frac{\partial \vec{r}}{\partial v} dv \right| = \left| \frac{\partial \vec{r}}{\partial u} \times \frac{\partial \vec{r}}{\partial v} \right| du \, dv$$

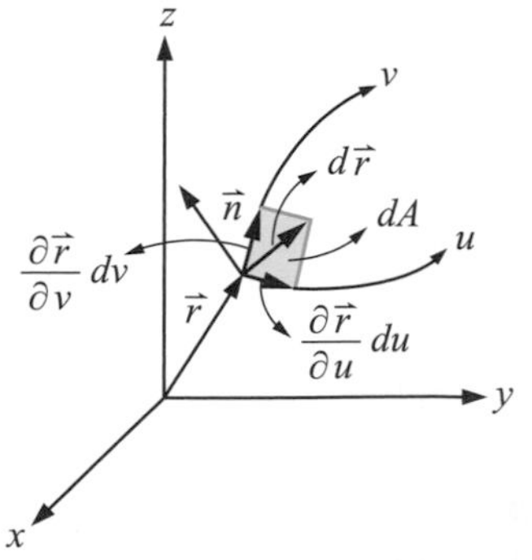

圖 6-26　空間中曲面求 *dA*

原函數求 dA

設曲面 $z = f(x, y)$，則 $\vec{r}(x, y) = x\vec{i} + y\vec{j} + f(x, y)\vec{k}$，則將偏微分外積得

$$\frac{\partial \vec{r}}{\partial x} \times \frac{\partial \vec{r}}{\partial y} = \begin{vmatrix} \vec{i} & \vec{j} & \vec{k} \\ 1 & 0 & f_x \\ 0 & 1 & f_y \end{vmatrix} = -f_x\vec{i} - f_y\vec{j} + \vec{k}$$，故得微小面積：

$$dA = \left| \frac{\partial \vec{r}}{\partial x} \times \frac{\partial \vec{r}}{\partial y} \right| dxdy = \sqrt{(f_x)^2 + (f_y)^2 + 1^2}\, dxdy$$

例如：曲面 S 為 $z = f(x, y) = x^2 + y^2$，

如圖 6-27 所示，則

$\vec{r}(x, y) = x\vec{i} + y\vec{j} + (x^2 + y^2)\vec{k}$，

$dA = \sqrt{1 + \left(\dfrac{\partial f}{\partial x}\right)^2 + \left(\dfrac{\partial f}{\partial y}\right)^2}\, dxdy$，

$\vec{n} = +\dfrac{\dfrac{\partial f}{\partial x}\vec{i} + \dfrac{\partial f}{\partial y}\vec{j} - \vec{k}}{\sqrt{1 + \left(\dfrac{\partial f}{\partial x}\right)^2 + \left(\dfrac{\partial f}{\partial y}\right)^2}}$。

(讓 z 分量為負，所以取正)

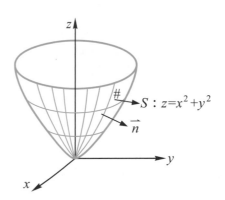

曲面 S 之法向量朝外為正，
可得其 z 分量為負

圖 6-27

投影法求 dA

假設曲面 $\phi(x, y, z) = c$，且 $\vec{n}$ 為曲面上微小面積 dA 上的單位法向量，其與 z 軸之夾角為 γ，則 dA 投影到 x–y 平面的面積為 $dA^* = dA\,|\cos\gamma| = dA\,|\vec{n} \cdot \vec{k}| = dxdy$，如圖 6-28 所示，因此

$$dA = \frac{dxdy}{|\vec{n} \cdot \vec{k}|}$$

同理 $dA = \dfrac{dydz}{|\vec{n} \cdot \vec{i}|}$ (投影到 y–z 平面)，$dA = \dfrac{dxdz}{|\vec{n} \cdot \vec{j}|}$ (投影到 x–z 平面)。

現在利用梯度垂直曲面的事實，得曲面上每一點單位法向量為：$\vec{n} = \pm \dfrac{\nabla\phi}{|\nabla\phi|}$。將 $\vec{n}$ 代

入上述公式得

$$dA = \frac{\sqrt{\left(\dfrac{\partial\phi}{\partial x}\right)^2 + \left(\dfrac{\partial\phi}{\partial y}\right)^2 + \left(\dfrac{\partial\phi}{\partial z}\right)^2}}{\left|\dfrac{\partial\phi}{\partial z}\right|}\,dxdy$$

如圖 6-29 所示，相同原理也可得在另外兩座標平面的投影公式。

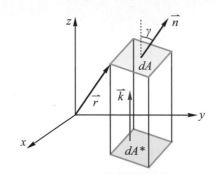

圖 6-28　空間曲面微小面積之投影

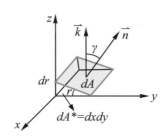

圖 6-29　dA 在 xy 平面之投影

Note

以曲面朝外為正來調整正負號，一般是以 z 分量之正(朝上)負(朝下)來判斷比較容易。

例如：上半球面方程式 $\phi(x, y, z) = x^2 + y^2 + z^2 = a^2$，

$z > 0$，如圖 6-30 所示，則曲面的單位法向量為 $\vec{n}$。

$\vec{n} = \pm\dfrac{\nabla\phi}{|\nabla\phi|} = \dfrac{2x\vec{i}+2y\vec{j}+2z\vec{k}}{\sqrt{(2x)^2+(2y)^2+(2z)^2}} = \dfrac{x\vec{i}+y\vec{j}+z\vec{k}}{a} = \dfrac{\vec{r}}{a}$，

$dA = \dfrac{dxdy}{|\vec{n}\cdot\vec{k}|} = \dfrac{dxdy}{\frac{z}{a}} = \dfrac{a}{z}dxdy$ (投影到 xy 平面)，

$\vec{n}\,dA = \dfrac{x\vec{i}+y\vec{j}+z\vec{k}}{a}\cdot\dfrac{a}{z}dxdy = \dfrac{x\vec{i}+y\vec{j}+z\vec{k}}{z}dxdy$。

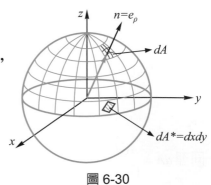

圖 6-30

範例 *1*

試求向量 $\vec{F} = \dfrac{z}{x}\vec{i}$ 通過圓錐體 $z^2 = x^2 + y^2$，$0 < z < 1$ 表面
之通量(flux)，如附圖所示。

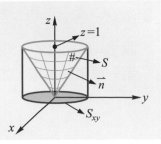

解

面通量 $= \phi = \iint_S \vec{F} \cdot \vec{n}\, dA$，$\vec{n}\, dA = \dfrac{\nabla \phi}{|\nabla \phi \cdot \vec{k}|}\, dxdy$，

$\phi = x^2 + y^2 - z^2 = 0$，$\nabla \phi = 2x\vec{i} + 2y\vec{j} - 2z\vec{k}$，

$\vec{n}\, dA = \dfrac{x\vec{i} + y\vec{j} - z\vec{k}}{z}\, dxdy$，$\vec{F} = \dfrac{z}{x}\vec{i}$，

$\phi = \iint_S \vec{F} \cdot \vec{n}\, dA = \iint_{S_{xy}} 1 dxdy = \pi \cdot 1^2 = \pi$。

範例 *2*

求 $\vec{F} = \dfrac{z}{y}\vec{j} + \vec{k}$ 通過 $S : x^2 + y^2 + z^2 = 4$，$z > 1$ 的通量

(不含 $z = 1$ 之平面)，如附圖所示。

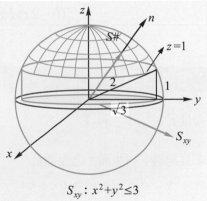

$S_{xy} : x^2 + y^2 \le 3$

解

$\phi = x^2 + y^2 + z^2 = 4$，$\vec{n}\, dA = \dfrac{\nabla \phi}{|\nabla \phi \cdot \vec{k}|}\, dxdy$，$\nabla \phi = 2x\vec{i} + 2y\vec{j} + 2z\vec{k}$，

$\therefore \vec{n}\, dA = \dfrac{2x\vec{i} + 2y\vec{j} + 2z\vec{k}}{2z}\, dxdy = \dfrac{x\vec{i} + y\vec{j} + z\vec{k}}{z}\, dxdy$，

$\vec{F} \cdot \vec{n}\, dA = 2 dxdy$，

$\therefore \iint_S \vec{F} \cdot \vec{n}\, dA = \iint_{S_{xy}} 2 dxdy = 2\iint_{S_{xy}} dxdy = 2 \cdot \pi(\sqrt{3})^2 = 6\pi$。

範例 3

設 $\vec{f} = 18z\vec{i} - 12\vec{j} + 3y\vec{k}$，且 S 為 $2x + 3y + 6z = 12$ 在第一象限的區域，如附圖所示，求 $\iint_S \vec{f} \cdot \vec{n} \, dA$。

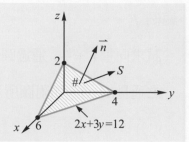

解

令 $\phi = 2x + 3y + 6z - 12 = 0$，$\nabla\phi = 2\vec{i} + 3\vec{j} + 6\vec{k}$，$\vec{n} = \dfrac{\nabla\phi}{|\nabla\phi|} = \dfrac{2}{7}\vec{i} + \dfrac{3}{7}\vec{j} + \dfrac{6}{7}\vec{k}$，

$dA = \dfrac{dxdy}{|\vec{n}\cdot\vec{k}|} = \dfrac{7}{6}dxdy$，$\vec{n}\,dA = \dfrac{1}{6}(2\vec{i} + 3\vec{j} + 6\vec{k})dxdy$。

$$\iint_S \vec{f} \cdot \vec{n} \, dA = \iint_{S_{xy}} (18z\vec{i} - 12\vec{j} + 3y\vec{k}) \cdot (2\vec{i} + 3\vec{j} + 6\vec{k})\frac{1}{6}dxdy$$

$$= \iint_{R_{xy}} (6z - 6 + 3y)dxdy = \iint_{R_{xy}} (12 - 2x - 3y - 6 + 3y)dxdy$$

$$= \iint_{R_{xy}} (6 - 2x)dxdy = \int_{y=0}^{y=4}\int_{x=0}^{x=\frac{12-3y}{2}} (6 - 2x)dxdy = 24 \text{ 。}$$

6-4 習題演練

向量 $\vec{F} = \dfrac{z}{x}\vec{i} + \dfrac{z}{y}\vec{y} - \vec{k}$

求其通過下列曲面 S 之面通量

1. $S: z^2 = x^2 + y^2$，$0 < z < 4$

2. $S: x^2 + y^2 + z^2 = 1$，$z > 0$(半徑為 1 之上半球面)

3. 設 $\vec{V} = x\vec{i} + y\vec{j} - z\vec{k}$，且 S 為 $x + 2y + z = 8$ 在第一象限的區域，求其面通量 $\iint_S \vec{V} \cdot \vec{n} \, dA$

4. 設 $\vec{F} = x^2\vec{i} + e^y\vec{j} + \vec{k}$，且 S 為 $x + y + z = 1$ 在第一象限的區域，求其面通量 $\iint_S \vec{F} \cdot \vec{n} \, dA$

5. 設 $\vec{V} = [x^2, 0, 2y^2]$，且 S 為 $3x + 2y + z = 6$ 在第一象限的區域，求其面通量 $\iint_S \vec{V} \cdot \vec{n} \, dA$

6. 試求向量 $\vec{F} = 2z\vec{i} + (x - y - z)\vec{k}$ 通過曲面 $S: z = x^2 + y^2$, $x^2 + y^2 \leq 6$ 表面之通量(flux)

7. 設 $\vec{F} = z\vec{i} + x\vec{j} - 3y^2z\vec{k}$，且 S 為 $x^2 + y^2 = 16, 0 < z < 5$ 且在第一象限的區域，求其面通量 $\iint_S \vec{F} \cdot \vec{n} \, dA$

8. 設 $\vec{F} = y\vec{i} - z\vec{j} + yz\vec{k}$，且 S 為 $x = \sqrt{y^2 + z^2}$，$y^2 + z^2 \leq 1$ 的區域，求其面通量 $\iint_S \vec{F} \cdot \vec{n} \, dA$

6-5　高斯散度定理

此定理將介紹向量函數在空間中封閉曲面的面通量與曲面所圍封閉區域之散失程度體積分之轉換關係。

6-5.1　定理

高斯散度定理(Divergence theorem of Gauss)

設向量函數 $\vec{F}$ 在區域 D 內及其邊界曲面 S 上為連續可積分函數，則

$$\iiint_D \nabla \cdot \vec{F}\, dV = \oiint_S \vec{F} \cdot \vec{n}\, dA$$

其中 D 為單(複)連通區域，$\vec{n}$ 在 S 上為可定向且指向外之單位曲面法向量，其物理意義表示由區域 D 內往外散失之量等於由 D 之邊界曲面往外流出之面通量。即 從表面跑出去的通量 ＝ 源(Source)的強度所產生之量，如圖 6-31 所示。

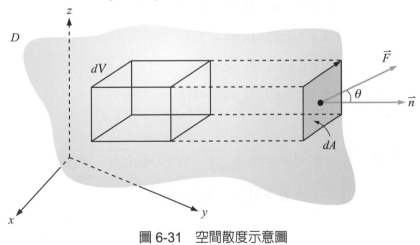

圖 6-31　空間散度示意圖

Note

曲面可定向表示曲面上任一點的法向量可用唯一且連續的方式來表示。

範例 1

令 $\vec{F} = (xy-1)\vec{i} + yz\vec{j} + xz\vec{k}$,

空間中立方體區域 D 為：$0 \le x \le 1, 0 \le y \le 1, 0 \le z \le 1$,

且區域 D 之包圍曲面為 S，曲面朝外之單位法向量為 $\vec{n}$。

(1) 計算 $\oiint_S \vec{F} \cdot \vec{n}\, dA$ 利用面積分。

(2) 計算 $\iiint_D (\nabla \cdot \vec{F}) dV$ 。

(3) 由(1)與(2)可以驗證何種定理？

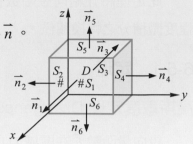

解

(1) 計算面積分 $S = S_1 + S_2 + S_3 + S_4 + S_5 + S_6$，其中

S_1： $x=1, 0 \le y \le 1, 0 \le z \le 1$, 且 $\vec{n}_1 = \vec{i}$;

S_2： $y=0, 0 \le x \le 1, 0 \le z \le 1$, 且 $\vec{n}_2 = -\vec{j}$;

S_3： $x=0, 0 \le y \le 1, 0 \le z \le 1$, 且 $\vec{n}_3 = -\vec{i}$;

S_4： $y=1, 0 \le x \le 1, 0 \le z \le 1$, 且 $\vec{n}_4 = \vec{j}$;

S_5： $z=1, 0 \le x \le 1, 0 \le y \le 1$, 且 $\vec{n}_5 = \vec{k}$;

S_6： $z=0, 0 \le x \le 1, 0 \le y \le 1$, 且 $\vec{n}_6 = -\vec{k}$,

則

$$\iint_{S_1} \vec{F} \cdot \vec{n}\, dA = \iint_{S_1} (xy-1) dydz = \int_{z=0}^{1} \int_{y=0}^{y=1} (y-1) dydz = -\frac{1}{2} ,$$

$$\iint_{S_2} \vec{F} \cdot \vec{n}\, dA = \iint_{S_2} -yz\,dxdz = \iint_{S_1} 0 \cdot z\,dxdz = 0 ,$$

$$\iint_{S_3} \vec{F} \cdot \vec{n}\, dA = \iint_{S_3} -(xy-1) dydz = \int_{z=0}^{1} \int_{y=0}^{y=1} (1) dydz = 1 ,$$

$$\iint_{S_4} \vec{F} \cdot \vec{n}\, dA = \iint_{S_4} (yz) dydz = \int_{z=0}^{1} \int_{x=0}^{1} (z) dxdz = \frac{1}{2} ,$$

$$\iint_{S_5} \vec{F} \cdot \vec{n}\, dA = \iint_{S_5} (xz) dxdy = \int_{y=0}^{1} \int_{x=0}^{1} (x) dxdy = \frac{1}{2} ,$$

$$\iint_{S_6} \vec{F} \cdot \vec{n}\, dA = \iint_{S_6} (-xz) dxdy = \int_{y=0}^{1} \int_{x=0}^{1} (0) dxdy = 0 ,$$

所以

$$\iint_{S=S_1+S_2+S_3+S_4+S_5+S_6} \vec{F}\cdot\vec{n}\,dA = \iint_{S_1} \vec{F}\cdot\vec{n}\,dA + \iint_{S_2} \vec{F}\cdot\vec{n}\,dA + \iint_{S_3} \vec{F}\cdot\vec{n}\,dA$$

$$+ \iint_{S_4} \vec{F}\cdot\vec{n}\,dA + \iint_{S_5} \vec{F}\cdot\vec{n}\,dA + \iint_{S_6} \vec{F}\cdot\vec{n}\,dA = \frac{3}{2} \text{。}$$

(2) $\nabla\cdot\vec{F} = y+z+x$，故

$$\iiint_D (\nabla\cdot\vec{F})dV = \iiint_D (x+y+z)\,dV = \int_{z=0}^{1}\int_{y=0}^{1}\int_{x=0}^{1}(x+y+z)dxdydz = \frac{3}{2} \text{。}$$

(3) 由(1)與(2)可知 $\iint_S \vec{F}\cdot\vec{n}\,dA = \iiint_D (\nabla\cdot\vec{F})dV = \frac{3}{2}$，驗證了高斯散度定理。

範例 2

設向量場 $\vec{F}$ 為：

$$\vec{F} = \left[x+y+e^{z^2}\right]\vec{i} + \left(y+\cos(x^2)\right)\vec{j} + \left(z+\ln\left(5x^2+7y^2+9\right)\right)\vec{k}$$

求 $\vec{F}$ 流出封閉球面 S：$x^2+y^2+z^2=1$ 之面通量。

解

此題之力場 $\vec{F}$ 為複雜的函數，且曲面 S 為球面亦較為複雜，若直接計算面積分 $\iint_S \vec{F}\cdot\vec{n}\,dA$ 不易求，但 $\nabla\cdot\vec{F} = 1+1+1 = 3$ 很簡單，所以利用高斯散度定理計算較容易

即面通量

$$flux = \iint_S \vec{F}\cdot\vec{n}\,dA$$

$$= \iiint_D \nabla\cdot\vec{F}\,dV$$

$$= \iiint_D 3\,dV$$

$$= 3\cdot\frac{4}{3}\pi\times1^2$$

$$= 4\pi \text{。}$$

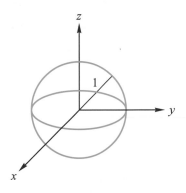

6-5　習題演練

在下列小題中，請利用高斯散度定理計算面通量 $\oiint_s \vec{F} \cdot \vec{n} \, dA$

1. $\vec{F} = 2x\vec{i} + 3y\vec{j} + 4z\vec{k}$，曲面 S 為以 $(0, 0, 0)$，$(1, 0, 0)$，$(0, 1, 0)$，$(0, 0, 1)$ 為頂點之四面體的封閉曲面

2. $\vec{F} = 4x\vec{i} - 6y\vec{j} + z\vec{k}$，曲面 S 為以 $(0, 0, 0)$ 為中心，半徑為 3 的球面

3. $\vec{F} = (4x + e^{yz})\vec{i} + (2y + e^{xz})\vec{j} + (e^{xy} - 6z)\vec{k}$，曲面 S 為以 $(0, 0, 0)$ 為中心，半徑為 3 之上半球面且包含 $z = 0$ 之底面所形成之封閉曲面

4. $\vec{F} = y^3 \cos(yz)\vec{i} + 3y\vec{j} + x^3 \sinh(xy)\vec{k}$，曲面 S 為 $x^2 + y^2 = 1$，$-1 \le z \le 1$，包含 $z = 1$ 與 $z = -1$ 之封閉圓柱形曲面

5. 向量函數 $\vec{F} = x^3\vec{i} + y^3\vec{j} + z^3\vec{k}$，曲面 S：$x^2 + y^2 + z^2 = 4$

6. 向量函數 $\vec{F} = x\vec{i} + y\vec{j} + 2z\vec{k}$，曲面 S：$x + y + z = 1$ 在第一象限所形成之四面體的表面

7. 向量函數 $\vec{F} = x^2\vec{i} + 2y\vec{j} + 4z^2\vec{k}$，曲面 S 為圓柱 $x^2 + y^2 \le 4$，$0 \le z \le 2$ 的表面(包含上下底)

8. $\vec{F} = 7x\vec{i} - z\vec{k}$，曲面 S 為球面 $x^2 + y^2 + z^2 = 4$

9. 向量函數 $\vec{F} = e^x\vec{i} - ye^x\vec{j} + 3z^2\vec{k}$，曲面 S 為圓柱 $x^2 + y^2 \le 4$，$0 \le z \le 5$ 的表面(包含上下底)

10. 向量函數 $\vec{F} = xy^2\vec{i} + y^3\vec{j} + 4x^2z\vec{k}$，曲面 S 為圓錐 $x^2 + y^2 \le z$，$0 \le z \le 4$ 的表面(包含 $z = 4$)

6-6 史托克定理

此定理將介紹空間中封閉曲線的環流量與其所圍曲面之旋轉程度面積分之轉換關係。

6-6.1 史托克定理(Stoke's theorem)

定理敘述

設 $\vec{V}$ 在曲面 S 及其邊界上為一階偏導數存在且連續，則向量場沿著封閉曲線 C 的線積分與旋度在 C 所圈出的區域上的通過量有如下的關係

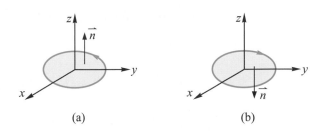

圖 6-32　環流量方向

$$\oiint_S (\nabla \times \vec{V}) \cdot \vec{n}\, dA = \oint_C \vec{V} \cdot d\vec{r}$$

其中，C 之繞行方向與 $\vec{n}$ 的指向是依據右手螺旋法則，如圖 6-32 所示。

物理意義

史托克定理表示物理量 $\vec{V}$ 在曲面 S 上之旋轉量（旋度）總和等於沿著邊界曲線 C 的環流量，旋轉量、環流量分別如圖 6-33、6-34 所示。若 $\vec{V}$ 為保守場，則 $\nabla \times \vec{V} = 0$，則環線作功 $\oiint_S (\nabla \times \vec{V}) \cdot \vec{n}\, dA = \oint_C \vec{V} \cdot d\vec{r} = 0$。

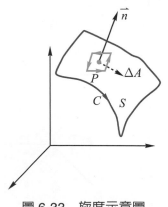

圖 6-33　旋度示意圖

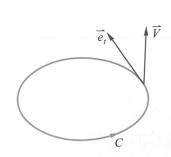

圖 6-34　環流場曲線單位切向量

範例 1

設 $\vec{F} = -y\vec{i} + x\vec{j} + 4\vec{k}$，曲面 S 為 $x^2 + y^2 + z^2 = 4$ 之上半球面。請利用史托克定理計算 $\iint\limits_S (\nabla \times \vec{F}) \cdot \vec{n} dA$。

解

由史托克定理可知：$\iint\limits_S (\nabla \times \vec{F}) \cdot \vec{n} dA = \oint\limits_C \vec{F} \cdot d\vec{r}$，其中 C 為曲面 S 在 $x-y$ 平面上的

邊界 $\vec{r} = 2\cos t \vec{i} + 2\sin t \vec{j}$，$0 \le t \le 2\pi$，因此 $d\vec{r} = (-2\sin t \vec{i} + 2\cos t \vec{j})dt$，所以

$$\iint\limits_S (\nabla \times \vec{F}) \cdot \vec{n} dA = \oint\limits_C \vec{F} \cdot d\vec{r}$$

$$= \int_0^{2\pi} (-2\sin t \vec{i} + 2\cos t \vec{j} + 4\vec{k}) \cdot (-2\sin t \vec{i} + 2\cos t \vec{j})dt$$

$$= \int_0^{2\pi} (4\sin^2 t + 4\cos^2 t)dt$$

$$= \int_0^{2\pi} 4dt = 8\pi \quad \circ$$

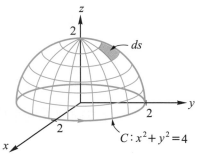

範例 2

將封閉曲面折開成 $\Sigma = \Sigma_1 + \Sigma_2$，其中

Σ_1：$z = \sqrt{x^2 + y^2}$，$x^2 + y^2 \le 1$；Σ_2：$x^2 + y^2 \le 1$，$z = 1$。

令 C：$x^2 + y^2 = 1$，$z = 1$，$\vec{F} = -y\vec{i} + x\vec{j} - xyz\vec{k}$。

(1) 計算 $\oint_C \vec{F} \cdot d\vec{r}$。

(2) 計算 $\iint_{\Sigma_1} (\nabla \times \vec{F}) \cdot \vec{n}_1 dA$，$\vec{n}_1$ 為曲面 Σ_1 單位法向量。

(3) 計算 $\iint_{\Sigma_2} (\nabla \times \vec{F}) \cdot \vec{n}_2 dA$，$\vec{n}_2$ 為曲面 Σ_2 單位法向量。

(4) 由(1)(2)(3)所求的值是否相同，其為何種數學理論。

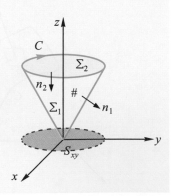

解

(1) $C: x^2+y^2=1$ 及 $z=1 \Rightarrow \begin{cases} x=\cos\theta \\ y=\sin\theta \\ z=1 \end{cases}$; $\theta \in [2\pi, 0]$ (順時針)。

$\vec{r} = x\vec{i}+y\vec{j}+z\vec{k} = \cos\theta\vec{i}+\sin\theta\vec{j}+\vec{k}$,

$\vec{F} = -\sin\theta\vec{i}+\cos\theta\vec{j}-\sin\theta\cos\theta\vec{k}$, $d\vec{r} = (-\sin\theta\vec{i}+\cos\theta\vec{j})d\theta$ 。

因 Σ 是封閉區面,故 Σ_2 的法向量平行 z-軸,且方向朝內(下),

故 $\oint_C \vec{F}\cdot d\vec{r} = \int_C (\sin^2\theta+\cos^2\theta)\,d\theta = \int_{2\pi}^0 1\cdot d\theta = -2\pi$ 。

(2) $\nabla\times\vec{F} = \begin{vmatrix} \vec{i} & \vec{j} & \vec{k} \\ \dfrac{\partial}{\partial x} & \dfrac{\partial}{\partial y} & \dfrac{\partial}{\partial z} \\ -y & x & -xyz \end{vmatrix} = -xz\vec{i}+yz\vec{j}+2\vec{k}$, $\phi = x^2+y^2-z^2 = 0$,

$\nabla\phi = 2x\vec{i}+2y\vec{j}-2z\vec{k}$, $\vec{n}_1\,dA = \dfrac{\nabla\phi}{|\nabla\phi\cdot\vec{k}|}dxdy$, $\therefore \vec{n}_1\,dA = \dfrac{x\vec{i}+y\vec{j}-z\vec{k}}{z}dxdy$ 。

$\iint_{\Sigma_1}(\nabla\times\vec{F})\cdot\vec{n}_1\,dA = \iint_{S_{xy}} \dfrac{-x^2z+y^2z-2z}{z}dxdy = \iint_{S_{xy}} \dfrac{-x^2+y^2-2}{1}dxdy$

$= \int_{\theta=0}^{2\pi}\int_{r=0}^1 (-r^2\cos^2\theta+r^2\sin^2\theta-2)rdrd\theta = -2\pi$ 。

(3) $\nabla\times\vec{F} = \begin{vmatrix} \vec{i} & \vec{j} & \vec{k} \\ \dfrac{\partial}{\partial x} & \dfrac{\partial}{\partial y} & \dfrac{\partial}{\partial z} \\ -y & x & -xyz \end{vmatrix} = -xz\vec{i}+yz\vec{j}+2\vec{k}$; $\vec{n}_2 = -\vec{k}$,故

$\iint_{\Sigma_2}(\nabla\times\vec{F})\cdot\vec{n}_2\,dA = \iint_{\Sigma_2} -2dA = -2\cdot\pi = -2\pi$ 。

(4) (1)、(2)與(3)之結果均相同,此結果驗證了史托克定理具有換曲面積分之特性,
即 $\oint_C \vec{F}\cdot d\vec{r} = \iint_{\Sigma_1}(\nabla\times\vec{F})\cdot\vec{n}_1\,dA = \iint_{\Sigma_2}(\nabla\times\vec{F})\cdot\vec{n}_2\,dA$,

亦即利用史托克定理將環線積分轉換成面積分時,只要其邊界曲線圍住相同之
曲面,則其面積分值均相同,所以 $\iint_{\Sigma_1}(\nabla\times\vec{F})\cdot\vec{n}_1\,dA = \iint_{\Sigma_2}(\nabla\times\vec{F})\cdot\vec{n}_2\,dA$ 。

6-6 習題演練

在下列小題中，請利用史托克定理

$$\oiint_C \vec{V} \cdot d\vec{r} = \iint_S (\nabla \times \vec{V}) \cdot \vec{n} \, dA$$

計算下列環線積分，

其中 C 為封閉曲面 S 之邊界，$\vec{n}$ 為曲面 S 的法向量，且 $\vec{r} = x\vec{i} + y\vec{j} + z\vec{k}$

1. $\vec{V} = 3x\vec{i} - 2y\vec{j} + z\vec{k}$，其中 C 為以 $(0, 0, 0)$ 為球心，半徑為 2 之上半球面 S 在 xy 平面之邊界線 $x^2 + y^2 = 4$

2. $\vec{V} = (y+z)\vec{i} + (x+z)\vec{j} + (x+y)\vec{k}$，其中 C 和 S 與上小題相同。

3. $\vec{V} = -y\vec{i} + x\vec{j}$，$S : x^2 + y^2 \leq 1$，$C : x^2 + y^2 = 1$ (逆時針)

4. $\vec{V} = xy\vec{i} + yz\vec{j} + xz\vec{k}$，$S : x + y + z = 1$ 在第一象限的斜面，C 為此斜面邊界。

5. 若 $\vec{V} = y\vec{i}$ 且 $S : x^2 + y^2 + z^2 = 1$ 在 xy 平面上方的曲面，C 為其邊界。

6. $\vec{V} = [-5y, 4x, z]$，C 為 $x^2 + y^2 = 4$，$z = 1$ 逆時針方向。

下列 7～8 題，請驗證史托克定理

7. $\vec{F} = [y, xz^3, -zy^3]$，$\vec{r} = x\vec{i} + y\vec{j} + z\vec{k}$，$C$ 為 $x^2 + y^2 = 4$，$z = -3$ 逆時針方向

8. 利用 $\vec{V} = 3y\vec{i} - xz\vec{j} + yz^2\vec{k}$，曲面 $S : x^2 + y^2 = 2z$，$0 \leq z \leq 2$，C 為 S 的邊界。

請驗證史托克定理，其中 $\vec{F} = -y\vec{i} + x\vec{j} + 4\vec{k}$，曲面 S 為 $x^2 + y^2 + z^2 = 4$，$z < 0$ (不含 $z = 0$)，曲線 C 為 $x^2 + y^2 = 4$，$z = 0$ 逆時針旋轉封閉。

9. 計算 $\nabla \times \vec{F}$

10. 求線積分 $\oint_C \vec{F} \cdot d\vec{r}$

11. 計算 $\iint_S (\nabla \times \vec{F}) \cdot \vec{n} \, dA$

7

傅立葉分析

三維空間中的任一向量可以用一組正交的座標(如：卡式座標(i, j, k))來表示，由於其爲正交座標，所以其座標係數(分量)很容易求得，而本章節則是要研究如何利用某種函數集合來表示另一函數，這個觀念首先在十七世紀由法國數學家傅立葉(Fourier, 1768－1830)所提出，其證明可以用一組弦波函數當座標來表示某一函數，本章將介紹如何做函數的傅立葉級數、積分與轉換。本章節大量用在工程問題之訊號分析上，是非常重要的一個章節。

7-1 傅立葉級數

本節將介紹如何利用弦波函數 $\{\sin x, \cos x\}$ 來展開任一週期函數，即所謂的傅立葉級數(Fourier Series)，介紹傅立葉級數前，將先談談週期函數性質。

7-1.1 週期函數

定義

若函數 $f(x)$ 滿足 $f(x+T) = f(x)$，則 $f(x)$ 稱爲週期函數，最小正數 T 稱爲 $f(x)$ 的週期，如圖 7-1 所示。

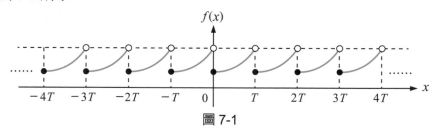

圖 7-1

性質

1. $\sin kx$，$\cos kx$ 之週期爲 $\dfrac{2\pi}{|k|}$。

2. 若 $f(x) = f_1(x) + f_2(x)$ 且 $f_1(x)$ 與 $f_2(x)$ 之週期分別爲 T_1, T_2，則 $f(x)$ 之週期爲 T_1 及 T_2 的最小公倍數。

3. $f(x)$ 爲週期 T 的函數，則 $\displaystyle\int_d^{d+T} f(x)\,dx = \int_{-\frac{T}{2}}^{\frac{T}{2}} f(x)\,dx$。

4. $f(x)$ 爲週期 T，則 $f(kx)$ 爲週期 $\dfrac{T}{|k|}$。

範例 *1*

決定下列函數的週期

(1) $3 \sin x + 2 \sin 3x$。

(2) $2 + 5 \sin 4x + 4 \cos 7x$。

(3) $2 \sin 3\pi x + 7 \cos \pi x$。

(4) $7 \cos\left(\dfrac{1}{2}\pi x\right) + 5\sin\left(\dfrac{1}{3}\pi x\right)$。

解

(1) $\sin x$ 之週期為 2π，$\sin 3x$ 之週期為 $\dfrac{2\pi}{3}$，則 $3 \sin x + 2 \sin 3x$ 之週期為 2π。

(2) $\sin 4x$ 之週期為 $\dfrac{2\pi}{4} = \dfrac{\pi}{2}$，$\cos 7x$ 之週期為 $\dfrac{2\pi}{7}$，

∴ $2 + 5 \sin 4x + 4 \cos 7x$ 之週期為 2π。

(3) $\sin 3\pi x$ 之週期為 $\dfrac{2\pi}{3\pi} = \dfrac{2}{3}$，$\cos \pi x$ 之週期為 $\dfrac{2\pi}{\pi} = 2$，

則 $2 \sin 3\pi x + 7 \cos \pi x$ 之週期為 2。

(4) $\cos\left(\dfrac{1}{2}\pi x\right)$ 之週期為 $\dfrac{2\pi}{\frac{1}{2}\pi} = 4$，$\sin\left(\dfrac{1}{3}\pi x\right)$ 之週期為 $\dfrac{2\pi}{\frac{1}{3}\pi} = 6$，

∴ $7\cos\left(\dfrac{1}{2}\pi x\right) + 5\sin\left(\dfrac{1}{3}\pi x\right)$ 之週期為 12。

7-1.2　傅立葉級數

傅立葉級數的概念是將任意的週期函數或訊號，分解成一組無窮個弦波函數的集合，其定義與特質如下：

定義

對任一函數 $f(x)$，$x \in [0, T]$，若存在無窮個實數 $\{a_i\}_{i=0}^{\infty}$，$\{b_i\}_{i=1}^{\infty}$ 使得

$$f(x) = a_0 \cdot 1 + \sum_{n=1}^{\infty}\left[a_n \cdot \cos\frac{2n\pi}{T}x + b_n \sin\frac{2n\pi}{T}x \right]$$

稱此級數展開為 $f(x)$ 在 $x \in [0, T]$ 之傅立葉級數，a_i, b_i 稱傅立葉係數。

傅立葉係數 $\{a_i\}_{i=0}^{\infty}$、$\{b_i\}_{i=1}^{\infty}$ 的求法

$$a_0 = \frac{1}{T}\int_0^T f(x)dx \;;\; a_n = \frac{2}{T}\int_0^T f(x)\cos\frac{2n\pi x}{T}dx \;。\;;\; b_n = \frac{2}{T}\int_0^T f(x)\sin\frac{2n\pi x}{T}dx$$

若 $f(x) = f(x+T)$ 為週期函數 $(T = 2l)$，則上述公式有可如下改寫：

$$\begin{cases} a_0 = \dfrac{1}{T}\int_0^T f(x)dx = \dfrac{1}{T}\int_{-\frac{T}{2}}^{\frac{T}{2}} f(x)dx \Rightarrow a_0 = \dfrac{1}{2l}\int_{-l}^{l} f(x)dx \\[3mm] a_n = \dfrac{2}{T}\int_0^T f(x)\cos\dfrac{2n\pi}{T}xdx = \dfrac{2}{T}\int_{-\frac{T}{2}}^{\frac{T}{2}} f(x)\cdot\cos\dfrac{2n\pi}{T}xdx \Rightarrow a_n = \dfrac{1}{l}\int_{-l}^{l} f(x)\cos\dfrac{n\pi}{l}xdx \;。 \\[3mm] b_n = \dfrac{2}{T}\int_0^T f(x)\sin\dfrac{2n\pi}{T}xdx = \dfrac{2}{T}\int_{-\frac{T}{2}}^{\frac{T}{2}} f(x)\cdot\sin\dfrac{2n\pi}{T}xdx \Rightarrow b_n = \dfrac{1}{l}\int_{-l}^{l} f(x)\sin\dfrac{n\pi}{l}xdx \end{cases}$$

範例 *2*

週期函數 $f(x) = \begin{cases} 0 & , -\pi < x \le 0 \\ \pi - x & , 0 < x \le \pi \end{cases}$。

$f(x) = f(x + 2\pi)$，求 $f(x)$ 的傅立葉級數。

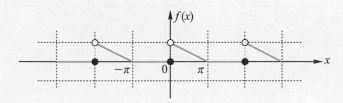

解

令 $f(x) = a_0 + \sum_{n=1}^{\infty} a_n \cos nx + b_n \sin nx$ ，

$a_0 = \dfrac{1}{2\pi} \int_{-\pi}^{\pi} f(x)dx = \dfrac{1}{2\pi} \int_{0}^{x}(\pi - x)dx = \dfrac{1}{2\pi}\left(\pi x - \dfrac{1}{2}x^2\right)\Big|_{0}^{\pi} = \dfrac{\pi}{4}$ ，

$a_n = \dfrac{1}{\pi} \int_{-\pi}^{\pi} f(x)\cos nx\,dx = \dfrac{1}{\pi}\int_{0}^{\pi}(\pi - x)\cos nx\,dx = \dfrac{1}{\pi}\left[(\pi - x)\dfrac{\sin nx}{n} - \dfrac{1}{n^2}\cos nx\right]_{0}^{\pi}$

$\quad = \dfrac{1 - (-1)^n}{n^2 \pi}$ ，

$b_n = \dfrac{1}{\pi} \int_{-\pi}^{\pi} f(x)\sin nx\,dx = \dfrac{1}{\pi}\int_{0}^{\pi}(\pi - x)\sin nx\,dx = \dfrac{1}{\pi}\left[-\dfrac{1}{n}(\pi - x)\cos nx - \dfrac{1}{n^2}\sin nx\right]_{0}^{\pi}$

$\quad = \dfrac{1}{n}$ ，

$\therefore f(x) = \dfrac{\pi}{4} + \sum_{n=1}^{\infty}\left[\dfrac{1 - (-1)^n}{n^2 \pi}\cos nx + \dfrac{1}{n}\sin nx\right]$。

Note

$\cos(n\pi) = (-1)^n$，$\sin(n\pi) = 0$。

範例 *3*

設週期函數 $f(x) = x^2$，$0 < x < 2\pi$，且 $f(x) = f(x + 2\pi)$，求 $f(x)$ 的傅立葉級數。

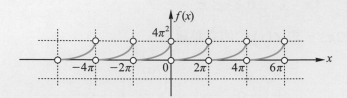

解

$f(x) = a_0 + \sum_{n=1}^{\infty} \left[a_n \cdot \cos nx + b_n \sin nx \right]$ 。

$a_0 = \dfrac{1}{2\pi} \int_0^{2\pi} x^2 dx = \dfrac{1}{2\pi} \cdot \dfrac{1}{3} x^3 \Big|_0^{2\pi} = \dfrac{4}{3}\pi^2$ ，

$a_n = \dfrac{2}{T} \int_0^T f(x) \cos \dfrac{2n\pi}{T} x dx = \dfrac{2}{2\pi} \int_0^{2\pi} x^2 \cos nx dx = \dfrac{2}{2\pi} \cdot \left[\dfrac{2x}{n^2} \cos nx \right]\Big|_0^{2\pi} = \dfrac{4}{n^2}$ ，

$b_n = \dfrac{2}{T} \int_0^T f(x) \sin \dfrac{2n\pi}{T} x dx = \dfrac{2}{2\pi} \int_0^{2\pi} x^2 \sin nx dx = -\dfrac{4\pi}{n}$ ，

$\therefore f(x) = \dfrac{4}{3}\pi^2 + \sum_{n=1}^{\infty} \cdot \left[\dfrac{4}{n^2} \cos nx + \left(-\dfrac{4}{n}\pi \right) \sin nx \right]$ 。

Note

$\cos 2n\pi = 1;\ \sin 2n\pi = 0,\ n = 0,1,2,3,\cdots$

　　將上面範例 3 用數值解近似，下圖 7-2 顯示不同 n 之傅立葉級數近似 $f(x)$，由圖中可以看出所取的項數 n 越大，其傅立葉級數越接近 $f(x)$，但是不論取多大項數，在不連續點 $x = 0$ 處存在一個尖突現象，這種取部分級數和來近似 $f(x)$ 所造成在不連續點附近的尖突現象，不會因為所取的項數較多而消失，只是產生尖突現象的範圍變小，此種行為我們稱為吉普世現象(Gibbs phenomenon)。

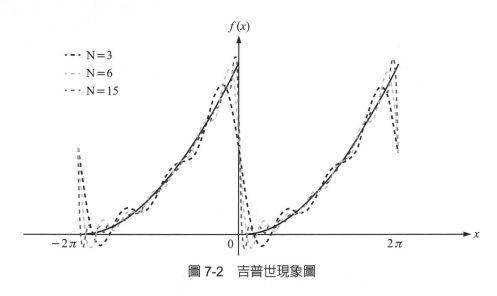

圖 7-2　吉普世現象圖

7-1.3　傅立葉級數的收斂性質

傅立葉級數為一個無窮級數，其收斂性討論如下：

狄利克雷(Dirichlet)條件

設 $f(x)$ 在 $x \in [d, d+T]$ 滿足下列條件：

$$\begin{cases} 1.\ \text{不連續點有限個} \\ 2.\ \text{極大與極小值有限個且有界} \\ 3.\ \int_d^{d+T} f(x)dx \text{有界} \end{cases} \text{即 } f(x) \text{為片段連續，}$$

則稱 $f(x)$ 滿足狄利克雷(Dirichlet)條件。

定理(充分非必要條件)

設 $f(x) = f(x+T)$ 且 $f(x)$ 滿足 Dirichlet 條件，則 $f(x)$ 的傅立葉級數滿足下列關係：

$$a_0 + \sum_{n=1}^{\infty} \cdot \left[a_n \cos \frac{2n\pi}{T}x + b_n \sin \frac{2n\pi}{T}x \right] = \begin{cases} f(x)\ ;\ x \text{為連續點} \\ \frac{1}{2}\left[f(x^+) + f(x^-) \right]\ ;\ x \text{為不連續點} \end{cases}$$

其中 $a_0 = \frac{1}{T}\int_0^T f(x)dx$ ；$a_n = \frac{2}{T}\int_0^T f(x)\cos\frac{2n\pi}{T}xdx$ ；$b_n = \frac{2}{T}\int_0^T f(x)\sin\frac{2n\pi}{T}xdx$ 。

應用

在範例 3 中 $f(x)$ 在 $x = \pi$ 為連續函數，在 $x = 0$ 為不連續函數，

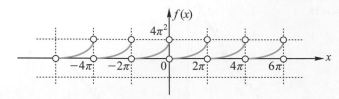

所以 $\dfrac{4}{3}\pi^2 + \displaystyle\sum_{n=1}^{\infty}\left[\dfrac{4}{n^2}\cos n\pi + \left(-\dfrac{4}{n}\pi\right)\sin n\pi\right] = f(\pi) = \pi^2$，即 $\displaystyle\sum_{n=1}^{\infty}\left[\dfrac{4}{n^2}(-1)^n\right] = -\dfrac{\pi^2}{3}$

$\Rightarrow \displaystyle\sum_{n=1}^{\infty}\left[\dfrac{1}{n^2}(-1)^n\right] = -\dfrac{\pi^2}{12} \Rightarrow \dfrac{1}{1^2} - \dfrac{1}{2^2} + \dfrac{1}{3^2} - \dfrac{1}{4^2} + \cdots = \dfrac{\pi^2}{12}$。

而 $\dfrac{4}{3}\pi^2 + \displaystyle\sum_{n=1}^{\infty}\left[\dfrac{4}{n^2}\cos n\cdot 0 + \left(-\dfrac{4}{n}\pi\right)\sin n\cdot 0\right] = \dfrac{f(0^+) + f(0^-)}{2} = \dfrac{0 + 4\pi^2}{2} = 2\pi^2$，

$\Rightarrow \displaystyle\sum_{n=1}^{\infty}\dfrac{1}{n^2} = \dfrac{1}{1^2} + \dfrac{1}{2^2} + \dfrac{1}{3^2} + \cdots = \dfrac{\pi^2}{6}$。

7-1.4 偶函數(Even function)與奇函數(Odd function)的傅立葉級數

傅立葉級數的係數求解時會因為函數的奇偶性得到化簡，其介紹如下：

奇偶函數定義

1. 偶函數：若 $f(x)$ 滿足 $f(-x) = f(x)$，則 $f(x)$ 為偶函數，即圖形對稱 y 軸。

2. 奇函數：若滿足 $f(-x) = -f(x)$，則稱 $f(x)$ 為奇函數，即圖形反對稱 y 軸。

例如：

1. $f(x) = x^2$ ；$-\infty < x < \infty$ ，如圖 7-3(a)。

   $f(-x) = f(x)$ ，$f(x)$為偶函數。

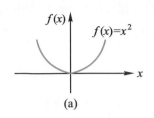
(a)

2. $f(x) = x$ ；$-\infty < x < \infty$ ，如圖 7-3(b)。

   $f(-x) = (-x) = -f(x)$ ，$f(x)$為奇函數。

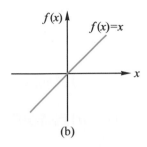
(b)

圖 7-3　奇偶函數圖

奇、偶函數間的關係

1. 偶函數±偶函數＝偶函數，

   奇函數±奇函數＝奇函數，

   奇函數±偶函數＝非奇非偶函數。

2. 偶函數×偶函數＝偶函數，

   奇函數×奇函數＝偶函數，

   奇函數×偶函數＝奇函數。

3. 偶函數÷偶函數＝偶函數，

   奇函數÷奇函數＝偶函數，

   奇函數÷偶函數＝奇函數。

常見函數的奇偶性

1. 在三角函數中，$\cos x$ 為偶函數，$\sin x$ 為奇函數。

2. 冪次函數 $f(x) = x^n$，若 $n = 0, 2, 4, 6, \cdots$ 為偶數，則 $f(x)$ 為偶函數，
   若 $n = 1, 3, 5, 7, \cdots$ 為奇數，則 $f(x)$ 為奇函數。

3. $\sin^k x$、$\cos^k x$，若 k 為偶數，則週期為 $\dfrac{2\pi}{2} = \pi$，k 為奇數，則週期為 2π。

奇、偶函數與積分

1. $f(x)$ 在 $x \in (-a, a)$ 為偶函數，則 $\displaystyle\int_{-a}^{a} f(x)dx = 2 \cdot \int_{0}^{a} f(x)dx$。

2. $f(x)$ 在 $x \in (-a, a)$ 為奇函數，則 $\displaystyle\int_{-a}^{a} f(x)dx = 0$。

偶函數傅立葉級數

假設函數的週期為 T，即 $f(x) = f(x+T)$；$f(x) = f(-x)$，即 $f(x)$ 為偶函數，則 $f(x)$ 的傅立葉級數為

$$f(x) = a_0 + \sum_{n=1}^{\infty} \left[a_n \cdot \cos \frac{n\pi}{l}x + b_n \cdot \sin \frac{n\pi}{l}x \right]$$

其中，傅立葉係數由「奇、偶函數與積分」可知 $a_0 = \dfrac{1}{2l}\displaystyle\int_{-l}^{l} f(x)dx = \dfrac{1}{l}\int_{0}^{l} f(x)dx$；

$a_n = \displaystyle\int_{0}^{l} f(x)\cos \frac{n\pi}{l}x\,dx$ （因為 $f(x)\cos \dfrac{n\pi}{l}x$ 為偶函數）； $a_n = \dfrac{2}{l}\displaystyle\int_{0}^{l} f(x)\cos \frac{n\pi}{l}x\,dx$ ；

（因為 $f(x)\cos \dfrac{n\pi}{l}x$ 為偶函數）所以

$$f(x) = a_0 + \sum_{n=1}^{\infty} a_n \cos \frac{n\pi}{l}x$$

範例 4

求 $f(x)$ 的傅立葉級數，其中 $f(x) = x^2$ $(-\pi < x < \pi)$，且 $f(x) = f(x + 2\pi)$。

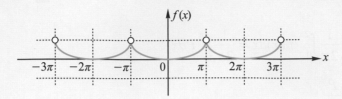

解

$f(x)$ 為偶函數, 且週期 $T = 2\pi$，$l = \pi$，

$\therefore f(x) = a_0 + \sum_{n=1}^{\infty} a_n \cos nx$，

其中 $a_0 = \dfrac{2}{2\pi} \int_0^{\pi} x^2 \cdot dx = \dfrac{\pi^2}{3}$，

$a_n = \dfrac{2}{\pi} \int_0^{\pi} x^2 \cdot \cos nx\, dx = \dfrac{2}{\pi} \cdot \left[\dfrac{2x}{n^2} \cos nx \right]_0^{\pi} = \dfrac{4}{n^2} \cdot (-1)^n$，

$\therefore f(x) = \dfrac{1}{3}\pi^2 + \sum_{n=1}^{\infty} (-1)^n \cdot \dfrac{4}{n^2} \cdot \cos nx$。

範例 5

(1) 設函數 $f(x) = \begin{cases} 0, -2\pi \le x \le -\pi \\ P, -\pi < x < \pi \\ 0, \pi \le x \le 2\pi \end{cases}$，且週期為 4π，即 $f(x + 4\pi) = f(x)$，如圖所示。

試求 $f(x)$ 的傅立葉級數。

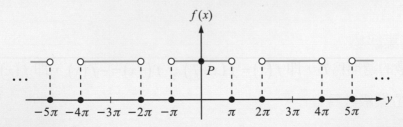

(2) 利用上列級數求 $1 - \dfrac{1}{3} + \dfrac{1}{5} - \dfrac{1}{7} \cdots$。

解

(1) $f(x)$ 為偶函數且週期 $T = 4\pi$、$l = 2\pi$，$\therefore f(x) = a_0 + \sum\limits_{n=1}^{\infty} a_n \cos\dfrac{n}{2}x$，

其中 $a_0 = \dfrac{1}{2\pi}\displaystyle\int_0^{2\pi} f(x)dx = \dfrac{1}{2\pi}\int_0^{\pi} Pdx$

$\qquad\qquad = \dfrac{P}{2}$，

$a_n = \dfrac{2}{2\pi}\displaystyle\int_0^{2\pi} f(x)\cos\dfrac{n}{2}x\,dx$

$\quad = \dfrac{1}{\pi}\displaystyle\int_0^{\pi} P\cdot\cos\dfrac{n}{2}x\,dx$

$\quad = \dfrac{p}{\pi}\cdot\dfrac{2}{n}\sin\dfrac{n}{2}x\Big|_0^{\pi}$

$\quad = \dfrac{2p}{n\pi}\sin\dfrac{n}{2}\pi$，

$\therefore f(x) = \dfrac{P}{2} + \sum\limits_{n=1}^{\infty}\left(\dfrac{2P}{n\pi}\sin\dfrac{n}{2}\pi\right)\cos\dfrac{n}{2}x$

$f(x) = \dfrac{P}{2} + \dfrac{2P}{\pi}\left(\cos\dfrac{x}{2} - \dfrac{1}{3}\cos\dfrac{x}{3} + \dfrac{1}{5}\cos\dfrac{5}{2}x\cdots\right)$。

(2) $f(x)$ 在 $x = 0$ 處連續，所以

$f(0) = P = \dfrac{P}{2} + \dfrac{2P}{\pi}\left(1 - \dfrac{1}{3} + \dfrac{1}{5} - \dfrac{1}{7} + \cdots\right)$，

得 $1 - \dfrac{1}{3} + \dfrac{1}{5} - \dfrac{1}{7} + \cdots = \dfrac{P}{2}\times\dfrac{\pi}{2P} = \dfrac{\pi}{4}$。

奇函數傅立葉級數

假設函數的週期為 T，即 $f(x) = f(x+T)$；$f(-x) = -f(x)$，即 $f(x)$ 為奇函數，則 $f(x)$ 的傅立葉級數為

$$f(x) = a_0 + \sum_{n=1}^{\infty}\left[a_n\cdot\cos\dfrac{n\pi}{l}x + b_n\cdot\sin\dfrac{n\pi}{l}x\right]$$

其中，傅立葉係數由「奇、偶函數與積分」可知 $a_0 = \dfrac{1}{2l}\displaystyle\int_{-l}^{l} f(x)dx = 0$ ；

$a_n = \dfrac{2}{2l}\displaystyle\int_0^l f(x)\cos\dfrac{n\pi}{l}xdx = 0$（ 因為 $f(x)\cos\dfrac{n\pi}{l}x$ 為奇函數）；

$b_n = \dfrac{2}{l}\displaystyle\int_0^l f(x)\sin\dfrac{n\pi}{l}xdx$ ；（ 因為 $f(x)\sin\dfrac{n\pi}{l}x$ 為偶函數）所以

$$f(x) = \sum_{n=1}^{\infty} b_n \sin\frac{n\pi}{l}x$$

範例 6

(1) 設 $f(x) = x$，$(-\pi < x < \pi)$ 且 $f(x) = f(x+2\pi)$，求 $f(x)$ 的傅立葉級數。

(2) 利用上列級數求 $1 - \dfrac{1}{3} + \dfrac{1}{5} - \dfrac{1}{7} + \cdots$。

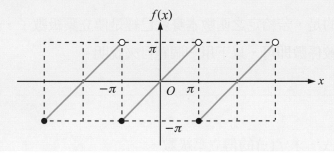

解

(1) $f(x) = x$ 在 $-\pi < x < \pi$ 為奇函數，

$\therefore f(x) = \displaystyle\sum_{n=1}^{\infty} b_n \sin nx$，其中

$b_n = \dfrac{2}{\pi}\displaystyle\int_0^{\pi} x \cdot \sin nxdx = \dfrac{2}{\pi}\cdot\left[-\dfrac{x}{n}\cos nx\right]\Big|_0^{\pi} = \dfrac{2}{n}\cdot(-1)^{n+1}$，

$\therefore f(x) = \displaystyle\sum_{n=1}^{\infty}(-1)^{n+1}\cdot\dfrac{2}{n}\sin nx$。

(2) $f(x) = \sum_{n=1}^{\infty} (-1)^{n+1} \cdot \frac{2}{n} \sin nx$

$\qquad = 2\left(\sin x - \frac{1}{2}\sin 2x + \frac{1}{3}\sin 3x - \frac{1}{4}\sin 4x + \cdots\right)$

$f(x)$ 在 $x = \frac{\pi}{2}$ 處連續，

則 $f\left(\frac{\pi}{2}\right) = \frac{\pi}{2} = 2 \cdot \left(\sin\frac{\pi}{2} - \frac{1}{2}\sin\pi + \frac{1}{3}\sin\left(\frac{3\pi}{2}\right) - \frac{1}{4}\sin 2\pi + \frac{1}{5}\sin\frac{5}{2}\pi - \cdots\right)$

$\qquad\qquad\qquad = 2\left(1 - \frac{1}{3} + \frac{1}{5} - \frac{1}{7} + \cdots\right)$

得 $1 - \frac{1}{3} + \frac{1}{5} - \frac{1}{7} + \cdots = \frac{\pi}{4}$ 。

　　另外很有趣的是，若給定之函數本身就已經是傅立葉級數了，則就不需要再展開了，只要直接比較係數即可，以下用一個題目來說明。

範例 7

$f(x) = 1 + \sin^2 x$，求 $f(x)$ 的傅立葉級數。

解

$f(x)$ 為週期 $T = \pi$ 的偶函數（$\sin x$ 的週期 $= 2\pi \Rightarrow \sin^2 x$ 之週期為 π），

$\therefore f(x) = a_0 + \sum_{n=1}^{\infty} a_n \cos 2nx$ 。

又 $f(x) = 1 + \sin^2 x = 1 + \frac{1 - \cos 2x}{2} = \frac{3}{2} - \frac{1}{2}\cos 2x = a_0 + \sum_{n=1}^{\infty} a_n \cos 2nx$ ，

$\therefore \begin{cases} a_0 = \dfrac{3}{2} \\ a_n = \begin{cases} -\dfrac{1}{2} & ; n = 1 \\ 0 & ; n = 2, 3, \cdots \end{cases} \end{cases}$ ，

$\therefore f(x)$ 的傅立葉級數為 $\dfrac{3}{2} - \dfrac{1}{2}\cos 2x$ 。

7-1 習題演練

求下列各週期函數之傅立葉級數

1. $f(x) = \begin{cases} 0, & -\pi < x < 0 \\ 4, & 0 \le x < \pi \end{cases}$, $f(x) = f(x+2\pi)$

2. $f(x) = \begin{cases} -3, & -\pi < x < 0 \\ 2, & 0 \le x < \pi \end{cases}$,

   $f(x) = f(x+2\pi)$

3. $f(x) = \begin{cases} 2, & -1 < x < 0 \\ 2x, & 0 \le x < 1 \end{cases}$, $f(x) = f(x+2)$

4. $f(x) = \begin{cases} 0, & -1 < x < 0 \\ 3x, & 0 \le x < 1 \end{cases}$, $f(x) = f(x+2)$

設週期函數 $f(x)$ 為

$f(x) = x + \pi, -\pi \le x \le \pi$

且 $f(x) = f(x+2\pi)$

5. 求 $f(x)$ 的傅立葉級數

6. 證明 $1 - \dfrac{1}{3} + \dfrac{1}{5} - \dfrac{1}{7} + \cdots = \dfrac{\pi}{4}$

利用奇偶函數特性求下列各週期函數之傅立葉級數

7. $f(x) = \begin{cases} -2\pi, & 0 < x < 1 \\ 2\pi, & -1 \le x < 0 \end{cases}$, $f(x) = f(x+2)$

8. $f(x) = \begin{cases} 2, & 1 < x < 2 \\ 0, & -1 \le x < 1 \\ 2, & -2 \le x < -1 \end{cases}$, $f(x) = f(x+4)$

9. $f(x) = x$, $-\pi \le x \le \pi$

   $f(x) = f(x+2\pi)$

10. $f(x) = x^2$, $-1 \le x \le 1$,

    $f(x) = f(x+2)$

11. $f(x) = \begin{cases} x+2, & 0 < x < \pi \\ x-2, & -\pi \le x < 0 \end{cases}$,

    $f(x) = f(x+2\pi)$

已知週期函數 $f(x) = |x|$, $-\pi \le x \le \pi$

$f(x) = f(x+2\pi)$ ，試回答下面 12、13 題

12. 求 $f(x)$ 的傅立葉級數

13. 承上題，證明

    $1 + \dfrac{1}{9} + \dfrac{1}{25} + \dfrac{1}{49} + \cdots = \dfrac{\pi^2}{8}$

已知週期函數

$f(x) = \begin{cases} \pi x + x^2, & -\pi < x < 0 \\ \pi x - x^2, & 0 < x < \pi \end{cases}$

14. 試求 $f(x)$ 的傅立葉(Fourier)級數

15. 利用上題求證

    $1 - \dfrac{1}{3^6} + \dfrac{1}{5^6} - \dfrac{1}{7^6} + \cdots = \dfrac{\pi^3}{3^2}$

16. 求 $f(x) = \dfrac{x^2}{2}$ $(-\pi < x < \pi)$,

    $f(x) = f(x+2\pi)$ 之傅立葉級數。

17. 利用上題結果計算

    $1 - \dfrac{1}{4} + \dfrac{1}{9} - \dfrac{1}{16} + \dfrac{1}{25} - \cdots = ?$

$f(x) = \cos^3 x$, $g(x) = \sin^3 x$

18. $f(x)$ 與 $g(x)$ 為奇函數或偶函數？

19. 求 $f(x)$ 與 $g(x)$ 的傅立葉級數

20. $f(x) = 3\sin\dfrac{\pi}{2}x + 5\sin 3\pi x$

    $-2 < x < 2$ ，求 $f(x)$ 的傅立葉級數？

7-2 半幅展開式(Half-range expansions)

7-2.1 前言

若函數 $f(x)$ 只定義於 $(0,l)$，則可在 $(-l,0)$ 上另外假設函數 $g(x)$ 使得函數
$F(x)=\begin{cases} f(x)\ ; \ 0<x<l \\ g(x)\ ; \ -l<x<0 \end{cases}$，$F(x)=F(x+2l)$ 是一個週期函數，如圖 7-4 所示。此時 $F(x)$

之傅立葉級數取為

$$F(x)=a_0+\sum_{n=1}^{\infty}\left[a_n\cos\frac{n\pi}{l}x+b_n\sin\frac{n\pi}{l}x\right]$$

其中 $f(x)=a_0+\sum_{n=1}^{\infty}\left[a_n\cos\frac{n\pi}{l}x+b_n\sin\frac{n\pi}{l}x\right]$；$0<x<1$ 為 $f(x)$ 的傅立葉級數。我們稱

$F(x)$ 在 $0<x<l$ 的傅立葉級數為 $f(x)$ 的半幅展開式，通常，當 $f(x)$ 的定義域只在正
實數，而我們又想得到 $f(x)$ 的傅立葉展開時，便會採用此法。因此，$g(x)$ 通常也會假
設為一個跟 $f(x)$ 有關的函數，取法有無窮多種。

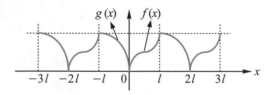

圖 7-4 半幅展開示意圖

7-2.2 半幅展開的型式

雖然自己加上的函數 $g(x)$有無窮多種，但原則上常見的半幅展開式為加上一個可
以較容易求出其傅立葉級數的函數為優先，所以常見有以下兩型：

半幅偶展開(傅立葉餘弦級數 Fourier cosine series)

令 $F(x) = \begin{cases} f(x) & ; 0 < x < l \\ f(-x) & ; -l < x < 0 \end{cases}$，則 $F(x) = F(x+2l)$，$T = 2l$ 如圖 7-5 所示。因為

$F(x)$ 為偶函數，所以 $F(x) = a_0 + \sum\limits_{n=1}^{\infty} a_n \cos\dfrac{n\pi}{l}x$，其中 $a_0 = \dfrac{1}{l}\int_0^l f(x)dx$，

$a_n = \dfrac{2}{l}\int_0^l f(x)\cos\dfrac{n\pi}{l}x\,dx$，

$$f(x) = F(x) = a_0 + \sum_{n=1}^{\infty} a_n \cos\frac{n\pi x}{l} \ ; 0 < x < l \ 。$$

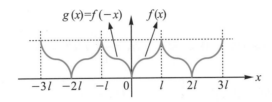

圖 7-5　半幅偶函數展開

半幅奇展開(傅立葉正弦級數 Fourier sine series)

令 $F(x) = \begin{cases} f(x) & ; 0 < x < l \\ -f(-x) & ; -l < x < 0 \end{cases}$，則 $F(x) = F(x+2l)$，$T = 2l$，如附圖 7-6 所示。

因為 $F(x)$ 為奇函數，所以 $F(x)$ 之傅立葉級數為 $F(x) = \sum\limits_{n=1}^{\infty} b_n \sin\dfrac{n\pi}{l}x$，其中

$b_n = \dfrac{2}{2l}\int_{-l}^{l} F(x)\sin\dfrac{n\pi}{l}x\,dx = \dfrac{2}{l}\int_0^l f(x)\sin\dfrac{n\pi}{l}x\,dx$，則

$$f(x) = F(x) = \sum_{n=1}^{\infty} b_n \sin\frac{n\pi}{l}x \ ; 0 < x < l$$

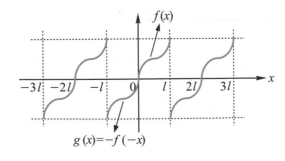

圖 7-6　半幅奇函數展開

範例 1

設 $f(t) = t^2$，$0 \le t < 1$，求 $f(t)$ 的半幅傅立葉餘弦級數與傅立葉正弦級數

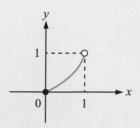

解

(1) 半幅偶展開

$$f(t) = a_0 + \sum_{n=1}^{\infty} a_n \cos n\pi t \text{，} 0 < t < 1 \text{，} a_0 = \frac{1}{1}\int_0^1 t^2 dt = \frac{1}{3}t^3\Big|_0^1 = \frac{1}{3} \text{，}$$

$$a_n = \frac{2}{1}\int_0^1 t^2 \cos n\pi t dt = (-1)^n \cdot \frac{4}{n^2\pi^2} \text{，} \therefore f(t) = \frac{1}{3} + \sum_{n=1}^{\infty} (-1)^n \frac{4}{n^2\pi^2}\cos n\pi t \text{，} 0 < t < 1 \text{。}$$

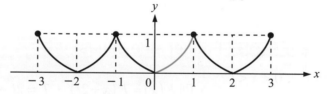

(2) 半幅奇展開

$$f(t) = \sum_{n=1}^{\infty} b_n \sin n\pi t \text{，} 0 < t < 1 \text{，}$$

$$b_n = \frac{2}{1}\int_0^1 t^2 \sin n\pi t dt = -\frac{4}{n^3\pi^3} + \frac{2 \cdot (2 - n^2\pi^2)}{n^3\pi^3}\cos n\pi \text{，}$$

$$\therefore f(t) = \sum_{n=1}^{\infty} \left[-\frac{4}{n^3\pi^3} + \frac{2 \cdot (2 - n^2\pi^2)}{n^3\pi^3}\cos n\pi \right] \cdot \sin n\pi t \text{，} 0 < t < 1 \text{。}$$

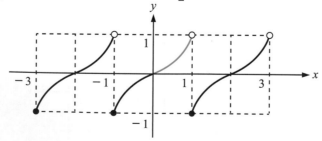

7-2 習題演練

求下列各函數之半幅餘弦與半幅正弦傅立葉展開

1. $f(x) = \begin{cases} 0, & \frac{1}{2} < x < 1 \\ 1, & 0 < x < \frac{1}{2} \end{cases}$, $0 < x < 1$

2. $f(x) = \begin{cases} 1, & \frac{1}{2} < x < 1 \\ 0, & 0 < x < \frac{1}{2} \end{cases}$, $0 < x < 1$

3. $f(x) = \cos x$, $0 < x < \frac{\pi}{2}$

4. $f(x) = \sin x$, $0 < x < \pi$

5. $f(x) = \begin{cases} \pi - x, & \frac{\pi}{2} < x < \pi \\ x, & 0 < x \le \frac{\pi}{2} \end{cases}$, $0 < x < \pi$

6. $f(x) = \begin{cases} x - \pi, & \pi < x < 2\pi \\ 0, & 0 < x \le \pi \end{cases}$, $0 < x < 2\pi$

將 $f(x) = x^2$, $0 < x < L$ 展成

7. 傅立葉餘弦級數

8. 傅立葉正弦級數

9. 傅立葉級數

7-3 複數型傅立葉級數與傅立葉積分

　　一般傅立葉級數都是表示成三角函數之正弦波形式，但是在某一些應用上，如訊號處理時，用指數形式來表示會更方便看出訊號之大小與相位，更容易了解訊號，所以本節要學習如何將三角函數形式傅立葉級數轉成複數型式。

7-3.1 傅立葉級數的複數型(Complex Fourier Series)

　　一般函數 $f(x)$ 之傅立葉級數為：$f(x) = a_0 + \sum_{n=1}^{\infty}\left[a_n \cos\frac{2n\pi}{T}x + b_n \sin\frac{2n\pi}{T}x \right]$。

由尤拉公式 $\cos\theta = \dfrac{e^{i\theta}+e^{-i\theta}}{2}$ ；$\sin\theta = \dfrac{e^{i\theta}-e^{-i\theta}}{2i}$ ；可知 $\cos\frac{2n\pi}{T}x = \frac{1}{2}(e^{i\frac{2n\pi}{T}x}+e^{-i\frac{2n\pi}{T}x})$ ；

$\sin\frac{2n\pi}{T}x = \frac{1}{2i}(e^{i\frac{2n\pi}{T}x}-e^{-i\frac{2n\pi}{T}x})$ ；代入傅立葉級數得

$$f(x) = a_0 + \sum_{n=1}^{\infty}\left[a_n \cos\frac{2n\pi}{T}x + b_n \sin\frac{2n\pi}{T}x \right]$$

$$= a_0 e^{i\frac{2n\pi}{T}x}\Big|_{n=0} + \sum_{n=1}^{\infty}\left[a_n \frac{1}{2}(e^{i\frac{2n\pi}{T}x}+e^{-i\frac{2n\pi}{T}x}) + b_n \frac{1}{2i}(e^{i\frac{2n\pi}{T}x}-e^{-i\frac{2n\pi}{T}x}) \right]$$

$$= a_0 + \sum_{n=1}^{\infty}\left[\frac{1}{2}(a_n - ib_n)e^{i\frac{2n\pi}{T}x} + \frac{1}{2}(a_n + ib_n)e^{-i\frac{2n\pi}{T}x} \right]$$

$$= c_0 + \sum_{n=1}^{\infty}\left[c_n e^{i\frac{2n\pi}{T}x} \right] + \sum_{n=1}^{\infty}\left[c_{-n} e^{i\frac{2(-n)\pi}{T}x} \right] ,$$

其中 c_n 與 c_{-n} 共軛。

所以 $c_0 = \dfrac{1}{T}\displaystyle\int_0^T f(x)dx$

$$c_n = \frac{1}{2}(a_n - ib_n) = \frac{1}{2}\left[\frac{2}{T}\int_0^T f(x)\cdot\cos\frac{2n\pi}{T}xdx - i\frac{2}{T}\int_0^T f(x)\cdot\sin\frac{2n\pi}{T}xdx \right]$$

$$= \frac{1}{T}\int_0^T f(x)\cdot\left[\cos\frac{2n\pi}{T}x - i\sin\frac{2n\pi}{T}x \right]dx$$

$$= \frac{1}{T}\int_0^T f(x)\cdot e^{-i\frac{2n\pi}{T}x}dx ,$$

同理　$c_{-n} = \dfrac{1}{2}(a_n + ib_n) = \dfrac{1}{2}\left[\dfrac{2}{T}\int_0^T f(x)\cdot \cos\dfrac{2n\pi}{T}xdx + i\dfrac{2}{T}\int_0^T f(x)\cdot \sin\dfrac{2n\pi}{T}xdx\right]$

$\qquad\qquad = \dfrac{1}{T}\int_0^T f(x)\cdot \left[\cos\dfrac{2n\pi}{T}x + i\sin\dfrac{2n\pi}{T}x\right]dx = \dfrac{1}{T}\int_0^T f(x)\cdot e^{-i\frac{2(-n)\pi}{T}x}dx$ 。

故 c_n 與 c_{-n} 可以合併成：$c_n = \dfrac{1}{T}\int_0^T f(x)\cdot e^{-i\frac{2n\pi}{T}x}dx, n = \pm 1, \pm 2, \pm 3, \cdots$，而

$c_0 = \dfrac{1}{T}\int_0^T f(x)\cdot e^{-i\frac{2n\pi}{T}x}dx, n = 0$。所以 $f(x)$ 的複數型式傅立葉級數為：

$$f(x) = \sum_{n=-\infty}^{\infty}\left[c_n \cdot e^{i\frac{2n\pi}{T}x}\right]$$

其中　$c_n = \dfrac{1}{T}\int_0^T f(x)\cdot e^{-i\frac{2n\pi}{T}x}dx, n = 0, \pm 1, \pm 2, \pm 3, \cdots$。

範例 1

設週期函數 $f(t) = \begin{cases} 1 & , 0 < t \le 1 \\ -1 & , 1 < t \le 2 \end{cases}$，

$f(t) = f(t+2)$，如附圖所示。
求 $f(t)$ 的複數型傅立葉級數

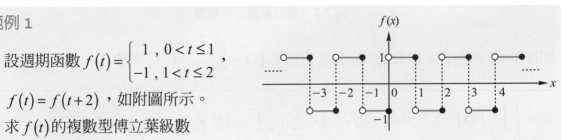

解

$f(t) = \begin{cases} 1 & , 0 < t \le 1 \\ -1 & , 1 < t \le 2 \end{cases}$，$\therefore f(t)$ 的複數型傅立葉級數為

$f(t) = \sum_{n=-\infty}^{\infty} c_n \cdot e^{i\frac{2n\pi}{2}t} = \sum_{n=-\infty}^{\infty} c_n \cdot e^{in\pi t}$。

$c_n = \dfrac{1}{2}\int_0^2 f(t)\exp\cdot(-in\pi t)dt = \dfrac{1}{2}\left[\int_0^1 1\cdot e^{-in\pi t}dt + \int_1^2 (-1)e^{-in\pi t}dt\right] = \dfrac{i}{n\pi}\left[(-1)^n - 1\right]$，$n \ne 0$。

$n = 0 \Rightarrow c_0 = \dfrac{1}{2}\int_0^2 f(t)dt = \dfrac{1}{2}\left[\int_0^1 1dt + \int_1^2 (-1)dt\right] = 0$，

$\therefore f(t) = \sum_{n=-\infty, n\ne 0}^{\infty} \dfrac{i}{n\pi}\left[(-1)^n - 1\right]e^{[+in\pi t]} = \sum_{n=-\infty}^{-1} \dfrac{i}{n\pi}\left[(-1)^n - 1\right]e^{+in\pi t} + \sum_{n=1}^{\infty} \dfrac{i}{n\pi}\left[(-1)^n - 1\right]e^{+in\pi t}$。

前面我們研究了週期函數的傅立葉級數，但在工程系統中並不見得所有訊號均是週期型訊號，對於非週期型訊號我們可以先假設它是週期，將其表示成複數型傅立葉級數，然後再使其週期趨近於無窮大，如此會產生傅立葉積分，以下將介紹此概念。

7-3.2 　傅立葉積分(Fourier Integral)

複數型傅立葉積分

設 $f_T(x)$ 為週期 T 的週期函數，則取 T 趨近無限大時的行為如圖 7-7 所示。

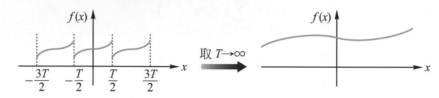

圖 7-7 　傅立葉積分示意圖

根據 7-3.1 節內容，複數型傅立葉級數為 $f_T(x) = \displaystyle\sum_{n=-\infty}^{\infty} c_n e^{i\frac{2n\pi}{T}x}$ ，其中

$$c_n = \frac{1}{T}\int_{-\frac{T}{2}}^{\frac{T}{2}} f(x)\cdot e^{-i\frac{2n\pi}{T}x}dx \text{，即} f_T(x) = \sum_{n=-\infty}^{\infty}\left[\frac{1}{T}\int_{-\frac{T}{2}}^{\frac{T}{2}} f(\tau)\cdot e^{-i\frac{2n\pi}{T}\tau}d\tau\right]\cdot e^{i\frac{2n\pi}{T}x} \text{。}$$

令 $w_n = \dfrac{2n\pi}{T}$, $\Delta w_n = \dfrac{2\pi}{T}$ ，則 $f_T(x) = \displaystyle\sum_{n=-\infty}^{\infty}\frac{1}{2\pi}\left[\int_{-\frac{T}{2}}^{\frac{T}{2}} f(\tau)\cdot e^{-iw_n\tau}d\tau\right]e^{iw_nx}\cdot\Delta w_n$ 。

在 $f_T(x)$ 的總和中取

$$F_n(\tau) = \left[\int_{-\frac{T}{2}}^{\frac{T}{2}} f(\tau)e^{-iw_n\tau}d\tau\right]e^{iw_nx}$$

則 $f_T(x) = = \dfrac{1}{2\pi}\displaystyle\sum_{n=-\infty}^{\infty} F_n(w_n)\Delta w_n$ ，因此根據黎曼積分的定義，我們有

$$f(x) = \lim_{T\to\infty} f_T(x) = \frac{1}{2\pi}\int_{-\infty}^{\infty}\int_{-\infty}^{\infty} f(\tau)e^{-iw(\tau-x)}d\tau dw$$

上式稱為 $f(x)$ 之傅立葉積分的複數型，因此，沒有週期的函數可以利用傅立葉積分來表示。

傅立葉積分存在條件(充分非必要條件)

因為 $\int_{-\infty}^{\infty} f(\tau)e^{-iw(\tau-x)}d\tau \leq \int_{-\infty}^{\infty}|f(\tau)||e^{-iw(\tau-x)}|d\tau = \int_{-\infty}^{\infty}|f(\tau)|d\tau$ ，所以若 $\int_{-\infty}^{\infty}|f(\tau)|d\tau$ 若存在，則 $\int_{-\infty}^{\infty} f(\tau)e^{-iw(\tau-x)}d\tau$ 存在，即 $f(x)$ 的 Fourier 積分存在。

Note

$$|e^{-iw(\tau-x)}| = |\cos w(\tau-x) - i\sin w(\tau-x)| = 1$$

傅立葉積分的收斂性

若 $f(x)$ 滿足：(1) $\int_{-\infty}^{\infty}|f(x)|dx$ 存在；(2) $f(x), f'(x)$ 為片斷連續函數，則

$$\frac{1}{2\pi}\int_{-\infty}^{\infty}\int_{-\infty}^{\infty} f(\tau)e^{-iw(\tau-x)}d\tau dw = \frac{1}{2}\left[f(x^+) + f(x^-)\right]$$

在連續點收斂到 $f(x)$，在斷點(不連續點)則收斂到中間值。

全三角的傅立葉積分

$$f(x) = \frac{1}{2\pi}\int_{-\infty}^{\infty}\int_{-\infty}^{\infty} f(\tau)e^{-iw(\tau-x)}d\tau dw$$

$$= \frac{1}{2\pi}\int_{-\infty}^{\infty}\int_{-\infty}^{\infty} f(\tau)\cdot\left[\cos w(\tau-x) - i\sin w(\tau-x)\right]dw d\tau$$

$$= \frac{2}{2\pi}\int_{0}^{\infty}\int_{-\infty}^{\infty} f(\tau)\cdot\cos w(\tau-x)d\tau dw$$

$$= \frac{1}{\pi}\int_{0}^{\infty}\int_{-\infty}^{\infty} f(\tau)\cdot\left[\cos w\tau\cos wx + \sin w\tau\sin wx\right]d\tau dw$$

$$= \int_{0}^{\infty}\left\{\left[\frac{1}{\pi}\int_{-\infty}^{\infty} f(\tau)\cos w\tau d\tau\right]\cos wx + \left[\frac{1}{\pi}\int_{-\infty}^{\infty} f(\tau)\sin w\tau d\tau\right]\sin wx\right\}dw$$

$$= \int_{0}^{\infty}\left[A(\omega)\cos wx + B(\omega)\sin wx\right]dw = \int_{0}^{\infty} A(w)\cos wx dw + \int_{0}^{\infty} B(w)\sin wx dw，$$

其中 $\begin{cases} A(w) = \dfrac{1}{\pi}\displaystyle\int_{-\infty}^{\infty} f(\tau)\cos w\tau d\tau \\ B(w) = \dfrac{1}{\pi}\displaystyle\int_{-\infty}^{\infty} f(\tau)\sin w\tau d\tau \end{cases}$ 。

定理

全三角傅立葉積分為：

$$f(x) = \int_0^\infty \left[A(w)\cos wx + B(w)\sin wx \right] dw$$

或 $f(x) = \int_0^\infty A(w)\cos wx\,dw + \int_0^\infty B(w)\sin wx\,dw$ ，其 中 $A(w) = \dfrac{1}{\pi}\int_{-\infty}^\infty f(x)\cos wx\,dx$ ；

$B(w) = \dfrac{1}{\pi}\int_{-\infty}^\infty f(x)\sin wx\,dx$ 。

ote

一般函數為非奇非偶函數時使用全三角的傅立葉積分。

範例 2

$$f(x) = \begin{cases} e^{-x} & ,\ x > 0 \\ 0 & ,\ x < 0 \end{cases}$$

(1) 求 $f(x)$ 的傅立葉積分。

(2) 利用(1)之結果求 $\displaystyle\int_0^\infty \frac{\cos x}{1+x^2}dx$ 。

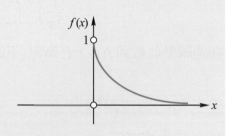

解

(1) 求 $f(x)$ 的傅立葉積分：

令 $f(x) = \int_0^\infty \left[A(w)\cos wx + B(w)\sin wx \right] dw$ 。

其中 $A(w) = \dfrac{1}{\pi}\int_{-\infty}^\infty f(x)\cos wx\,dx = \dfrac{1}{\pi}\int_0^\infty e^{-x}\cos wx\,dx$

$\qquad = \dfrac{1}{\pi}\cdot\dfrac{1}{1+w^2}\left[-(-1\cdot 1) \right] = \dfrac{1}{\pi(1+w^2)}$ ，

$B(w) = \dfrac{1}{\pi}\int_{-\infty}^\infty f(x)\sin wx\,dx = \dfrac{1}{\pi}\int_0^\infty e^{-x}\sin wx\,dx$

$\qquad = \dfrac{1}{\pi}\cdot\dfrac{1}{1+w^2}\left[-e^{-x}\sin wx - e^{-x}\cdot w\cos wx \right]\Big|_0^\infty = \dfrac{w}{\pi(1+w^2)}$ 。

$$\therefore f(x) = \int_0^\infty \left[A(w)\cos wx + B(w)\sin wx \right] dw$$

$$= \int_0^\infty \cdot \left[\frac{1}{\pi} \cdot \frac{1}{1+w^2} \cos wx + \frac{1}{\pi} \cdot \frac{w}{1+w^2} \sin wx \right] dw \circ$$

(2) 由(1)可知 $f(x) = \dfrac{1}{\pi} \displaystyle\int_0^\infty \dfrac{1}{1+w^2} \cdot \left[\cos wx + w\sin wx \right] dw$，故

$$f(1) = e^{-1} = \frac{1}{\pi} \int_0^\infty \frac{1}{1+w^2} \left[\cos w + w\sin w \right] dw，$$

$$f(-1) = 0 = \frac{1}{\pi} \int_0^\infty \frac{1}{1+w^2} \left[\cos w - w\sin w \right] dw，$$

$$f(1) + f(-1) = e^{-1} = \frac{1}{\pi} \int_0^\infty \frac{2\cos w}{1+w^2} dw$$

$$\Rightarrow \int_0^\infty \frac{\cos w}{1+w^2} dw = \frac{\pi}{2} e^{-1} = \frac{\pi}{2e} \Rightarrow \int_0^\infty \frac{\cos x}{1+x^2} dx = \frac{\pi}{2e} \circ$$

傅立葉餘弦(cosine)積分與正弦(sine)積分

由傅立葉全三角積分可知 $f(x) = \displaystyle\int_0^\infty \left[A(w)\cos wx + B(w)\sin wx \right] dw$，其中

$A(w) = \dfrac{1}{\pi} \displaystyle\int_{-\infty}^\infty f(x)\cos wx\, dx$ ； $B(w) = \dfrac{1}{\pi} \displaystyle\int_{-\infty}^\infty f(x)\sin wx\, dx$ 。

傅立葉餘弦積分

若 $f(x)$ 為偶函數，則 $A(w) = \dfrac{2}{\pi} \displaystyle\int_0^\infty f(x)\cos wx\, dx$ 、 $B(w) = 0$，所以 $f(x)$ 的全三角

積分變成如下形式：

$$f(x) = \frac{2}{\pi} \int_0^\infty \left[\int_0^\infty f(x)\cos wx\, dx \right] \cos wx\, dw$$

稱為 $f(x)$ 的傅立葉餘弦積分(Fourier cosine integrals)。

傅立葉正弦積分

若 $f(x)$ 為奇函數，則 $A(w) = 0$ 、 $B(w) = \dfrac{2}{\pi} \displaystyle\int_0^\infty f(x)\sin wx\, dx$，所以 $f(x)$ 的全三角

積分變成如下形式：

$$f(x) = \frac{2}{\pi} \int_0^\infty \left[\int_0^\infty f(x)\sin wx\, dx \right] \sin wx\, dw$$

稱為 $f(x)$ 的傅立葉正弦積分(Fourier sine integrals)。

範例 *3*

$$f(x) = \begin{cases} 1+x & , -1 \le x \le 0 \\ -(x-1) & , 0 < x \le 1 \\ 0 & , \text{otherwise} \end{cases}$$

(1) 求 $f(x)$ 的傅立葉積分。

(2) 利用上式結果計算 $\int_0^\infty \dfrac{1}{w^2}\left[\cos\dfrac{w}{2} - \cos\dfrac{w}{2}\cos w \right] dw = ?$

解

(1) $f(x)$ 為偶函數，

∴ $f(x)$ 的傅立葉積分為傅立葉餘弦積分如下：

$$f(x) = \int_0^\infty A(w)\cos wx\, dw ，$$

其中 $A(w) = \dfrac{2}{\pi}\int_0^\infty f(x)\cos wx\, dx = \dfrac{2}{\pi}\int_0^1 (-x+1)\cos wx\, dx$

$$= \dfrac{2}{\pi} \cdot \left[\dfrac{1}{w}(-x+1)\sin wx - \dfrac{1}{w^2}\cos wx \right]_0^1$$

$$= \dfrac{2}{\pi}\left(\dfrac{1-\cos w}{w^2} \right) ，$$

∴ $f(x) = \int_0^\infty \dfrac{2}{\pi} \cdot \left(\dfrac{1-\cos w}{w^2} \right)\cos wx\, dw$。

(2) $f\left(\dfrac{1}{2}\right) = \int_0^\infty \dfrac{2}{\pi} \cdot \left(\dfrac{1-\cos w}{w^2} \right)\cos\dfrac{w}{2}\, dw$

$$= \int_0^\infty \dfrac{1}{w^2} \cdot \left[\cos\dfrac{w}{2} - \cos\dfrac{w}{2}\cos w \right] dw = \dfrac{\pi}{4}。$$

7-3 習題演練

求下列各週期函數在已知區間之複數型傅立葉級數

1. $f(x) = \begin{cases} 1 & , 0 < x < 2 \\ -1 & , -2 < x < 0 \end{cases}$;

   $f(x) = f(x+4)$

2. $f(x) = \begin{cases} 1 & , 1 < x < 2 \\ 0 & , 0 < x < 1 \end{cases}$; $f(x) = f(x+2)$

3. $f(x) = \begin{cases} 0 & , \dfrac{1}{4} < x < \dfrac{1}{2} \\ 1 & , 0 < x < \dfrac{1}{4} \\ 0 & , -\dfrac{1}{2} < x < 0 \end{cases}$;

   $f(x) = f(x+1)$

求下列各函數之傅立葉積分表示式
(傅立葉全三角積分)

4. $f(x) = \begin{cases} 0 & , x > 2\pi \\ 4 & , \pi < x < 2\pi \\ 0 & , x < \pi \end{cases}$

5. $f(x) = \begin{cases} 0 & , x > 3 \\ x & , 0 < x < 3 \\ 0 & , x < 0 \end{cases}$

6. $f(x) = \begin{cases} 0 & , x > \pi \\ \sin x & , 0 < x < \pi \\ 0 & , x < 0 \end{cases}$

7. $f(x) = \begin{cases} e^{-x} & , 0 < x \\ 0 & , x < 0 \end{cases}$

求下列各函數之傅立葉餘弦或正弦積分

8. $f(x) = \begin{cases} 0 & , x > 1 \\ 5 & , 0 < x < 1 \\ -5 & , -1 < x < 0 \\ 0 & , x < -1 \end{cases}$

9. $f(x) = \begin{cases} 0, & |x| > 2 \\ \pi, & |x| < 2 \end{cases}$

10. $f(x) = \begin{cases} 0 & , |x| > \pi \\ |x|, & |x| < \pi \end{cases}$

11. $f(x) = \begin{cases} 0, & |x| > \pi \\ x, & |x| < \pi \end{cases}$

求下列各函數之傅立葉餘弦與正弦積分

12. $f(x) = e^{-kx}, k > 0, x > 0$

13. $f(x) = e^{-x}\cos x, x > 0$

14. 設 $f(x) = \begin{cases} 0; & |x| > 1 \\ 1; & |x| < 1 \end{cases}$ ，求 $f(x)$

    的傅立葉積分表示式。

15. 由前題之結果計算 $\displaystyle\int_0^\infty \frac{\sin w}{w}dw$

16. 設 $f(x) = e^{-a|x|}, a > 0$，求 $f(x)$

    的傅立葉積分表示式。

17. 由前題之結果計算 $\displaystyle\int_0^\infty \frac{\cos 2x}{x^2+4}dx$

7-4 傅立葉轉換

到目前為止，我們只有介紹過一種轉換，就是拉式轉換，但是在很多訊號處理時，我們還會用到另一類的轉換，那就是傅立葉轉換，傅立葉轉換可以將原來難以處理訊號，透過累加方式來計算該訊號中不同弦波訊號的頻率、振幅和相位，了解原始訊號是由那些主要的弦波訊號所組成，可以深入了解複雜之原始訊號的真正內涵。其實我們也可以由傅立葉轉換推到拉式轉換，他們之間是有一些關係的，尤其在很多轉換公式上也很像，以下本節將介紹傅立葉轉換。

7-4.1 指數型的傅立葉轉換(Complex form of the Fourier transform)

$f(x)$的複數型傅立葉積分可寫成：$f(x)=\dfrac{1}{2\pi}\int_{-\infty}^{\infty}\left[\int_{-\infty}^{\infty}f(x)e^{-iwx}dx\right]e^{iwx}dw$，其中較內側的積分可看成外側積分的反運算，於是我們有了以下定義。

定義

傅立葉轉換與反轉換定義為：

$$\begin{cases}\mathscr{F}\{f(x)\}=\int_{-\infty}^{\infty}f(x)e^{-iwx}dx=F(w)\\\mathscr{F}^{-1}\{F(w)\}=\dfrac{1}{2\pi}\int_{-\infty}^{\infty}F(w)e^{iwx}dw=f(x)\end{cases}$$

或 $\mathscr{F}\{f(x)\}=\dfrac{1}{\sqrt{2\pi}}\int_{-\infty}^{\infty}f(x)e^{-iwx}dx=F(w)$ ；$\mathscr{F}^{-1}\{F(w)\}=\dfrac{1}{\sqrt{2\pi}}\int_{-\infty}^{\infty}f(x)e^{iwx}dw=f(x)$。

Note

$f(x)$的奇偶性會影響其傅立葉轉換說明如下：

因 $\mathscr{F}\{f(x)\}=F(w)=\int_{-\infty}^{\infty}f(x)e^{-iwx}dx=\int_{-\infty}^{\infty}f(x)(\cos wx-i\sin wx)dx$

$=\int_{-\infty}^{\infty}f(x)(\cos wx)dx+(-i)\int_{-\infty}^{\infty}f(x)(\sin wx)dx$。

(1) 所以若 $f(x)$為偶函數，則

$\mathscr{F}\{f(x)\}=F(w)=\int_{-\infty}^{\infty}f(x)e^{-iwx}dx=\int_{-\infty}^{\infty}f(x)(\cos wx)dx=2\int_{0}^{\infty}f(x)(\cos wx)dx$。

(2) 若 $f(x)$ 為奇函數，則

$$\mathscr{F}\left\{f(x)\right\}=F(w)=\int_{-\infty}^{\infty}f(x)e^{-iwx}dx=\int_{-\infty}^{\infty}f(x)(-i\sin wx)dx=(-2i)\int_{0}^{\infty}f(x)(\sin wx)dx \text{ 。}$$

定理(傅立葉轉換存在的存在性)

若 $\int_{-\infty}^{\infty}\left|f(x)\right|dx$ 存在，則 $f(x)$ 的傅立葉轉換存在。

滿足存在定理必可做傅立葉轉換，但不滿足則不一定就不能做傅立葉轉換，我們在後面將提到週期函數不滿足存在定理，但仍可做傅立葉轉換。

範例 1

求下列函數之傅立葉轉換：

$$f(x)=\begin{cases}-1 \text{ , } -1<x<0 \\ 1 \text{ , } 0<x<1 \\ 0 \text{ , 其他}\end{cases}\text{ 。}$$

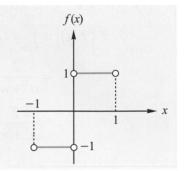

解

$$\mathscr{F}\left\{f(x)\right\}=\int_{-\infty}^{\infty}f(x)e^{-iwx}dx=\int_{-1}^{0}(-1)e^{-iwx}dx+\int_{0}^{1}1\cdot e^{-iwx}dx$$

$$=(-1)\cdot\frac{1}{(-iw)}e^{-iwx}\Big|_{-1}^{0}+\frac{1}{(-iw)}e^{-iwx}\Big|_{-1}^{0}=\frac{1}{iw}\cdot\left[1-e^{iw}\right]-\frac{1}{iw}\cdot\left[e^{-iw}-1\right]$$

$$=\frac{1}{iw}\left[1-e^{iw}-e^{-iw}+1\right]=\frac{1}{iw}\left[2-\left(e^{iw}+e^{-iw}\right)\right]$$

$$=\frac{1}{iw}\cdot\left(2-2\cos w\right)\text{ 。}$$

Note

因為 $f(x)$ 為奇函數，所以範例 1 之 $f(x)$ 的傅立葉轉換亦可寫成：

$$\mathscr{F}\left\{f(x)\right\}=-2i\int_{0}^{\infty}f(x)\sin wxdx=-2i\int_{0}^{1}1\cdot\sin wxdx=\frac{2i}{w}\cos wx\Big|_{0}^{1}$$

$$=\frac{2i}{w}(\cos w-1)=\frac{1}{iw}(2-2\cos w)\text{ 。}$$

範例 2

求下列函數的傅立葉轉換：

(1) $f(t) = e^{-a|t|}$；$a > 0$。

(2) $f(t) = \begin{cases} e^{-2t} ; t > 0 \\ e^{3t} ; t < 0 \end{cases}$。

解

(1) $f(t) = e^{-a|t|}$，$a > 0$ 為偶函數，

$$\therefore \mathscr{F}\{f(t)\} = \int_{-\infty}^{\infty} f(t)e^{-iwt}dt = \int_{-\infty}^{\infty} e^{-a|t|}[\cos wt - i\sin wt]dt = 2\int_{0}^{\infty} e^{-at}\cos wt\,dt$$

$$= \frac{2}{a^2 + w^2} \cdot \left[(-a)e^{-at}\cos wt - e^{-at}(-w)\sin wt\right]\Big|_{0}^{\infty}$$

$$= \frac{2}{a^2 + w^2} \cdot \left[-(-a)\right] = \frac{2a}{a^2 + w^2} \text{。}$$

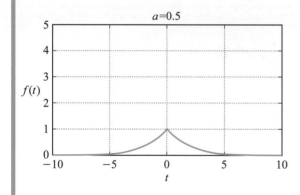

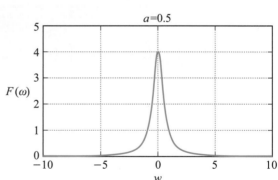

Note

因為 $f(x)$ 為偶函數，所以

$$\mathscr{F}\{f(t)\} = 2\int_{0}^{\infty} f(t)\cos wt\,dt = 2\int_{0}^{\infty} e^{-at}\cos wt\,dt = 2\mathscr{L}\{\cos wt\}\Big|_{s \to a} = 2\frac{a}{a^2 + w^2} \text{，}$$

即對於很多由 0 到 ∞ 的積分只要內含有指數項，就要想到用拉氏轉換求解。

(2)　$f(t) = \begin{cases} e^{-2t} & ; \ t > 0 \\ e^{3t} & ; \ t < 0 \end{cases}$，爲非奇非偶函數，

$$\therefore \mathscr{F}\{f(t)\} = \int_{-\infty}^{\infty} f(t) \cdot e^{-iwt} dt = \int_{-\infty}^{0} e^{3t} \cdot e^{-iwt} dt + \int_{0}^{\infty} e^{-2t} \cdot e^{-iwt} dt$$

$$= \int_{-\infty}^{0} e^{(3-iw)t} dt + \int_{0}^{\infty} e^{-(2+iw)t} dt$$

$$= \frac{1}{3-iw} e^{(3-iw)t} \Big|_{-\infty}^{0} + \frac{1}{-(2+iw)} e^{-(2+iw)t} \Big|_{0}^{\infty}$$

$$= \frac{1}{3-iw}[1-0] - \frac{1}{2+iw}[0-1]$$

$$= \frac{1}{3-iw} + \frac{1}{2+iw} \ \text{。}$$

7-4.2　重要定理

褶積定理(Convolution theorem)

　　我們在拉氏轉換中有談到函數褶積如何做拉氏轉換，接著在下面將介紹傅立葉中的褶積定義與性質如下：

褶積的定義

　　兩個函數 f、g 的褶積訊算 $f * g$ 定義如下

$$(f * g)(x) \equiv \int_{-\infty}^{\infty} f(\tau) g(x-\tau) d\tau = \int_{-\infty}^{\infty} g(\tau) f(x-\tau) d\tau$$

　　也許你會猜測，$f * g$ 的傅立葉變換是否就是分別作傅立葉變換再相乘？但實際上的情況應是如下定理所述。

定理

　　若 $\mathscr{F}\{f(x)\} = F(w)$，$\mathscr{F}\{g(x)\} = G(w)$，則

$$\mathscr{F}\{f(x) * g(x)\} = F(w)G(w)$$

證明

$$f(x)*g(x) = \int_{-\infty}^{\infty} f(\tau)g(x-\tau)d\tau \text{,}$$

$$\mathscr{F}\left\{\left[f(x)*g(x)\right]\right\} = \int_{-\infty}^{\infty}\left[f(x)*g(x)\right]\cdot e^{-iwx}dx$$

$$= \int_{-\infty}^{\infty}\left[\int_{-\infty}^{\infty} f(\tau)g(x-\tau)d\tau\right]\cdot e^{-iwx}dx \text{,}$$

令 $x-\tau = u$，則 $x = u+\tau$, $dx = du$，故

$$積分 = \int_{-\infty}^{\infty}\left[\int_{-\infty}^{\infty} f(\tau)g(u)d\tau\right]e^{-iw(u+\tau)}du$$

$$= \int_{-\infty}^{\infty} f(\tau)\cdot e^{-iw\tau}d\tau \cdot \int_{-\infty}^{\infty} g(u)\cdot e^{-iwu}du$$

$$= \mathscr{F}\left\{f(x)\right\}\mathscr{F}\left\{g(x)\right\} = F(w)\cdot G(w) \text{。}$$

範例 3

設 $f(t) = e^{-|t|}$，$g(t) = \begin{cases} 1, & -1 < t < 1 \\ 0, & 其他 \end{cases}$，若 $y(t) = f(t)*g(t)$，求 $\mathscr{F}\left\{y(t)\right\}$。

解

$$\mathscr{F}\left\{f(t)\right\} = 2\int_0^{\infty} e^{-t}\cos wt\, dt = \frac{2}{w^2+1} \text{，} \quad \mathscr{F}\left\{g(t)\right\} = 2\int_0^1 1\cos wt\, dt = \frac{2}{w}\sin w \text{，故}$$

$$\mathscr{F}\left\{y(t)\right\} = \mathscr{F}\left\{f(t)*g(t)\right\} = \mathscr{F}\left\{f(t)\right\}\mathscr{F}\left\{g(t)\right\} = \frac{2}{w^2+1}\cdot\frac{2}{w}\sin w = \frac{4}{w(1+w^2)}\sin w \text{。}$$

帕塞瓦爾(Parserval)定理及頻譜能量

設 $\mathscr{F}\{f(x)\} = F(w)$，則 $\int_{-\infty}^{\infty} |f(x)|^2 dx = \dfrac{1}{2\pi}\int_{-\infty}^{\infty} |F(w)|^2 dw$

帕塞瓦爾定理(等式)表示函數 $f(x)$ 在 x 軸上累積的總能量與該函數的傅立葉轉換 $F(w)$ 在頻域所累積的總能量相等，即帕塞瓦爾定理是在談轉換前後能量會守恆的觀念。

範例 4

(1) 設 $f(t) = \begin{cases} 1, & -1 < t < 1 \\ 0, & \text{其他} \end{cases}$，求 $\mathscr{F}\{f(t)\}$。

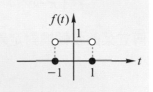

(2) 利用帕塞瓦爾定理計算 $\int_{-\infty}^{\infty} \dfrac{\sin^2 x}{x^2} dx$。

解

(1) $f(t)$ 為偶函數，所以 $\mathscr{F}\{f(t)\} = 2\int_0^1 1\cos wt\, dt = \dfrac{2}{w}\sin w$，

$\mathscr{F}(w)$ 的圖形如圖所示。

(2) 由帕塞瓦爾定理可知

$$\int_{-\infty}^{\infty} |f(x)|^2 dx = \frac{1}{2\pi}\int_{-\infty}^{\infty} |F(w)|^2 dw，$$

所以 $\int_{-1}^{1} 1^2 dx = \dfrac{1}{2\pi}\int_{-\infty}^{\infty} \left|\dfrac{2\sin w}{w}\right|^2 dw$，故

$$2 = \frac{2}{\pi}\int_{-\infty}^{\infty} \frac{\sin^2 w}{w^2} dw$$

$$\Rightarrow \int_{-\infty}^{\infty} \frac{\sin^2 w}{w^2} dw = \pi，$$

故 $\int_{-\infty}^{\infty} \dfrac{\sin^2 x}{x^2} dx = \pi$。

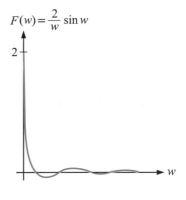

$F(w) = \dfrac{2}{w}\sin w$

7-4.3 傅立葉餘弦與傅立葉正弦轉換

若函數為定義在 $[0,\infty)$，則由傅立葉積分的定義，我們可以定義其傅立葉餘弦與正弦轉換如下：

傅立葉餘弦轉換(Fourier cosine transform)

由傅立葉餘弦積分：$f(x) = \int_0^\infty A(w)\cos wx\, dw$，其中 $A(w) = \dfrac{2}{\pi}\int_0^\infty f(x)\cos wx\, dx$，

故 $f(x) = \int_0^\infty \left[\dfrac{2}{\pi}\int_0^\infty f(x)\cos wx\, dx\right]\cdot \cos wx\, dw = \dfrac{2}{\pi}\int_0^\infty \left[\int_0^\infty f(x)\cos wx\, dx\right]\cos wx\, dw$。

傅立葉餘弦轉換對定義為：

$$\mathscr{F}_c\{f(x)\} \equiv \int_0^\infty f(x)\cos wx\, dx = F_c(w)$$

$$\mathscr{F}_c^{-1}\{F_c(x)\} \equiv f(x) = \frac{2}{\pi}\int_0^\infty F_c(w)\cos wx\, dw$$

或 $\mathscr{F}_c\{f(x)\} = \sqrt{\dfrac{2}{\pi}}\int_0^\infty f(x)\cos wx\, dx$ ；$\mathscr{F}_c^{-1}\{F_c(w)\} = \sqrt{\dfrac{2}{\pi}}\int_0^\infty F_c(w)\cos wx\, dw$。

傅立葉正弦轉換(Fourier sine transform)

由傅立葉正弦積分可知 $f(x) = \int_0^\infty B(w)\sin wx\, dw$，其中 $B(w) = \dfrac{2}{\pi}\int_0^\infty f(x)\sin wx\, dx$，

所以 $f(x) = \int_0^\infty \left[\dfrac{2}{\pi}\int_0^\infty f(x)\sin wx\, dx\right]\sin wx\, dw = \dfrac{2}{\pi}\int_0^\infty \left[\int_0^\infty f(x)\sin wx\, dx\right]\sin wx\, dw$。

則傅立葉正弦轉換對定義為：

$$\mathscr{F}_s\{f(x)\} \equiv \int_0^\infty f(x)\sin wx\, dx = F_s(w)$$

$$\mathscr{F}_s^{-1}\{F_s(x)\} \equiv f(x) = \frac{2}{\pi}\int_0^\infty F_s(w)\sin wx\, dw$$

或 $\mathscr{F}_s\{f(x)\} = \sqrt{\dfrac{2}{\pi}}\int_0^\infty f(x)\sin wx\, dx$ ；$\mathscr{F}_s^{-1}\{F_s(w)\} = \sqrt{\dfrac{2}{\pi}}\int_0^\infty F_s(w)\sin wx\, dw$。

範例 5

若 $f(x) = \begin{cases} 1 \ , \ 0 < x < a \\ 0 \ , \ x > a \end{cases}$

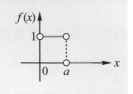

(1) 求 $f(x)$ 的傅立葉餘弦轉換。　(2) 計算 $\int_0^\infty \dfrac{\sin 2ax}{x} dx$。

解

(1) $\mathscr{F}_c\{f(x)\} = \int_0^\infty f(x)\cos wx\, dx = F_c(w)$ ，

$\mathscr{F}_c^{-1}\{F_c(w)\} = \dfrac{2}{\pi}\int_0^\infty F_c(w)\cos wx\, dw = f(x)$ ，

$\therefore \mathscr{F}_c\{f(x)\} = \int_0^a 1\cdot\cos wx\, dx = \left.\dfrac{1}{w}\sin wx\right|_0^a$

$= \dfrac{\sin wa}{w}$ 。

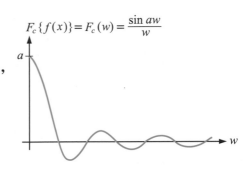

$F_c\{f(x)\} = F_c(w) = \dfrac{\sin aw}{w}$

(2) $f(x) = \mathscr{F}_c^{-1}\{F_c(w)\} = \mathscr{F}_c^{-1}\left\{\dfrac{\sin wa}{w}\right\} = \dfrac{2}{\pi}\int_0^\infty \dfrac{\sin wa}{w}\cdot\cos wx\, dw$ ，

又 $f(x)$ 在 a 處為不連續點，故在 $x = a$ 處 $f(x)$ 收斂至 $\dfrac{1}{2}\left[f(a^+) + f(a^-)\right] = \dfrac{1}{2}$ ，

故 $\dfrac{2}{\pi}\int_0^\infty \dfrac{\sin wa}{w}\cos wa\, dw = \dfrac{1}{2} = f(a)$ ，即

$\int_0^\infty \dfrac{\sin 2wa}{w}dw = \dfrac{\pi}{2}$ ，所以 $\int_0^\infty \dfrac{\sin 2ax}{x}dx = \dfrac{\pi}{2}$ 。

範例 6

延續範例 5，求 $f(x)$ 的傅立葉正弦轉換

解

$\mathscr{F}_\delta\{f(x)\} = \int_0^\infty f(x)\sin wx\, dx$

$= \int_b^a 1\cdot\sin wx\, dx = \left.-\dfrac{\cos wx}{w}\right|_0^a$

$= \dfrac{1 - \cos aw}{w} = F_s(w)$

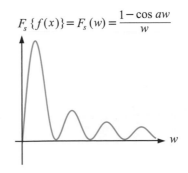

$F_s\{f(x)\} = F_s(w) = \dfrac{1 - \cos aw}{w}$

7-4 習題演練

若傅立葉轉換定義為

$$\mathscr{F}\left\{f\left(t\right)\right\}=\int_{-\infty}^{\infty}f\left(t\right)\cdot e^{-iwt}dt \text{ ,}$$

求下列各函數的傅立葉轉換

1.　$f(t)=e^{-a|t|}$

2.　$f(t)=e^{-at}\cdot u(t)$

3.　$f(t)=\begin{cases}k & ,0<t<a \\ 0 & ,\text{其他}\end{cases}$

4.　$f(t)=\begin{cases}k & ,-1<t<1 \\ 0 & ,\text{其他}\end{cases}$

5.　$f(t)=\begin{cases}t & ,0<t<1 \\ 0 & ,\text{其他}\end{cases}$

6.　$f(t)=\begin{cases}-1 & ,-1<t<0 \\ 1 & ,0<t<1 \\ 0 & ,\text{其他}\end{cases}$

7.　$f(t)=\begin{cases}1+t & ,0\le t\le 1 \\ 1-t & ,-1\le t\le 0 \\ 0 & ,\text{其他}\end{cases}$

8.　$f(t)=\begin{cases}t & ,-1\le t\le 1 \\ 0 & ,\text{其他}\end{cases}$

求下列函數的傅立葉餘弦與正弦轉換

9.　$f(x)=e^{-kx}$ ，$k>0$

8

偏微分方程

在物理系統的建模中，若未知函數包含了兩個以上的自變數，則其建模的數學方程式中會出現偏微分方程，此類方程式在工程上是很常出現的，例如我們要分析一個教室中不同座位同學所感受到的室內溫度，可以發現教室內冷氣剛開時，大家都覺得很熱，但經過一段時間後大家開始覺得很涼爽，而且發現靠近冷氣口的位置上，同學開始加上外套，覺得冷了，所以此教室內的溫度分佈跟時間及位置有關，其所建模之方程式為包含兩個自變數之偏微分方程。而如何求解此類的偏微分方程，其是由傅立葉(Fourier, 1768－1830)在 1822 首先提出，並且利用分離變數法求得其級數解，而後陸陸續續有多位數學家投入研究，使得各類的偏微分方程被求解。本章將由介紹偏微分方程的種類開始，然後介紹各種常見 PDE 的解法，由於 PDE 在工程上大量被使用在流體力學，單元操作與電磁學上是非常重要的一個章節。

8-1　偏微分方程(PDE)概論

在偏微分方程中，最常見的就是二階偏微分方程，本節將先介紹二階偏微分方程式的基本概念，為後面章節詳細介紹各種二階偏微分方程之解法做準備。常見之二階線性偏微分方程之形式如下：

$$A\frac{\partial^2 u}{\partial x^2} + B\frac{\partial^2 u}{\partial x \partial y} + C\frac{\partial^2 u}{\partial y^2} = D$$

其中 A, B, C, D 為 $x, y, u, \frac{\partial u}{\partial x}, \frac{\partial u}{\partial y}$ 之函數。若令 $\Delta = B^2 - 4AC$，則此二階偏微分方程可以分類為：(1) $\Delta > 0$，稱為雙曲線型 PDE (Hyperbolic)；(2) $\Delta = 0$，稱為拋物線型 PDE (Parabolic)；(3) $\Delta < 0$，稱為橢圓型 PDE (Elliptic)。

分別對三種分類舉例如下：

1. 波動方程式(Wave equation)

$\frac{\partial^2 u}{\partial x^2} = \frac{1}{c^2}\frac{\partial^2 u}{\partial t^2}$ 中，$A = 1, B = 0, C = -\frac{1}{c^2}$，

$\therefore \Delta = 0^2 - 4 \cdot 1 \cdot \frac{(-1)}{c^2} = \frac{4}{c^2} > 0 \Rightarrow$ 故為雙曲線型。

2. 熱傳導方程式(Heat equation)

$\dfrac{\partial^2 u}{\partial x^2} = \dfrac{1}{\alpha^2}\dfrac{\partial u}{\partial t}$ 中，$A = 1$, $B = 0$, $C = 0$

$\Rightarrow \Delta = 0^2 - 4 \times 1 \times 0 = 0 \Rightarrow$ 故為拋物線型。

3. 拉普拉斯(Laplace)方程式

$\dfrac{\partial^2 u}{\partial x^2} + \dfrac{\partial^2 u}{\partial y^2} = 0 \Rightarrow A = 1$, $B = 0$, $C = 1$，

$\Delta = 0^2 - 4 \times 1 \times 1 = -4 < 0 \Rightarrow$ 故為橢圓型。

　　二階變係數偏微分方程式求解相當不容易，一般都要用電腦進行數值解，很難有解析解，但若所有係數均為常數，則其求解將相對容易很多，接著將介紹如何求解二階常係數 PDE。

8-1　習題演練

試決定下類偏微分方程之類型為雙曲線型、拋物線型或橢圓型。

1. $\dfrac{\partial^2 u}{\partial x^2} + \dfrac{\partial^2 u}{\partial x \partial y} + 3\dfrac{\partial^2 u}{\partial y^2} = 0$

2. $\dfrac{\partial^2 u}{\partial x^2} + 4\dfrac{\partial^2 u}{\partial x \partial y} + 3\dfrac{\partial^2 u}{\partial y^2} = 0$

3. $\dfrac{\partial^2 u}{\partial x^2} + 4\dfrac{\partial^2 u}{\partial x \partial y} + 4\dfrac{\partial^2 u}{\partial y^2} = 0$

4. $\dfrac{\partial^2 u}{\partial x^2} = 4\dfrac{\partial^2 u}{\partial y^2}$

5. $\dfrac{\partial^2 u}{\partial x \partial y} - 4\dfrac{\partial^2 u}{\partial y^2} + 3\dfrac{\partial u}{\partial x} = 0$

6. $\dfrac{\partial^2 u}{\partial x^2} + \dfrac{\partial^2 u}{\partial y^2} = u$

7. $\dfrac{\partial^2 u}{\partial x^2} = \dfrac{\partial u}{\partial t}$

8-2　波動方程式

　　我們在前一節已經跟各位介紹了常見二階 PDE 的分類，接著在本節將介紹如何利用分離變數法(Separating Variables)來求解常見之波動方程式。

　　在開始討論二階偏微分方程分類與求解之前，我們先談談其建模，以下將用最常見之一維波動方程式進行研究如下，考慮一弦(string)之波動(wave)圖形如下：

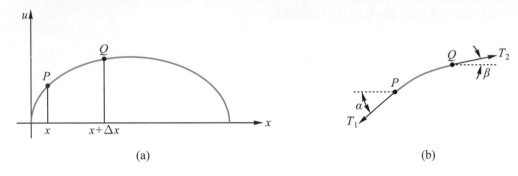

圖 8-1　弦之波動力平衡示意圖

　　一維波動方程式，相關假設如下：

(1) 弦的單位長質量為ρ，其形變以函數 $u(x, t)$ 描述。

(2) 弦為完全彈性體，不承受彎曲力(bending)。

(3) 重力影響不計。

(4) 只考慮縱向運動(u 方向)。

考慮如圖 8-1 中的一小段細弦，在 x 方向的力平衡

$$T_2 \cos \beta = T_1 \cos \alpha = T \text{ (常數)} \quad\cdots\cdots\cdots\cdots\cdots\cdots\cdots\cdots\cdots\cdots (1)$$

在 u 方向的力平衡(牛頓第二運動定律$\Sigma F = ma$)

$$T_2 \sin \beta - T_1 \sin \alpha = (\rho \Delta x) \frac{\partial^2 u}{\partial t^2} \quad\cdots\cdots\cdots\cdots\cdots\cdots\cdots\cdots\cdots\cdots (2)$$

由 $\dfrac{(2)}{(1)}$ 可得 $\Rightarrow \dfrac{T_2 \sin \beta}{T_2 \cos \beta} - \dfrac{T_1 \sin \alpha}{T_1 \cos \alpha} = \left(\dfrac{\rho \Delta x}{T}\right)\dfrac{\partial^2 u}{\partial t^2} \Rightarrow \tan \beta - \tan \alpha = \left(\dfrac{\rho \Delta x}{T}\right)\dfrac{\partial^2 u}{\partial t^2}$ ，

故 $\displaystyle \lim_{\Delta x \to 0} \dfrac{\left.\dfrac{\partial u}{\partial x}\right|_{x+\Delta x} - \left.\dfrac{\partial u}{\partial x}\right|_{x}}{\Delta x} = \dfrac{\rho}{T}\dfrac{\partial^2 u}{\partial t^2}$ ，即可得 $\dfrac{\partial^2 u}{\partial x^2} = \dfrac{1}{\alpha^2}\dfrac{\partial^2 u}{\partial t^2}$ ，其中 $\alpha^2 = \dfrac{T}{\rho}$ 。

如此即可得到一維波動之二階偏微分方程，此類方程式在物理系統中是最常見，以下將介紹其分類與求解。

8-2.1　定義

波動方程式（Wave equation）

常見之波動方程式表示式為 $\nabla^2 u = \dfrac{\partial^2 u}{\partial x^2} = \dfrac{1}{c^2}\dfrac{\partial^2 u}{\partial t^2}$。$u = u(x,t)$ 為波動位移函數，在繩子的波動方程式中，c 表示彈性係數，如圖 8-2 所示。

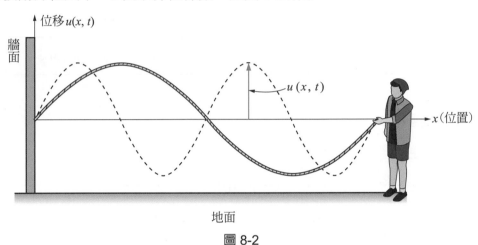

圖 8-2

如何利用分離變數法求解 PDE

當未知函數中的自變數之間，在適當的邊界條件下可以進行解耦，即可以達到分離變數的原則，其中最常見之直接利用分離變數法求解 PDE 的條件就是邊界條件要齊性（一般為 0），即帶入邊界條件中可以將位置變數與時間變數完全分離，此解法由法國數學家 D'Alembert 所提出，其常見解法步驟如下：

Step1：利用分離變數法的技巧將 PDE 化成數個聯立的 ODE。

例如：令 $u(x,t) = F(x)\cdot H(t)$ 代入 PDE 中，可以分離成兩類 ODE。

$\begin{cases} \text{位置函數 } F(x) \text{的 ODE} \\ \text{時間函數 } H(t) \text{的 ODE} \end{cases}$。

Step2：利用位置函數 ODE 結合邊界條件(BC)形成邊界值問題，求特徵函數及特徵值。

Step3：將 Step2 的特徵值代入時間函數 ODE 中，可將時間函數之解求出。

Step4：利用重疊原理，表示出 PDE 之全解。

Step5：由初始條件配合傅立葉級數(有限域)或傅立葉積分(無窮域)來求出 $u(x,t)$ 中之待定參數。

常見之邊界值問題

利用分離變數求解 PDE 時，在位置函數的部份會形成 ODE，常見邊界值問題其所對應非零解之特徵函數與特徵值整理如下，詳細求解將在後面的範例中呈現：

DE	BC	特徵函數與特徵值(λ)
$y'' + \lambda y = 0$ $0 < x < \ell$	$y(0) = y(\ell) = 0$	$\sin\dfrac{n\pi}{\ell}x$，$n = 1,2,3$ ；$\lambda = (\dfrac{n\pi}{\ell})^2$，$n = 1,2,\cdots$
$y'' + \lambda y = 0$ $0 < x < \ell$	$y'(0) = y'(\ell) = 0$	$\cos\dfrac{n\pi}{\ell}x$，$n = 0,1,2$ ；$\lambda = (\dfrac{n\pi}{\ell})^2$，$n = 0,1,2,\cdots$
$y'' + \lambda y = 0$ $0 \leq x < \infty$	$y(0) = 0$，$y(\infty)$ 有界	$\sin\omega x$，$0 < \omega < \infty$ ；$\lambda = \omega^2$，$0 < \omega < \infty$
$y'' + \lambda y = 0$ $0 \leq x < \infty$	$y'(0) = 0$，$y(\infty)$ 有界	$\cos\omega x$，$0 \leq \omega < \infty$ ；$\lambda = \omega^2$，$0 \leq \omega < \infty$

範例 1　分離變數法求解有限域波動方程式

求解下列 PDE：

DE：$\dfrac{\partial^2 \varphi}{\partial x^2} = \dfrac{1}{c^2}\dfrac{\partial^2 \varphi}{\partial t^2}$（$0 < x < l$，$t > 0$）；BC：$\varphi(0,t) = \varphi(l,t) = 0$ ；

IC：$\varphi(x,0) = f(x)$，$\varphi_t(x,0) = g(x)$。

解

(1) 令 $\varphi(x,t) = F(x)H(t)$ 代入 DE 中 $\Rightarrow F''(x)H(t) = \dfrac{1}{c^2}F(x)H''(t)$，

左右兩側同除 $F(x)H(t)$

$\Rightarrow \dfrac{F''(x)}{F(x)} = \dfrac{1}{c^2}\dfrac{H''(t)}{H(t)} = -\lambda \Rightarrow \begin{cases} F''(x) + \lambda F(x) = 0\text{，(BVP：}y'' + \lambda y = 0) \\ H''(t) + c^2\lambda H(t) = 0\cdots\cdots(*) \end{cases}$。

由 BC 得 $\varphi(0,t) = F(0)H(t) = 0 \Rightarrow F(0) = 0$，$\varphi(l,t) = F(l)H(t) = 0 \Rightarrow F(l) = 0$。

（B.V.P：$y'' + \lambda y = 0$，$y(0) = y(l) = 0$）

(2) 由 $F''(x) + \lambda F(x) = 0$，$F(0) = F(l) = 0$。

　① $\lambda < 0$，$\lambda = -p^2$（$p > 0$），$F'' - p^2 F = 0$，

　　$\therefore F(x) = c_1\cosh px + c_2\sinh px$，又 $F(0) = 0 \Rightarrow c_1 = 0$，且

　　$F(l) = 0 \Rightarrow c_2\sinh px = 0 \Rightarrow c_2 = 0$，$\therefore F(x) = 0 \Rightarrow$ 零解。

② $\lambda = 0 \Rightarrow F''(x) = 0 \therefore F(x) = c_1 + c_2 x$ ，又 $F(0) = 0 \Rightarrow c_1 = 0$ ，

$F(l) = 0 \Rightarrow c_2 = 0 \Rightarrow F(x) = 0 \Rightarrow$ 零解。

③ $\lambda > 0$ ，$\lambda = p^2$ $(p > 0)$ $\Rightarrow F''(x) + p^2 F = 0$ ，$F(x) = c_1 \cos px + c_2 \sin px$ ，

又 $F(0) = 0 \Rightarrow c_1 = 0$ ，$F(l) = 0 \Rightarrow c_2 \sin pl = 0$ ，若 $c_2 \neq 0$ 。

$\therefore \sin pl = 0$ ，$\therefore p = \dfrac{n\pi}{l}$ ，$n = 1, 2, 3, \cdots$ 。

$\therefore F(x) = c_2 \sin \dfrac{n\pi}{l} x$ ，$\lambda = \left(\dfrac{n\pi}{l}\right)^2$ ，$n = 1, 2, 3, \cdots$ 。

將 $\lambda = \left(\dfrac{n\pi}{l}\right)^2$ 代入(*)中，得

$H'' + \left(\dfrac{cn\pi}{l}\right)^2 H = 0 \therefore H(t) = d_1 \cos \dfrac{cn\pi}{l} t + d_2 \sin \dfrac{cn\pi}{l} t$ ，

$\therefore \begin{cases} F_n(x) = c_2 \sin \dfrac{n\pi}{l} x & , n = 1, 2, 3, \cdots \\ H_n(t) = d_1 \cos\left(\dfrac{cn\pi}{l} t\right) + d_2 \sin\left(\dfrac{cn\pi}{l} t\right) & , n = 1, 2, 3, \cdots \end{cases}$ 。

(3) 由重疊原理可知

$\varphi_n(x, t) = F_n(x) \cdot H_n(t)$ ，其中 $n = 1, 2, 3, \ldots$ ，所以

$\varphi(x, t) = \sum_{n=1}^{\infty} \left[A_n \cos\left(\dfrac{cn\pi}{l} t\right) + B_n \sin\left(\dfrac{cn\pi}{l} t\right) \right] \cdot \sin\left(\dfrac{n\pi}{l} x\right) \cdots\cdots(**)$

則 $\varphi_t(x, t) = \sum_{n=1}^{\infty} \left[-A_n \dfrac{cn\pi}{l} \sin\left(\dfrac{cn\pi}{l} t\right) + B_n \dfrac{cn\pi}{l} \cos\left(\dfrac{cn\pi}{l} t\right) \right] \sin\left(\dfrac{n\pi}{l} x\right)$ 。

(4) 由初始條件可知

$\varphi(x, 0) = f(x) \Rightarrow f(x) = \sum_{n=1}^{\infty} A_n \sin\left(\dfrac{n\pi}{l} x\right)$ 為傅立葉正弦級數。

$\varphi_t(x, 0) = g(x) \Rightarrow g(x) = \sum_{n=1}^{\infty} B_n \dfrac{cn\pi}{l} \sin\left(\dfrac{n\pi}{l} x\right)$ 為傅立葉正弦級數。

故 $\begin{cases} A_n = \dfrac{2}{l} \int_0^l f(x) \sin \dfrac{n\pi}{l} x \, dx \\ B_n \dfrac{cn\pi}{l} = \dfrac{2}{l} \int_0^l g(x) \sin \dfrac{n\pi}{l} x \, dx \Rightarrow B_n = \dfrac{2}{cn\pi} \int_0^l g(x) \sin \dfrac{n\pi}{l} x \, dx \end{cases}$ 。

A_n ，B_n 代回(**)可得 $\varphi(x, t)$ ，為 PDE 之通解。

Note

若 $l = \pi$，$c = 5$，$f(x) = \sin 2x$，$g(x) = 0$，求 $\varphi(x,t) = ?$

此時 $\varphi(x,t) = \sum\limits_{n=1}^{\infty}\left[A_n \cos 5nt + B_n \sin 5nt\right]\sin nx$，

$\varphi_t(x,t) = \sum\limits_{n=1}^{\infty}\left[-A_n \cdot 5n \sin 5nt + B_n \cdot 5n \cos 5nt\right]\sin nx$，

由 $\varphi_t(x,0) = 0$，可得 $\sum\limits_{n=1}^{\infty} B_n \times (5n)\sin nx = 0$，故得 $B_n = 0$。

由 $\varphi(x,0) = f(x) \Rightarrow \sum\limits_{n=1}^{\infty} A_n \sin nx = \sin 2x \Rightarrow A_2 = 1$。

（∵ $\sin 2x = \sum\limits_{n=1}^{\infty} A_n \sin nx$，若將整個級數展開，只有當 $n=2$ 時 $A_n \neq 0$，故

$\sin 2x = A_2 \sin 2x \Rightarrow A_2 = 1$）

將 A_n 與 B_n 代入 $\varphi(x,t) = \sum\limits_{n=1}^{\infty}\left[A_n \cos 5nt + B_n \sin 5nt\right] \cdot \sin nx$

$\Rightarrow \varphi(x,t) = 1 \cdot \cos 10t \cdot \sin 2x$

範例 2　分離變數法求解半無窮域波動方程式

求解下列 PDE：

DE：$\dfrac{\partial^2 \varphi}{\partial t^2} = c^2 \dfrac{\partial^2 \varphi}{\partial x^2}$（$0 < x < \infty$，$t > 0$）；BC：$\varphi(0,t) = 0$，$\varphi(\infty,t)$ 有界；

IC：$\varphi(x,0) = f(x)$，$\varphi_t(x,0) = g(x)$。

解

(1) 令 $\varphi(x,t) = F(x)H(t)$ 代入 DE 中 $\Rightarrow FH'' = c^2 F''H$。

左右同除 $c^2 FH \Rightarrow \dfrac{H''}{c^2 H} = \dfrac{F''}{F} = -\lambda \Rightarrow \begin{cases} F'' + \lambda F = 0 \\ H'' + \lambda c^2 H = 0 \cdots\cdots (*) \end{cases}$

由 BC

$\varphi(0,t) = F(0)H(\tau) = 0 \Rightarrow F(0) = 0$，

$\varphi(\infty,t) = F(\infty)H(\tau)$ 有界，∴ $F(\infty)$ 有界。

(2) 由 $F'' + \lambda F = 0$，$F(0) = 0$，$F(\infty)$ 有界（$\Rightarrow$ 半無窮域邊界值問題）

① $\lambda < 0$，$\lambda = -w^2$（$w>0$）$\Rightarrow F'' - w^2 F = 0$，∴ $F(x) = c_1 e^{wx} + c_2 e^{-wx}$

（無窮域使用指數，有限域用 $\sinh x$，$\cosh x$ 比較容易）。

由 $F(0)=0 \Rightarrow c_1+c_2=0$ ，

　$F(\infty)$ 有界 $\Rightarrow c_1=0$ ，$\therefore c_2=0$ ，

故 $F(x)=0 \Rightarrow$ 為零解。

② $\lambda=0 \Rightarrow F''=0$ ，$\therefore F(x)=c_1+c_2x$ ，

由 $F(0)=0 \Rightarrow c_1=0$ ，$F(\infty)$ 有界 $\Rightarrow c_2=0$ ，

$\therefore F(x)=0$ 為零解。

③ $\lambda=w^2>0$ （$0<w<\infty$），

　$F''+w^2F=0$ ，$\therefore F(x)=c_1\cos wx+c_2\sin wx$ 。

由 $F(0)=0 \Rightarrow c_1=0$ ，

　$F(\infty)$ 有界 $\Rightarrow F(\infty)=c_2\sin wx$ 有界，

$\therefore F(x)=c_2\sin wx$ ，$0<w<\infty$ ，$\lambda=w^2$ ，$0<w<\infty$ ，

將 $\lambda=w^2$ 代入(*)中得 $H''+c^2w^2H=0$ ，

$\therefore H(t)=A_w\cos cwt+B_w\sin cwt$ ，故

$$\begin{cases} F_w(x)=c_2\sin wx & ,0<w<\infty \\ H_w(t)=A_w\cos cwt+B_w\sin cwt & ,0<w<\infty \end{cases}$$ 。

(3) $\varphi_w(x,t)=F_w(x)\cdot H_w(t)=(A_w\cos cwt+B_w\sin cwt)\cdot\sin wx$ ，

其中 $0<w<\infty$ 為連續系統，由重疊原理可知：

$\varphi(x,t)=\int_0^\infty \varphi_w(x,t)dw=\int_0^\infty [A_w\cos cwt+B_w\sin cwt]\sin wx\,dw$ ……(**)

$\varphi_t(x,t)=\int_0^\infty [-cwA_w\sin cwt+cwB_w\cos cwt]\sin wx\,dw$ 。

(4) 由初始條件可知：

$\varphi(x,0)=f(x) \Rightarrow f(x)=\int_0^\infty A_w\cdot\sin wx\,dw$ ，其中 $A_w=\dfrac{2}{\pi}\int_0^\infty f(x)\sin wx\,dx$ 。

$\varphi_t(x,0)=g(x) \Rightarrow g(x)=\int_0^\infty cw\cdot B_n\cdot\sin wx\,dw$ ，其中 $cw\cdot B_n=\dfrac{2}{\pi}\int_0^\infty g(x)\sin wx\,dx$ 。

$\therefore B_w=\dfrac{2}{cw\pi}\int_0^\infty g(x)\sin wx\,dx$ ，

將 A_n 與 B_n 代入(**)中可得 $\varphi(x,t)$ 。

8-2　習題演練

利用分離變數法求解下列波動方程式

1.　D.E. $\dfrac{\partial^2 u}{\partial t^2} = \dfrac{\partial^2 u}{\partial x^2}$ ，$0 \le x < \ell$ ，$t > 0$

　　I.C. $u(x,0) = 2\sin\dfrac{\pi}{\ell}x$ ，$\dfrac{\partial u}{\partial t}(x,0) = 0$

　　B.C. $u(0,t) = u(\ell,t) = 0$

2.　D.E. $\dfrac{\partial^2 u}{\partial t^2} = c^2 \dfrac{\partial^2 u}{\partial x^2}$，$0 \le x \le \ell$ ，$t \ge 0$

　　I.C. $u(x,0) = 3\sin\dfrac{2\pi}{\ell}x$ ，$\dfrac{\partial u}{\partial t}(x,0) = 0$

　　B.C. $u(0,t) = u(\ell,t) = 0$

3.　DE： $\dfrac{\partial^2 u}{\partial x^2} = \dfrac{\partial^2 u}{\partial t^2}$

　　（$0 < x < l$，$t > 0$）

　　IC： $u(x,0) = \begin{cases} \dfrac{2}{l}x, & 0 < x < \dfrac{l}{2} \\[2mm] \dfrac{2}{l}(l-x), & \dfrac{l}{2} < x < l \end{cases}$ ，

　　$\dfrac{\partial u}{\partial t}(x,0) = 0$

　　BC： $u(0,t) = u(l,t) = 0$

4.　DE： $4\dfrac{\partial^2 u}{\partial x^2} = \dfrac{\partial^2 u}{\partial t^2}$

　　（$-\infty < x < \infty$，$t > 0$）

　　IC： $u(x,0) = 0$，

　　$\dfrac{\partial u}{\partial t}(x,0) = \delta(x)$ ，

　　其中 $\delta(x)$ 為脈衝函數

　　BC： $u(\pm\infty,t)$ 有界

8-3　熱傳導方程式(Heat equation)

由於溫度不均勻，熱量從溫度高的地方往溫度低的地方轉移，這種現象叫作熱傳導。因此溫度 u 為時間 t 與位置 x 的函數 $u(x,t)$。作為一個多變數函數，$u(x,t)$ 的變化率為梯度 ∇u，同時，熱傳導的強弱可用熱流強度 q，即單位時間通過單位截面積的熱量表示，這告訴我們可通過對 $\dfrac{q}{\nabla u}$ 行為的了解來建立熱傳導模型。

現由實驗得傅立葉定律：$\dfrac{q}{\nabla u}$ 是一個定值，精確來說 $q = -k\nabla u$，比例係數 k 叫作熱傳導係數，與物質的特性有關。應用熱傳導定律和能量守恆定律，導出沒有熱源的熱傳導方程 $c\rho\dfrac{\partial u}{\partial t} - \left[\dfrac{\partial}{\partial x}(ku_x)\right] = 0$，其中 c 是比熱、ρ 是密度。對於均勻物體，k、c 與 ρ 是常數，熱傳導方程式可寫為：

$$\nabla^2 u = \frac{1}{\alpha^2}\frac{\partial u}{\partial t}$$

其中 $\alpha = \sqrt{\dfrac{k}{c\rho}}$。

常見之熱傳導方程式表示式為 $\nabla^2 u = \dfrac{1}{\alpha^2}\dfrac{\partial u}{\partial t}$。而最常見之一維熱傳方程式為 $\dfrac{\partial^2 u}{\partial x^2} = \dfrac{1}{\alpha^2}\dfrac{\partial u}{\partial t}$，$u = u(x,t)$ 為溫度函數，其中常數 α 為導熱率。

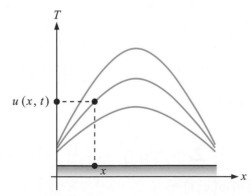

範例 1　分離變數法求解有限域熱傳導方程式

求解下列 PDE：

DE：$\dfrac{\partial^2 \varphi}{\partial x^2} = \dfrac{1}{c^2}\dfrac{\partial \varphi}{\partial t}$（$0 < x < l$，$t > 0$）；BC：$\varphi(0,t) = \varphi(l,t) = 0$；

IC：$\varphi(x,0) = f(x)$。

解

(1) 令 $\varphi(x,t) = F(x)H(t)$ 代入 DE 中 $\Rightarrow F''H = \dfrac{1}{c^2}FH'$：

同除 FH，$\dfrac{F''}{F} = \dfrac{1}{c^2}\dfrac{H'}{H} = -\lambda \Rightarrow \begin{cases} F'' + \lambda F = 0 \\ H' + c^2\lambda H = 0 \cdots\cdots(*) \end{cases}$。

(2) 由 $\begin{cases} F'' + \lambda F = 0 \\ F(0) = F(l) = 0 \end{cases}$，自行求解可得

$F_n(x) = c_2 \sin\left(\dfrac{n\pi}{l}x\right)$，$\lambda = \left(\dfrac{n\pi}{l}\right)^2$，$n = 1,2,3,\cdots$。

將 $\lambda = \left(\dfrac{n\pi}{l}\right)^2$ 代入(*)中 $\Rightarrow H' + \left(\dfrac{cn\pi}{l}\right)^2 H = 0$，故 $H(t) = d_1 \cdot \exp\left[-\left(\dfrac{cn\pi}{l}\right)^2\right]t$，

$\therefore \begin{cases} F_n(x) = c_2 \sin\left(\dfrac{n\pi}{l}x\right)，n = 1,2,3,\cdots \\ H_n(t) = d_1 e^{-\left(\frac{n\pi c}{l}\right)^2 t} \qquad，n = 1,2,3,\cdots \end{cases}$。

(3) $\varphi_n(x,t) = F_n(x) \cdot H_n(t) = A_n \cdot e^{-\left(\frac{cn\pi}{l}\right)^2 t} \cdot \sin\left(\dfrac{n\pi}{l}x\right)$，$n = 1,2,3,\cdots$

由重疊原理可知：$\varphi(x,t) = \displaystyle\sum_{n=1}^{\infty} A_n \cdot e^{-\left(\frac{cn\pi}{l}\right)^2 t} \cdot \sin\left(\dfrac{n\pi}{l}x\right) \cdots\cdots(**)$

(4) 由初始條件：

$\varphi(x,0) = f(x) \Rightarrow f(x) = \displaystyle\sum_{n=1}^{\infty} A_n \cdot \sin\left(\dfrac{n\pi}{l}x\right)$，其中 $A_n = \dfrac{2}{l}\displaystyle\int_0^l f(x)\sin\left(\dfrac{n\pi}{l}x\right)dx$。

將 A_n 代入(**)中可得 $\varphi(x,t)$。

Note

若 $l = 80$，$\varphi(x, 0) = f(x) = 100\sin\left(\dfrac{\pi}{80}x\right)$，求 $\varphi(x, t) = ?$

此時 $\varphi(x, t) = \displaystyle\sum_{n=1}^{\infty} A_n \cdot e^{-\left(\frac{cn\pi}{80}\right)^2 t} \cdot \sin\left(\dfrac{n\pi}{80}x\right)$，

由 $\varphi(x, 0) = f(x) = 100 \cdot \sin\left(\dfrac{\pi}{80}x\right) = \displaystyle\sum_{n=1}^{\infty} A_n \cdot \sin\left(\dfrac{n\pi}{80}x\right)$，

知 $n = 1$ 時，$A_1 = 100$ 且 $n \neq 1$ 時 $A_n = 0$。

$\therefore \varphi(x, t) = A_1 \cdot e^{-\left(\frac{c\pi}{80}\right)^2 t} \cdot \sin\left(\dfrac{\pi}{80}x\right) = 100 \cdot e^{-\left(\frac{c\pi}{80}\right)^2 t} \cdot \sin\left(\dfrac{\pi}{80}x\right)$。

範例 2

求解下列 PDE：

DE：$\dfrac{\partial^2 \varphi}{\partial x^2} = \dfrac{1}{c^2}\dfrac{\partial \varphi}{\partial t}$，$0 < x < l$，$t > 0$。

BC：$\varphi_x(0, t) = \varphi_x(l, t) = 0$（兩端絕熱）。

IC：$\varphi_x(x, 0) = f(x)$。

解

(1) 令 $\varphi_x(x, t) = F(x)H(t)$ 代入 DE 中，得 $F''H = \dfrac{1}{c^2}FH'$。

同除 $FH \Rightarrow \dfrac{F''}{F} = \dfrac{1}{c^2}\dfrac{\dot{H}}{H} = -\lambda \Rightarrow \begin{cases} F'' + \lambda F = 0 \\ H' + c^2 \lambda H = 0 \end{cases}$。

由 BC $\Rightarrow \varphi_x(0, t) = F'(0)H(t) = 0 \Rightarrow F'(0) = 0$，

$\varphi_x(l, t) = F'(l)H(t) = 0 \Rightarrow F'(l) = 0$。

(2) 求解 $\begin{cases} F'' + \lambda F = 0 \\ F'(0) = F'(l) = 0 \end{cases}$：

① $\lambda < 0$，$\lambda = -p^2$ $(p > 0) \Rightarrow F'' - p^2 F = 0$，

$\therefore F(x) = c_1 \cosh px + c_2 \sinh px$，

$F'(x) = c_1 p \sinh px + c_2 p \cosh px$。

因 $F'(0) = 0 \Rightarrow c_2 = 0$，$F'(l) = 0 \Rightarrow c_1 = 0$，$\therefore F(x) = 0$ 為零解。

② $(p=0)$，$\therefore F(x)=c_1+c_2x$，$F'(x)=c_2$，
又 $F'(0)=0=F'(l)\Rightarrow c_2=0$，$\therefore F(x)=c_1$，特徵函數 $F_0(x)=c_1\cdot 1$。

③ $\lambda>0$，$\lambda=p^2\,(p>0)$：
$F''+p^2F=0\Rightarrow F(x)=c_1\cos px+c_2\sin px$，
$F'(x)=-c_1p\sin px+c_2p\cos px$。
又 $F'(0)=0\Rightarrow c_2=0$，$F'(l)=0\Rightarrow c_1p\sin pl=0$。
若 $c_1\neq0$，則 $\sin pl=0\therefore pl=n\pi$，$p=\dfrac{n\pi}{l}$，$n=1,2,3,\cdots$，
$\therefore F(x)=c_1\cos\left(\dfrac{n\pi}{l}x\right)$，$n=1,2,3,\cdots$，
$$\therefore F_n(x)=\begin{cases}c_1 & ,\lambda=0,n=0\\ c_1\cos\left(\dfrac{n\pi}{l}x\right), & \lambda=\left(\dfrac{n\pi}{l}\right)^2,\ n=1,2,3,\cdots\end{cases}$$

將 $\lambda=\left(\dfrac{n\pi}{l}\right)^2$ 代入 $H'+c^2\lambda H=0$

$\Rightarrow H'+\left(\dfrac{cn\pi}{l}\right)^2H=0$，$\therefore H_n(t)=d_1e^{-\left(\frac{cn\pi}{l}\right)^2t}$，$n=0,1,2,\cdots$，且

$$F_n(x)=\begin{cases}c_1 & ;\ n=0\\ c_1\cos\left(\dfrac{n\pi}{l}x\right), & n=1,2,3,\cdots\end{cases}$$

(3) $\varphi_n(x,t)=F_n(x)H_n(t)=A_0+A_ne^{-\left(\frac{cn\pi}{l}\right)^2t}\cdot\cos\left(\dfrac{n\pi}{l}x\right)$。

由重疊原理可知：$\varphi(x,t)=A_0+\displaystyle\sum_{n=1}^{\infty}A_ne^{-\left(\frac{cn\pi}{l}\right)^2t}\cdot\cos\left(\dfrac{n\pi}{l}x\right)\cdots\cdots(**)$

(4) 由初始條件：
$\varphi(x,0)=f(x)\Rightarrow f(x)=A_0+\displaystyle\sum_{n=1}^{\infty}A_n\cos\left(\dfrac{n\pi}{l}x\right)$（傅立葉餘弦級數）

$$\Rightarrow\begin{cases}A_0=\dfrac{1}{l}\displaystyle\int_0^l f(x)dx\\ A_n=\dfrac{2}{l}\displaystyle\int_0^l f(x)\cdot\cos\left(\dfrac{n\pi}{l}x\right)dx\end{cases}$$

將 A_0 與 A_n 代入(**)中，可得 $\varphi(x,t)$。

8-3 習題演練

利用分離變數法求解下列熱傳導方程式

1. DE：$\dfrac{\partial^2 T}{\partial x^2} = \dfrac{1}{\alpha^2} \dfrac{\partial T}{\partial t}$

   $(0 < x < l,\ t > 0, \alpha > 0)$

   IC：$T(x, 0) = 100 \cdot \sin(\dfrac{\pi x}{l})$,

   BC：$T(0, t) = T(l, t) = 0$

2. DE：$\dfrac{\partial^2 u}{\partial x^2} = \dfrac{\partial u}{\partial t}, -\pi < x < \pi, t > 0$

   IC：$u(x, 0) = f(x) = x + x^2$

   BC：$u(-\pi, t) = u(\pi, t) = 0$

3. DE：$k \dfrac{\partial^2 u}{\partial x^2} = \dfrac{\partial u}{\partial t}, k > 0$

   $(0 < x < 2,\ t > 0)$

   IC：$u(x, 0) = \begin{cases} x, & 0 < x < 1 \\ 0, & 1 < x < 2 \end{cases}$

   BC：$u_x(0, t) = u_x(2, t) = 0$

4. D.E. $\dfrac{\partial u}{\partial t} = \alpha^2 \dfrac{\partial^2 u}{\partial x^2}$，$0 \le x \le \ell$，$t \ge 0$

   I.C. $u(x, 0) = 5 \sin \dfrac{2\pi}{\ell} x$

   B.C. $u(0, t) = u(\ell, t) = 0$

8-4   拉普拉斯(Laplace)方程式

其實拉普拉斯方程式是波動方程式與熱傳導方程式之穩態解,由於此類偏微分方程式在穩態時與時間 t 無關,所以,

波動:$\nabla^2 u = \dfrac{1}{c^2}\dfrac{\partial^2 u}{\partial t^2}\Big|_{t\to\infty} = 0$,

熱傳:$\nabla^2 u = \dfrac{1}{\alpha^2}\dfrac{\partial u}{\partial t}\Big|_{t\to\infty} = 0$,

可得拉普拉斯方程式為 $\nabla^2 u = 0$ 。

最常見之二維拉普拉斯方程式為 $\nabla^2 u = \dfrac{\partial^2 u}{\partial x^2} + \dfrac{\partial^2 u}{\partial y^2} = 0$ 。

範例 1   拉普拉斯方程式

PDE:$\dfrac{\partial^2 T}{\partial x^2} + \dfrac{\partial^2 T}{\partial y^2} = 0$ 。

BC:$T(0,y) = T(a,y) = T(x,0) = 0$, $T(x,b) = f(x)$ 。

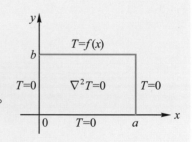

解

由於邊界值為齊性,放使用分離變數法。

(1) 令 $T(x,y) = F(x)Q(y)$ 代入 DE 中

$\Rightarrow F''Q + FQ'' = 0 \Rightarrow F''Q = -FQ''$ 。

同除 FQ

$\Rightarrow \dfrac{F''(x)}{F(x)} = -\dfrac{Q'(y)}{Q(y)} = -\lambda$ (x 方向為齊性,故用 x 方向展)

$\Rightarrow \begin{cases} F''(x) + \lambda F(x) = 0 \\ Q''(y) - \lambda Q(y) = 0 \end{cases}$ 。

$T(0,y) = F(0)Q(y) = 0 \Rightarrow F(0) = 0$,

$T(a,y) = F(a)Q(y) = 0 \Rightarrow F(a) = 0$,

$T(x,0) = F(x)Q(0) = 0 \Rightarrow Q(0) = 0$ 。

(2) 欲求解 $\begin{cases} F'' + \lambda F = 0 \\ F(0) = F(a) = 0 \end{cases}$ ：

   ① $\lambda = -p^2 \ (p > 0) \Rightarrow$ 零解。

   ② $\lambda = 0$ $\Rightarrow$ 零解。

   ③ $\lambda = p^2 \ (p > 0) \Rightarrow F'' + p^2 F = 0$，故

        $F(x) = c_1 \cos px + c_2 \sin px$。

        由 $F(0) = 0$ 得 $c_1 = 0$，$F(a) = 0$ 得 $c_2 \sin pa = 0$，

        又 $c_2 \neq 0$，$\therefore \sin pa = 0 \Rightarrow pa = n\pi$，

        故 $p = \dfrac{n\pi}{a}$，$\therefore F_n(x) = c_2 \sin\left(\dfrac{n\pi}{a} x\right), \ n = 1, 2, 3, \cdots$。而 $p^2 = \lambda = \left(\dfrac{n\pi}{a}\right)^2$

        將 λ 代入 $Q'' - \lambda Q = 0$

        $\Rightarrow Q''(y) - \left(\dfrac{n\pi}{a}\right)^2 Q(y) = 0$。

        $\therefore Q(y) = d_1 \sinh\left(\dfrac{n\pi}{a} y\right) + d_2 \cosh\left(\dfrac{n\pi}{a} y\right)$。

        由 $Q(0) = 0 \Rightarrow d_2 = 0$。

        $\therefore Q_n(y) = d_1 \sinh\left(\dfrac{n\pi}{a} y\right) = d_3 \dfrac{\sinh\left(\dfrac{n\pi}{a} y\right)}{\sinh\left(\dfrac{n\pi}{a} b\right)}$。

(3) $T_n(x, y) = F_n(x) Q_n(y) = A_n \cdot \dfrac{\sinh\left(\dfrac{n\pi}{a} y\right)}{\sinh\left(\dfrac{n\pi}{a} b\right)} \cdot \sin\left(\dfrac{n\pi}{a} x\right), \ n = 1, 2, 3, \cdots$。

     由重疊原理可知：$T(x, y) = \displaystyle\sum_{n=1}^{\infty} A_n \cdot \dfrac{\sinh\left(\dfrac{n\pi}{a} y\right)}{\sinh\left(\dfrac{n\pi}{a} b\right)} \cdot \sin\left(\dfrac{n\pi}{a} x\right) \cdots (*)$

(4) 而 $T(x, b) = f(x) = \displaystyle\sum_{n=1}^{\infty} A_n \cdot \sin\left(\dfrac{n\pi}{a} x\right)$，其中 $A_n = \dfrac{2}{a} \displaystyle\int_0^a f(x) \sin\left(\dfrac{n\pi}{a} x\right) dx$。

     將 A_n 代入 (*) 中可得 $T(x, y)$。

8-4 習題演練

利用分離變數法求解下列拉普拉斯方程式

1. DE：$\dfrac{\partial^2 u}{\partial x^2} + \dfrac{\partial^2 u}{\partial y^2} = 0$,

   $(1 < x < 3, 1 < y < 3,\ t > 0)$

   BC：$u(x, 1) = 1,\ u(x, 3) = 0$,

   $u(1, y) = u(3, y) = 0$

2. DE：$\dfrac{\partial^2 u}{\partial x^2} + \dfrac{\partial^2 u}{\partial y^2} = 0$,

   $(0 < x < a, 0 < y < b,\ t > 0)$

   BC：$u(x, 0) = 0$,

   $u(x, b) = (a - x)\sin(x)$,

   $u(0, y) = u(a, y) = 0$

附錄

附錄一 參考文獻

1. **Erwin Kreyszig**, Advanced Engineering Mathematics. 8th Edition, John Wiley & Sons. Inc., 1999.

2. **Peter V. O'Nell.** Advanced Engineering Mathematics, 5th Edition, Brooks/Cole-Thomson Learning, Inc., 2003.

3. **Pennis G. Zill & Warren S. Wright**, Advanced Enginearing Mathematics. 5th Edition, Jones & Bartlett Karning, October 1, 2012.

4. **Michael D. Greenberg**, Advanced Engineering Mathematics, second Edition, Prentice-Hall, Inc., 1998.

5. **C. Ray Wylie**, Advanced Engineering Mathematics, 6th Edition, McGraw-Hill, Inc., 1995.

6. **Dennis G. Zill & Micharel R. Cullen**, Differential Equation with Boundary Value Problems. 4th edition, Brooks/Cole-Thomson Learning, Inc., 1997.

7. **Mary L. Boas**, Mathematical Methods in the Physical Sciences, 2nd edition, John Wiley & Sons, Inc., 1983.

8. **William E. Boyce & Richard C. DiPrima**, Elementary Differential Equation and Boundary Value Problems, 5th edition, John Wiley & Sons, Inc., 1992.

9. **R. Kent Nagle & Edward B. Saff**, Fundamentals of Differential Equation, Benjarnin/Cummings Publishing Company, Inc., 1986.

10. **Murray R. Spiegel**, Schaum's Outline Series of Theory and Problems of Advanced Mathematics for Engineers and Scientists, McGraw-Hill, Inc., 1971.

11. **C. H. Edwards, Jr. & David E. Penney**, Elementary Differential Equation with Boundary Value Problems, Prentice-Hall. Inc., 1993.

12. **D. V. Widder**, The Laplace Transform, Princeton University Press, Princeton, N, J., 1941.

13. **Grossman Derrick**, 廖東成、吳嘉祥譯，高等工程數學(上)、(下)，台北圖書有限公司，1990。

14. 圖立編譯館部定大學用書編審委員會主編，朱越生編著，部定大學用書工程數學(上)、(下)，圖立編譯館主編，正中書局印行，民國 61 年。

附錄二　拉氏轉換表

編號	$f(t)$	$\mathscr{L}\{f(t)\} = F(s)$	編號	$f(t)$	$\mathscr{L}\{f(t)\} = F(s)$
1.	1	$\dfrac{1}{s}$	2.	t^n	$\dfrac{n!}{s^{n+1}}$，n 為正整數
3.	$t^{-1/2}$	$\sqrt{\dfrac{\pi}{s}}$	4.	t^α	$\dfrac{\Gamma(\alpha+1)}{s^{\alpha+1}}$，$\alpha > -1$
5.	$\cos kt$	$\dfrac{s}{s^2+k^2}$	6.	$\sin kt$	$\dfrac{k}{s^2+k^2}$
7.	$\cos^2 kt$	$\dfrac{s^2+2k^2}{s(s^2+4k^2)}$	8.	$\sin^2 kt$	$\dfrac{2k^2}{s(s^2+4k^2)}$
9.	e^{at}	$\dfrac{1}{s-a}$	10.	$\cosh kt$	$\dfrac{s}{s^2-k^2}$
11.	$\sinh kt$	$\dfrac{k}{s^2-k^2}$	12.	$\cosh^2 kt$	$\dfrac{s^2-2k^2}{s(s^2-4k^2)}$
13.	$\sinh^2 kt$	$\dfrac{2k^2}{s(s^2-4k^2)}$	14.	$e^{at}t$	$\dfrac{1}{(s-a)^2}$
15.	$e^{at}t^n$	$\dfrac{n!}{(s-a)^{n+1}}$，n 為正整數	16.	$e^{at}\cos kt$	$\dfrac{s-a}{(s-a)^2+k^2}$
17.	$e^{at}\sin kt$	$\dfrac{k}{(s-a)^2+k^2}$	18.	$e^{at}\cosh kt$	$\dfrac{s-a}{(s-a)^2-k^2}$
19.	$e^{at}\sinh kt$	$\dfrac{k}{(s-a)^2-k^2}$	20.	$t\cos kt$	$\dfrac{s^2-k^2}{(s^2+k^2)^2}$
21.	$t\sin kt$	$\dfrac{2ks}{(s^2+k^2)^2}$	22.	$\sin kt - kt\cos kt$	$\dfrac{2k^3}{(s^2+k^2)^2}$
23.	$\sin kt + kt\cos kt$	$\dfrac{2ks^3}{(s^2+k^2)^2}$	24.	$t\cosh kt$	$\dfrac{s^2+k^2}{(s^2-k^2)^2}$
25.	$t\sinh kt$	$\dfrac{2ks}{(s^2-k^2)^2}$	26.	$\dfrac{e^{at}-e^{bt}}{a-b}$	$\dfrac{1}{(s-a)(s-b)}$
27.	$\dfrac{ae^{at}-be^{bt}}{a-b}$	$\dfrac{s}{(s-a)(s-b)}$	28.	$1-\cos kt$	$\dfrac{k^2}{s(s^2+k^2)}$

編號	$f(t)$	$\mathscr{L}\{f(t)\} = F(s)$	編號	$f(t)$	$\mathscr{L}\{f(t)\} = F(s)$
29.	$kt - \sin kt$	$\dfrac{k^3}{s^2(s^2+k^2)}$	30.	$\cos at - \cos bt$	$\dfrac{s(b^2-a^2)}{(s^2+a^2)(s^2+b^2)}$
31.	$\sin kt \sinh kt$	$\dfrac{2k^2 s}{s^4+4k^4}$	32.	$\cos kt \sinh kt$	$\dfrac{k(s^2-2k^2)}{s^4+4k^4}$
33.	$\sin kt \cosh kt$	$\dfrac{k(s^2+2k^2)}{s^4+4k^4}$	34.	$\cos kt \cosh kt$	$\dfrac{s^3}{s^4+4k^4}$
35.	$\delta(t)$	1	36.	$\delta(t-a)$	e^{-as}
37.	$\mathscr{U}(t-a)$	$\dfrac{e^{-as}}{s}$	38.	$J_0(kt)$	$\dfrac{1}{\sqrt{s^2+k^2}}$
39.	$\dfrac{e^{bt}-e^{at}}{t}$	$\ln\dfrac{s-a}{s-b}$	40.	$\dfrac{2(1-\cos at)}{t}$	$\ln\dfrac{s^2+a^2}{s^2}$
41.	$\dfrac{2(1-\cosh at)}{t}$	$\ln\dfrac{s^2+a^2}{s^2}$	42.	$\dfrac{\sin at}{t}$	$\arctan\left(\dfrac{a}{s}\right)$
43.	$\dfrac{\sin at \cos bt}{t}$	$\dfrac{1}{2}\arctan\dfrac{a+b}{s} + \dfrac{1}{2}\arctan\dfrac{a-b}{s}$	44.	$\dfrac{1}{\sqrt{\pi t}}e^{-a^2/4t}$	$\dfrac{e^{-a\sqrt{s}}}{\sqrt{s}}$
45.	$\dfrac{a}{2\sqrt{\pi t^3}}e^{-a^2/4t}$	$e^{-a\sqrt{s}}$	46.	$\operatorname{erfc}\left(\dfrac{a}{2\sqrt{t}}\right)$	$\dfrac{e^{-a\sqrt{s}}}{s}$
47.	$2\sqrt{\dfrac{1}{\pi}}e^{-a^2/4t} - a\,\operatorname{erfc}\left(\dfrac{a}{2\sqrt{t}}\right)$	$\dfrac{e^{-a\sqrt{s}}}{s\sqrt{s}}$	48.	$e^{ab}e^{b^2 t}\operatorname{erfc}\left(b\sqrt{t}+\dfrac{a}{2\sqrt{t}}\right)$	$\dfrac{e^{-a\sqrt{s}}}{\sqrt{s}(\sqrt{s}+b)}$
49.	$-e^{ab}e^{b^2 t}\operatorname{erfc}\left(b\sqrt{t}+\dfrac{a}{2\sqrt{t}}\right) + \operatorname{erfc}\left(\dfrac{a}{2\sqrt{t}}\right)$	$\dfrac{be^{-\sqrt{s}}}{s(\sqrt{s}+b)}$	50.	$e^{at}f(t)$	$F(s-a)$
51.	$f(t-a)\mathscr{U}(t-a)$	$e^{-as}F(s)$	52.	$g(t)\mathscr{U}(t-a)$	$e^{-as}\mathscr{L}\{g(t+a)\}$
53.	$f^{(n)}(t)$	$s^n F(s) - s^{n-1}f(0) - \cdots - f^{(n-1)}(0)$	54.	$t^n f(t)$	$(-1)^n \dfrac{d^n}{ds^n}F(s)$
55.	$\displaystyle\int_0^t f(\tau)g(t-\tau)d\tau$	$F(s)G(s)$			

附錄三 習題解答

第 0 章 微積分重點複習

0-1 極限

習題演練 P0-5

1. $-\dfrac{1}{6}$

2. $\dfrac{1}{5}$

3. ∞

4. 0

5. 3

6. $\dfrac{5}{4}$

7. $\dfrac{1}{4}$

8. -1

0-2 微分

習題演練 P0-13

1. $10\cos(5x)+6\sin 2x$

2. $10\cosh(5x)-6\sinh(2x)$

3. $\dfrac{3}{x}$

4. $2xe^{x^2}$

5. $\dfrac{2(1-x^2)}{(x^2+1)^2}$

6. 11

7. 1

8. 0

9. $\dfrac{1}{\sqrt{2}}+\dfrac{1}{2}$

10. 2430

11. 1

12. 0

13. $-\dfrac{1}{6}$

14. 6

15. $\dfrac{1}{3}$

0-3 不定積分

習題演練 P0-22

1. $\dfrac{1}{2}e^{2x}-\dfrac{3}{5}\sin 5x+C$

2. $-2\cos 2x+\dfrac{1}{5}\sinh(5x)+C$

3. $\dfrac{1}{8}(x^2+1)^4+C$

4. $\dfrac{1}{12}(2x^2-1)^3+C$

5. $\ln\left|x^2+1\right|+C$

6. $3\sqrt{x^2+1}+C$

7. $\dfrac{5}{3}e^{x^3}+C$

8. $\dfrac{2}{3}\sqrt{1+x^3}+C$

9. $-\dfrac{1}{2}\sqrt{1-2x^2}+C$

10. $\dfrac{1}{2}x\sqrt{9-x^2}+\dfrac{9}{2}\sin^{-1}(\dfrac{x}{3})+C$

11. $-\dfrac{x}{4\sqrt{x^2-4}}+C$

12. $\dfrac{x}{4\sqrt{9x^2+4}}+C$

0-4 分部積分法

習題演練 P0-25

1. $\dfrac{1}{2}x^2e^{2x}-\dfrac{1}{2}xe^{2x}+\dfrac{1}{4}e^{2x}+C$

2. $\dfrac{1}{2}x^2\ln x-\dfrac{1}{4}x^2+C$

3. $\dfrac{1}{3}x^3\ln x-\dfrac{1}{9}x^3+C$

4. $x\sin x+\cos x+C$

5. $-x^2\cos x+2x\sin x+2\cos x+C$

6. $\dfrac{1}{5}e^{2x}(2\sin x-\cos x)+C$

7. $\dfrac{1}{2}x^3e^{2x}-\dfrac{3}{4}x^2e^{2x}+\dfrac{3}{4}xe^{2x}-\dfrac{3}{8}e^{2x}+C$

8. $\dfrac{1}{13}e^{3x}(3\cos 2x+2\sin 2x)+C$

0-5 三角函數積分

習題演練 P0-31

1. $\dfrac{3}{8}x-\dfrac{1}{4}\sin 2x+\dfrac{1}{32}\sin 4x+C$

2. $\dfrac{1}{3}\tan^3 x-\tan x+x+C$

3. $\sin x-\dfrac{1}{3}\sin^3 x+C$

4. $\dfrac{1}{10}\sin 5x+\dfrac{1}{2}\sin x+C$

5. $-\dfrac{1}{8}\sin 4x+\dfrac{1}{4}\sin 2x+C$

6. $-\dfrac{1}{3}\cos^3 x+C$

7. $\dfrac{1}{3}\sin^3 x-\dfrac{1}{5}\sin^5 x+C$

8. $\dfrac{1}{5}\tan^5 x+\dfrac{1}{7}\tan^7 x+C$

9. $\dfrac{1}{5}\sec^5 x+C$

0-6 部分分式法與積分

習題演練 P0-37

1. $\dfrac{1}{5}\ln|x-3|-\dfrac{1}{5}\ln|x+2|+C$

2. $\ln|x+3|-\ln|x+4|+C$

3. $-\dfrac{1}{3}\ln|2x+1|+\dfrac{1}{3}\ln|x-1|+C$

4. $\dfrac{8}{13}\ln|x-7|+\dfrac{5}{13}\ln|x+6|+C$

5. $-\ln|x|+\dfrac{1}{x}+\ln|x-1|+C$

6. $-\dfrac{1}{4}\ln|x+3|+\dfrac{1}{4}\ln|x+1|-\dfrac{1}{2(x+1)}+C$

7. $\ln|x+1|+2\tan^{-1}(\dfrac{x-1}{\sqrt{2}})+C$

8. $\ln|x-1|+\ln|x^2-2x+2|-\tan^{-1}(x-1)+C$

9. $-\ln|x+1|+\dfrac{2}{x+1}+\ln|x-5|+C$

10. $-2\ln|x|+2\ln|x^2+4|+\dfrac{1}{2}\tan^{-1}(\dfrac{x}{2})+C$

第 1 章 一階常微分方程

1-1 微分方程總論

習題演練 P1-8

1. (1)二階一次線性 ODE
(2)一階一次非線性 ODE
(3)二階一次非線性 ODE
(4)一階二次非線性 ODE
(5)二階一次非線性 ODE

2. 二階一次線性 ODE

3. 一階一次非線性 ODE

4. 二階二次非線性 ODE

5. 一階一次非線性 PDE

6. 二階二次非線性 PDE

7. $y' = -\dfrac{x}{y}$，$y(1) = 1$

8. $\dfrac{dy}{dx} = -\dfrac{1}{2cx}$

1-2 分離變數型一階 ODE

習題演練 P1-15

1. $y = \dfrac{2}{3}x^3 + x + c$

2. $\dfrac{1}{3}y^3 = \dfrac{3}{2}x^2 + 2x + c$

3. $\sin y + e^{-x} = c$

4. $y = -\dfrac{1}{5}\cos 5x + c$

5. $y = \dfrac{1}{3}(x+1)^3 + c$

6. $-\dfrac{1}{3}e^{-3x} + y = c$

7. $\dfrac{1}{2}x + \dfrac{1}{4}\sin 2x - \cos y = c$

8. $-\dfrac{1}{y} = \dfrac{1}{2}x^2 - x + c$

9. $\dfrac{2}{3}x^3 - \dfrac{3}{2}x^2 - x + \ln|y^3| = c$

10. $y - 4 = c(y + 2)x^3$

11. $e^y - \dfrac{1}{2}x^2 - \dfrac{1}{4}x^4 = c$

12. $\left|\dfrac{y-1}{xy}\right| = e^c$

13. $\dfrac{1}{2}\ln|y^2 + 1| + c$

14. $\ln|y| - \dfrac{y}{x} = c$

15. $2x^3 y + x^2 y^2 = c$

16. $y - 3x = cx^3 y$

17. $y^2 + x^2 = cx$

18. $\tan^{-1}(x + y - 2) = x + c$

19. $2(x - y) - \ln|x - y + 1| = x + c$

20. $\dfrac{2}{2y+3} = \dfrac{1}{4x+5} + c$

21. $y = \dfrac{k}{1+x^2}$

22. $\ln|y| = -\dfrac{1}{2}e^{-x^2} + \dfrac{1}{2}e^{-16}$

23. $y = \dfrac{1}{x}e^{-\left(1+\frac{1}{x}\right)}$

24. $\dfrac{1}{y} = 2x^2 + 1$

25. $2e^{y^2} = e^x + 2e^4 - e$

26. $y = x$

27. $1 - 2y = -4e^{-2x}$

1-3 正合 ODE 與積分因子

習題演練 P1-22

1. (1)(2)(3)

2. 非正合

3. $k = 2$

4. $\alpha = -3$

5. $\dfrac{5}{2}x^2 + 4xy - 2y^4 = c$

6. $x \sin y + y \cos x - \frac{1}{2} y^2 = c$

7. $x^2 y^2 - 3x + 4y = c$

8. $x^2 + y^2 + 3x = c$

9. $\frac{1}{2} x^2 y^4 + e^x = c$

10. $\frac{1}{3} x^3 - x^2 y - \cos y = c$

11. $-\frac{1}{2} x^2 y^2 + \frac{1}{2} \sin^2 x + \frac{1}{2} y^2 = c$

12. $x^2 y + x^3 = c$

13. $\frac{3x}{y} + 2\ln|y| = c$

14. $\frac{1}{4} x^4 + \frac{1}{3} x^3 + \frac{1}{2} x^2 y^2 = c$

15. $xe^{3y} - e^y = c$

16. (1) 略

    (2) $\mu(x) = x^{-2}$

    (3) $v(y) = y^{-2}$

17. $\frac{1}{3}(x+y)^3 - y = c$

18. $\frac{1}{2} x^2 y^4 + e^x = c$

19. $\frac{1}{2} x^2 e^{y^2} + 2e^{y^2} = 10$

20. $3xy^4 - x = 47$

21. $x^2 y^2 + 4y = 12$

1-4 線性 ODE

習題演練 P1-26

1. $y = \frac{1}{4} x^3 + \frac{1}{2} x + \frac{c}{x}$

2. $y = \frac{1}{2} x^4 + cx^2$

3. $y = \frac{1}{4} e^{3x} + ce^{-x}$

4. $y = ce^{-x^3} + \frac{1}{3}$

5. $y = -x \cos x + cx$

6. $y = \frac{3}{2} + \frac{c}{x^2}$

7. $y = \frac{1}{7} x^7 - \frac{1}{5} x^5 + cx^{-4}$

8. $y = e^{2x} + ce^x$

9. $y = \sin x + c \cdot \cos x$

10. $y = -\frac{1}{2} + \frac{3}{2} e^{x^2}$

11. $y + x^2 + 2 = 2e^{\frac{1}{2}x^2}$

12. $y = -\cos x \cdot \ln|\cos x| + \cos x$

13. $y = 1 + e^{1-3x}$

14. $y = \sin x \cos x + \cos x$

15. $y^2 e^{x^2} = e^{x^2} + c$

16. $\frac{x}{y} = \frac{1}{3} x^3 + c$

17. $\frac{1}{x^2 y^2} + 6x = c$

18. $x = 2y^2 - \frac{49}{5} y$

1-5 一階 ODE 之應用

習題演練 P1-33

1. $y^2 = \frac{1}{2} x^2 + c$

2. $x^3 e^{4y} = c$

3. $x^2 + y^2 = ky$

4. $e^{\frac{1}{2}(x^2+y^2)} = cx^4$

5. $G(x, y, b) = xy + b$

6. 5 年

7. 55800 (年)

8. $200\ln(10)$分鐘

9. 579

10. (1) $T(t)$表示溫度，單位為℃

    t 表示時間，單位為小時

    k 冷卻係數

    $T_\infty = 25℃$ 表示大氣溫度

    (2) 令物體的溫度 $T(t)$，

    $$\begin{cases} \dfrac{dT}{dt} = k(T - 25) \\ T(0) = 100℃，T(1) = 80℃ \end{cases},$$

    $$T(t) = 25 + 975\left(\frac{55}{975}\right)^t$$

    (3) $\tau = 3.9955 \approx 4(hr)$

11. $5e^{-100t}$

第 2 章　高階線性常微分方程式

2-1　基本理論

習題演練 P2-10

1.～17.題簡答：略

2-2　降階法求解高階 ODE

習題演練 P2-14

1. $y(x) = c_1 e^x + c_2 e^{-2x}$

2. $y(x) = c_1 e^{-x} + c_2 e^{-2x}$

3. $y(x) = c_1 e^x + c_2 e^{3x}$

4. $y(x) = c_1 e^{2x} + c_2 x e^{2x}$

5. $y(x) = c_1 e^{-3x} + c_2 x e^{-3x}$

6. $y(x) = c_1 \cos x + c_2 \sin x$

7. $y(x) = c_1 \sin 2x + c_2 \cos 2x$

8. $y(x) = c_1 x + c_2 x^2$

9. $y(x) = c_1 x^2 + c_2 x^2 \ln|x|$

10. $y(x) = c_1 \cdot \ln|x| + c_2 \cdot 1$

2-3　高階 ODE 齊性解

習題演練 P2-19

1. $y(x) = c_1 e^{-2x} + c_2 e^x$

2. $y(x) =$
   $$e^{\frac{1}{2}x}\left(c_1 \cos\left(\frac{\sqrt{39}}{2}x\right) + c_2 \sin\left(\frac{\sqrt{39}}{2}x\right)\right)$$

3. $y(x) = c_1 e^{-3x} + c_2 x e^{-3x}$

4. $y(x) = c_1 + c_2 e^{-\frac{1}{4}x}$

5. $y(x) = c_1 e^{6x} + c_2 e^{-6x}$

6. $y(x) = c_1 e^{3x} + c_2 e^{-2x}$

7. $y(x) = c_1 e^x + c_2 e^{2x}$

8. $y(x) = c_1 e^{-4x} + c_2 x e^{-4x}$

9. $y(x) = c_1 e^{5x} + c_2 x e^{5x}$

10. $y(x) = c_1 \cos 3x + c_2 \sin 3x$

11. $y(x) = e^{2x}(c_1 \cos x + c_2 \sin x)$

12. $y(x) = c_1 e^{-\frac{1}{4}x} + c_2 e^{\frac{2}{3}x}$

13. $y(x) = e^{-\frac{1}{2}x}\left[c_1 \cos\frac{1}{2}x + c_2 \sin\frac{1}{2}x\right]$

14. $y(x) = 2e^{-x} - e^{-2x}$

15. $y(x) = e^{-x}\left[\cos 4x + \frac{1}{4}\sin 4x\right]$

16. $y = 6e^x - 2e^{3x}$

17. $y = -3e^t + 2e^{3t}$

18. $y = 3e^{-4x} + 15xe^{-4x}$

2-4 待定係數法求特解

習題演練 P2-24

1. 選(D)。

2. $y(x) = c_1 e^x + c_2 e^{2x} + \frac{1}{2}e^{3x}$

3. $y(x) = c_1 e^x + c_2 e^{2x} - \frac{1}{20}\cos 2x - \frac{3}{20}\sin 2x$

4. $y(x) = c_1 + c_2 e^{4x} + \frac{1}{5}e^{-x}$

5. $y(x) = c_1 e^{2x} + c_2 e^{3x} - \frac{1}{78}\cos 3x - \frac{5}{78}\sin 3x$

6. $y(x) = c_1 e^{-x} + c_2 e^{-2x} + 3$

7. $y(x) = c_1 e^{-3x} + c_2 e^{2x} - \frac{1}{3}x - \frac{1}{18}$

8. $y(x) = c_1 e^{2x} + c_2 xe^{2x} + e^{3x} - \frac{1}{4}$

9. $y(x) = e^x(c_1 \cos 3x + c_2 \sin 3x) + 2x^2 + x - 1$

10. $y(x) = c_1 e^x + c_2 e^{4x} - \frac{8}{3}xe^x$

11. $y(x) = c_1 e^x + c_2 xe^x + \frac{1}{2}x^2 e^x$

12. $y(x) = c_1 e^{4x} + c_2 e^{-4x} + \frac{1}{4}xe^{4x}$

13. $y = c_1 \cos 2x + c_2 \sin 2x - \frac{3}{4}x\cos 2x$

14. $y(x) = c_1 \cos x + c_2 \sin x + \frac{1}{2}x\sin x$

15. $y(x) = e^{-2x}[-10\cos x + 9\sin x] + 7e^{-4x}$

16. $y(t) = e^t \cos 2t + 2\sin t$

2-5 參數變異法求特解

習題演練 P2-27

1. $y(x) = (-2e^x + 2e^{2x}) - xe^x$

2. $y(x) = (c_1 \cos x + c_2 \sin x) + \frac{1}{2}x\sin x$

3. $y(x) = e^{-x}\left[c_1 \cos 2x + c_2 \sin 2x\right] - \frac{1}{4}xe^{-x}\cos 2x$

4. $y(x) = c_1 \cos 3x + c_2 \sin 3x + \frac{1}{9}\ln|\cos 3x| \cdot \cos 3x + \frac{1}{3}x \cdot \sin 3x$

5. $y(x) = c_1 \cos 3x + c_2 \sin 3x - \frac{1}{12}x\cos 3x + \frac{1}{36}\sin 3x \cdot \ln|\sin 3x|$

6. $y(x) = c_1 \cos x + c_2 \sin x - \frac{1}{2}x\cos x + \frac{1}{4}\sin 2x \cdot \cos x + \frac{1}{2}\sin^3 x$

7. $y = c_1 \cos x + c_2 \sin x + \frac{1}{3}\cos^4 x + \sin^2 x - \frac{1}{3}\sin^4 x$

8. $y(x) = c_1 \cos x + c_2 \sin x - \cos x \cdot \ln|\sec x + \tan x|$

2-6 尤拉－柯西等維 ODE

習題演練 P2-31

1. $y(x) = c_1 x + c_2 x^4$

2. $y(x) = c_1 x^2 + c_2 x^{-2} - \frac{1}{4}x^{-2}\ln|x|$

3. $y(x) = c_1 + c_2 x^2 + 2xe^x - 2e^x$

4. $y(x) = c_1 x^5 + c_2 x^{-1} + x^5 \ln|x|$

5. $y(x) = c_1 x^2 + c_2 x + \frac{1}{3} x^{-2}$

6. $y(x) = (c_1 + c_2 \ln|x|) \cdot x^2 + \frac{1}{16} x^6 + \frac{1}{4}$

7. $y(x) = c_1 \cos(2\ln x) + c_2 \sin(2\ln x)$
$+ \frac{\ln x}{4} \cdot \sin(2\ln x)$

8. $y(x) = c_1 x + c_2 x^3 + c_3 x^2$

9. $y(x) = c_1 x + c_2 x^3 + (2x^2 - 2x)e^x$

10. $y(x) = c_1 x + c_2 x^{-2} + 2x \cdot \ln|x|$

2-7 高階 ODE 在工程上的應用

習題演練 P2-38

1. $y(t) = e^{-t}(\cos 2t - \frac{1}{2}\sin 2t)$

2. $y(t) = e^{-t}\cos\sqrt{5}t + \frac{1}{2}\sin 2t$

3. $q(t) = e^{-3t} + 3te^{-3t}$

4. $I_p(t) = \frac{1}{73}(-110\cos 4t + 50\sin 4t)$

第 3 章　拉氏轉換

3-1 拉氏轉換定義

習題演練 P3-6

1. $\frac{1}{s+2}$

2. $\frac{5}{s}$

3. $\frac{6!}{s^7}$

4. $\frac{1}{s-3}$

5. $\frac{s}{s^2+25}$

6. $\frac{4}{s^2+16}$

7. $\frac{2}{s^2-4}$

8. $\frac{s}{s^2-9}$

9. $\frac{4!}{s^5}$

10. $\frac{7}{s}$

3-2 基本性質與定理

習題演練 P3-18

1. $\frac{1}{s^2} + \frac{1}{s}$

2. $\frac{2}{s^3} + \frac{2}{s^2} + \frac{1}{s}$

3. $\frac{3}{s} - \frac{2}{s^2} + \frac{8}{s^3}$

4. $\frac{-5}{(s-4)} - \frac{6}{(s+5)}$

5. $\frac{10}{s^2+4} + \frac{3s}{s^2+16}$

6. $\frac{6}{s^4} + \frac{6}{s^3} + \frac{3}{s^2} + \frac{1}{s}$

7. $\frac{1}{2}\left(\frac{1}{s} + \frac{s}{s^2+4}\right)$

8. $\frac{s+2}{(s+2)^2+4} - \frac{2}{(s+2)^2+4}$

9. $\frac{1}{s}\left(\frac{4}{s} - \frac{1}{s+3} + \frac{48}{s^5}\right)$

10. $\frac{1}{s^2}\left(\frac{1}{(s-2)^2}\right)$

11. $y(0) = 1$，
$y(\infty) = 0$

12. $f(0) = 0$ ，

$f(\infty) = \dfrac{9}{2}$

13. $\dfrac{1}{s+2} \cdot \dfrac{s}{s^2+9}$

14. $\dfrac{1}{s^2+1} + e^{-2\pi s} \cdot \dfrac{s}{s^2+1}$

15. $\left[\dfrac{2}{s^3} + \dfrac{1}{s}\right] e^{-s}$

16. $\dfrac{5}{s^2} - 4e^{-s}\left(\dfrac{1}{s^2} + \dfrac{1}{s}\right)$

17. $\dfrac{2s^2}{(s^2+w^2)^2} - \dfrac{1}{s^2+w^2}$

18. $\dfrac{2ws}{(s^2+w^2)^2}$

19. $\dfrac{-6s}{(s^2+w^2)^2} + \dfrac{8s^3}{(s^2+w^2)^3}$

20. $\dfrac{2}{s} - \dfrac{2}{s} \cdot e^{-\pi s} + \dfrac{1}{s^2+1} e^{-2\pi s}$

21. $\dfrac{s}{s^2+1} e^{-2s} - 2\left(\dfrac{1}{s^2} + \dfrac{4}{s}\right) e^{-4s}$

22. $\dfrac{k}{a}\dfrac{1}{s^2} - e^{-as} \cdot \dfrac{k}{a}\left(\dfrac{1}{s^2} + \dfrac{a}{s}\right)$

23. $\left(\dfrac{2}{s^3} + \dfrac{6}{s^2} + \dfrac{9}{s}\right) e^{-3s}$

24. $\left(\dfrac{1}{s} - \dfrac{1}{s+1}\right) - e^{-\pi s} \cdot \left(\dfrac{1}{s} - \dfrac{1}{s+1} e^{-\pi}\right)$

25. $\dfrac{2}{s^2} + \dfrac{1}{s} - e^{-s}\left[\dfrac{2}{s^2} + \dfrac{3}{s}\right]$

26. $\dfrac{1}{s^2+1} - e^{-\frac{\pi}{2}s} \cdot \dfrac{s}{s^2+1}$

27. $\dfrac{1}{(s-4)^2}$

28. $\dfrac{1}{s^2+2s+2}$

29. $-\dfrac{1}{s^2+1} + \dfrac{2s^2}{(s^2+1)^2}$

30. $\dfrac{2}{s^3} + \dfrac{6}{s^2} - \dfrac{3}{s}$

31. $\dfrac{s}{s^2+25} + \dfrac{2}{s^2+4}$

32. $\dfrac{1}{s(s-2)}$

33. $\dfrac{2}{s^2+16}$

34. $\dfrac{1}{s^2} - \dfrac{1}{s^2+1}$

3-3 特殊函數的拉氏轉換

習題演練 P3-25

1. $e^{-s} - \dfrac{2}{s} e^{-2s}$

2. $\dfrac{2}{s} - \dfrac{3}{s} e^{-2s} + \dfrac{1}{s} e^{-3s}$

3. $\dfrac{1}{s^3}$

4. $\dfrac{1}{s(s^2+4)}$

5. $\dfrac{1}{s+2} \cdot \dfrac{s}{s^2+4}$

6. $\dfrac{12}{s^9}$

7. $\dfrac{1}{s^2}$

8. $\dfrac{4}{s^4-16}$

9. $\dfrac{6}{s^4} \cdot \dfrac{1}{s+3}$

10. $\dfrac{1}{s^2} - \dfrac{2}{s}\dfrac{e^{-2s}}{1-e^{-2s}}$

11. $\dfrac{1}{(1+s^2)(1-e^{-\pi s})}$

12. $\dfrac{k(1-e^{-as})}{s(1+e^{-as})}$

13. $\dfrac{k}{P}\dfrac{1}{s^2}-\dfrac{ke^{-Ps}}{s(1-e^{-Ps})}$

14. $\dfrac{1}{1+s^2}\cdot\dfrac{1+e^{-\pi s}}{1-e^{-\pi s}}$

15. $\dfrac{2-2e^{-2s}-4se^{-2s}}{s^2(1-e^{-6s})}$

16. $\dfrac{3(1-e^{-s})}{s^2(1+e^{-s})}$

3-4 拉氏反轉換

習題演練 P3-36

1. $\dfrac{17}{9}e^{7t}+\dfrac{1}{9}e^{-2t}$

2. $e^{3t}+2e^{-t}$

3. $e^{-t}-e^{-2t}$

4. $\dfrac{1}{2}e^{-t}\sin 2t$

5. $e^{-t}\cos 2t+e^{-t}\sin 2t$

6. $\dfrac{5}{3}e^{2t}-\dfrac{2}{3}e^{-t}$

7. $-1+\cosh t$

8. $\dfrac{1}{3}[-e^{-2(t-2)}+e^{t-2}]u(t-2)$

9. $t-(t-2)u(t-2)$

10. $(t-4)u(t-4)$

11. $\dfrac{1}{148}(-\cos 2t+6\sin 2t+e^{-12t})$

12. $(t+2)e^{-t}+(t-2)$

13. $\dfrac{-1}{a^2}-\dfrac{1}{a}t+\dfrac{1}{a^2}e^{at}$

14. $\dfrac{b}{-a^2+b^2}\sin at+\dfrac{a}{a^2-b^2}\sin bt$

15. $\dfrac{1}{4}e^{-t}-\dfrac{1}{4}e^{-3t}+\dfrac{3}{2}te^{-3t}-3t^2e^{-3t}$

16. $6e^{2t}\cos 4t+2e^{2t}\sin 4t$

17. $\dfrac{-1}{9}-\dfrac{1}{3}t+\dfrac{1}{9}e^{3t}$

18. $\dfrac{2}{t}(1-\cos t)$

19. $\left[\dfrac{1}{3}(t-2)e^{-(t-2)}-\dfrac{1}{9}e^{-(t-2)}\sin 3(t-2)\right]u(t-2)$

20. $\left[\dfrac{(t-3)^2}{2}\cdot e^{t-3}\right]u(t-3)$

21. $-e^{-t}+te^{-t}+e^{-2t}$

22. $\left\{1-e^{-(t-3)}\cdot\left[\cos 2(t-3)-\sin 2(t-3)\right]\right\}$
    $\cdot u(t-3)$

23. $-\dfrac{1}{t}\cdot[2\cosh at-2]$

24. $\left[\dfrac{1}{2}-e^{-(t-1)}+\dfrac{1}{2}e^{-2(t-1)}\right]\cdot u(t-1)$

25. $t-2t^4$

26. $1+3t+\dfrac{3}{2}t^2+\dfrac{1}{6}t^3$

27. $\cos(\sqrt{2}t)+\dfrac{1}{\sqrt{2}}\sin\sqrt{2}t$

28. $\dfrac{3}{4}e^{-3t}+\dfrac{1}{4}e^t$

29. $\dfrac{1}{2}-e^t-\dfrac{1}{3}e^{-t}+\dfrac{5}{6}e^{2t}$

30. $e^{3t}\sin t$

31. $e^{-3t}\left[2\cos 5t-\dfrac{1}{5}\sin 5t\right]$

32. $-1+e^t$

33. $-1-t+e^t$

34. $\left[-\dfrac{1}{4}-\dfrac{1}{2}(t-2)+\dfrac{1}{4}e^{2(t-2)}\right]u(t-2)$

3-5 拉氏轉換的應用

習題演練 P3-41

1. $y(t)=-2e^{t}-2te^{t}+2e^{2t}$

2. $y=6\cdot\cos 3t\cdot e^{t}-2e^{t}\cdot\sin 3t$

3. $y=\left[\dfrac{1}{2}\cdot\sin 2(t-1)\cdot e^{-(t-1)}\right]\cdot u(t-1)$
   $\quad+\left[\dfrac{1}{2}\sin 2(t-3)e^{-(t-3)}\right]u(t-3)$

4. $y=\dfrac{1}{4}(1-e^{-2t})+(t-1)e^{-2(t-1)}\cdot u(t-1)$

5. $y=te^{2t}+(t-1)\cdot e^{2(t-1)}\cdot u(t-1)$

6. $y=-2e^{x}+e^{3x}+2xe^{3x}$

7. $y=3+2t-e^{2t}-\dfrac{5}{2}e^{t}+\dfrac{1}{2}e^{3t}$

8. $y=\cos 3t+\dfrac{1}{3}\sin 3t$
   $\quad+\dfrac{1}{8}[\cos t-\cos 3t]\cdot u(t-\pi)$

9. $y=3\sinh(t)-\sin(t)+\sinh(t-1)\cdot u(t-1)$

10. $y=\dfrac{1}{2}\sin 2t+u(t-3)\left[\dfrac{1}{4}+\dfrac{-1}{4}\cos 2(t-3)\right]$

11. $y=t-\sin t-u(t-1)$
    $\quad\cdot[1-\cos(t-1)]-u(t-1)$
    $\quad\cdot[(t-1)-\sin(t-1)]$

12. $y=\dfrac{1}{2}\sin 2t+\cos 2t-\cos\cdot u(t-\pi)$
    $\quad+\cos 2t\cdot u(t-\pi)$

13. $y_{1}(t)=3e^{3t}-6e^{9t}$, $y_{2}(t)=-e^{3t}-2e^{9t}$

14. $x(t)=\dfrac{4}{9}+\dfrac{1}{3}t-\dfrac{4}{9}e^{\frac{3}{4}t}$
    $y(t)=\dfrac{2}{3}\left(e^{\frac{3}{4}t}-1\right)$

15. $x(t)=-t$, $y(t)=-t+1$

16. $y(t)=2-e^{-t}$

17. $\dfrac{5}{4}\sin 4t\cdot e^{-3t}$

18. $\dfrac{1}{4}\left(\sinh 2t-\sin 2t\right)$

19. $\dfrac{4}{5}+\dfrac{1}{5}\cos\sqrt{5}t+u(t-3)\dfrac{1}{5}\left[4+\cos\sqrt{5}(t-3)\right]$

第 4 章　矩陣運算與線性代數

4-1　矩陣定義與基本運算

習題演練 P4-13

1. $\alpha=-6$ 、 $\beta=4$

2. $\alpha=\pm 3$ 、 $\beta=2$

3. A 為 2×4，B 為 3×3

4. A 為 4×5，B 為 2×1

5. $\begin{bmatrix}14 & 16\\ -3 & -7\end{bmatrix}$

6. $\begin{bmatrix}-16 & -4\\ -17 & -27\end{bmatrix}$

7. $\begin{bmatrix}-36 & -16\\ 7 & -7\end{bmatrix}$

8. -43

9. $\begin{bmatrix}-4 & -6\\ 6 & 8\\ 14 & 4\end{bmatrix}$

10. $\begin{bmatrix} 3 & 3 & -3 \\ 9 & 0 & 0 \\ 14 & -1 & 1 \end{bmatrix}$

11. $\begin{bmatrix} 3 & -5 \\ 3 & 1 \end{bmatrix}$

12. 4

13. 4

14. $\begin{bmatrix} -1 & -2 & 3 \\ 2 & 1 & 6 \\ 5 & 4 & 9 \end{bmatrix}$

15. $\begin{bmatrix} 3 & 6 & 5 \\ 8 & 11 & 10 \\ 13 & 16 & 15 \end{bmatrix}$

16. $\begin{bmatrix} 9 & 12 & 15 \\ 19 & 26 & 33 \\ 29 & 40 & 51 \end{bmatrix}$

17. $\begin{bmatrix} 22 & 28 \\ 49 & 64 \end{bmatrix}$

18. 111

19. 111

20. 86

21. 86

22. $\begin{bmatrix} 2 & 10 \\ 2 & -10 \end{bmatrix}$

23. 略

24. $B = \begin{bmatrix} 2 & 2 & -\dfrac{1}{2} \\ 2 & -1 & \dfrac{1}{2} \\ -\dfrac{1}{2} & \dfrac{1}{2} & 2 \end{bmatrix}$、$C = \begin{bmatrix} 0 & 1 & -\dfrac{1}{2} \\ -1 & 0 & -\dfrac{1}{2} \\ \dfrac{1}{2} & \dfrac{1}{2} & 0 \end{bmatrix}$

25. $B = \begin{bmatrix} 3 & 1 & -2 \\ 1 & 0 & 6 \\ -2 & 6 & -4 \end{bmatrix}$、$C = \begin{bmatrix} 0 & -5 & 1 \\ 5 & 0 & -7 \\ -1 & 7 & 0 \end{bmatrix}$

26. 略

27. 略

28. 略

29. 略

30. 略

31. 略

4-2 矩陣的列(行)運算與行列式

習題演練 P4-28

1. $\begin{bmatrix} 1 & 2 & -1 \\ 0 & 2 & 3 \\ 0 & 0 & \dfrac{11}{2} \end{bmatrix}$

2. $\begin{bmatrix} 2 & -1 & 1 \\ 0 & 3 & 3 \\ 0 & 0 & 0 \end{bmatrix}$

3. $\begin{bmatrix} 1 & 2 & 3 \\ 0 & 1 & 2 \\ 0 & 0 & 0 \end{bmatrix}$

4. $\begin{bmatrix} 1 & 0 & 0 \\ 0 & 1 & 0 \\ 0 & 0 & 1 \end{bmatrix}$

5. $\begin{bmatrix} 1 & 0 & 0 & 10 \\ 0 & 1 & 0 & -3 \\ 0 & 0 & 1 & 5 \end{bmatrix}$

6. -2；$\begin{bmatrix} -2 & \dfrac{3}{2} \\ 1 & -\dfrac{1}{2} \end{bmatrix}$

7. -7；$\begin{bmatrix} \dfrac{3}{7} & -\dfrac{8}{7} \\ \dfrac{1}{7} & \dfrac{-5}{7} \end{bmatrix}$

8. 80 ; $\begin{bmatrix} \dfrac{9}{80} & \dfrac{-1}{80} \\ \dfrac{-1}{80} & \dfrac{9}{80} \end{bmatrix}$

9. 1 ; $\begin{bmatrix} 9 & -4 \\ -2 & 1 \end{bmatrix}$

10. 1 ; $\begin{bmatrix} 2 & 1 \\ 5 & 3 \end{bmatrix}$

11. 9 ; $\begin{bmatrix} \dfrac{1}{9} & -\dfrac{1}{9} \\ \dfrac{4}{9} & \dfrac{5}{9} \end{bmatrix}$

12. 2 ; $\dfrac{1}{2}\begin{bmatrix} 0 & 2 & -2 \\ -1 & -1 & 3 \\ 1 & -1 & 1 \end{bmatrix}$

13. 250 ; $\dfrac{1}{50}\begin{bmatrix} 6 & -2 & 0 \\ -2 & 9 & 0 \\ 0 & 0 & 10 \end{bmatrix}$

14. -18 ; $-\dfrac{1}{18}\begin{bmatrix} -4 & 4 & 2 \\ 1 & -1 & -5 \\ 14 & -32 & -16 \end{bmatrix}$

15. -1 ; $\begin{bmatrix} -40 & 16 & 9 \\ 13 & -5 & -3 \\ 5 & -2 & -1 \end{bmatrix}$

16. -10 ; $\begin{bmatrix} 1.5 & -1.1 & -1.2 \\ -1 & 1 & 1 \\ -0.5 & 0.7 & 0.4 \end{bmatrix}$

17. 10 ; $\begin{bmatrix} 0.6 & 0 & -0.2 \\ 0.4 & -0.5 & -0.3 \\ 0.6 & -0.5 & -0.7 \end{bmatrix}$

18. $\begin{bmatrix} 9 & -4 \\ -2 & 1 \end{bmatrix}$

19. $\begin{bmatrix} 2 & 1 \\ 5 & 3 \end{bmatrix}$

20. $\begin{bmatrix} -1 & 1 & -2 \\ -1 & 1 & -1 \\ -2 & 1 & -2 \end{bmatrix}$

21. $\begin{bmatrix} 2 & 0 & -1 \\ 5 & \dfrac{1}{2} & -\dfrac{3}{2} \\ 0 & \dfrac{1}{2} & \dfrac{3}{2} \end{bmatrix}$

22. 16

23. $\dfrac{1}{16}$

24. 16

25. 16

26. 1

27. $\begin{bmatrix} \cos\theta & 0 & \sin\theta \\ 0 & 1 & 0 \\ -\sin\theta & 0 & \cos\theta \end{bmatrix}$

28. -89

29. 30

30. -112

4-3 線性聯立方程組的解

習題演練 P4-43

1. rank $= 1$ ， $X = c\begin{bmatrix} 3 \\ 5 \end{bmatrix}$

2. rank $= 1$ ， $X = c\begin{bmatrix} 1 \\ 1 \end{bmatrix}$

3. rank $= 2$ ， $X = \begin{bmatrix} 0 \\ 0 \end{bmatrix}$

4. rank $= 2$ ， $X = \begin{bmatrix} 0 \\ 0 \end{bmatrix}$

5. rank $= 2$ ， $X = \begin{bmatrix} 0 \\ 0 \end{bmatrix}$

6. rank $= 1$，$X = c_1 \begin{bmatrix} 1 \\ 0 \\ 2 \end{bmatrix} + c_2 \begin{bmatrix} 0 \\ 1 \\ 2 \end{bmatrix}$

7. rank $= 2$，$X = c \begin{bmatrix} -4 \\ -4 \\ 1 \end{bmatrix}$

8. rank $= 3$，$X = \begin{bmatrix} 0 \\ 0 \\ 0 \end{bmatrix}$

9. rank $= 2$；$X = c_1 \begin{bmatrix} -5 \\ 8 \\ 14 \\ 0 \end{bmatrix} + c_2 \begin{bmatrix} -1 \\ 10 \\ 0 \\ 14 \end{bmatrix}$

10. rank $= 2$；$X = c_1 \begin{bmatrix} 3 \\ -2 \\ 1 \\ 0 \\ 0 \end{bmatrix} + c_2 \begin{bmatrix} -1 \\ 1 \\ 0 \\ 1 \\ 0 \end{bmatrix} + c_3 \begin{bmatrix} 4 \\ -3 \\ 0 \\ 0 \\ 1 \end{bmatrix}$

11. rank$(A) = 2$，參數個數 $= 1$，
$X = c \begin{bmatrix} 1 \\ 1 \\ -1 \end{bmatrix}$

12. rank$(A) = 3$，參數個數 $= 0$，
$X = \begin{bmatrix} 0 \\ 0 \\ 0 \end{bmatrix}$

13. rank$(A) = 2$，參數個數 $= 2$，
$X = c_1 \begin{bmatrix} -1 \\ 1 \\ 1 \\ 0 \end{bmatrix} + c_2 \begin{bmatrix} 1 \\ -1 \\ 0 \\ 1 \end{bmatrix}$

14. $x_1 = 1$，$x_2 = 0$，$x_3 = 1$

15. $x_1 = 1$，$x_2 = 2$，$x_3 = 3$

16. $x_1 = 3$，$x_2 = 1$，$x_3 = 2$

17. rank $(A) = $ rank$([A : B]) = 2$；
$X = c \begin{bmatrix} -1 \\ 0 \\ 1 \end{bmatrix} + \begin{bmatrix} \frac{3}{2} \\ \frac{-1}{2} \\ 0 \end{bmatrix}$

18. rank $(A) = $ rank$([A : B]) = 3$；
$X = c \begin{bmatrix} -1 \\ 1 \\ 1 \\ 0 \end{bmatrix} + \begin{bmatrix} 2 \\ -3 \\ 0 \\ 1 \end{bmatrix}$

19. $X = c \begin{bmatrix} 2 \\ -1 \\ 1 \\ 4 \end{bmatrix} + \begin{bmatrix} -7 \\ 8 \\ 9 \\ 11 \end{bmatrix}$

20. $X = c_1 \begin{bmatrix} -1 \\ -2 \\ 1 \\ 0 \end{bmatrix} + c_2 \begin{bmatrix} 1 \\ -1 \\ 0 \\ 1 \end{bmatrix} + \begin{bmatrix} 7 \\ 8 \\ 9 \\ 13 \end{bmatrix}$

21. $a \neq 1$，且 $a \neq 3$，有唯一解

22. $a = 1$，有無窮多解

23. $a = 3$，無解

24. $a \neq 0$，$b \neq 1$，有唯一解

25. $a \neq 0$，$b = 1$，一個參數解

26. $a = 0$，$b = 1$，兩個參數解

27. $a = 0$，$b \neq 1$ 時無解

28. $k = -1$，有無窮多解

29. $k \neq -5$，$k \neq -1$，有唯一解

30. $k = -5$，無解

4-4 特徵值與特徵向量

習題演練 P4-56

1. 特徵值為 $1, 6$，
所對應的特徵向量為 $\begin{bmatrix} 1 \\ -1 \end{bmatrix}$, $\begin{bmatrix} 4 \\ 1 \end{bmatrix}$

2. 特徵值為 $8, -2$，
所對應的特徵向量為 $\begin{bmatrix} 1 \\ -1 \end{bmatrix}$, $\begin{bmatrix} 2 \\ 3 \end{bmatrix}$

3. 特徵值為 $3, -5$，
所對應的特徵向量為 $\begin{bmatrix} 1 \\ 3 \end{bmatrix}$, $\begin{bmatrix} 1 \\ -1 \end{bmatrix}$

4. 特徵值為 $0, 0$，
所對應的特徵向量為 $\begin{bmatrix} 1 \\ 0 \end{bmatrix}$, $\begin{bmatrix} 0 \\ 1 \end{bmatrix}$

5. 特徵值為 $4, 8, 6$，
所對應的特徵向量為 $\begin{bmatrix} 1 \\ 0 \\ 0 \end{bmatrix}$, $\begin{bmatrix} 0 \\ 1 \\ 0 \end{bmatrix}$, $\begin{bmatrix} 0 \\ 0 \\ 1 \end{bmatrix}$

6. 特徵值為 $0, 1, 3$，
所對應的特徵向量為 $\begin{bmatrix} 1 \\ 1 \\ 1 \end{bmatrix}$, $\begin{bmatrix} 1 \\ 0 \\ -1 \end{bmatrix}$, $\begin{bmatrix} 1 \\ -2 \\ 1 \end{bmatrix}$

7. 特徵值為 $3, 6, -7$，
所對應的特徵向量為 $\begin{bmatrix} -30 \\ 2 \\ -5 \end{bmatrix}$, $\begin{bmatrix} 0 \\ 1 \\ -1 \end{bmatrix}$, $\begin{bmatrix} 0 \\ 8 \\ 5 \end{bmatrix}$

8. 特徵值為 $2, 2, 9$，
所對應的特徵向量為 $\begin{bmatrix} 1 \\ 0 \\ -2 \end{bmatrix}$, $\begin{bmatrix} 0 \\ 1 \\ 0 \end{bmatrix}$, $\begin{bmatrix} 3 \\ 1 \\ 1 \end{bmatrix}$

9. 特徵值為 $5, -3, -3$，
所對應的特徵向量為 $\begin{bmatrix} 1 \\ 2 \\ -1 \end{bmatrix}$, $\begin{bmatrix} -2 \\ 1 \\ 0 \end{bmatrix}$, $\begin{bmatrix} 3 \\ 0 \\ 1 \end{bmatrix}$

10. 特徵值為 $4, 8, -2$，
所對應的特徵向量為 $\begin{bmatrix} 0 \\ 1 \\ 0 \end{bmatrix}$, $\begin{bmatrix} 3 \\ 0 \\ 1 \end{bmatrix}$, $\begin{bmatrix} 1 \\ -1 \\ 1 \end{bmatrix}$

11. 特徵值為 $1, 1, 4$，
所對應的特徵向量為 $\begin{bmatrix} -1 \\ 1 \\ 0 \end{bmatrix}$, $\begin{bmatrix} -1 \\ 0 \\ 1 \end{bmatrix}$, $\begin{bmatrix} 1 \\ 1 \\ 1 \end{bmatrix}$

12. 特徵值為 $-1, -1, 2$，
所對應的特徵向量為 $\begin{bmatrix} -1 \\ 1 \\ 0 \end{bmatrix}$, $\begin{bmatrix} -1 \\ 0 \\ 1 \end{bmatrix}$; $\begin{bmatrix} 1 \\ 1 \\ 1 \end{bmatrix}$

4-5　矩陣對角化

習題演練 P4-62

1. $P = \begin{bmatrix} 1 & 4 \\ -2 & 1 \end{bmatrix}$, $D = \begin{bmatrix} -5 & 0 \\ 0 & 4 \end{bmatrix}$

2. $P = \begin{bmatrix} 1 & 0 \\ 1 & 1 \end{bmatrix}$, $D = \begin{bmatrix} 1 & 0 \\ 0 & -1 \end{bmatrix}$

3. $P = \begin{bmatrix} 5 & -2 \\ -3 & 1 \end{bmatrix}$, $D = \begin{bmatrix} 1 & 0 \\ 0 & 5 \end{bmatrix}$

4. $P = \begin{bmatrix} 1 & 1 \\ -1 & 1 \end{bmatrix}$, $D = \begin{bmatrix} 3 & 0 \\ 0 & 7 \end{bmatrix}$

5. $P = \begin{bmatrix} 1 & 1 \\ 1 & -1 \end{bmatrix}$, $D = \begin{bmatrix} 0 & 0 \\ 0 & -2 \end{bmatrix}$

6. $P = \begin{bmatrix} -1 & 1 & 2 \\ -6 & -2 & 3 \\ 13 & -1 & -2 \end{bmatrix}$, $D = \begin{bmatrix} 0 & 0 & 0 \\ 0 & -4 & 0 \\ 0 & 0 & 3 \end{bmatrix}$

7. $P = \begin{bmatrix} 1 & 2 & 0 \\ -1 & 1 & 1 \\ 1 & -1 & 1 \end{bmatrix}$, $D = \begin{bmatrix} 0 & 0 & 0 \\ 0 & 3 & 0 \\ 0 & 0 & 7 \end{bmatrix}$

8. $P = \begin{bmatrix} 1 & 1 & 1 \\ 1 & 2 & 1 \\ 1 & 1 & 0 \end{bmatrix}$, $D = \begin{bmatrix} -2 & 0 & 0 \\ 0 & -1 & 0 \\ 0 & 0 & 2 \end{bmatrix}$

9. $P = \begin{bmatrix} 1 & 1 & -2 \\ 1 & 0 & 1 \\ 0 & 1 & -1 \end{bmatrix}$, $D = \begin{bmatrix} 3 & 0 & 0 \\ 0 & 3 & 0 \\ 0 & 0 & 1 \end{bmatrix}$

10. $P = \begin{bmatrix} 2 & 1 & 1 \\ 3 & -1 & 0 \\ 6 & 0 & -1 \end{bmatrix}$, $D = \begin{bmatrix} 14 & 0 & 0 \\ 0 & 3 & 0 \\ 0 & 0 & 3 \end{bmatrix}$

11. $P = \begin{bmatrix} -1 & -1 & 1 \\ 1 & 0 & 1 \\ 0 & 1 & 1 \end{bmatrix}$, $D = \begin{bmatrix} 4 & 0 & 0 \\ 0 & 4 & 0 \\ 0 & 0 & 7 \end{bmatrix}$

4-6 聯立微分方程系統的解

習題演練 P4-71

1. $X = c_1 e^{5t} \begin{bmatrix} 1 \\ 2 \end{bmatrix} + c_2 e^{-5t} \begin{bmatrix} 1 \\ -3 \end{bmatrix}$,

$\Phi = \begin{bmatrix} e^{5t} & e^{-5t} \\ 2e^{5t} & -3e^{-5t} \end{bmatrix}$

2. $\Phi = \begin{bmatrix} 3e^{3t} & -3e^{t} \\ e^{3t} & e^{t} \end{bmatrix}$, $X = \begin{bmatrix} 3 \\ 1 \end{bmatrix} e^{3t} + \begin{bmatrix} -3 \\ 1 \end{bmatrix} e^{t}$

3. $X = c_1 e^{-t} \begin{bmatrix} 1 \\ 1 \\ 0 \end{bmatrix} + c_2 e^{-t} \begin{bmatrix} 1 \\ 0 \\ -1 \end{bmatrix} + c_3 e^{5t} \begin{bmatrix} 1 \\ -1 \\ 1 \end{bmatrix}$,

$\Phi = \begin{bmatrix} e^{-t} & e^{-t} & e^{5t} \\ e^{-t} & 0 & -e^{5t} \\ 0 & -e^{-t} & e^{5t} \end{bmatrix}$

4. $X = c_1 \begin{bmatrix} 0 \\ 2 \\ -1 \end{bmatrix} + c_2 e^{-t} \begin{bmatrix} 1 \\ -1 \\ -2 \end{bmatrix} + c_3 e^{5t} \begin{bmatrix} 5 \\ 1 \\ 2 \end{bmatrix}$,

$\Phi = \begin{bmatrix} 0 & e^{-t} & 5e^{5t} \\ 2 & -e^{-t} & e^{5t} \\ -1 & -2e^{-t} & 2e^{5t} \end{bmatrix}$

5. $\Phi = \begin{bmatrix} e^{-t} & 4e^{6t} \\ -e^{-t} & 3e^{6t} \end{bmatrix}$

$X = \begin{bmatrix} 2 \\ -2 \end{bmatrix} e^{-t} + \begin{bmatrix} 4 \\ 3 \end{bmatrix} e^{6t}$

6. $\Phi = \begin{bmatrix} 10e^{-4t} & e^{5t} & e^{-3t} \\ -e^{-4t} & 8e^{5t} & 0 \\ e^{-4t} & e^{5t} & e^{-3t} \end{bmatrix}$

$X = \begin{bmatrix} 10 \\ -1 \\ 1 \end{bmatrix} e^{-4t} + \begin{bmatrix} 1 \\ 8 \\ 1 \end{bmatrix} e^{5t} + \begin{bmatrix} -2 \\ 0 \\ -2 \end{bmatrix} e^{-3t}$

7. $\begin{bmatrix} x_1(t) \\ x_2(t) \end{bmatrix} = \begin{bmatrix} c_1 e^{6t} + 3c_2 e^{2t} - \dfrac{10}{3} - 4e^{3t} \\ c_1 e^{6t} - c_2 e^{2t} + \dfrac{2}{3} \end{bmatrix}$

8. $\begin{bmatrix} x_1(t) \\ x_2(t) \end{bmatrix} = \begin{bmatrix} c_1 e^{2t} + c_2 e^{-t} - \sin t - 3\cos t \\ 4c_1 e^{2t} + c_2 e^{-t} + \sin t - 7\cos t \end{bmatrix}$

9. $\begin{bmatrix} y_1 \\ y_2 \end{bmatrix} = \dfrac{-2}{3} \begin{bmatrix} 1 \\ 2 \end{bmatrix} e^{3t} + \dfrac{3}{2} \begin{bmatrix} 1 \\ 1 \end{bmatrix} e^{2t} + \begin{bmatrix} \dfrac{1}{6} \\ \dfrac{-1}{6} \end{bmatrix}$

10. $X = c_1 \begin{bmatrix} 1 \\ 1 \end{bmatrix} e^{-2t} + c_2 \begin{bmatrix} 1 \\ -1 \end{bmatrix} e^{-4t} + \begin{bmatrix} -2t-2 \\ 2-2t \end{bmatrix} e^{-2t}$

11. $X = c_1 \begin{bmatrix} 1 \\ -1 \end{bmatrix} + c_2 \begin{bmatrix} 1 \\ 1 \end{bmatrix} e^{2t} + \begin{bmatrix} 4e^{3t} - 2t - 1 \\ 2e^{3t} + 2t - 1 \end{bmatrix}$

12. $\begin{bmatrix} x_1(t) \\ x_2(t) \end{bmatrix} = \begin{bmatrix} \dfrac{11}{10} e^{3t} + \dfrac{1}{15} e^{-2t} - \dfrac{1}{6} e^{t} \\ \dfrac{11}{10} e^{3t} - \dfrac{4}{15} e^{-2t} - \dfrac{5}{6} e^{t} \end{bmatrix}$

13. $X = c_1 \begin{bmatrix} 1 \\ -1 \\ 0 \end{bmatrix} + c_2 \begin{bmatrix} 1 \\ 1 \\ 0 \end{bmatrix} e^{2t} + c_3 \begin{bmatrix} 0 \\ 0 \\ 1 \end{bmatrix} e^{3t}$

$+ \begin{bmatrix} \dfrac{1}{2} te^{2t} - \dfrac{1}{4} e^{2t} \\ \dfrac{1}{4} e^{2t} + \dfrac{1}{2} te^{2t} - e^{t} \\ \dfrac{1}{2} t^2 e^{3t} \end{bmatrix}$

第 5 章 向量運算與向量函數微分

5-1 向量的基本運算

習題演練 P5-13

1. -8；$(8, 2, 12)$

2. -12；$(-8, -12, -5)$

3. 124；$(18, 50, -60)$

4. -70；$(-85, 18, 396)$

5. 38；$(12, 34, 8)$

6. $\theta = \cos^{-1}\left(\dfrac{-1}{15\sqrt{2}}\right)$

   $\vec{P} = \left(\dfrac{1}{9}, \dfrac{2}{9}, -\dfrac{2}{9}\right)$

7. $\theta = \cos^{-1}\left(\dfrac{22}{5\sqrt{29}}\right)$

   $\vec{P} = \left(\dfrac{66}{25}, 0, \dfrac{88}{25}\right)$

8. $\theta = \cos^{-1}\left(-\dfrac{2}{39}\right)$

   $\vec{P} = \left(0, -\dfrac{10}{169}, \dfrac{24}{169}\right)$

9. $\dfrac{7}{2}\sqrt{2}$

10. $\sqrt{209}$

11. $\dfrac{46}{3}$

12. $\dfrac{49}{3}$

13. $\dfrac{11}{3}$

14. 66

15. $\dfrac{5}{2}$

16. $\dfrac{7}{6}$

5-2　向量幾何

習題演練 P5-19

1. $\begin{cases} x = 1+t \\ y = 0+t \\ z = 5-6t \end{cases}$；$t \in \mathbb{R}$

2. $\begin{cases} x = 4-7t \\ y = t \\ z = 0 \end{cases}$；$t \in \mathbb{R}$

3. $\begin{cases} x = 2 \\ y = 1 \\ z = 1-5t \end{cases}$；$t \in \mathbb{R}$

4. $\begin{cases} x = 0 \\ y = 1-2t \\ z = 3-t \end{cases}$；$t \in \mathbb{R}$

5. $\begin{cases} x = 1-3t \\ y = -3t \\ z = 4+t \end{cases}$；$t \in \mathbb{R}$

6. $-x + 12y + 10z - 48 = 0$

7. $11x - 12y + 5z + 8 = 0$

8. $14x + 13y - z - 25 = 0$

9. $2x + 3y - z - 5 = 0$

10. $4x - 6y + 3z - 12 = 0$

11. $\dfrac{5}{\sqrt{6}}$

12. $\dfrac{1}{\sqrt{14}}$

13. $c = -9$

14. $\theta = \cos^{-1}\left(-\dfrac{4}{9}\right)$ 或 $\pi - \cos^{-1}\left(\dfrac{-4}{9}\right)$

15. $\theta = \cos^{-1}\left(\dfrac{4}{\sqrt{30}}\right)$ 或 $\pi - \cos^{-1}\left(\dfrac{4}{\sqrt{30}}\right)$

5-3　向量函數與微分

習題演練 P5-27

1.　$\vec{v}(t) = 3\vec{i} + 2t\,\vec{k}$
　　$\vec{a}(t) = 2\vec{k}$

2.　$\vec{v}(t) = -2\sin t\,\vec{i} + 2\cos t\,\vec{j} - 3\vec{k}$
　　$\vec{a}(t) = -2\cos t\,\vec{i} - 2\sin t\,\vec{j}$

3.　$\vec{v}(t) = (\sin t + t\cos t)\,\vec{i}$
　　　　　　$+ 6e^{-3t}\vec{j} + (-e^{-t}\cos t - e^{-t}\sin t)\vec{k}$
　　$\vec{a}(t) = (2\cos t - t\sin t)\,\vec{i} - 18e^{-3t}\vec{j}$
　　　　　　$+ (2e^{-t}\sin t)\vec{k}$

4.　$\begin{cases} \vec{v}(0) = \vec{j} \\ \vec{a}(0) = 6\vec{i} - 4\vec{k} \end{cases}$

5.　$\begin{cases} \vec{v}(0) = \vec{k} \\ \vec{a}(0) = 2\vec{j} \end{cases}$

6.　$\begin{cases} \vec{v}(0) = \vec{i} \\ \vec{a}(0) = -4\vec{k} \end{cases}$

7.　$\begin{cases} \vec{f}_x = 4\vec{i} + 5y\vec{j} \\ \vec{f}_y = 5x\vec{j} \\ \vec{f}_z = -\vec{k} \\ \vec{f}_{xx} = 0 \\ \vec{f}_{xy} = 5\vec{j} \end{cases}$

8.　$\begin{cases} \vec{f}_x = e^x\vec{i} - 6xyz\vec{j} \\ \vec{f}_y = -3x^2z\vec{j} \\ \vec{f}_z = -3x^2y\vec{j} \\ \vec{f}_{xx} = e^x\vec{i} - 6yz\vec{j} \\ \vec{f}_{xy} = -6xz\vec{j} \end{cases}$

9.　$\begin{cases} \vec{f}_x = 2y\vec{i} + y\cdot\cos(x)\vec{j} \\ \vec{f}_y = 2x\vec{i} + \sin(x)\vec{j} \\ \vec{f}_z = -\sin(z)\vec{k} \\ \vec{f}_{xx} = -y\sin(x)\vec{j} \\ \vec{f}_{xy} = 2\vec{i} + \cos(x)\vec{j} \end{cases}$

10.　$\begin{cases} \vec{f}_x = ye^{xy}\vec{i} + \vec{j} + \cos y\,\vec{k} \\ \vec{f}_y = xe^{xy}\vec{i} + \vec{j} - x\sin y\,\vec{k} \\ \vec{f}_{xx} = y^2e^{xy}\vec{i} \end{cases}$

11.　$(-5\sqrt{2},\ 5\sqrt{2},\ 5)$

12.　$\left(\dfrac{\sqrt{3}}{2},\ \dfrac{3}{2},\ -4 \right)$

13.　① $\left(\dfrac{\sqrt{3}}{3},\ \dfrac{1}{3},\ 0 \right)$
　　② $\left(\dfrac{2}{3},\ \dfrac{\pi}{6},\ 0 \right)$

14.　① $(-4,\ 4,\ 4\sqrt{2})$
　　② $\left(4\sqrt{2},\ \dfrac{3\pi}{4},\ 4\sqrt{2} \right)$

5-4　方向導數

習題演練 P5-35

1.　$\begin{cases} \nabla\cdot\vec{F} = 4 \\ \nabla\times\vec{F} = 0 \end{cases}$

2.　$\begin{cases} \nabla\cdot\vec{F} = 2y + x^2e^y + 2 \\ \nabla\times\vec{F} = (2xe^y - 2x)\vec{k} \end{cases}$

3.　$\begin{cases} \nabla\cdot\vec{F} = xz\cdot\sinh(xyz) \\ \nabla\times\vec{F} = -xy\sinh(xyz)\vec{j} + yz\sinh(xyz)\vec{k} \end{cases}$

4.　$\nabla\phi = 2\vec{i} - 2\vec{j}$

5.　$\nabla\phi = -z\sin(xz)\vec{i} - x\sin(xz)\vec{k}$

6.　$\nabla\phi = (yz + e^x)\vec{i} + xz\vec{j} + xy\vec{k}$

7.是 8.不是 9.不是 10.是

11.是 12.是 13.不是 14.是。

15. $\nabla\phi = yz\vec{i} + xz\vec{j} + xy\vec{k}$ ， $\nabla^2\phi = 0$

16. $\nabla\phi = \dfrac{y^2}{z^3}\vec{i} + \dfrac{2xy}{z^3}\vec{j} + \dfrac{3xy^2}{z^4}\vec{k}$ ，

$\nabla^2\phi = \dfrac{2x}{z^3} + 12\dfrac{xy^2}{z^5}$

17. $\nabla\phi = y\cos(yz)\vec{i} + (x\cos(yz) - xyz\sin(yz))\vec{j}$
$\quad\quad - xy^2\sin(yz)\vec{k}$

$\nabla^2\phi = -2xz\sin(xz) - xyz^2\cos(xy)$
$\quad\quad - xy^3\cos(yz)$

18. $\operatorname{div}(\vec{V}) = 2z$

$\operatorname{Curl}(\vec{V}) = (x - y)\vec{i} + (x - y)\vec{j}$

19. $\operatorname{div}(\vec{V}) = 0$

$\operatorname{Curl}(\vec{V}) = -2x^2\vec{i} + (10y - 18x^2)\vec{j}$
$\quad\quad + (4xz - 10z)\vec{k}$

20. $\operatorname{div}(\vec{V}) = e^{-z} + 4z^2 - 3ye^{-z}$

$\operatorname{Curl}(\vec{V}) = (3e^{-z} - 8yz)\vec{i} - xe^{-z}\vec{j}$

21. $\nabla f(1, 2) = -4\vec{i} - 4\vec{j}$

22. $\nabla f(2, 1, 3) = 8\vec{i} + 6\vec{j} + 6\vec{k}$

23. $\nabla f(1, 0, 2) = 4\vec{i} + 4\vec{j} + \vec{k}$

24. $\dfrac{-4}{\sqrt{5}}$

25. $\dfrac{54}{7}$

26. $\pm\dfrac{6}{\sqrt{14}}$

27. $\dfrac{15}{2}(\sqrt{3} - 2)$

28. $\dfrac{98}{\sqrt{5}}$

29. $\pm\dfrac{66}{\sqrt{21}}$

30. (1) $\sqrt{2}\,\vec{i} + \dfrac{\sqrt{2}}{2}\,\vec{j}$ ； $\sqrt{\dfrac{5}{2}}$

    (2) $-2\vec{i} + 2\vec{j} - 4k$ ； $2\sqrt{6}$

31. (1) $\dfrac{-\vec{i} + \vec{j}}{\sqrt{2}}$ ， $-12\sqrt{2}$

    (2) $\dfrac{(-2\vec{i} - 6\vec{j} + 3\vec{k})}{7}$ ； -7

32. 切平面：$x + y + \sqrt{2}z = 4$

法線：$\begin{cases} x = 1 + 1 \cdot t \\ y = 1 + 1 \cdot t \\ z = \sqrt{2} + \sqrt{2}t \end{cases}$ ；$t \in \mathbb{R}$

33. 切平面：$x + 2y - z = 2$

法線：$\begin{cases} x = 1 - t \\ y = 1 - 2t \\ z = 1 + t \end{cases}$ ；$t \in \mathbb{R}$

34. $\alpha = 2$

35. $-\left(\dfrac{1}{\sqrt{10}}\vec{i} + \dfrac{3}{\sqrt{10}}\vec{k}\right)$

36. $\pm\dfrac{16}{\sqrt{3}}$

37. 0

第6章 向量函數積分

6-1 線積分

習題演練 P6-14

1. $2\pi\sqrt{13}$

2. 3

3. $16\sqrt{3}$

4. $\dfrac{8\pi}{3}\sqrt{10}$

5. $3+\ln 2$

6. 12

7. $\dfrac{\sqrt{2}}{3}\pi^3$

8. $\dfrac{123}{2}$

9. 56

10. $\dfrac{141}{4}+e^4-e$

11. $\dfrac{3}{2}-\dfrac{\sin 3}{3}$

12. 303

13. 略

14. $\phi(x,\ y,\ z)=x^2z^3+6xy-y^2z+c$

15. 15

16. 28

17. 0

18. -14

19. 略

20. $\phi(x,\ y,\ z)=x^2y+xz^3+c$

21. 202

22. $16-4e^{-2}$

23. -352

24. $\pi+1$

25. (1) -72　(2) -54　(3) 0

6-2　重積分

習題演練 P6-26

1. $\dfrac{1}{6}$

2. $14a^4$

3. $\dfrac{1}{12}$

4. $\dfrac{17}{35}$

5. $\dfrac{1}{2}(e-1)$

6. $\dfrac{1}{4}\sin 16$

7. 2

8. $\dfrac{16}{3}$

9. $\dfrac{16}{3}$

10. $\dfrac{\pi}{4}(1-\cos 9)$

11. $\dfrac{\pi}{4}(1-e^{-1})$

12. $\dfrac{162}{5}$

13. 0

14. $\dfrac{\pi}{8}(e-1)$

15. $\dfrac{4}{15}\pi$

16. $\dfrac{4}{5}\pi a^5$

6-3　格林定理

習題演練 P6-29

1. -20π

2. 0

3. $-\dfrac{1}{3}$

4. 16

5. $\dfrac{1}{3}$

6. -8

7. -12π

8. $-\dfrac{4}{3}$

9. -2π

6-4 面積分(空間曲面積分)

習題演練 P6-36

1. 48π

2. π

3. $\dfrac{128}{3}$

4. $-\dfrac{17}{12}+e$

5. 15

6. 18π

7. 90

8. 0

6-5 高斯散度定理

習題演練 P6-40

1. $\dfrac{3}{2}$

2. -36π

3. 0

4. 6π

5. $\dfrac{384}{5}\pi$

6. $\dfrac{2}{3}$

7. 80π

8. 64π

9. 300π

10. $\dfrac{128}{3}\pi$

6-6 史托克定理

習題演練 P6-44

1. 0

2. 0

3. 2π

4. $-\dfrac{1}{2}$

5. $-\pi$

6. 36π

7. -112π

8. 20π

9. $2\vec{k}$

10. 8π

11. 8π

▌第 7 章 傅立葉分析

7-1 傅立葉級數

習題演練 P7-15

1. $f(t)=2+\dfrac{4}{\pi}\sum\limits_{n=1}^{\infty}\dfrac{1-(-1)^{n}}{n}\sin nx$

2. $f(t)=\dfrac{-1}{2}+\dfrac{5}{\pi}\sum\limits_{n=1}^{\infty}\dfrac{1-(-1)^{n}}{n}\sin nx$

3. $f(x) = \dfrac{3}{2}$
$$+\sum_{n=1}^{\infty}\left[\dfrac{2(-1)^n - 2}{n^2\pi^2}\cos n\pi x - \dfrac{2}{n\pi}\sin n\pi x\right]$$

4. $f(x) = \dfrac{3}{4}$
$$+\sum_{n=1}^{\infty}3\cdot\left[\dfrac{(-1)^n - 1}{(n\pi)^2}\cos n\pi x + \dfrac{(-1)^{n+1}}{n\pi}\sin n\pi x\right]$$

5. $f(x) = \pi + \sum\limits_{n=1}^{\infty}\dfrac{2}{n}(-1)^{n+1}\sin nx$

6. 略

7. $f(x) = 4\sum\limits_{n=1}^{\infty}\dfrac{(-1)^n - 1}{n}\sin n\pi x$

8. $f(x) = 1 + \sum\limits_{n=1}^{\infty}\dfrac{-4}{n\pi}\sin\dfrac{n\pi}{2}\cdot\cos\dfrac{n\pi x}{2}$

9. $f(x) = \sum\limits_{n=1}^{\infty}\dfrac{2}{n}(-1)^{n+1}\cdot\sin nx$

10. $f(x) = \dfrac{1}{3} + \sum\limits_{n=1}^{\infty}\dfrac{4\cdot(-1)^n}{(n\pi)^2}\cos n\pi x$

11. $f(x) = \sum\limits_{n=1}^{\infty}\left[\dfrac{2(\pi+2)}{n\pi}(-1)^{n+1} + \dfrac{4}{n\pi}\right]\sin nx$

12. $f(x) = \dfrac{\pi}{2} + \sum\limits_{n=1}^{\infty}\dfrac{2}{n^2\pi}[(-1)^n - 1]\cos nx$

13. 略

14. $f(x) = \sum\limits_{n=1,3,5\cdots}^{\infty}\dfrac{8}{\pi n^3}\cdot\sin nx$

15. 略

16. $f(x) = \dfrac{\pi^2}{6} + \sum\limits_{n=1}^{\infty}\dfrac{2(-1)^n}{n^2}\cos nx$

17. $\dfrac{\pi^2}{12}$

18. $f(x)$為偶函數
    $g(x)$為奇函數

19. $f(x) = \dfrac{3}{4}\cos x + \dfrac{1}{4}\cos 3x$
    $g(x) = \dfrac{3}{4}\sin x - \dfrac{1}{4}\sin 3x$

20. $f(x) = 3\sin\dfrac{\pi}{2}x + 5\sin 3\pi x$

7-2 半幅展開式

習題演練 P7-19

1. 半幅餘弦展開：
$$f(x) = \dfrac{1}{2} + \sum_{n=1}^{\infty}\dfrac{2}{n\pi}\sin\dfrac{n\pi}{2}\cos n\pi x \ ;$$
$0 < x < 1$
半幅正弦展開：
$$f(x) = \sum_{n=1}^{\infty}\dfrac{2}{n\pi}\left(1 - \cos\dfrac{n\pi}{2}\right)\sin n\pi x \ ;$$
$0 < x < 1$

2. 半幅餘弦展開：
$$f(x) = \dfrac{1}{2} + \sum_{n=1}^{\infty}\left(-\dfrac{2}{n\pi}\sin\dfrac{n\pi}{2}\right)\cos n\pi x$$
半幅正弦展開：
$$f(x) = \sum_{n=1}^{\infty}\dfrac{2}{n\pi}\left(\cos\dfrac{n\pi}{2} + (-1)^{n+1}\right)\sin n\pi x$$

3. 半幅餘弦展開：
$$f(x) = \dfrac{2}{\pi} + \sum_{n=1}^{\infty}\dfrac{4(-1)^n}{\pi(1 - 4n^2)}\cos 2nx$$
半幅正弦展開：
$$f(x) = \sum_{n=1}^{\infty}\dfrac{8n}{\pi(4n^2 - 1)}\sin 2nx$$

4. 半幅餘弦展開：
$$f(x) = \dfrac{2}{\pi} + \dfrac{2}{\pi}\sum_{n=2}^{\infty}\dfrac{(-1)^n + 1}{1 - n^2}\cos nx$$
半幅正弦展開： $f(x) = \sin x$

5. 半幅餘弦展開：
$$f(x) = \dfrac{\pi}{4}$$

$$+\sum_{n=1}^{\infty}\frac{2}{n^2\pi}\left(2\cos\frac{n\pi}{2}+(-1)^{n+1}-1\right)\cos nx$$

半幅正弦展開

$$f(x)=\sum_{n=1}^{\infty}\frac{4}{n^2\pi}\sin\frac{n\pi}{2}\sin nx$$

6. 半幅餘弦展開：

$$f(x)=\frac{\pi}{4}$$

$$+\sum_{n=1}^{\infty}\frac{4}{n^2\pi}\left((-1)^n-\cos\frac{n\pi}{2}\right)\cos\frac{n}{2}x$$

半幅正弦展開：

$$f(x)=\sum_{n=1}^{\infty}\left(\frac{2}{n}(-1)^{n+1}-\frac{4}{n^2\pi}\sin\frac{n\pi}{2}\right)\sin\frac{n}{2}x$$

7. $$f(x)=\frac{L^3}{3}+\sum_{n=1}^{\infty}\frac{4L^2(-1)^n}{n^2\pi^2}\cdot\cos\frac{n\pi}{L}x$$

8. $$f(x)=\sum_{n=1}^{\infty}\frac{2L^2[-2+(-1)^n(2-n^2\pi^2)]}{n^3\pi^3}$$

$$\cdot\sin\frac{n\pi}{L}x$$

9. $$f(x)=\frac{L^2}{3}$$

$$+\sum_{n=1}^{\infty}\left[\frac{L^2}{n^2\pi^2}\cos\frac{2n\pi}{L}x-\frac{L^2}{n\pi}\sin\frac{2n\pi}{L}x\right]$$

7-3 複數型傅立葉級數與傅立葉積分

習題演練 P7-27

1. $$f(x)=\sum_{n=-\infty}^{\infty}\frac{1}{in\pi}[1-(-1)^n]\cdot e^{i\frac{n\pi}{2}x}$$

2. $$f(x)=\frac{1}{2}+\frac{i}{2\pi}\sum_{n=-\infty}^{\infty}\frac{1-(-1)^n}{n}e^{in\pi x}$$

3. $$f(x)=\frac{1}{4}+\frac{i}{2\pi}\sum_{n=-\infty}^{\infty}\frac{(-i)^n-1}{n}e^{2in\pi x}$$

4. $$f(x)=\frac{4}{\pi}\int_0^{\infty}\frac{\sin w(2\pi-x)-\sin w(\pi-x)}{w}dw$$

5. $$f(x)=\frac{1}{\pi}\int_0^{\infty}\frac{3w\sin w(3-x)+\cos w(3-x)-\cos wx}{w^2}dw$$

6. $$f(x)=\frac{1}{\pi}\int_0^{\infty}\frac{\cos wx+\cos w(x-\pi)}{1-w^2}dw$$

7. $$f(x)=\frac{1}{\pi}\int_0^{\infty}\frac{\cos wx+w\sin wx}{1+w^2}dw$$

8. $$f(x)=\frac{10}{\pi}\int_0^{\infty}\frac{(1-\cos w)\sin wx}{w}dw$$

9. $$f(x)=2\int_0^{\infty}\frac{\sin 2w\cdot\cos wx}{w}dw$$

10. $$f(x)=\frac{2}{\pi}\int_0^{\infty}\frac{(\pi w\sin w\pi+\cos \pi w-1)\cos wx}{w^2}dw$$

11. $$f(x)=\frac{2}{\pi}\int_0^{\infty}\frac{(-\pi w\cos w\pi+\sin w\pi)\sin wx}{w^2}dw$$

12. $$\frac{2k}{\pi}\int_0^{\infty}\frac{\cos wx}{k^2+w^2}dw$$ 為

$f(x)$的傅立葉餘弦積分。

$$\frac{2}{\pi}\int_0^{\infty}\frac{w\sin wx}{k^2+w^2}dw$$ 為

$f(x)$的傅立葉正弦積分。

13. $$\frac{2}{\pi}\int_0^{\infty}\frac{(2+w^2)\cos wx}{4+w^2}dw$$ 為

$f(x)$的傅立葉餘弦積分。

$$\frac{2}{\pi}\int_0^{\infty}\frac{w^3\sin wx}{4+w^4}dw$$ 為

$f(x)$的傅立葉正弦積分。

14. $$f(x)=\frac{2}{\pi}\int_0^{\infty}\frac{1}{w}\sin w\cos wx\,dw$$

15. $$\frac{\pi}{2}$$

16. $$f(x)=\frac{2}{\pi}\int_0^{\infty}\frac{a}{a^2+w^2}\cos wx\,dw$$

17. $$\frac{\pi}{4}e^{-4}$$

7-4 傅立葉轉換

習題演練 P7-36

1. $$\frac{2a}{a^2+w^2}$$

2. $\dfrac{1}{a+iw}$

3. $\dfrac{ik}{w}(e^{-iaw}-1)$

4. $\dfrac{2k}{w}\sin w$

5. $\dfrac{(1+iw)e^{-iw}-1}{w^2}$

6. $\dfrac{2i}{w}(\cos w-1)$

7. $2\left[\dfrac{2\sin w}{w}-\dfrac{1-\cos w}{w^2}\right]$

8. $-2i\dfrac{\sin w-w\cos w}{w^2}$

9. (1) $\dfrac{k}{k^2+w^2}$

   (2) $\dfrac{w}{k^2+w^2}$

第 8 章　偏微分方程

8-1　偏微分方程(PDE)概論

習題演練 P8-3

1. 橢圓型

2. 雙曲線型

3. 拋物線型

4. 雙曲線型

5. 雙曲線型

6. 橢圓型

7. 拋物線型

8-2　波動方程式

習題演練 P8-10

1. $u(x,t)=2\cos\dfrac{\pi}{\ell}t\sin\dfrac{\pi}{\ell}x$

2. $u(x,t)=3\cos\dfrac{2c\pi}{\ell}t\sin\dfrac{2\pi}{\ell}x$

3. $u(x,t)=\displaystyle\sum_{n=1}^{\infty}\dfrac{8}{n^2\pi^2}\sin\left(\dfrac{n\pi}{2}\right)\cos\dfrac{n\pi}{\ell}t\sin\dfrac{n\pi}{\ell}t$

4. $u(x,t)=\displaystyle\int_0^{\infty}\dfrac{1}{2\pi w}\sin 2wt\cos wx\,dw$

8-3　熱傳導方程式

習題演練 P8-15

1. $T(x,t)=100e^{-\left(\frac{\partial\pi}{\ell}\right)^2 t}\cdot\sin(\dfrac{\pi}{\ell}x)$

2. $u(x,t)=\displaystyle\sum_{n=1}^{\infty}A_n e^{-\left(\frac{n}{2}\right)^2 t}\sin\dfrac{n(x+\pi)}{2}$,

$A_n=\dfrac{2\{-8+n^2(\pi-1)\pi-[-8+n^2\pi(1+\pi)]\cos n\pi\}}{n^3\pi}$

3. $u(x,t)=$
$\dfrac{1}{4}+\displaystyle\sum_{n=1}^{\infty}\dfrac{2}{n^2\pi^2}\left(-2+2\cos\dfrac{n\pi}{2}+n\pi\sin\dfrac{n\pi}{2}\right)e^{-\left(\frac{n\pi}{2}\right)^2 kt}$
$\cdot\cos\dfrac{n\pi x}{2}$

4. $\mu(x,t)=5e^{-\left(\frac{2\alpha\pi}{\ell}\right)^2 t}\cdot\sin\dfrac{2\pi}{\ell}x$

8-4　拉普拉斯方程式

習題演練 P8-18

1. $u(x,y)=\displaystyle\sum_{n=1}^{\infty}A_n\sinh\dfrac{n\pi(y-3)}{2}\sin\dfrac{n\pi(x-1)}{2}$,

$A_n=-\dfrac{1}{\sinh(n\pi)}\dfrac{2(1-\cos n\pi)}{n\pi}$

2. $u(x,y)=$
$\displaystyle\sum_{n=1}^{\infty}\dfrac{4\pi a^2 n(1-\cos a\cos\pi n)}{\sinh\dfrac{n\pi b}{a}(a^2-\pi^2 n^2)^2}\sin\dfrac{n\pi y}{a}\sin\dfrac{n\pi x}{a}$

附錄四與附錄五置於參考資料光碟內

國家圖書館出版品預行編目資料

工程數學精要/姚賀騰著. -- 三版. – 新北
市: 全華圖書股份有限公司, 2024.03
面 ; 公分
ISBN 978-626-328-873-7(平裝附光碟片)
1.CST: 工程數學
440.11   113002608

工程數學精要(第三版)

作者 / 姚賀騰

發行人 / 陳本源

執行編輯 / 鄭祐珊

封面設計 / 楊昭琅

出版者 / 全華圖書股份有限公司

郵政帳號 / 0100836-1 號

印刷者 / 宏懋打字印刷股份有限公司

圖書編號 / 06363027

三版一刷 / 2024 年 03 月

定價 / 新台幣 500 元

ISBN / 978-626-328-873-7 (平裝附光碟片)

全華圖書 / www.chwa.com.tw

全華網路書店 Open Tech / www.opentech.com.tw

若您對書籍內容、排版印刷有任何問題,歡迎來信指導 book@chwa.com.tw

臺北總公司(北區營業處)
地址:23671 新北市土城區忠義路 21 號
電話:(02) 2262-5666
傳真:(02) 6637-3695、6637-3696

南區營業處
地址:80769 高雄市三民區應安街 12 號
電話:(07) 381-1377
傳真:(07) 862-5562

中區營業處
地址:40256 臺中市南區樹義一巷 26 號
電話:(04) 2261-8485
傳真:(04) 3600-9806

歡迎加入 全華會員

● 會員獨享
會員專購書折扣、紅利積點、生日禮金、不定期優惠活動……等。

● 如何加入會員
填妥讀者回函卡直接傳真 (02) 2262-0900 或寄回，將由專人協助登入會員資料，待收到
E-MAIL 通知後即可成為會員。

如何購買 全華書籍

1. 網路購書
全華網路書店「http://www.opentech.com.tw」，加入會員購書更便利，並享有紅利積點
回饋等各式優惠。

2. 全華門市、全省書局
歡迎至全華門市（新北市土城區忠義路 21 號）或全省各大書局、連鎖書店選購。

3. 來電訂購
(1) 訂購專線：(02) 2262-5666 轉 321-324
(2) 傳真專線：(02) 6637-3696
(3) 郵局劃撥（帳號：0100836-1　戶名：全華圖書股份有限公司）
※ 購書未滿一千元者，酌收運費 70 元。

OpenTech .com.tw
全華網路書店

全華網路書店 www.opentech.com.tw
E-mail: service@chwa.com.tw

讀者回函卡

填寫日期：　　/　　/

姓名：　　　　　　　　　　　生日：西元　　　年　　月　　日　性別：□男 □女

電話：(　　)　　　　　　　　傳真：(　　)　　　　　　　手機：

e-mail：(必填)

註：數字零，請用 Φ 表示，數字 1 與英文 L 請另註明並書寫端正，謝謝。

通訊處：□□□□□

學歷：□博士 □碩士 □大學 □專科 □高中·職

職業：□工程師 □教師 □學生 □軍·公 □其他

學校/公司：　　　　　　　　　科系/部門：

· 需求書類：

□A. 電子 □B. 電機 □C. 計算機工程 □D. 資訊 □E. 機械 □F. 汽車 □I. 工管 □J. 土木
□K. 化工 □L. 設計 □M. 商管 □N. 日文 □O. 美容 □P. 休閒 □Q. 餐飲 □B. 其他

· 本次購買圖書為：　　　　　　　　　　　　　　　書號：

· 您對本書的評價：

封面設計：□非常滿意 □滿意 □尚可 □需改善，請說明
內容表達：□非常滿意 □滿意 □尚可 □需改善，請說明
版面編排：□非常滿意 □滿意 □尚可 □需改善，請說明
印刷品質：□非常滿意 □滿意 □尚可 □需改善，請說明
書籍定價：□非常滿意 □滿意 □尚可 □需改善，請說明
整體評價：請說明

· 您在何處購買本書？

□書局 □網路書店 □書展 □團購 □其他

· 您購買本書的原因？(可複選)

□個人需要 □幫公司採購 □親友推薦 □老師指定之課本 □其他

· 您希望全華以何種方式提供出版訊息及特惠活動？

□電子報 □DM □廣告 (媒體名稱)

· 您是否上過全華網路書店？(www.opentech.com.tw)

□是 □否 您的建議

· 您希望全華出版那方面書籍？

· 您希望全華加強那些服務？

~感謝您提供寶貴意見，全華將秉持服務的熱忱，出版更多好書，以饗讀者。

全華網路書店 http://www.opentech.com.tw　　客服信箱 service@chwa.com.tw

2011.03 修訂

親愛的讀者：

感謝您對全華圖書的支持與愛護，雖然我們很慎重的處理每一本書，但恐仍有疏漏之
處，若您發現本書有任何錯誤，請填寫於勘誤表內寄回，我們將於再版時修正，您的批評
與指教是我們進步的原動力，謝謝！

全華圖書　敬上

勘誤表

書　號			
頁　數	行　數	書　名	作　者
		錯誤或不當之詞句	建議修改之詞句

我有話要說：(其它之批評與建議，如封面、編排、內容、印刷品質等⋯⋯)